网络空间安全专业规划教材

总主编　杨义先　　执行主编　李小勇

数字内容安全

主　编　张　茹　　刘建毅　　刘功申
副主编　张维纬　　陈　宣

北京邮电大学出版社
www.buptpress.com

内容简介

全书共分 9 章：第 1 章从数字内容的基本概念、所面临的安全威胁及安全技术三方面概述了本书的主要研究内容及意义；第 2 章阐述信息隐藏与数字水印技术，该技术通过利用数字内容冗余信息来实现保密通信或版权标识；第 3～6 章则分别针对文本、图像、音频和视频四种主要的数字内容，阐述相关的各种安全技术，包括加密、水印、过滤等，由于四种数字内容的特征不同，相对应的安全算法有比较大的差异；第 7 章阐述数字取证技术，该技术是对数字内容的安全事后处理，即当数字内容出现安全问题后，对安全问题取证的方法，例如多媒体设备识别、非法拷贝检测等；第 8 章阐述网络信息内容监控系统，研究了第三方监管数字内容的技术，如内容阻断、分级、审计等；第 9 章阐述数字版权管理技术，包括 DRM 应用、理论基础、标准、方案和典型系统等。

本书适合作为信息和通信专业本科高年级学生及研究生的专业课程教材，也可供从事信息和通信领域专业技术人员阅读参考。

图书在版编目(CIP)数据

数字内容安全 / 张茹，刘建毅，刘功申主编 . -- 北京：北京邮电大学出版社，2017.9
ISBN 978-7-5635-4787-6

Ⅰ．①数…　Ⅱ．①张…　②刘…　③刘…　Ⅲ．①信息安全－基本知识　Ⅳ．①TP309

中国版本图书馆 CIP 数据核字（2016）第 127315 号

书　　　　名：数字内容安全
著作责任者：张　茹　刘建毅　刘功申　主编
责 任 编 辑：刘　颖
出 版 发 行：北京邮电大学出版社
社　　　　址：北京市海淀区西土城路 10 号（邮编：100876）
发 行 部：电话：010-62282185　传真：010-62283578
E-mail：publish@bupt.edu.cn
经　　　　销：各地新华书店
印　　　　刷：北京鑫丰华彩印有限公司
开　　　　本：787 mm×1 092 mm　1/16
印　　　　张：17.75
字　　　　数：434 千字
版　　　　次：2017 年 9 月第 1 版　2017 年 9 月第 1 次印刷

ISBN 978-7-5635-4787-6　　　　　　　　　　　　　　　　　　　　定　价：38.00 元
· 如有印装质量问题，请与北京邮电大学出版社发行部联系 ·

序 Prologue

作为最新的国家一级学科，由于其罕见的特殊性，网络空间安全真可谓是典型的"在游泳中学游泳"。一方面，蜂拥而至的现实人才需求和紧迫的技术挑战，促使我们必须以超常规手段，来启动并建设好该一级学科；另一方面，由于缺乏国内外可资借鉴的经验，也没有足够的时间纠结于众多细节，所以，作为当初"教育部网络空间安全一级学科研究论证工作组"的八位专家之一，我有义务借此机会，向大家介绍一下2014年规划该学科的相关情况；并结合现状，坦诚一些不足，以及改进和完善计划，以使大家有一个宏观了解。

我们所指的网络空间，也就是媒体常说的赛博空间，意指通过全球互联网和计算系统进行通信、控制和信息共享的动态虚拟空间。它已成为继陆、海、空、太空之后的第五空间。网络空间里不仅包括通过网络互联而成的各种计算系统（各种智能终端）、连接端系统的网络、连接网络的互联网和受控系统，也包括其中的硬件、软件乃至产生、处理、传输、存储的各种数据或信息。与其他四个空间不同，网络空间没有明确的、固定的边界，也没有集中的控制权威。

网络空间安全，研究网络空间中的安全威胁和防护问题，即在有敌手对抗的环境下，研究信息在产生、传输、存储、处理的各个环节中所面临的威胁和防御措施，以及网络和系统本身的威胁和防护机制。网络空间安全不仅包括传统信息安全所涉及的信息保密性、完整性和可用性，同时还包括构成网络空间基础设施的安全和可信。

网络空间安全一级学科，下设五个研究方向：网络空间安全基础、密码学及应用、系统安全、网络安全、应用安全。

方向1，网络空间安全基础，为其他方向的研究提供理论、架构和方法学指导；它主要研究网络空间安全数学理论、网络空间安全体系结构、网络空间安全数据分析、网络空间博弈理论、网络空间安全治理与策略、网络空间安全标准与评测等内容。

方向2，密码学及应用，为后三个方向（系统安全、网络安全和应用安全）提供密码机制；它主要研究对称密码设计与分析、公钥密码设计与分析、安全协议设计与分析、侧信道分析与防护、量子密码与新型密码等内容。

方向 3，系统安全，保证网络空间中单元计算系统的安全；它主要研究芯片安全、系统软件安全、可信计算、虚拟化计算平台安全、恶意代码分析与防护、系统硬件和物理环境安全等内容。

方向 4，网络安全，保证连接计算机的中间网络自身的安全以及在网络上所传输的信息的安全；它主要研究通信基础设施及物理环境安全、互联网基础设施安全、网络安全管理、网络安全防护与主动防御（攻防与对抗）、端到端的安全通信等内容。

方向 5，应用安全，保证网络空间中大型应用系统的安全，也是安全机制在互联网应用或服务领域中的综合应用；它主要研究关键应用系统安全、社会网络安全（包括内容安全）、隐私保护、工控系统与物联网安全、先进计算安全等内容。

从基础知识体系角度看，网络空间安全一级学科主要由五个模块组成：网络空间安全基础、密码学基础、系统安全技术、网络安全技术和应用安全技术。

模块 1，网络空间安全基础知识模块，包括：数论、信息论、计算复杂性、操作系统、数据库、计算机组成、计算机网络、程序设计语言、网络空间安全导论、网络空间安全法律法规、网络空间安全管理基础。

模块 2，密码学基础理论知识模块，包括：对称密码、公钥密码、量子密码、密码分析技术、安全协议。

模块 3，系统安全理论与技术知识模块，包括：芯片安全、物理安全、可靠性技术、访问控制技术、操作系统安全、数据库安全、代码安全与软件漏洞挖掘、恶意代码分析与防御。

模块 4，网络安全理论与技术知识模块，包括：通信网络安全、无线通信安全、IPv6 安全、防火墙技术、入侵检测与防御、VPN、网络安全协议、网络漏洞检测与防护、网络攻击与防护。

模块 5，应用安全理论与技术知识模块，包括：Web 安全、数据存储与恢复、垃圾信息识别与过滤、舆情分析及预警、计算机数字取证、信息隐藏、电子政务安全、电子商务安全、云计算安全、物联网安全、大数据安全、隐私保护技术、数字版权保护技术。

其实，从纯学术角度看，网络空间安全一级学科的支撑专业，至少应该平等地包含信息安全专业、信息对抗专业、保密管理专业、网络空间安全专业、网络安全与执法专业等本科专业。但是，由于管理渠道等诸多原因，我们当初只重点考虑了信息安全专业，所以，就留下了一些遗憾，甚至空白，比如，信息安全心理学、安全控制论、安全系统论等。不过幸好,学界现在已经开始着手,填补这些空白。

北京邮电大学在网络空间安全相关学科和专业等方面,在全国高校中一直处于领先水平;从 20 世纪 80 年代初至今,已有 30 余年的全方位积累,而且,一直就特别重视教学规范、课程建设、教材出版、实验培训等基本功。本套系列教材,主要是由北京邮电大学的骨干教师们,结合自身特长和教学科研方面的成果,撰写而成。本系列教材暂由《信息安全数学基础》《网络安全》《汇编语言与逆向工程》《软件安全》《网络空间安全导论》《可信计算理论与技术》《网络空间安全治理》《大数据服务与安全隐私技术》《数字内容安全》《量子计算与后量子密码》《移动终端安全》《漏洞分析技术实验教程》《网络安全实验》《网络空间安全基础》《信息安全管理(第 3 版)》《网络安全法学》《信息隐藏与数字水印》等 20 余本本科生教材组成。这些教材主要涵盖信息安全专业和网络空间安全专业,今后,一旦时机成熟,我们将组织国内外更多的专家,针对信息对抗专业、保密管理专业、网络安全与执法专业等,出版更多、更好的教材,为网络空间安全一级学科,提供更有力的支撑。

杨义先

教授、长江学者、杰青
北京邮电大学信息安全中心主任
灾备技术国家工程实验室主任
公共大数据国家重点实验室主任
2017 年 4 月,于花溪

Foreword 前言

Foreword

　　随着大数据时代来临,虚拟世界的数据呈现海量和多样化的特点,对于数据的保护也不再仅限于加密。数字内容通常被认为是包括图像、影像、文字和语音等数据运用数字化的高新技术手段和信息技术,整合成产品、技术或者服务并在数字化平台上展现。由于其较高的商业价值,与数据相比,数字内容对安全技术有更多需求。其所涉及的安全技术包括加密、版权保护、内容过滤、内容取证等。

　　本书编者都是国内最早进行数字内容研究的学者。注意到该领域的重要性和今后的巨大应用前景,以及信息和通信专业本科生及研究生培养的需要,编著出版了《数字内容安全》一书作为本科专业课程教材。

　　本书全面介绍了数字内容安全领域所涉及理论和关键技术。全书共分 9章:第 1 章概要介绍了数字内容的基本概念、所面临的安全威胁及安全技术;第 2 章阐述信息隐藏与数字水印技术,包括技术概述、相关概念、安全性分析及针对数字水印的攻击等;第 3 章阐述文本安全技术,包括文本水印、文本表示、分类、情感分类等;第 4 章阐述图像安全技术,包括图像加密、水印、感知哈希、内容过滤等;第 5 章阐述音频安全技术,包括音频分析、针对音频的攻防、加密、数字水印和过滤等;第 6 章阐述视频安全技术,包括视频分析、加密、水印及隐写分析等;第 7 章阐述数字取证技术,包括预处理技术、常用工具等,常见的几种检测包括多媒体设备识别、非法拷贝检测以及两种典型的检测算法:基于压缩编码特征算法和基于内容一致性检测算法;第 8 章阐述网络信息内容监控系统,包括系统原理、内容阻断、内容分级、内容审计和监控方法评价等;第 9 章阐述数字版权管理技术,包括 DRM 应用、理论基础、标准、方案和典型系统等。

　　本书第 2～4 章、第 8 章由刘建毅编写,第 5、6 章由张维纬编写,第 7 章由陈宣编写,第 9 章由刘功申编写,第 1 章由刘建毅、刘功申合作编写。全书由张茹进行编辑修订,其中第 7 章很多算法实例由周琳娜提供。另外,参与本书的编写和审订的还有李可一等。

　　本书可以作为本科高年级学生以及研究生的专业课教材,使学生掌握数字内容安全的基础理论和经典算法以及发展方向,也可以供从事相关领域研究的科研人员阅读参考。

本书作为教材适合于34～40学时的教学,建议的教学方式为课堂讲授与实验相结合。教师可以结合书后的习题,指导学生根据所学内容进行编程实验,使得学生通过本课程的学习,对所学内容有深入的了解和认识,并能够在将来的工作或继续深入学习中进行创造性的工作。

本书是全体编者多年从事数字内容安全研究工作成果的结晶,许多博士和硕士都在不同程度上参与了本书的素材提供和选择。特别感谢周琳娜博士,她在数字图像取证方面的丰富研究成果是本书的营养源泉。

本书受到了973计划(编号:2013CB329603)、国家自然科学基金项目(编号:U1433105,61472248)、山东省高校证据鉴识重点实验室开放课题项目(编号:KFKT(SUPL)-201410)、山东省人民检察院检察理论研究课题(编号SD2013C30)资助,在此特表感谢。

作者希望尽力将本书写好,但由于水平有限,时间紧张,因此难免出现错误,留下一些遗憾。希望读者提出宝贵意见,以便我们再版时修改和完善,甚为感谢。

编　者

目录

Contents

第 1 章　绪论 ·· 1

1.1　数字内容的基本概念 ·· 1

1.1.1　数字内容的概念 ·· 1

1.1.2　数字内容的分类 ·· 3

1.1.3　数字内容的技术 ·· 7

1.2　数字内容安全威胁 ·· 8

1.2.1　互联网威胁 ··· 8

1.2.2　数据安全威胁 ·· 9

1.3　数字内容安全的基本概念 ··· 10

1.3.1　内容安全的时代背景 ··· 10

1.3.2　内容安全的概念 ·· 11

1.3.3　内容安全的发展 ·· 12

1.4　数字内容安全技术 ··· 14

1.4.1　数字内容安全与信息安全 ·· 15

1.4.2　数字内容安全的研究内容 ·· 16

习题 ·· 19

第 2 章　信息隐藏与数字水印 ·· 20

2.1　信息隐藏技术 ·· 20

2.1.1　伪装式信息安全 ·· 20

2.1.2　信息隐藏的原理 ·· 22

2.1.3　信息隐藏的通信模型 ·· 23

2.1.4　信息隐藏的分支 ·· 26

2.2　数字水印技术 ·· 27

2.2.1　基本概念 ·· 27

2.2.2　数字水印的分类 ·· 29

2.2.3　数字水印的性能评价 ·· 32

2.3　数字水印安全性 ··· 35

2.3.1　数字水印算法安全性 ·· 35

2.3.2 隐写分析概述 ·· 36

2.3.3 chi-square 分析 ·· 38

2.3.4 RS 分析 ·· 40

2.4 数字水印攻击技术 ··· 42

2.4.1 数字水印攻击的分类 ··································· 43

2.4.2 去除攻击 ··· 43

2.4.3 表达攻击 ··· 44

2.4.4 解释攻击 ··· 45

2.4.5 法律攻击 ··· 46

2.4.6 非蓄意攻击 ··· 46

2.4.7 水印攻击软件 ··· 47

习题 ·· 48

第 3 章 文本安全 ·· 50

3.1 文本安全简介 ··· 50

3.2 文本水印 ··· 51

3.2.1 文本水印算法 ··· 52

3.2.2 总结和展望 ··· 55

3.3 文本表示技术 ··· 56

3.3.1 中文自动分词 ··· 56

3.3.2 文本表示模型 ··· 59

3.3.3 特征选择 ··· 65

3.4 文本分类技术 ··· 67

3.4.1 文本分类问题的一般性描述 ····························· 67

3.4.2 文本分类算法 ··· 68

3.4.3 常用文本分类算法 ····································· 73

3.4.4 文本分类的性能评估 ··································· 76

习题 ·· 79

第 4 章 图像安全 ·· 80

4.1 基本概念 ··· 80

4.1.1 数字图像 ··· 80

4.1.2 数字图像的编码方式 ··································· 80

4.2 图像加密 ··· 83

4.2.1 基于矩阵变换及像素置换的图像加密 ····················· 83

4.2.2 基于现代密码体制的图像加密 ··························· 83

4.2.3 基于混沌的图像加密 ··································· 84

4.2.4 基于秘密分割与秘密共享的图像加密技术 ················· 84

4.2.5 基于变换域的图像加密 ································· 85

　　　4.2.6　基于 SCAN 语言的图像加密 ································· 87
　　4.3　图像水印 ·· 87
　　　4.3.1　格式嵌入技术 ··· 87
　　　4.3.2　空间域技术 ··· 88
　　　4.3.3　变换域技术 ··· 92
　　　4.3.4　扩展频谱技术 ··· 96
　　　4.3.5　水印嵌入位置的选择 ······································· 97
　　　4.3.6　脆弱性数字水印技术 ······································· 98
　　4.4　图像感知哈希 ·· 99
　　　4.4.1　感知哈希及其特性 ··· 99
　　　4.4.2　感知哈希技术 ·· 100
　　4.5　图像过滤 ·· 102
　　　4.5.1　概述 ·· 102
　　　4.5.2　基于内容的图像过滤 ······································ 103
　　习题 ·· 106

第 5 章　音频安全 ·· 107
　　5.1　音频分析 ·· 107
　　　5.1.1　人类的听觉特性 ·· 107
　　　5.1.2　音频文件格式 ·· 108
　　　5.1.3　音频时域信号分析 ·· 110
　　　5.1.4　音频频域信号分析 ·· 112
　　5.2　针对音频的攻防 ·· 114
　　　5.2.1　音频主要应用场合 ·· 114
　　　5.2.2　针对音频的攻击方式 ······································ 115
　　　5.2.3　针对音频的安全需求 ······································ 116
　　5.3　音频信号加密 ·· 116
　　　5.3.1　模拟加密 ·· 117
　　　5.3.2　数字加密 ·· 118
　　5.4　音频隐写与水印 ·· 120
　　　5.4.1　音频隐写典型算法 ·· 120
　　　5.4.2　音频水印算法 ·· 122
　　　5.4.3　音频隐写和水印的评价指标 ································ 126
　　5.5　音频过滤 ·· 127
　　　5.5.1　音频前端处理 ·· 127
　　　5.5.2　连续语音分割 ·· 128
　　　5.5.3　音频识别模型的建立 ······································ 129
　　习题 ·· 131

第6章 视频安全 ……………………………………………………… 132

6.1 基本概念 ………………………………………………………… 132

6.1.1 人类视觉系统 ……………………………………………… 132

6.1.2 视频表示 …………………………………………………… 133

6.1.3 视频信息和信号的特点 …………………………………… 133

6.1.4 模拟视频 …………………………………………………… 134

6.1.5 数字视频 …………………………………………………… 134

6.2 视频加密 ………………………………………………………… 134

6.2.1 视频加密算法的性能要求 ………………………………… 135

6.2.2 视频加密算法的分类 ……………………………………… 135

6.3 视频隐写与水印 ………………………………………………… 142

6.3.1 视频隐写 …………………………………………………… 142

6.3.2 视频水印 …………………………………………………… 146

6.4 视频隐写分析 …………………………………………………… 152

6.4.1 视频隐写分析的特点 ……………………………………… 152

6.4.2 视频信息隐藏嵌入点分类 ………………………………… 153

6.4.3 视频隐写分析的经典算法 ………………………………… 154

习题 …………………………………………………………………… 156

第7章 数字取证 ……………………………………………………… 157

7.1 数字取证简介 …………………………………………………… 157

7.1.1 相关取证概念辨析 ………………………………………… 157

7.1.2 数字证据 …………………………………………………… 158

7.1.3 数字取证过程模型 ………………………………………… 160

7.1.4 数字取证技术 ……………………………………………… 161

7.1.5 反取证技术 ………………………………………………… 163

7.1.6 数字取证的法律法规 ……………………………………… 163

7.1.7 数字取证发展历程及发展趋势 …………………………… 164

7.2 数字取证常用工具 ……………………………………………… 167

7.2.1 证据收集工具 ……………………………………………… 167

7.2.2 证据保全工具 ……………………………………………… 168

7.2.3 证据检查、分析工具 ……………………………………… 169

7.2.4 证据归档工具 ……………………………………………… 169

7.2.5 专用取证集成工具 ………………………………………… 170

7.3 多媒体源设备识别算法 ………………………………………… 170

7.3.1 数字图像来源取证 ………………………………………… 170

7.3.2 视频设备来源取证 ………………………………………… 176

7.3.3 录音设备来源取证 ………………………………………… 178

7.4　非法复制检测算法 ··· 180
 7.4.1　直接复制-粘贴检测算法 ·· 181
 7.4.2　带有后处理的复制-拼接检测算法 ································ 183
7.5　基于压缩编码特征的算法 ··· 186
 7.5.1　基于 JPEG 编码特征的算法 ·· 186
 7.5.2　基于视频压缩编码特征的算法 ···································· 188
 7.5.3　基于音频压缩编码特征的算法 ···································· 189
7.6　基于内容一致性的检测算法 ·· 189
 7.6.1　基于颜色一致性的检测算法 ······································ 190
 7.6.2　基于纹理一致性的检测算法 ······································ 190
 7.6.3　基于视觉内容一致性的检测算法 ································ 192
习题 ·· 194

第 8 章　网络信息内容监控 ··· 195
8.1　概述 ·· 195
8.2　网络信息内容的过滤 ·· 196
 8.2.1　概述 ··· 196
 8.2.2　网络信息内容过滤的分类 ··· 201
 8.2.3　网络信息过滤实现系统 ·· 206
8.3　网络信息内容的阻断 ·· 207
 8.3.1　概述 ··· 207
 8.3.2　网页过滤阻断 ·· 208
 8.3.3　基于防火墙的信息阻断 ·· 210
 8.3.4　网络隔离与网闸 ·· 211
8.4　网络信息内容的分级 ·· 213
 8.4.1　国外网络内容分级标准 ·· 214
 8.4.2　国内网络内容分级标准 ·· 215
 8.4.3　网络内容分级方法评价 ·· 216
8.5　网络信息内容的审计 ·· 216
 8.5.1　信息内容审计的内涵 ··· 217
 8.5.2　信息内容审计的分类 ··· 217
 8.5.3　信息内容审计的功能 ··· 217
 8.5.4　信息内容审计的发展 ··· 218
8.6　网络信息内容监控方法的评价 ··· 219
习题 ·· 220

第 9 章　数字版权管理 ·· 221
9.1　DRM 基本概念 ··· 221
 9.1.1　数字版权管理的特点 ··· 221

9.1.2　关于数字版权管理的法律 ……………………………………… 222

9.1.3　DRM 存在的问题 …………………………………………………… 222

9.1.4　DRM 的互操作性 …………………………………………………… 224

9.1.5　数字版权管理的发展现状 ………………………………………… 226

9.1.6　数字版权管理的标准 ……………………………………………… 227

9.2　数字版权管理的模型 …………………………………………………… 231

9.2.1　数字对象唯一标识 ………………………………………………… 232

9.2.2　数字作品生存周期 ………………………………………………… 232

9.2.3　功能模型 ……………………………………………………………… 234

9.2.4　信息模型 ……………………………………………………………… 237

9.2.5　技术模型 ……………………………………………………………… 241

9.3　数字版权保护方案分类 ………………………………………………… 243

9.3.1　电子书的 DRM 保护方案 ………………………………………… 244

9.3.2　流媒体的 DRM 保护方案 ………………………………………… 245

9.3.3　电子文档的 DRM 保护方案 ……………………………………… 246

9.3.4　图像的 DRM 保护方案 …………………………………………… 247

9.3.5　移动业务的 DRM 方案 …………………………………………… 247

9.4　典型的 DRM 系统——FairPlay 系统 ………………………………… 248

9.4.1　iTunes 账户与认证 ………………………………………………… 248

9.4.2　破解 FairPlay 授权 ………………………………………………… 249

9.4.3　在 iPod 上保存密钥 ……………………………………………… 249

9.4.4　破解 iTunes 的 FairPlay …………………………………………… 250

习题 …………………………………………………………………………………… 251

参考文献 ……………………………………………………………………………… 252

第1章

绪　论

1.1　数字内容的基本概念

随着信息技术的发展,数字内容已成为信息的重要表现形式。由于数字内容在互联网上使用的便捷性大大超过了传统模拟形式的信息内容,其应用的广度和深度还在不断增加,数字内容产业已初见规模。然而,数字内容在给人们生活和工作带来便利的同时,也面临着严重的安全威胁。这些威胁主要包括数字内容的非法复制和传播,导致重要信息泄露、数字资产被盗窃;数字内容的非授权篡改,严重影响正常工作进行;数字内容的伪造,导致系统混乱,以致造成各种负面影响;数字内容的可用性,由于非法数据或非正常数据等导致其他数字内容的无法正常和有效使用。安全问题已逐渐成为制约数字内容推广应用的主要瓶颈之一。因此,数字内容安全是保障数字内容产业健康、稳步、快速发展的前提和基础。

1.1.1　数字内容的概念

数字内容的定义来源于数字内容产业。1995 年西方七国信息会议首次提出"内容产业"(Digital Content Industry)概念。数字内容所涵盖的是一个极其宽广的范畴,概括地讲,凡是与数字媒体相关的都可以称作是数字内容。任何人只要随便想一想,就可以举出许多数字内容的例子,如数字电视、数字电影、网络游戏、数字图像和数字图书等,不胜枚举。这些事物涉及人们生活的方方面面,可以说数字内容无处不在。

关于数字内容的概念,当前已经有多种定义方式。目前,国际上普遍认可的数字内容定义是指将图像、影像、文字和语音等运用数字化高新技术手段和信息技术,整合成产品、技术或者服务并在数字化平台上展现。由于现代化数字技术和信息技术的应用非常广泛,并深刻影响了人们的工作、生活和娱乐方式,使得数字内容从诞生伊始就受到了世界各国的青睐,在很短时间里便迅速成长为一个蓬勃发展的朝阳产业,并成为各国在信息时代经济实力和综合国力进行较量的重要砝码。

数字内容产业是一个新兴产业。国际上广泛认为,数字内容产业应包括所有数字内容和服务的生产、经营和销售,以及与支持数字内容产业服务技术相关的生产、设计、经营和销售。不论是哪个方面,数字内容产业依靠的都是将各种资源与最新的数字技术相结合,都是通过融合原有多种产业并将其重新组合,通过带动原有的传统产业并将其数字化,从而形成自身新的产业群,同时培养出独有的消费人群并且创造出惊人的社会经济价值。

从不同的角度出发,可以将数字内容产业进行不同的划分。按照其应用领域的不同,数字内容产业可以包括电脑动画、网络游戏、数字教育、数字化出版、数字影视及音乐、移动服务内容、计算机软件和数字艺术等。

1. 电脑动画

电脑动画是计算机图形学和艺术相结合的产物。通过计算机辅助制作,电脑动画给人们提供了一个充分展示个人想象力和艺术才能的空间。

目前,电脑动画已经广泛应用于影视特技、商业广告、游戏、建筑和计算机辅助教育等领域。随着计算机硬件及动画软件的迅速发展和越来越多的机构和企业向这一领域进军,电脑动画日益成为一个重要的产业。

2. 网络游戏

随着互联网的普及,网络游戏迅速风靡全球。互联网上的用户,不论国籍,不论老少,都纷纷被其吸引,沉醉其中。游戏开发商、游戏运营商、游戏渠道商、电信运营商和网吧经营者等都在满心欢喜地分享着网络游戏带给他们的巨大经济利益。现在全球都在大力发展游戏产业,很多发达国家更是将其视为国民经济增长的重要来源。

3. 数字教育

所谓数字教育,亦可称数字学习,就是将学习资料数字化,然后通过网络实现教育资源的共享以及远程教育。

数字教育是信息技术与课程的整合,有如下三个基本要素:数字学习环境、数字学习资源和数字学习方式,这三者缺一不可。在这些要素的支持下,人们的学习和交流将会打破过去的时空界限,拥有更加自由的空间和更多的机会。世界上许多国家都在积极进行这方面的建设,都在不遗余力地投入资金和予以政策支持。

4. 数字化出版

随着高科技的发展和应用,许多传统的出版方式已被淘汰,而新兴的出版形式却获得了更加广阔的生存空间和发展空间。数字技术和网络技术在出版业的应用越来越广泛,形成了一种新的出版形态。

所谓数字化出版是将各种图形、文字、声音和影像信息以数字形式存入信息库中,出版单位可根据市场需要对这些信息进行选择、编辑、加工和整合,然后以纸介质出版物、光盘或网络出版物等形式投放市场。与传统出版相比,数字化出版具有很多优势,例如,节省资源、出版与发行同步、可避免绝版、价位低廉和检索方便等。

5. 数字影视及音乐

数字影音给现代人的生活带来了更加丰富的娱乐方式。所谓数字影音,就是指将传统的影音资料数字化,或者直接使用数字设备拍摄或录制影音资料,然后整合制作成的产品。这一领域的发展前景被广泛看好,因为它与人们日常的娱乐生活密切相关。

6. 移动内容服务

随着手机的更新换代,其功能越来越丰富,越来越全面。甚至有人预测,手机终将成为一部出色的个人计算机。手机下载图片铃声、收发邮件、收看电影、阅读图书、查询话费、浏览网页新闻等业务为商家创造了无限的商机。现在所有的移动运营商都将内容服务作为其主要的竞争领域,并从中获得可观的收入。这代表了未来移动服务市场的发展方向和趋势,也说明该市场是一个充满活力的市场。可以预测,未来人们的生活方式会受移动内容服务的影响而发生重大的改变。

7. 计算机软件

软件是计算机设备的思维中枢。经过数十年的发展,软件产业已经成为当今世界投资回报率最高的产业之一。新世纪的软件产业已经呈现出了网络化、服务化与全球化的新迹象。在当今这个信息时代,软件产业有着得天独厚的发展条件和机遇,只要抓住机遇和发展得当,它完全有可能成为推动一个国家经济发展的支柱产业。

1.1.2 数字内容的分类

数字内容的类型和形式丰富多样,包括图像、音频、视频、文本、软件、数据库等多种类型,数字内容安全技术也往往针对不同类型的特点进行设计。

1. 图像内容

图像是目前网络上传输量最大的多媒体数字内容之一,下面介绍几种常用的图像类型。

(1) 位图图像

位图图像文件记录像素值数据,数字图像一般用矩阵来表示,图像的空间坐标 x 和 y 被量化为 $M \times N$ 个像素点。根据像素值位数大致可分为二值图像、灰度图像和彩色图像。二值图像将图像色彩表示为 0、1 值。人类视觉对亮度(灰度)的变化比对色度的变化更为敏感,灰度图像是视觉对物体的亮度的反应,每一个像素点上的灰度值组成图像矩阵。彩色图像可以用红、绿、蓝三基色组成,任何颜色都可以用这 3 种颜色以不同的比例调和而成。彩色图像可以用类似于灰度图像的矩阵表示,只是在彩色图像中,由 3 个矩阵组成,每一个矩阵代表三基色之一。

受分辨率限制,位图放大后会出现不清晰,有明显锯齿。主要格式包括 BMP、PSD、TGA、TIF 等。

BMP 格式是由 Microsoft 公司推出的一种位图文件格式。一般由 3 个部分组成:位图文件头、位图信息和位图阵列信息。位图文件头由 14 个字节组成;位图信息由位图信息头和色彩表组成,其中位图信息头由 40 个字节组成,包含了图像的宽度、高度和位图大小等信息,而色彩表的大小取决于色彩数。BMP 格式的图像质量好但数据量比较大。

PSD 是由 Adobe 公司建立的 Photoshop 专用位图图形文件格式,可保存多图层,方便用户修改编辑。PSD 文件可以存储成 RGB 或 CMYK 模式,还能够自定义颜色并加以存储,是目前唯一能够支持全部图像色彩模式的格式,但体积庞大,而且浏览器类的软件不支持。

TGA 格式是由美国 Truevision 公司为其显卡开发的。TGA 的结构比较简单,属于一种图形、图像数据的通用格式,在多媒体领域有着很大影响,是计算机生成图像向电视转换的一种首选格式。

TIF 格式是一种复杂的图像文件格式,常用于扫描图像。它支持 256 色、24 位真彩色、32 位色、48 位色等多种色彩位,同时支持 RGB、CMYK 及 YCbCr 等多种色彩模式,支持多平台。

(2) 矢量图像

矢量图文件一般用代码而不是像素矩阵描绘图像,最显著的优点是不管将画面放大多少倍,画面质量都能够保持不变。常用的文件格式包括 SVG、CDR、EPS 等。SWF 动画是基于矢量技术制作的。

SVG 是由 W3C 基于 XML 开发的一种开放标准矢量图形语言。其特点是:用户可以直接用代码描绘图像,SVG 图像可以用任何文字处理工具打开,通过改变部分代码可以使图像具有交互功能,并可以随时插入到 HTML 中通过浏览器来观看。

CDR 格式是绘图软件 CoreDRAW 的矢量图专用图形文件格式。CDR 可以记录文件的属性、位置和分页等。它兼容性较差,CoreDraw 以外的其他图像编辑软件打不开此类文件。

EPS 格式是 PC 机用户较少见的一种格式,印刷行业使用较多,它是用 PostScript 语言描述的一种 ASCII 码文件格式,主要用于排版、打印等输出工作。

(3) 压缩编码图像

为了提高网络传输速度,可以用一些压缩编码图像文件格式传输图像,常用格式包括 JPEG、JPEG2000、GIF、PCX、PNG 等。

JPEG 是最常见的一种图像格式,扩展名为 .jpg 或 .jpeg。它由联合照片专家组开发,JPEG2000 是其升级版。JPEG 压缩原理是基于 DCT 量化思想,采用平衡像素之间的亮度色彩来压缩,因而更有利于表现带有渐变色彩且没有清晰轮廓的图像,在获得极高压缩率的同时能得到较好的图像质量。

PCX 是由 Zsoft 开发的图像文件格式。它采用 PLL 编码方法压缩存储光栅数据。压缩的基本思想是用一个重复技术值来记录相邻重复的字节数,压缩仅对每一条扫描线进行。

PNG 是 Macromedia 公司的 Fireworks 软件的默认格式。它兼有 GIF 和 JPG 的色彩模式,采用无损压缩方式来减少文件的大小以利于网络传输,同时保留所有与图像品质有关的信息。PNG 的显示速度很快,只需下载 1/64 的图像信息就可以显示出低分辨率的预览图像,并且支持透明图像的制作,但是不支持动画效果。

2. 音频内容

音频文件分类比静态图像复杂,根据编码方式大致可分为 3 类:波形编码、参数编码和混合编码。

(1) 波形编码

波形编码通过对信号采样幅度进行标量量化将时间域信号直接变换为数字代码,力图使重建的语音波形保持原语音信号的波形形状。其优点是话音质量好,缺点是码速率比较高,一般是 16~64 kbit/s。常见的波形编码有脉冲编码调制、自适应增量调制、自适应差分编码、自适应预测编码、自适应子带编码、自适应变换编码等。常见采用波形编码的音频文件包括 WAVE 文件、CD Audio 文件、WMA 文件等。

WAVE 是 Microsoft 公司的音频文件格式,也叫波形声音文件,文件扩展名为 WAV。该格式是最早的数字音频格式。它采用波形编码,因此所记录的声音文件能够和原声基本一致,音质非常高。WAVE 格式支持许多压缩算法,支持多种音频位数、采样频率和声道。它最大的缺点是文件都比较大,不便于交流和传播。

CD Audio 格式文件扩展名为 CDA。是目前音乐 CD 唱片所采用的格式。它跟 WAV 格式一样,记录的是波形数据。由于 CD 存储采用了音轨的形式,因此其音质非常好,但缺点是无法编辑且文件太长,不利于网络传输。

WMA 是 Microsoft 公司的音频文件格式,其音质和压缩率都高于 MP3 文件。WMA 的压缩率一般能达到 1:18,音质可以达到音乐 CD 的水平,WMA 具有一定的版权保护能力。

（2）参数编码

参数编码是根据人的发声机理,提取语音信号特征参数并进行编码。在最低码速率状态力图保证语音信号具有较高可懂度,而重建的语音信号波形与原始语音波形可以有很大的差别。其优点是编码速率低,可以达到 $1.2\sim2.4$ kbit/s。但是,解码端根据接收的参数再合成的声音虽然可懂度很好,自然度却很差。目前网络上最常见的参数编码格式之一就是 MIDI 格式。

MIDI 是 Musical Instrument Digital Interface 的缩写,是数字音乐/电子合成乐器的统一国际标准,扩展名为.midi 或.MID。它定义了计算机音乐程序、电子合成气和其他电子设备之间交换信息与控制信号的方法,规定了不同厂家的电子乐器与计算机连接的电缆和硬件及设备之间数据传输的协议,可以模拟多种乐器的声音。MIDI 文件记录的不是乐曲本身,而是一些描述乐曲演奏过程中的指令,把这些指令发送给声卡,由声卡按照指令将声音合成出来。MIDI 能够模仿原始乐器的各种演奏技巧甚至无法演奏的效果,而且文件的长度非常小,其缺点是合成声音的自然度较差。

（3）混合编码

混合编码是将波形编码和参数编码相结合,码速率约为 $4\sim16$ kbit/s,音质比较好,有些算法所取得的音质可与波形编码媲美,编码复杂程度介于波形编码器和参数编码器之间。

MP3 全称是 MPEG-1 Audio Layer3,其编码规范属于 MPEG 规范之一,扩展名为.mp3。它采用混合编码,因为其压缩率大（可实现 12:1 的压缩比）且语音质量较好,成为现在最流行的声音文件格式之一,但其音质仍然不能和 CD 唱片相比。

3. 视频内容

目前常见的视频格式可分为两大类:影像格式和流媒体格式。

所谓流媒体是指采用流式传输的方式在 Internet 播放的媒体格式。流媒体不是在下载完整个文件后再播放,而是将开始的一部分内容存入内存,在下载后续内容的同时并使缓存的媒体数据正确播出。换句话说,流媒体的数据流随时传送随时播放,与传统的完全下载后播放的方式相比,这种流式传输和播放方式不仅大幅度减少了用户等待时间,而且大大降低了对系统的容量要求。目前互联网上使用较多的流媒体格式主要有 Real Meida、QucikTime 和 Windows Media。

（1）AVI 格式

AVI 英文全称为 Audio Video Interleaved,即音频视频交错格式,是将语音和影像同步组合在一起的文件格式。它对视频文件采用了一种有损压缩方式,但压缩比较高,因此尽管画面质量不是太好,但其应用范围仍然非常广泛。AVI 支持 256 色和 RLE 压缩。AVI 信息主要应用在多媒体光盘上,用来保存电视、电影等各种影像信息。这种视频格式的优点是可以跨多个平台使用,其缺点是体积过于庞大,而且压缩标准不统一,使用时经常会出现由于视频编码问题造成视频不能播放。

（2）MPEG 格式

MPEG（Moving Picture Experts Group,动态图像专家组）是 ISO（International Standardization Organization,国际标准化组织）与 IEC（International Electrotechnical Commission,国际电工委员会）于 1988 年成立的专门针对运动图像和语音压缩制定国际标准的组织。MPEG 标准的视频压缩编码技术主要利用了具有运动补偿的帧间压缩编码技术以减小时间冗余度,利用 DCT 技术以减小图像的空间冗余度,利用熵编码则在信息表示方面减小了统计冗余度。这几种技术的综合运用,大大增强了压缩性能。目前常用的是 MPEG2 和 MPEG4 标准。

MPEG2 视频格式属于影像格式,它的文件扩展名包括.mpg、.mp2、.mpeg、.m2v 及 DVD 光盘上的.vob 文件。MPEG4 扩展名包括.asf、.mov 和 DivX AVI 等,它是针对流媒体设计的。

（3）ASF 格式

ASF 是 Advanced Streaming Format(高级串流格式)的缩写,是 Microsoft 为 Windows 98 所开发的串流多媒体文件格式。ASF 是微软公司 Windows Media 的核心,是一种包含音频、视频、图像以及控制命令脚本的数据格式。

（4）WMV 格式

WMV(Windows Media Video)是微软推出的一种流媒体格式,它是由 ASF 格式升级延伸得来的。在同等视频质量下,WMV 格式的文件可以边下载边播放,因此很适合在网上播放和传输。

（5）RM 格式

RM 格式是 RealNetworks 公司开发的一种流媒体视频文件格式,可以根据网络数据传输的不同速率制定不同的压缩比率,从而实现低速率的在 Internet 上进行视频文件的实时传送和播放。它主要包含 Real Audio、Real Video 和 Real Flash 三部分。

RealNetworks 公司所制定的音频视频压缩规范称为 Real Media,用户可以使用 Real Player 或 Real One Player 对符合 Real Media 技术规范的网络音频/视频资源进行实况转播,并且 RealMedia 可以根据不同的网络传输速率制定出不同压缩比率,从而实现在低速率的网络上进行影像数据实时传送和播放。这种格式的另一个特点是用户使用 Real Player 或 Real One Player 播放器可以在不下载音频/视频内容的条件下实现在线播放。

（6）H.263、H.264/AVC 格式

H.263 是国际电联的一个标准草案,多用于视频会议和视频电话。H.264/AVC 是国际电联和 ISO 两个国际标准化组织共同制定的视频编码标准,它在 ISO 体系内成为 AVC 标准,是 MEPG4 的组成部分。

H.264 不仅比 H.263 和 MPEG4 节约了 50％的码率,而且对网络传输具有更好的支持功能。它引入了面向 IP 包的编码机制,有利于网络中的分组传输,支持网络中视频的流媒体传输。H.264 具有较强的抗误码特性,可适应丢包率高、干扰严重的无线信道中的视频传输;支持不同资源下的分级编码传输,从而获得平稳的图像质量;能适应于不同网络中的视频传输、网络亲和性好。

4. 文本内容

在目前的数字内容中,文本格式的内容数量最多。

所谓文本文档就是文字信息的数字化表示所形成的电子文件。文字以电子文档的形式保存并传播,是计算机和通信技术的发展的结果。由于电子文档具有易于编辑、保存以及传输迅捷等特点,同时可以和传统印刷方式进行相互转换,因而得到了广泛的应用。

文档格式文件类型很多,如 Word 文档、Web 页面、RTF 格式、纯文本格式、PDF、EPS

等。针对不同的应用范围、不同的表述,应当采用不同的文档格式进行描述。如利用网页传递信息,既要有丰富的多媒体内容和效果,又要传递较少的数据,因而产生了超文本链接标记语言;如用于文字和数据的链接以及文件间的超级链接,则形成了超文本文件。

5. 软件

软件是计算机和电子设备中的程序及其文档。程序是计算任务的处理对象和处理规则的描述,文档是对程序的说明资料。

互联网上传播的软件种类数以万计,常见的有操作系统软件、游戏软件、电子商务软件、科学计算软件、办公自动化软件、工具软件等。

作为一种全新的数字作品类型,2001 年《中华人民共和国著作权法》将计算机软件列为等同于传统数字内容的版权保护对象,同年开始实施《计算机软件保护条例》。由于软件和传统数字内容在表现形式上有重大区别,软件的版权归属很难鉴定。

6. 数据库

数据库是指长期储存在计算机内,依照某种数据模型组织起来并存放在二级存储器中,可共享的数据集合。数据库中的数据具有较小的冗余度、较高的数据独立性和易扩展性,并可为各种用户共享。从发展的历史看,数据库是数据管理的高级阶段,它是由文件管理系统发展起来的;从存在形式看,数据库文件是软件的一种。数据库包括网状数据库、关系数据库、面向对象数据库、分布式数据库、网络数据库、XML 数据库等。

世界知识产权组织有关资料表明,目前大约有 130 多个国家和地区对数据库提供版权保护。利用版权法保护具有原创性的数据库已成定论。根据 WTO 版权规则,我国《中华人民共和国著作权法》(修正)适应了数据库知识产权保护国际化趋势,将数据库作为汇编作品纳入版权保护范围。

1.1.3　数字内容的技术

从技术方面来讲,数字内容开发、数字内容传递和数字内容安全是数字内容产业的三大支撑。数字内容开发一方面与文化创意和艺术创造紧密结合,同时也与图像、音频、视频、Web 2.0 等技术不可分割;随着宽带技术的发展,数字内容传递正在由传统的离线配送向互联网在线传递和移动传递的方向急剧转变,网络门户、搜索引擎、无线宽带、移动交互等技术成为数字内容传递的核心技术;数字内容安全则包括数字版权管理(DRM)、非法及有害内容过滤、数字内容取证等重要内容。

如今安全威胁已经成为互联网最重要的问题,存在缺陷的以太网设计以及日益严峻的安全形势,使得人们逐渐失去对网络的信任。当安全问题遍布系统的物理层、网络层、传输层和应用层时,思考网络的整体安全成为大家共同的选择,这必然促使网络技术和安全技术走向融合。在融合的大方向下,网络与安全技术的现状和发展趋势究竟怎样? 用户将对网络的安全做出什么样的选择?

大家普遍认为,现在的信息形势就是网络无处不在,攻击也无处不在,没有漏洞的系统等于是天方夜谭,而整个安全形势越来越严峻。攻击技术和安全技术长期处在"道高一尺,魔高一丈"的状态,也就是说单一的安全技术和安全产品根本就解决不了安全问题。传统的防火墙、入侵检测、病毒查杀等技术在新的安全形势下,显得有些力不从心,已经不能满足时代的需求。目前一些主流技术在未来则有可能成为保障网络安全的重要手段。这些主流技术包括可信计算、PKI、基于生物特征的认证、内容安全技术等。在本章节里,我们将详细探讨内容安全技术。

1.2　数字内容安全威胁

在信息化已成为世界发展趋势的背景下,互联网有着应用极为广泛、发展规模最大、非常贴近于人们生活等众多特点。一方面,互联网创造出了巨大的经济效益和社会效益,如新兴的网络公司在互联网上建立业务并迅速发展,传统行业也纷纷将自身的业务和网络应用结合起来,它已经成为人们获取信息、互相交流、协同工作的重要途径;另一方面,互联网也带来了一些负面影响,如色情、反动等不良信息在网络上大量传播,垃圾电子邮件等不正当行为的泛滥,利用网络传播电影、音乐、软件等的侵犯版权行为,甚至通过网络方式欺诈网络用户,以及出现网络暴力和网络恐怖主义活动等问题,这些行为完全背离了互联网设计的初衷,也不符合广大网络用户的意愿。因此,在建设信息化社会的过程中,提高信息安全保障水平及对互联网中各种不良信息的监测能力,是国家信息技术水平中的重要一环,也是顺利建设信息化社会的坚实基础。

1.2.1　互联网威胁

在分析数字内容安全的问题前,首先要搞清楚对安全的威胁来自何方。传统计算机安全面临的威胁有泄露(指对信息的非授权访问)、欺骗、破坏和篡改。但在互联网信息共享环境中,人们同样发现数字内容安全所面临的威胁也有泄露、欺骗、破坏和篡改。下面对这些威胁进行详细描述。

(1)信息泄露

互联网中有大量公开的信息,如某人的姓名、工作单位、住宅地址、电话号码等。由于这些公开信息的获取途径简单、成本非常低,在某些情况下,会被整合并可能被滥用,如某些公司会将这些数据作为商业信息出售,还有些不法集团会利用这些信息进行诈骗。所以互联网上的信息泄露,还指将特定信息向特定相关人员或组织进行传播,以妨碍特定相关人员或组织的正常生活或运行。

(2)通过 Web 访问的病毒感染

许多人都有基于 Web 的电子邮件账户,如 Hotmail、Yahoo 等。基于 Web 的电子邮件可能和 SMTP 和 POP3 邮件一样包含病毒,而且这些基于 Web 的电子邮件常常能避开反病毒软件的检查。因此,浏览 Web 上的电子邮件,容易间接带来病毒感染,特别是职员在公司网络查看 Web 上的个人邮件时,容易将邮件携带的病毒传播到整个公司网络。

(3)非业务内容的浏览和生产力下降

互联网内容的易访问性,使许多职员容易浏览到非商业的材料,从阅读新闻到网上购物,更有甚者,参与网络赌博。很明显,在组织内需要合理地控制互联网访问,但是,量化合理性有一定的难度。同样,一些职员浪费时间浏览无关的内容会给其他的同事带来非常不好的影响,容易导致公司士气低落。

(4)不适当(非法)的内容和法律责任

许多网页包含不适当的内容,如色情图片和色情文学、反社会观点和论坛、制造炸弹知识、极端政治文学、黑客工具等信息。当人们浏览到这些网页时,色情或其他不适当的内容便会认为被浏览,在公司内,这容易招来公司的违法诉讼。

（5）垃圾邮件威胁

电子邮件是个人和商业重要的交流工具,它有助于全球性的思想和内容快速的交流,然而,这种共享信息的便宜也带来许多不利因素。最现实的邮件问题之一就是垃圾邮件问题,据估计,每天 150 亿份电子邮件被发送,约 70 亿份邮件/天是垃圾,就一年来算,将是个天文数字。除了每天要花大量时间清理垃圾邮件外,它还给邮件服务器本身带来极大的影响。FutureSoft 公司的测试表明,邮件服务器接收的邮件超过一半都是垃圾,但是每个邮件消息都需要处理。如果垃圾邮件发送者用一个假的返回地址,邮件服务器可能要花费额外的时间来送一个"不能邮寄"的消息给一个根本不存在的返回地址,从而浪费了有限的 IT 资源。另一个问题是邮件会携带病毒,每年无以计数的新病毒传播到互联网上,如果没有强有力的方法和措施保护个人或组织的网络系统,任何一个新病毒都可能导致极大的危害。单单一个 Code Red 病毒,造成的商业损失和恢复系统花费,据估计就高达 24 亿美元,全球范围的病毒造成的损失每年超过 100 亿美元。病毒破坏公司网络,从而传播到公司的分销商和客户将大大地损害良好的客户关系。

1.2.2　数据安全威胁

随着访问网络的人数剧增,网络上流动的信息量也剧增,而且是全球性的,没有什么地理区域限制。因此,储存在个人计算机硬盘上以及大的文件服务器上的应用程序和文件数目快速增长,完全成了一个不能管理的"数据海洋",在很大程度上,它们根本是不可见的。

（1）侵犯版权

盗版软件或其他版权资料的使用很容易让公司惹上官司。非法的软件拷贝可能给公司带来数百万的罚款、刑事诉讼和商业破坏。猖獗的盗版行为严重损害了版权公司的商业利益。微软以及其他境外公司已经开始利用法律武器制裁中国的盗版行为,香港和内地电影业也一再宣传支持正版活动。

P2P 文件共享技术加剧了侵犯版权的行为。P2P 用户有意或无意地侵犯了版权,损害了版权公司的利益。因此,美国唱片和电影业协会已经要求立法保护他们产品的版权,值得庆幸的是,美国许多州已经颁布了禁止 P2P 等侵权行为的相关法律。但是,和反垃圾邮件法一样,网络使这种侵权行为成为全球性的,因而必须所有国家立法才能更好地解决这种问题。

（2）知识产权损失

商业信息是一个公司宝贵的财富。没有客户数据,没有一个公司能有效地运作。没有一个公司愿意和自己的商业竞争对手分享客户资源,但是,计算机系统上的间谍/广告软件可能秘密地将个人或商业信息泄露出去。可怕的是,可能根本觉察不到。

当前,简单的保护网络不受外来的攻击并没有保证私有和保密数据不被泄露。通过电子邮件、间谍/广告软件、即时通信和 P2P 共享软件泄露敏感数据,如客户信用卡信息、学生记录、病人数据、财务报告和产品设计等,在互联网上被偷窃,进而被广泛出售或公布。因此,现在的内容安全解决方案开始考虑保护流出数据的安全。

1.3 数字内容安全的基本概念

1.3.1 内容安全的时代背景

互联网中各种不良信息流传与不规范行为产生的原因大致可归结为两类。一类是在互联网爆炸性发展过程中,相关方面的规范和管理措施未能同步发展。在互联网发展的初期阶段,网络只存在于美国,用户数目很少,多数是学术研究人员,网络也没有用于商业用途,网络安全的问题并不突出。如今这些情况都已经发生了巨大的变化,有些适应于原来网络情况的模式不再适应现在的情况。另一类是互联网作为一个新生事物,为人们提供了便利地获取、发布信息的条件,制造出前所未有的思想碰撞场所,因而,相对于传统媒体,更容易出现一些另类、新奇、不易理解或不符合规范的信息。互联网将整个世界变成"地球村",将持有各种思想、观点的人聚集在一起,这也将是一个长期持久的过程。面对这种挑战,一方面,人们不应因噎废食——因为互联网上存在的一些不良现象而畏惧甚至排斥新技术新事物;另一方面,应当通过法律与技术等多方面措施来限制与消除这些不良现象,让互联网更好地为人民服务,发挥更大的效用,使得人人都能更高效、更安全地使用互联网进行信息沟通。

信息化是当今世界发展的大趋势,是推动经济社会变革的重要力量。大力推进信息化,是覆盖我国现代化建设的全局战略举措,也是贯彻落实科学发展观、全面建设小康社会和建设创新型国家的迫切需要和必然选择。网络内容安全作为网络安全中智能信息处理的核心技术,对于先进网络文化建设,加强社会主义先进文化的网上传播提供了技术支撑,属于国家信息安全保障体系的重要组成部分。因此,网络内容安全方面的研究不仅具有重要的学术意义,也具有重要的社会意义。

在法律政策方面,世界各国政府相继出台一些内容安全方面的规章制度。1996 年,欧盟发起了《提倡安全使用 Internet 的行动计划》;1997 年,欧盟向世界电信委员会提出了欧盟成员国与 Internet 不良内容作斗争的报告;2000 年,美国克林顿总统签署了《儿童 Internet 保护法案》,以立法的形式保证学校、图书馆等对 Internet 不良信息进行过滤;2003 年,布什总统签署了新法案,在互联网上建立儿童专用域名,在其中杜绝所有不适合 13 岁以下儿童接触的信息;世界上许多国家也对此做出了很多有益的努力,各自都有相关的提议和规则出台。

我国也相继出台了一些相关政策法规,例如,国务院第 31 次常务会审议并通过的《互联网信息内容服务管理办法(草案)》、第九届全国人民代表大会常务委员会第十九次会议通过的《全国人民代表大会常务委员会关于维护互联网安全的决定》、中共中央办公厅、国务院办公厅于 2002 年发出的《关于进一步加强互联网新闻宣传和信息内容安全管理工作的意见》(6 号文件)。与此同时,我国政府近年来也不断加大管理和监督力度,通过专项清理整治,清除互联网上的各类有害信息,依法加大对互联网经营服务活动违法违规行为的整治力度,加强对互联网信息服务、接入服务单位的管理,督促其建立健全各种安全管理制度,规范其经营行为。

1.3.2 内容安全的概念

内容安全是信息安全领域的一个新兴研究方向,一个具有巨大市场潜力的应用方向。尽管国内外很多科研院所都逐步开展内容安全领域的相关研究,很多安全产品开发公司逐步开发和销售内容安全相关产品,甚至相关单位也都在不约而同地使用"内容安全"这个名词,但是,迄今为止,业界还没有给出公认的定义。

在国外,企业界有内容安全管理(Security Content Management,SCM)的描述,但研究领域并没有给出明确的定义。就企业界描述的 SCM 相关产品而言,国外的内容安全范畴包括病毒查杀、恶意代码、网页过滤、垃圾邮件过滤等内容。

在国内,从业界相关描述来看,内容安全的范畴比国外要小一些,这个差别主要在于计算机病毒技术。由于计算机病毒及其防范技术起步较早,且已经形成较为成熟的研发-产业链,因此,国内往往把计算机病毒及其防范技术从内容安全领域分割出来。也就是说,国内对内容安全的定义是不包含计算机病毒及其防范技术的。

在 IPTV(TV over IP)领域,专家对内容安全又更加偏向于数字版权保护(Digital Right Protection)的描述——内容安全保护数字内容生成到终端用户过程中的合法复制和服务应用,保护数字内容提供者的所有权。在该定义中,还试图把内容安全和服务安全(Service Security)区分开来。服务安全表示了服务提供者和订阅者间的关系,内容安全提供了内容本身的安全问题,也就是说,内容安全被定义为保护内容所在位置的安全。

数字内容安全是信息安全在法律、政治、道德层次上的要求。如果说数据的内容是安全的,至少它在政治上是健康的,是符合国家法律法规的,是符合中华民族的优良道德规范的。数字内容安全研究的目的就是,通过一系列技术尽量保证网络或非网络的数字化信息符合法律、政治和道德规范。

总结上述内容,以及对内容安全的深刻理解,我们可以看出,内容安全的定义应该包括下述要素:

• 内容安全技术处理的对象既包括面向互联网的 Web 网页、电子邮件,也包括离线的电子数据(如文档、视音频文件等)。

• 内容安全的任务之一是信息过滤:利用各种技术,过滤被处理对象中的不良信息(如色情信息、反动信息)。

• 内容安全的任务之二是舆情分析:在海量信息中自动发现并跟踪热点话题,预测热点话题可能的传播方向,并自动形成热点信息报告,为相关职能部门的科学决策提供相关支持。

• 内容安全的任务之三是事件挖掘:在海量信息中自动挖掘敏感事件信息,预测事件的未来影响、发展趋势。例如,"9·11"事件以后,美国专门开展的 TDT(Topic Detect & Track)项目就包括在海量信息中挖掘可能的恐怖事件这一需求。

• 内容安全技术领域包括:从内容安全的研究对象和研究任务可知,内容安全涉及面非常广泛,相关技术包括自然语言理解、图像内容理解、视频信息处理、音频信息处理、数据挖掘、智能过滤技术等。

作为一个新兴事物,内容安全(Content-based Security)是研究利用计算机从包含海量信息并且迅速变化的网络中对特定安全主题相关信息进行自动获取、识别和分析的技术。网络内容安全是管理不良信息传播的重要手段,属于网络安全系统的核心理论与关键组成部分,对提高网络使用效率,净化网络空间,保障社会稳定发展具有重大意义。

1.3.3 内容安全的发展

由于网络内容安全的研究涉及国家秘密、公民言论自由等敏感问题,因而,非常难获得全面的研究背景资料。收集到的内容安全典型项目如下。

随着互联网应用的日益广泛,网上安全问题也逐渐突出,各国政府先后提高了对网络内容安全问题的重视。"9·11"恐怖袭击事件之后,美国 FBI 局长 Robert S. Mueller 在议会听证会上发言,认为政府花费了过多的精力用于案件的侦查,以致没有足够的资源用于预防案件的发生。Robert 认为这是由于他们虽然获得了大量数据,却没有把数据整合,深度分析的能力。在此之后,FBI 加大了对如下研究领域的投资力度。

整合不同来源不同格式数据的技术;犯罪与恐怖活动相关的网络链接分析与可视化显示技术;能够对信息进行监控、检索、分析以及做出主动反映的 agent 研究技术;海量信息(Terabytes 级别)存储文档、网页和电子邮件的文本挖掘技术;利用神经网络对可能的犯罪活动或者新的恐怖袭击进行预测的技术;利用机器学习算法抽取罪犯描述特征与犯罪活动关系结构图技术。

可见网络内容安全影响的范围并不仅仅局限于虚拟网络中,而且与其他方面的国家安全问题密切联系、相互影响。政府主导的部分代表性项目见表 1.1。

表 1.1 国外政府主导的内容安全项目

国别	单位	项目名称	简介
美国	DARPA	TDT	话题识别与跟踪系统,是美国国防部和自然基金会共同支持的项目。其处理对象包括新闻、电视、广播等多种流媒体,目的是识别这些媒体的敏感信息,并作相应的处理
美国	FBI	Carnivore	网络信息嗅探软件,与相关软件配合可实现信息还原与内容分析,主要用于监测互联网进行恐怖活动、儿童色情与卖淫业、间谍活动、信息战和网络欺诈行为等,运行于微软 Windows 平台,2005 年 1 月后停止
美国	FBI	Strikeback	与联邦教育部合作,查询可疑学生信息,每年有数百名学生信息被查询。五年期计划,已结束
多国 UK、USA		ECHELON	美英主导,多个英语国家参与。世界上最大的网络通信数据监听与分析系统。监听世界范围内的无线电波、卫星通信、电话、传真、电子邮件等信息后应用计算机技术进行自动分析,每天截获的信息量约 30 亿条。ECHELON 最初用于监控苏联和东欧的军事和外交活动,现在重点监听恐怖活动和毒品交易相关信息
英国		RIP	通信监听方面法律,2000 年通过,政府被授权监控所有电子邮件通信包括加密通信

国别	单位	项目名称	简介
美国	CIA	Oasis	以语音识别技术为核心,用于将电话、电视、广播、网络上面的音频信息转换为文本信息,以便检索。Oasis 系统目前可以识别英语,下一步的目标是实现对阿拉伯语和汉语的处理
美国	DARPA	EELD	研究如何从海量的网络信息中发现有可能威胁国家安全的关键信息提取技术
美国	DHS	ADVISE	项目建立在前述 ECHELON 项目的基础上,通过数据挖掘技术,对互联网上的新闻网站、网志(blog)、电子邮件(E-mail)进行分析,发现其中各种网络标示之间的关系。该计划目的在于尽早发现恐怖分子可能发动的恐怖活动。该项目一个特点是数据的三维可视化展示,它提供了一种新型的数据展示方式

此外,还有一些是由科研机构主导的项目见表1.2。

表 1.2 国外科研机构负责的内容安全项目

单位	项目名称	简介
UCLA	PRIVATE KEYWORD SEARCH ON STREAMING DATA	该项目放置多台服务器于网络各处,其对网络上的特定信息进行收集后传回信息处理中心,减少了将所有信息直接传回信息处理中心的负担。项目缺点在于这些放在信息源附近的机器,没有集中式服务器的物理和系统安全性,有可能为敌对方获取。在这种情况下,该系统利用同态加密(homomorphic encryption)实现了编码混淆(code obfuscation),该技术保证了机器上面安装的软件不会被逆向工程,也即敌对方无法利用缴获的服务器来获取该服务器过滤的明确规则。另外,由于预先滤除了大量信息,系统在安全和隐私方面取得了较好均衡
Autonomy	IDOL Server	Autonomy 公司的产品 IDOL Server 是用途广泛的文本信息挖掘工具,能进行语义级别的检索、文本分类与推送等功能。支持多种自然语言,利用信息论相关知识进行文本特征选择与提取,利用贝叶斯理论进行分类。FBI 与 CIA 广泛使用 Autonomy 监控电话通信
Secure Computing	SmartFilter	网络安全公司 Secure Computing 的审查软件 SmartFilter 用于阻止网络间谍软件与网络钓鱼软件对网络用户的侵害,在军事民事领域都有应用
NICTA	SAFE	澳大利亚国家信息与通信技术研究中心研究的紧急状态灵活应对系统计划,目的是通过面部识别等技术,来分析识别可能的异常行为从而实现预先判断以阻止恐怖主义活动
Cornell	Sorting facts and opinions for homeland security	该项目由美国国土安全部资助,康奈尔大学联合匹兹堡大学和犹他大学负责实施,重点是通过信息抽取等多种自然语言理解与机器学习技术,从收集到的文本中判断各种信息所包含的观点,并且研究如何寻找信息的可能来源,利用这些信息进行辅助决策

在中国大陆地区,各科研院所以及具有相关开发能力的公司也纷纷加入到内容安全相关项目的研究与相关产品的商品化过程中。其中上海交通大学信息安全工程学院内容安全

实验室,在网页不良信息过滤、基于内容的垃圾邮件过滤、BBS/ChatRoom 内容安全方面做了许多深入研究,并开发了相关的应用系统。国防科技大学、解放军信息工程大学、浙江大学、哈尔滨工业大学、中科院自动化研究所、中科院计算技术研究所、南京大学、西安交通大学、复旦大学、硅丰佳盾公司、北京电信绿信通科技公司、美萍公司等多家单位也开展了相关的研究工作。表1.3列出了国内公开的主要内容安全过滤系统。

表 1.3   中国大陆公开的内容安全项目

系统名称	过滤位置	过滤内容	主要具体实现
硅丰佳盾互联网内容过滤软件	网络接入;客户端工具	色情、毒品、邪教等有害内容	URL 过滤;关键字过滤;通信端口控制;日志管理
爱思绿色网景软件	网络接入;客户端工具	色情、邪教、暴力、毒品、赌博等信息	URL 过滤;关键词过滤
绿信上网卡	网络接入	色情、赌博、毒品、邪教等不良信息	URL 过滤;关键字过滤
启明星辰的天澄防垃圾邮件系统	客户端及 Proxy 两类	色情、反动、广告等垃圾邮件;病毒邮件	IP 黑白名单、邮件域黑白名单、邮件账号黑白名单等;病毒识别引擎;内容过滤策略
西安交大捷普公司的 Jump 安全审计系统	网关出口	WWW、BBS、E-mail 等不良内容过滤	关键字过滤;服务所对应的端口监视等
任子行互联网信息安全审计管理系统	客户端专用工具	色情、反动等不良信息	集中控制,分级管理
美萍网站过滤专家	网关出口	色情、暴力、反动等不良信息	正常网站列表;受限网站列表;权限管理
卓尔内容过滤系统 InfoGate V2.0	网络入口	病毒过滤、垃圾邮件过滤、网页过滤	病毒模式匹配;关键词过滤
美讯智邮件安全网关	网关	病毒扫描,垃圾邮件过滤,反动邮件等不良信息	关键词扫描,规则过滤

1.4 数字内容安全技术

针对数字内容所面临的安全威胁,数字内容安全技术应运而生。数字内容安全是管理数字内容传播的重要手段,属于网络安全系统的核心理论与关键组成部分,对提高网络使用效率、净化网络空间、保障社会稳定具有重大意义。

信息化是当今世界发展的大趋势,是推动社会进步的重要力量。大力推进信息化,是覆盖我国现代化建设全局的战略举措,也是贯彻落实科学发展观、全面建设小康社会和建设创新型国家的迫切需要和必然选择。数字内容安全为先进网络文化建设和社会主义先进文化的网络传播提供了技术支撑,它属于国家信息安全保障体系的重要组成部分。因此,数字内容安全研究不仅具有重要的学术意义,也具有重要的社会意义。

1.4.1 数字内容安全与信息安全

随着信息技术的广泛应用,全球步入了信息化发展与竞争的历史阶段,信息化为各国在本世纪获得新的发展创造了难得的历史机遇。但是,随着信息化社会的发展,信息安全已经融入到国家安全的各个方面,关系到了一个国家的经济、社会、政治以及国防安全,成为影响国家安全的基本因素。

信息安全最初用于保护信息系统中处理和传递的秘密数据,注重机密性,因此主要强调的是通信安全(COMSEC),随着数据库技术和信息系统的广泛应用,安全概念扩充到完整性,访问控制技术变得更加重要,因此强调计算机安全(COMPSEC)。网络的发展使信息系统的应用范围不断扩大,信息系统依赖于网络的正常运行,必须要考虑网络安全(NET-SEC),计算机安全和网络安全都属于运行安全(OPSEC)层面,而对信息系统基础设施的保护就称为物理安全(PHYSEC)。20 世纪 90 年代以来,信息系统的可用性上升为重要的主题,强调信息保障的整体性。近年来信息安全又增加了新内容,即面向应用的内容安全(CONTSEC),主要解决存在于信息利用方面的安全问题,保护对信息系统的控制能力。

ISO/IEC17799 定义信息安全是通过实施一组控制而达到的,包括策略、措施、过程、组织结构及软件功能,是对机密性、完整性和可用性保护的一种特性。机密性确保信息只能被授权访问方所接受,完整性即保护信息处理手段的正确与完整,可用性确保授权用户在需要时能够访问信息相关资源。

信息载体(信息系统)安全和信息内容安全组成了完整的信息安全体系和信息安全的技术层次。系统安全反映的是信息系统所面临的安全问题,其中物理安全涉及的是硬件设施方面的安全问题,运行安全涉及的是操作系统、数据库、应用系统等软件方面的安全问题。狭义的信息安全所反映的是信息自身所面临的安全问题,数据安全是以保护数据不受外界的侵扰为目的,包括与泄密、伪造、篡改、抵赖等有关的行为,内容安全则是反过来对流动的数据进行限制,包括可以对指定的数据进行选择性的阻断、修改、转发等特定的行为,以及信息对抗,即针对信息中的信息熵而进行的隐藏、掩盖,或发现、分析的行为。图 1.1 为内容安全在信息安全中的地位及作用。

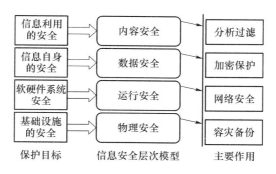

图 1.1 内容安全在信息安全中的地位及作用

从信息安全属性的角度来看,每个层面所涉及的信息安全属性,对应于该层面信息安全的外部特征,也具有相应的处置方法。

物理安全:是指对网络与信息系统的电磁装备的保护。重点保护的是网络与信息系统的机密性、生存性、可用性等属性;涉及的是动力安全、环境安全、电磁安全、介质安全、设备安全、人员安全等;主要采取的措施是可靠的供电系统、防护体系、电磁屏蔽、容灾备份、管理体系等。

运行安全:是指对网络与信息系统的运行过程和运行状态的保护。主要涉及网络与信息系统的可控性、可用性等;所面对的威胁包括系统资源消耗、非法侵占与控制系统、安全漏洞的恶意利用等;主要的保护方式有应急响应、入侵检测、漏洞扫描等。

数据安全:是指对信息在数据处理、存储、传输、显示等过程中的保护,使得在数据处理层面保障信息能够依据授权使用,不被窃取、篡改、冒充、抵赖。主要涉及信息的机密性、完整性、真实性、不可抵赖性等可鉴别性属性;主要的保护方式有加密、数字签名、完整性验证、认证、防抵赖等。

内容安全:是指对信息真实内容的隐藏、发现、选择性阻断。主要涉及信息的机密性、可控性、特殊性等;所面对的主要问题包括发现所隐藏的信息的真实内容、阻断所指定的信息、挖掘所关心的信息;主要的处置手段是信息识别与挖掘技术、过滤技术、隐藏技术等。

1.4.2　数字内容安全的研究内容

针对目前数字内容在创意、设计、制造、传输、存储、营销和使用中的主要问题,人们发现当前保障数字内容安全的关键是:

(1) 解决数字内容的盗版贩卖和非法使用的问题;

(2) 解决非法及有害内容破坏和污染社会环境问题;

(3) 解决数字内容真实和原始认证的问题。

针对第一个问题,提出了信息隐藏、数字水印和数字版权管理技术,对数字内容进行版权保护和认证;针对第二个问题,提出了基于内容的过滤技术,采用文字识别、语音识别、图像识别、文本分类等模式识别的方法将非法或有害的内容进行过滤和封堵;针对第三个问题,提出了数字内容取证技术,通过对数字内容的统计特性进行分析来判断数字内容的真实性、完整性和原始性。

1. 信息隐藏和数字水印技术

目前,在数字内容安全方面,最受重视并且应用最广泛的两个领域就是信息隐藏与数字水印。

所谓信息隐藏,就是指在一些多媒体载体信息中将需要保密传递的信息隐藏进去,而载体本身并没有太大的变化,不会引起怀疑,这样就达到了信息隐藏的目的。信息隐藏主要应用于秘密信息的安全传递。密码技术与信息隐藏技术相结合,可以既保证秘密信息本身的安全性,同时又保证秘密信息在传递过程中的安全性。在这里,大量的数字内容可以作为隐蔽传递秘密信息的载体,如数字图像、音视频、文本和计算机软件等。

数字水印主要用于多媒体信息的版权管理。数字内容的无失真复制、易传播和易篡改的特点,造成了数字内容盗版现象比较严重,而数字水印技术可以通过在数字内容作品中嵌入版权信息来标识作者以及合法使用者。在这里,可以利用数字水印技术实现数字内容的版权标识与管理,如数字出版物、各类数字艺术作品、网络游戏和数字影音作品等。

在数字内容产业链的各个环节中,信息隐藏涉及数字内容的制造、传输和存储等相关环节,而数字水印涉及数字内容的制造、传输、存储、营销和使用等相关环节。

2. 数字版权管理技术

目前数字内容安全面临着严峻的挑战,主要表现在:数字内容的应用不断增加,安全问题日益突出;数字内容的非法复制、传播的成本极其低廉、版权很容易受到侵害;有组织有计划的盗版侵权,无论在数量上还是在质量上都呈现快速增长的趋势;因数字内容安全导致的巨大损失并没有得到充分重视;数字内容固有的一些特点(如数据信息大、数据格式复杂),使得数字内容保护和管理成为一项最具有挑战性的课题。数字版权管理(Digital Right Management,DRM)正是在这种情况下产生的,它用来在数字内容作品从生产者到发布者再到消费者,以及从消费者到其他消费者的过程中,保护数字内容作品生产者、发布者以及消费者的权益。

DRM 技术已经从第一代发展到了第二代。第一代 DRM 技术侧重于数字内容的加密、防止未授权的使用,即保证只把内容传递给付费用户,没有实现全面的数字版权管理;第二代 DRM 则扩展到对基于有形或无形资源的各种权益进行描述、标定、交易、保护、监督和跟踪,以及对权益所有者进行管理,即第二代 DRM 能够管理相关的权益,而不是局限于数字内容的访问控制。

数字版权管理是一个系统框架,而不仅仅是一种简单的技术。它是由各种相关技术按照特定的方式组合而成,在数字版权管理这个系统框架中涉及许多方面的技术,主要包括密码技术、水印技术、数字权利描述语言、用户控制和使用控制等。

相对于互联网,DRM 在移动电信网上发展的更加迅速。主要原因是:移动网络相对封闭,DRM 系统易于建立,且不易受到攻击;移动网络用户数量巨大,受 DRM 保护的数字内容在这一平台上大量发布会降低数字内容的成本,有利于正版数字内容的推广和知识产权保护。

2002 年 11 月,开放移动联盟(OMA)发布了移动 DRM 国际规范——OMA DRM V1.0 Enabler Release,为如何建立移动网络上的 DRM 系统提供了指南。OMA DRM V1.0 标准推出后,Nokia、Motorola 等著名国际厂商纷纷进行了相应开发,对其存在的问题进行了公开讨论。

2005 年 6 月,OMA 公布了 OMA DRM V2.0,制订了基于 PKI 的安全信任模型,给出了移动 DRM 的功能体系结构、权利描述语言标准、DRM 数字内容格式(DCF)和权利获取协议(ROAP)。

3. 基于内容的过滤技术

基于内容的过滤(Content based filtering,CBF)是数字内容安全的重要内容。CBF 的主要对象包括非法内容和有害内容,如非法广告、黄色信息、惑众谣言、网络病毒、黑客攻击等。早期的 CBF 技术主要采用串匹配的方法对文本文件和可执行文件进行过滤,防范的对象是有害文本信息和病毒。随着多媒体技术的发展,非法和有害的信息开始大量地利用图像、视频、音频等形式传播,使得简单的串匹配技术无法对内容进行有效识别。在这种情况下,人们开始将模式识别、自然语言处理、机器学习等智能技术引入 CBF。另一方面,基于上述智能技术的文本分类和挖掘也取得了长足的进展,从而推动 CBF 全面进入了以智能技术为依托的阶段。

在文本文件过滤方面,通过向量空间模型(VSM)或 n-gram 语言模型对文件进行表达,然后利用正反两方面的样本对需要过滤和不需要过滤的两类文件进行建模,从而生成可执行特定任务的分类器,如 Bayes 分类器、SVM 分类器、k-NN 分类器等。将这样的分类器放在网络节点或主机上,便可实现文本文件的过滤。目前最常见的文本文件过滤器是垃圾邮件过滤器,国际著名会议 TREC(Text REtrieval Conference)从 2005 年开始将垃圾邮件过滤器作为测试项目,有力地推动了该项技术的发展。在中国,除了垃圾邮件之外,垃圾短信等短文本中的非法有害信息的过滤也得到了学术界、产业界和政府的高度重视。目前已经有国家自然科学基金、国家信息安全计划、跨国企业资助的项目在加紧研究。

在图像和视频文件过滤方面,文字识别、人脸识别、人体识别、物体识别等图像识别技术是核心。通过这些技术,可对文件中包含的字牌、标语、广告等反映不同场景的文字,以及人脸、人体、物体等反映不同人物和事件的对象进行识别。获得这些关键信息后,便可以对图像和视频进行分类和过滤,如对黄色图片进行过滤,对毒品广告进行过滤等。在上述图像识别技术中,人脸识别和物体识别是当前的研究热点。文字识别是开展较早的研究,但图像中的文字识别有其特殊性,如倾斜和光线的影响等。关于人脸识别和物体识别,近年来人们给予了极大的关注,并取得了显著的进展。2007 年国家自然科学基金的一个有关物体识别的重点项目吸引了全国 11 个颇有实力的科研单位的申报,竞争之激烈实属罕见。并且,在国际上,物体识别的研究正在越来越紧密地与网络图像检索和过滤相结合。

在音频文件过滤方面,语音识别、语种识别、语音关键词检测技术是核心。对于安静环境下的新闻播报类语音文件,先通过语音识别技术将其转换为文本文件,就可以利用文本过滤技术进行过滤了。美国国家标准技术研究所(NIST)和国防部的话题检测与追踪(TDT)[6]计划对这项技术进行了长期的研究,取得了令人瞩目的进展。目前的研究热点是噪声背景下的语音文件或歌曲音乐类文件的过滤,这类文件不易用通常的语音识别方法进行内容识别,需要研究专用的方法。利用语种识别和语音关键词检测技术进行过滤时,不需要将整个文件转换成文本,而只是识别文件中的语音是不是指定的语种或是否包含指定的关键词。语种识别和语音关键词检测常被用于粗过滤,以提高过滤器的效率。

在网络环境中,过滤器的效率是一个突出问题。基于智能技术的过滤器通常具有较高的计算复杂度,时间开销较大,其主要原因是文件表达的模型,一般为特征向量,维数过高。例如,在文本分类中,常常采用几万维的特征向量,每一维对应一个词。因此,特征降维已经成为特别重要的环节,简单的特征降维方法是特征选择,即从现有的特征中优选一部分。另一种方法是高维空间向低维空间映射变换的方法,通过去除数据值方差小(能量小)的维度进行降维,如主成分分析(PCA)、线性鉴别分析(LDA)、流形分析、图模型等。这些方法的研究,具有非常重要的普遍意义,已经成为本领域的研究热点。

4. 数字内容取证技术

功能强大的多媒体编辑软件使得数字图像和音视频数据等数字内容的处理变得简单,尽管多数人对数字内容的修改只是为了增强表现效果,但也存在有人出于各种目的,传播经过精心伪造的数字图像和音视频数据。篡改和伪造的数字图像和音视频一旦被用于媒体报道、科学发现、保险和法庭证物等,将会对政治、军事和社会的各方面产生严重的影响。因此,需要一种客观、公正、能够澄清事实真相的验证技术,数字内容取证正是为这一目的而提出的。

数字内容取证通常按以下两个原理工作:(1)通过对数字内容特征进行分析来判断多媒体内容的完整性、原始性和真实性;(2)通过对残留在数字内容内部的设备印迹以及数字信号处理后的噪声进行分析来追溯数字内容数据的来源。根据应用场合不同,目前国内外数字内容取证研究主要围绕以下五个方面展开:(1)数字内容的篡改检测;(2)数字内容的来源辨识;(3)多媒体设备的成分取证;(4)数字内容数据的真实性鉴定;(5)数字内容取证的可靠性。

习 题

1. 理解什么是内容安全。
2. 阐述内容安全在信息安全中的地位与作用。
3. 数字内容安全面临的威胁有哪些?

第2章

信息隐藏与数字水印

2.1 信息隐藏技术

2.1.1 伪装式信息安全

提到信息安全,人们自然会想到密码。密码术的起源可以追溯到四千多年前的古埃及、古罗马和古希腊。随着信息使用价值的出现,出现了对信息进行保密的密码术。古代隐蔽信息的方法可以分为两种基本方式:一种是将机密信息进行各种变化,使它们无法被非授权者所理解,即密码术;另一种是以隐蔽机密信息的存在为目的,如隐写术等,可以称为古典密码术和古典隐写术。它们的发展可以看成两条线,从古典密码术发展到现代密码学;从古典隐写术发展到现在的伪装式信息安全、信息隐藏和数字水印。

从古典密码术到现代密码学,人们都是在研究如何将信息处理地无法看懂,并且利用任何先进的计算手段都无法破解出机密信息。用传统的加密方法,可以保证信息的安全,但同时带来的问题是加密后的信息是一维无法看懂的杂乱信息,直接引导窃密者发现哪些是他的攻击对象,相当于直接将目标暴露在窃密者眼前,此时的安全就取决于密码体制的强度和窃密者的破译能力了。因此,从古代起就有了隐写术,它的目的就是为了掩盖机密信息存在的事实。类似于密码学的发展,隐写术也经历了从古典到现代的发展。而且,现代隐写术的发展在近些年来互联网发展的基础上产生了较大的飞跃。

古代的隐写术从应用上可以分为这样几个方面:技术性的隐写术、语言学中的隐写术以及应用于版权保护的隐写术。

1. 技术性的隐写术

最早的隐写术例子可以追溯到远古时代。

(1)用头发掩盖信息:在大约公元前440年,为了鼓动奴隶们起来反抗,Histiaus给他最信任的奴隶剃头,并将消息刺在头上,等到头发长出来后,消息被遮盖,这样消息可以在各个部落中传递。

(2)使用书记板隐藏信息:在波斯朝廷的一个希腊人Demeratus,为了警告斯巴达将有一场由波斯国王薛西斯一世发动的入侵,他首先去掉书记板上的蜡,然后将消息写在木板上,再用蜡覆盖,这样处理后的书记板看起来是完全空白的。事实上,它几乎既欺骗了检查的士兵也欺骗了接收信息的人。

(3)将信函隐藏在信使的鞋底、衣服的褶皱、妇女的头饰和首饰中等。

(4)在一篇信函中,通过改变其中某些字母笔画的高度,或者在某些字母上面或下面挖出非常小的孔,以标识某些特殊的字母,这些特殊的字母组成秘密信息。

2. 语言学中的隐写术

语言学中的隐写术,其最广泛的使用方法是藏头诗。

(1) 国外最著名的例子可能要算 Giovanni Boccaccio 的诗作 Amorosa visione,据说是"世界上最宏伟的藏头诗"作品。他先创作了三首十四行诗,总共包含大约 1 500 个字母,然后创作另一首诗,使连续三行押韵诗句的第一个字母恰好对应十四行诗的各字母。

(2) 到了 16 世纪和 17 世纪,已经出现了大量的关于伪装术的文献,并且其中许多方法都依赖于一些信息编码手段。Gaspar Schott 在他的著作 Schola Steganographica 中,扩展了由 Trithemius 在 Polygraphia 一书中提出的"福哉马利亚"编码方法,其中 Polygraphia 和 Schola Steganographica 是密码学和隐藏学领域所知道的最早出现的专著中的两本。扩展的编码使用 40 个表,其中每个表包含 24 个用四种语言(拉丁语、德语、意大利语和法语)表示的条目,每个条目对应于字母表中的一个字母,每个字母用出现在对应表的条目中词语或短语替代,得到的密码看起来像一段祷告、一封简单的信函或一段有魔力的咒语。

(3) Gaspar Schott 还提出了可以在音乐乐谱中隐藏消息。用每一个音符对应一个字母,可以得到一个乐谱。当然,这种乐谱演奏出来就可能被怀疑。

(4) 中国古代也有很多藏头诗(也称嵌字诗),并且这种诗词格式也流传到现在。如徐文长在杭州西湖赏月时做的一首七言绝句:

平湖一色万顷秋,

湖光渺渺水长流。

秋月圆圆世间少,

月好四时最宜秋。

其中,前面四个字连起来读,正是"平湖秋月"。

(5) 中国古代设计的信息隐藏方法中,发送者和接收者各持一张完全相同的,带有许多小孔的纸,这些孔的位置是被随机选定的。发送者将这张带有孔的纸覆盖在一张纸上,将秘密信息写在小孔的位置上,然后移去上面的纸,根据下面的纸上留下的字和空余位置,编写一段普通的文章。接收者只要把带孔的纸覆盖在这段普通文字上,就可以读出留在小孔中的秘密信息。在 16 世纪早期,意大利数学家 Cardan 也发明了这种方法,这种方法现在被称作卡登格子法。

3. 用于版权保护的隐写术

版权保护和侵权的斗争从古至今一直在持续着。根据 Samuelson 的记载,第一部"版权法"是"圣安妮的法令",由英国国会于 1710 年制定。隐写术又是如何被用于版权保护的呢?

Lorrain 是 17 世纪一个很有名的风景画家,当时出现了很多对他的画的模仿和冒充,由于当时还没有相关的版权保护法律,他就使用了一种方法来保护他的画的版权。他自己创作了一本称为《Liber Veritatis》的书,这是一本写生形式的素描集,它的页面是交替出现的,4 页蓝色后紧接着 4 页白色,不断重复着,它大约包含 195 幅素描。他创作这本书的目的是为了保护自己的画免遭伪造,事实上,只要在素描和油画作品之间进行一些比较就会发现,前者是专门设计用来作为后者的"核对校验图",并且任何一个细心的观察者根据这本书仔细对照后就能判定一幅给定的油画是不是赝品。

随着互联网的发展,隐写术有了新的发展空间和技术手段,并且开始了理论研究。理论研究的突破,有可能像信息论为密码学的发展开辟新的道路一样,为伪装式信息安全开辟新的发展空间。在互联网上,各种多媒体信息在传递,多媒体信息最终是由人的感觉系统所接收的(如视觉系统、听觉系统等),而人的感觉系统所能感觉到的精度和粒度是有限的,不能达到计算机所能达到的精度和粒度。因此,利用人类的感觉系统存在的冗余度,就发展起了现代隐写术,也可称为伪装式信息安全。

伪装式信息安全,就是要掩盖信息传递的事实。类似于生物学中的保护色,它将加密后的杂乱无章的信息,变为一些看似正常的信息,起到了迷惑窃密者的目的。可以这样说,加密方法是将信息本身进行了保密,但是信息的传递过程是暴露的,而伪装式信息安全则是将信息的传递过程进行了掩盖。因此,将传统密码学与伪装式信息安全相结合,就可以更好地保证信息本身的安全和信息传递过程的安全。

2.1.2　信息隐藏的原理

不可视通信的经典模型是由 Simmons 于 1984 年作为"囚犯问题"首先提出的。假设两个囚犯 A 和 B 被关押在监狱的不同牢房,他们想通过一种隐蔽的方式交换信息,但是交换信息必须要通过看守的检查。因此,他们要想办法在不引起看守者怀疑的情况下,在看似正常的信息中,传递他们之间的秘密信息。这种通信,我们称之为不可视通信,或者称为阈下通信。不可视通信的一种方式就是我们要研究的信息隐藏。

所谓信息隐藏,就是在一些载体信息中将需要保密传递的信息隐藏进去,而载体本身并没有太大的变化,不会引起怀疑,这样就达到了信息隐藏的目的。当然,设计一个安全的隐蔽通信系统,还需要考虑其他可能的问题,如信息隐藏的安全性问题,隐藏了信息的载体应该在感官上(视觉、听觉等)不引起怀疑。另一方面,信息隐藏应该是健壮的,看守者可能会对公开传递的信息做一些形式上的修改,隐藏的信息应该能够经受住对载体的修改(这一类我们称为被动看守者)。还有更坏的情况是主动看守者,他故意去修改一些可能隐藏有信息的地方,或者假装自己是其中的一个囚犯,隐藏进伪造的消息,传递给另一个囚犯(这一类我们称为主动看守者)。

首先,给出一些基本的定义。A 打算秘密传递一些信息给 B,A 需要从一个随机消息源中随机选取一个无关紧要的消息 c,当这个消息公开传递时,不会引起怀疑,称这个消息 c 为载体对象。然后把需要秘密传递的信息 m 隐藏到载体对象 c 中,此时,载体对象 c 就变为伪装对象 c'。伪装对象和载体对象在感官上是不可区分的,即当秘密信息 m 嵌入载体对象中后,伪装对象的视觉感官(可视文件)、听觉感官(声音)或者一般的计算机统计分析都不会发现伪装对象与载体对象有什么区别。这样,就实现了信息的隐蔽传输,即掩盖了信息传输的事实,实现了信息的安全传递。

秘密信息的嵌入过程,可能需要密钥,为了区别于加密的密钥,信息隐藏的密钥称为伪装密钥。

图 2.1 中,通信一方 A 需要给另一方 B 秘密传递一个消息,并且希望信息的传递不会引起任何人的怀疑和破坏。首先 A 从载体信息源中选择一个载体信号,它可以是任何一种多媒体信号,在其中,使用信息嵌入算法,将秘密信息 m 嵌入多媒体信号中,嵌入算法中可能需要使用密钥。嵌入了信息的载体通过公开信道传递给 B,用户 B 知道用户 A 使用的嵌入算法和嵌入密钥,利用相应的提取算法将隐藏在载体中的秘密信息提取出来。提取过程

中可能需要（或不需要）原始载体对象 c，这取决于 A、B 双方约定的信息嵌入算法。

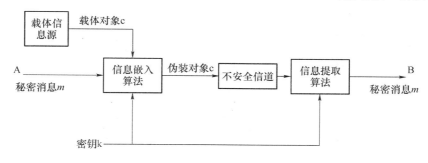

图 2.1　信息隐藏原理图

在信道上监视通信过程的第三方，他只能观察到通话双方之间传递的一组载体对象 c_1，$c_2,\cdots,c_n$，由于伪装对象与载体对象很相似，或者说从感官上（甚至计算机的统计分析上）分辨不出哪些是原始载体对象，哪些是伪装对象，因此，观察者无法确定在通信双方传递的信息中是否包含了任何秘密信息。可见，不可视通信的安全性主要取决于第三方有没有能力将载体对象和伪装对象区别开来。在载体信息源的产生上也应该建立一些约束，并不是所有的数据都可以作为不可视通信的载体的。一方面，存在冗余空间的数据可以作为载体。由于测量误差，任何数据都包含一个随机成分，称为测量噪声。这种测量噪声可以用来掩饰秘密信息，如图像、声音、视频等，在数字化之后，都存在一定的测量误差，它们是不能被人类感官系统精确分辨的。因此，在这些测量误差的位置嵌入秘密信息，人类的感官系统仍然无法察觉。而另一些不存在冗余空间的数据也可以作为载体，但是它们所携带秘密信息的方式就与前一类载体有所区别，因为不存在冗余空间的数据，不允许在数据上进行些许修改，否则将引起数据的改变。例如，文本文件的文件编码的任何一个比特发生变化，都会引起错误的文字。因此，在这样一类数据上的信息隐藏，应该考虑另外的方式，针对不同的载体信号，设计不同的信息隐藏方式。

另一方面，应该有一个较大的载体信息库供选择，原则上，一个载体不应该使用两次。因为如果观察者能够得到载体的两个版本，那么，他有可能利用两次的差别来重构秘密信息或者破坏秘密信息。

2.1.3　信息隐藏的通信模型

信息隐藏研究还面临很多未知领域，如缺乏像 Shannon 通信理论这样的理论基础，缺乏对解决方案的有效度量方法等。*IEEE Communications Magazine* 期刊在 2000 年 8 月出了一个专题：*Digital watermarking for copyright protection：a communications perspective*，从通信角度考察水印系统的嵌入、检测和信道模型。信息隐藏的通信建模提供了一种有效的研究思路，它一方面可以用于理论问题的分析，另一方面有助于将通信领域的一些技术应用到数字水印中。

很多研究者认为，信息隐藏实质上是一种弱信号。因此，通常可以将载体看作隐藏信息的通信信道，将隐藏信息看作需要传递的信号，而隐藏信息的嵌入和提取过程分别看作通信中的调制和解调过程，如图 2.2 所示。这两种系统的相似之处是显而易见的。首先目标相同：都是向某种媒介（称为信道）中引入一些信息，然后尽可能可靠地将该信息提取出来。其次,传输媒介都对待传输的信息提出了约束条件,通信系统中是最大的平均功率或峰值功率约束,信息隐藏系统中是感观约束条件,即加载信息后的载体信号应与原始载体在感观上不可区分,这一约束通常作为信息嵌入强度的限制条件。

图 2.2　信息隐藏通信系统与通信系统比较

与传统通信系统相比,信息隐藏系统又有许多不同之处。例如,与通信系统不同,信息隐藏系统能够知道更多关于信道的信息,因为在信息隐藏加载端完全知道载体信号,充分利用这些已知信息可以提高加载和提取的性能。

信息隐藏系统与通信系统的相同之处是,允许我们借鉴通信领域的理论、技术来研究信息隐藏问题。引入通信模型,有助于信息隐藏理论问题的研究,如信息隐藏容量的分析、安全性评估、算法设计等。信息隐藏系统通常被描述为隐蔽信息的通信模型或者并行的通信模型,不同的模型基于不同的假设来分析一般信息的不可见性、鲁棒性和容量等,即假设嵌入和攻击所满足的一定约束条件,这种约束条件正是数字系统与一般通信系统的区别,不同的约束条件反映不同的信息隐藏种类。

信息隐藏通信模型的建立主要面临两个难题:一个是对“信道”的数学描述,也就是说一般很难找到准确的统计模型描述载体信号。例如,目前还没有合适的模型描述静止图像的亮度和色度特征,而且对以信号处理为主的攻击模型的描述文献还很少。另一方面的困难是对感知模型的描述。信息隐藏是以“无法感知”为约束条件的,感知包括人对图像、视频及文字的视觉感知,对音频信号的听觉感知,以及计算机识别系统对数据、软件等载体的“分析感知”等。在图像处理的研究领域,已有大量学者对人类视觉特性进行了研究,而其他方面的感知模型还没有图像这样深入而系统的研究。

目前信息隐藏模型的文献很多,Costa 模型、Moulin 模型、Cohen 与 Lapidoth 模型、Somekh-Baruck 模型是影响比较大的四种信息隐藏模型,它们分别从不同侧面描述信息隐藏系统,对算法设计和分析起到了一定的指导作用,但是与实际系统仍有很大差距。

为了表述方便,本节中载体数据 S、密钥 K、嵌入信息 W 后的载体 X、攻击信道的输出值 Y,附属变量 U、V 都表示长度为 n 的码字,如 $S=(s_1,s_2,\cdots,s_n)$。本节中的编码器表示信息嵌入,解码器表示提取信息。

1. Costa 模型

图 2.3 中,编码器表示信息嵌入,解码器表示提取信息。S 是载体数据,W 是要嵌入的原始信息,X 是经过编码的水印信息,Y 是信道的输出值。

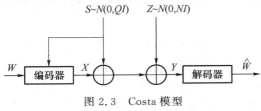

图 2.3　Costa 模型

在 Costa 模型中,嵌入水印后的载密数据是 $X+S$,攻击信道 Z 是加性噪声攻击,编码者和解码者都不知道噪声 Z,解码器接收到的信道输出信号 $Y=X+S+Z$。解码者可能不知道载体 S,由 Y 提取出信息 $\hat{W}$。

2. Moulin 模型

在图 2.4 中,嵌入消息 W、载体 S、密钥 K 构成编码器 f 的输入,编码器嵌入后生成载密数据 X,X 经过攻击信道 $A(Y|X)$ 后,得到攻击后的信道输出数据 Y,解码器 ϕ 由 Y 和 K 提取出信息 $\hat{W}$,若解码者知道载体 S 的信息则称为私有模式,反之,则称为公开模式。

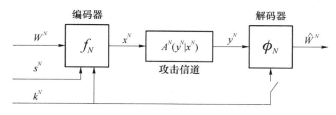

图 2.4　Moulin 模型

与 Costa 模型相比,Moulin 模型引入了失真限度来衡量不可感知性。首先定义了两个失真函数 $d_1:S\times X\to R^+$ 和 $d_2:X\times Y\to R^+$,R^+ 表示正实数,信息嵌入满足失真限度 D_1,即

$$|W|^{-1}\sum_{S,K,W}p(S,K)d_1(S,X)\leqslant D_1$$

攻击信道满足失真限度 D_2,即

$$\sum_{X,Y}d_2(X,Y)A(Y|X)p(X)\leqslant D_2$$

Molin 模型将攻击信道抽象成一个满足失真限度 D_2 的无记忆的条件概率分布函数 $A(Y|X)$,编码者不知道攻击信道 $A(Y|X)$,但解码者知道或者由收到的信息 Y 能估计出攻击信道,最后解码者根据最优解码原则,提取出信息 $\hat{W}$。

3. Cohen 与 Lapidoth 模型

在图 2.5 中,原始嵌入信息 W、载体 U 和密钥 θ_1 作为编码器的输入,输出嵌入后的载密数据 X,X 经过攻击信道后,得到信道输出数据 Y,解码器由 Y 和 K 提取出信息 $\hat{W}$。Cohen 模型中:

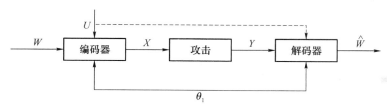

图 2.5　Cohen 与 Lapidoth 模型

① 载体 U 满足独立同分布于零均值方差为 σ_U^2 的高斯分布,原始嵌入信息 W 在消息集上均匀分布,密钥 θ_1 在编码与解码端都可以得到,嵌入过程为 $f_n:(u,w,\theta_1)\mapsto x\in\chi^n$。

② 信息嵌入和攻击信道同样满足失真限度 D_1,D_2,失真函数定义为

$$d_1(U,X)=n^{-1}\sum_{i=1}^n(x_i-u_i)^2,\ d_2(X,Y)=n^{-1}\sum_{i=1}^n(y_i-x_i)^2$$

信息嵌入满足失真限度 D_1,即 $d_1(U,X)\leqslant D_1$,攻击信道满足失真限度 D_2,即 $d_2(X,Y)\leqslant D_2$。

③ 攻击者产生一个攻击密钥 K_2,K_2 与载体 U,消息 W 和密钥 K 是独立的,攻击信

被看作是与 X 和 K_2 有关的函数 $g:Y=g(X,K_2)$，与 Moulin 模型相比，解码者并不知道攻击信道的信息。

4. Somekh-Baruck 模型

Somekh-Baruck 的研究工作是对 Moulin 模型的扩展，但 Somekh-Baruck 模型与 Moulin 模型又有些不同，Somekh-Baruck 模型去除了 Moulin 模型的两个约束条件，即解码者知道攻击信道的信息，以及攻击信道是离散无记忆信道或者分组无记忆信道。因此，编码者和解码者在设计编码和解码方案时不用考虑攻击信道。水印嵌入失真和攻击失真约束分别为

$$p_r\{d_1(S,X)\}>nD_1\,|\,S\}=0$$
$$p_r\{d_2(X,Y)\}>nD_2\,|\,X\}=0$$

2.1.4 信息隐藏的分支

从古典隐写术发展到现代隐形技术，是随着社会的需要和相关技术的发展而产生的。目前在现代隐形技术方面，又产生了更多的应用分支。本节主要介绍信息隐形技术的主要应用分支，其中部分内容是本书的重点。

1. 伪装式保密通信

伪装式保密通信，是古典隐写术与现代技术的直接结合。随着计算机技术和互联网技术的发展，网络传输的带宽越来越大，使得越来越多的多媒体信息可以通过网络传输。而另一方面，也有越来越多的机密信息需要保密，如政府上网后的一些重要信息，电子商务应用后的金融信息、个人隐私信息等。当然，这些信息的安全传输可以依靠传统的密码技术，但是如果能够在密码技术之外再加一层保护，可以进一步提高其安全性。而这层保护好像生物学中的保护色，把密码传输的事实掩盖起来，可以躲避攻击者的注意。这些信息可以利用多媒体信息作为隐藏载体，因为多媒体信息的接收者大部分是人类的感觉系统，如听觉、视觉系统等，而人的感觉系统对图像、视频、声音等的感知精确度远远低于计算机的精确度。利用这一特点，就发展出了伪装式保密通信这一研究领域。

目前，这一研究领域主要研究在图像、视频、声音以及文本中隐藏信息。如可以在一幅普通图像、一段视频流、一段普通谈话甚至普通的文档中隐藏需要保密的数据，而这些数据可以是任意形式的数字信息，对隐藏者来说它们只是一些比特流。

信息隐藏在伪装式保密通信这一分支的主要研究内容有，研究高安全性的信息伪装算法，即隐藏信息的不可察觉性，这里，除了感观上的不可察觉性之外，还要考虑在各种特征分析、信号处理工具下不出现异常特征。另外，从理论上分析伪装载体的隐藏容量，或者说是伪装式保密通信的信息传输速率，既是目前的理论研究热点，也是保密通信在实际应用中需要解决的问题。

2. 数字水印

信息隐形除了在伪装式保密通信中的应用之外，在 20 世纪 90 年代初期，随着网络技术的发展，越来越多的信息是以数字化的形式存在和传播，因此，产生了信息隐形的一个重要分支——数字水印。

数字水印是在数字版权保护应用的基础上从信息隐藏技术演化而来的。目前存在两种基本的数字版权标记手段——数字水印和数字指纹。数字水印是嵌入在数字作品中的一个版权信息，它可以给出作品的作者、所有者、发行者以及授权使用者等版权信息；数字指纹可

以作为数字作品的序列码,用于跟踪盗版者。数字水印和数字指纹就是利用了信息隐藏的技术,利用数字产品存在的冗余度,将信息隐藏在数字多媒体产品中,以达到保护版权、跟踪盗版者的目的。数字指纹可以认为是一类特殊的数字水印,因此,一般涉及数字产品版权保护方面的信息隐藏技术统称为数字水印。

数字水印和信息隐藏的基本思想都是将秘密信息隐藏在载体对象中,但是两者之间还是有本质的不同的。在信息隐藏中,所要发送的秘密信息是主体,是重点保护对象,而用什么载体对对象进行传输无关紧要。对于数字水印来说,载体通常是数字产品,是版权保护对象,而所嵌入的信息则是该产品相关的版权标志或相关信息。

3. 隐蔽信道

计算机系统中的隐蔽信道的含义是,在多级安全水平的系统环境中(如军事计算机系统),那些根本不是专门设计的也不打算用来传输消息的路径称为隐蔽信道。这些信道在为某一程序提供服务时,可以被一个不可信的程序用来向它的控制者泄露信息。计算机系统中存在的安全漏洞也可以被利用作为秘密信道传递信息。

计算机中的隐蔽信道与隐写术有些类似,但是这里的伪装载体是计算机系统的整个运行过程。计算机系统中的隐蔽信道根据其存在的空间和时间位置不同,可以分为存储隐蔽信道和时间隐蔽信道。

2.2　数字水印技术

数字水印实质上是信息隐藏的一个应用,为版权保护等问题提供一种有效的解决方案。因此,信息隐藏的算法大部分都可以应用到数字水印中来。但是数字水印在抗攻击性方面比信息隐藏要求更严格,因为信息隐藏是在攻击者不确定是否有隐藏信息的情况下的攻击,而且攻击者面对大流量的信息,只能对那些有怀疑的目标进行攻击。而数字水印则不同,数字水印是嵌在多媒体数字作品中用来标识版权的数据,盗版者为了盗用别人的数字作品并逃避指控,会想方设法破坏数字作品中可能的数字水印。因此,设计数字水印算法时,应该比信息隐藏算法具有更强的抗攻击型,即要求数字水印具有更好的健壮性。

2.2.1　基本概念

为了在数字产品中使用一种可以起到防伪和标识作用的技术,仿照纸张中的水印,人们提出了数字水印的概念。数字水印概念首次出现于 Tirkel 等人在 1993 年发表的名为 *Electronic Watermark* 的文章中,在 1994 年的 IEEE 国际图像处理会议(ICIP'94)上,R. G. Schyndel 等人第一次明确提出"数字水印"的概念。迄今为止,数字水印还没有一个明确统一的定义。Cox 等人把水印定义为不可感知地在作品中嵌入信息的操作行为。我们可以给出如下定义:数字水印是永久镶嵌在其他数据(宿主数据)中具有可鉴别性的数字信号或模式,并且不影响宿主数据的可用性。或者说,数字水印就是在被保护的数字对象(如静止图像、视频、音频等)中嵌入某些能够证明版权归属或跟踪侵权行为的信息。

一般认为数字水印应具有如下特征:

① 安全性。在宿主数据中隐藏的数字水印应该是安全的、难以被发现、擦除、篡改或伪造,同时,要有较低的虚警率。

② 可证明性。数字水印应能为宿主数据的产品归属问题提供完全和可靠的证据。数

字水印可以是已注册的用户号码、产品标志或有意义的文字等,它们被嵌入到宿主数据中,需要时可以将其提取出来,判断数据是否受到保护,并能够监视被保护数据的传播以及非法复制,进行真伪鉴别等。一个好的水印算法应该能够提供完全没有争议的版权证明。

③ 不可感知性。也叫透明性,是指在宿主数据中隐藏的数字水印应该是不能被感知的。不可感知可以包含两方面的含义:一个是指感观上的不可感知;另一个是指统计上的不可感知。感观上的不可感知就是通过人的视觉、听觉无法察觉出宿主数据中由于嵌入数字水印而引起的变化,也就是从人类的感观角度看,嵌入水印的数据与原始数据之间完全一样。统计上的不可感知性是指,对大量的用同样方法经水印处理过的数据产品,即使采用统计方法也无法确定水印是否存在。

④ 稳健性。也叫鲁棒性,是指数字水印在经历多种无意或有意地信号处理过程后,数字水印仍能保持完整或仍能被准确鉴别。在不能得到水印的全部信息(如水印数据、嵌入位置、嵌入算法、嵌入密钥等)的情况下,只知道部分信息,应该无法完全擦除水印,任何试图完全破坏水印的努力将对载体的质量产生严重破坏,使得载体数据无法使用。一个好的水印算法应该对信号处理以及恶意攻击具有稳健性。可能的信号处理过程包括信道噪声、滤波、数/模与模/数转换、二次采样、剪切、位移、旋转、尺度变化以及有损压缩编码等。

数字水印方案应包括四个要素:原始载体文件、数字水印、嵌入算法、检测算法。原始载体文件可以是文本、图像、音频、视频等各种格式的数字作品。

数字水印一般可分为两种:一种包含了标识信息,检测时需要将标识信息提取出来;另一种采用伪随机序列作为水印,检测时只需判断水印是否存在。

检测数字水印的方法一般也可以分为两种:一种在检测时需要利用原始载体文件或数字水印,这称为非盲检测;另一种在检测时不需要知道原始载体文件和数字水印等原始信息,这称为盲检测。

从鲁棒性和安全性考虑,常常需要对水印进行随机化以及加密处理。可以采用不可逆的加密算法,如经典的 AES 算法等。这是将水印技术与加密算法结合起来的一个通用方法,目的是为了提高水印的可靠性、安全性和通用性。

一般根据应用需求判断采用哪一种水印方案,数字水印方案的一般模型如图 2.6 所示。

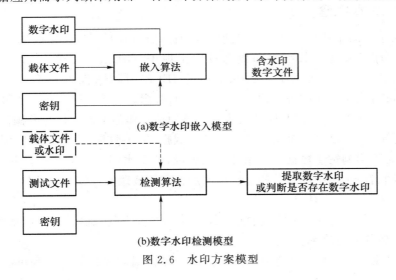

图 2.6 水印方案模型

设 I 为数字图像，W 为水印信号，K 为密钥，在水印的嵌入过程中，设有编码函数 E，原始载体文件 I 和水印 $\tilde{W}$，那么含水印文件可表示如下：

$$I_w = E(I, W, K)$$

从信号处理角度看，数字水印检测（或提取）是一种弱信号检测。若将这一过程定义为解码函数 D，那么输出的可以是一个判定水印存在与否的 0-1 判决，也可以是包含各种标识信息的数据流。如果已知原始文件 I 或水印信号 W 以及有版权疑问的测试文件 $\hat{I}_w$，则有，非盲检测模型：

$$W^* = D(\hat{I}_w, I, K)$$

或是：

$$C(W, W^*, K, \delta) = \begin{cases} 1, & W \text{ 存在} \\ 0, & W \text{ 不存在} \end{cases}$$

盲检测模型：

$$W^* = D(\hat{I}_w, K)$$

其中，W^* 为提取出的水印，K 为密钥，函数 C 为相关检测，δ 为判决阈值。这种形式的检测函数是创建有效水印框架的一种最简便方法，如假设检验或水印相似性检验。

对于假设检验的理论框架，可能的错误有如下两类。

第一类错误：实际不存在水印但却检测到水印。该类错误用虚警率（误识率）P_{fa}（Probability of false alarm）衡量。

第二类错误：实际有水印但是却没有检测出水印，用漏检率 P_{rej} 表示。

总错误率为 $P_{err} = P_{fa} + P_{rej}$，且当 P_{rej} 变小时检测性能变好，但是检测的可靠性则只与虚警率 P_{fa} 有关。要特别注意两类错误实际上存在竞争。

2.2.2　数字水印的分类

以下分别从水印的载体、外观、加载方法和检测方法等几个方面讨论数字水印的分类，帮助读者建立数字水印的整体概念。

1. 按照载体分类

加载数字水印的数字作品，可以是任何一种多媒体类型。根据载体类型的不同，可以把数字水印分为图像水印、音频水印、视频水印、文档水印、软件水印、数据库水印六种。

图像水印是目前最成熟的一种水印技术，主要利用图像中的冗余信息和人的视觉特点来加载水印。

音频水印也主要利用音频文件的冗余信息和人类听觉系统的特点来加载水印。Cox 等人介绍了音频水印的四种基本方法：低比特位编码方法、相位编码方法、扩频嵌入方法和回声隐藏方法，而且还分析了可用的带宽及噪声，带通滤波或重采样等对这些方法的影响。由于人耳对声音信息更敏感，因此研究透明性好的音频水印算法比图像具有更大难度。

视频数据可以看成由许多帧静止图像组成，因此一些静止图像的水印算法也适用于视频。但是，对特殊压缩格式的视频数据并不适用。因此，大部分视频水印算法都直接从研究视频数据特征入手，找出视频数据中对人眼视觉不敏感的部位进行水印嵌入。例如，Hartung 等人提出了参考 MPEG 编码方式的水印算法，其基本思想是对水印的每一个 8×8 块做 DCT 变换,然后将水印的 DCT 系数叠加到相应 MPEG 视频流的 DCT 系数上。

文档所包含的冗余信息非常少,因此嵌入水印比图像、音频和视频等冗余大的载体更困难。文档水印一般利用文档所独有的特点,通过轻微调整文档中的行间距、字间距、文字特性(如字体)等结构来完成水印编码。目前文档水印是研究的一个难点,现有算法的安全性比较低。

软件水印是近年来提出并开始研究的一种技术,它镶嵌在软件的一些模块或数据中,通过这些模块或数据,可以证明该软件的版权所有者和合法使用者等信息。与图像、视频和音频等几种载体相比,软件载体表达的信息非常复杂,而且在不同操作系统、不同编程语言实现的情况下,软件表现形式也不相同。因此软件水印算法的设计思想完全不同于前面几种载体。

由于数据库的特殊性,在其中不易找到能插入水印标记的可辨认冗余空间,而且数据库更新频繁,因而嵌入水印具有一定难度。常用的数据库水印算法主要分为两种:利用一定失真范围内的数据变形嵌入水印;基于元组排序和划分集合嵌入水印。第一种方法属于基本的 LSB 嵌入算法,易于实现,但水印鲁棒性弱。第二种方法鲁棒性较好但容量很小。

2. 按照外观分类

水印从外观上可分为两大类:可见水印和不可见水印,或者说是可察觉水印和不可察觉水印。

可见水印最常见的例子是有线电视频道上所特有的半透明标识,其主要目的在于明确标识版权,防止非法的使用,虽然降低了资料的商业价值,却无损于所有者的使用。

不可见水印是将水印隐藏,视觉上不可见,目的是为了将来起诉非法使用者,作为起诉的证据。不可见水印不会降低数字作品的质量,因此应用更加广泛,绝大多数数字水印方案都采用不可见水印。

3. 按照嵌入方法分类

数字水印嵌入算法往往在相当程度上决定安全性、不可感知性、可证明性和稳健性等性能。根据水印加载方法的不同,可以分为两大类:空间域水印和变换域水印。一般来说,变换域水印性能优于空间域水印。

(1) 空间域水印

较早的水印算法一般都是空间域的,水印直接加载在载体数据上,比如最低有效位方法等。

最低有效位方法(Least Signature Bit,LSB)是最典型的空间域水印方法,也是最早出现的数字水印算法。Trikel 等人在他们 1993 年的文章中针对灰度图像提出了两种基于 LSB 的水印方法。

空间域方法的优点是,方法简单、计算速度快、水印容量大。但采用这种方法的水印鲁棒性和安全性较差,无法经受一些常见的信号处理攻击,如抵抗图像的几何变形、噪声影响、压缩等的能力较差,而且,针对这类水印的分析方法比较多,水印很容易被擦除或改写。

(2) 变换域水印

基于变换域的技术可以嵌入水印数据而不会引起感观上的察觉,这类技术一般基于常用的变换,如 DCT 变换、小波变换、傅里叶变换、Fourier-Mellin 变换或其他变换。与空间域水印相比,变换域水印具有更好的稳健性和鲁棒性,而且有些算法还结合了当前的图像和视频压缩标准(如 JPEG、MPEG 等),因此逐渐成为水印算法的主流。

总的来说,与空间域水印方法比较,变换域水印方法具有如下优点:

① 在变换域中嵌入的水印信号能量可以散布到空间域的所有位置上,有利于保证水印的不可察觉性。

② 在变换域中人类视觉系统和听觉系统的某些特性(如频率掩蔽效应)可以更方便地结合到水印编码过程中。

③ 变换域的方法可与数据压缩标准相兼容,从而实现在压缩域内的水印算法,同时,也能抵抗相应的有损压缩。

4. 按照检测方法分类

在检测水印时,如果需要参考未加水印的原始载体(图像、声音等),则这类水印方案被 Cox 等人称之为私有水印方案,这类水印也叫非盲水印或明文水印。反之,如果检测中无须参考原始载体,则这类水印方案被称为公开水印方案,这类水印也称为盲水印。一般来说,非盲水印的鲁棒性比较强,但其应用受到存储成本的限制。目前学术界研究的数字水印大多数是盲水印。

5. 按照水印特性分类

按照特性可以将数字水印分为鲁棒性数字水印(稳健性数字水印)、半脆弱数字水印和脆弱性数字水印三类。

鲁棒性数字水印主要用于在数字作品中标识版权信息,如版权所有者、作品序号等,在发生版权纠纷时,水印用于标识版权所有和进行盗版追踪。它要求嵌入的水印鲁棒性强,即能够经受各种常用的信号处理操作攻击,包括无意的或恶意的处理,如有损压缩、滤波、平滑、信号裁剪、图像增强、重采样、几何变形等。鲁棒性水印在经过各种处理后,只要载体信号没有被破坏到不可使用的程度,都应该能够检测出水印信息,这种水印在验证一件被篡改过的数字作品是否为盗版时是非常有用的。大量文献中研究的数字水印基本上都是鲁棒性水印。

脆弱性数字水印主要用于完整性保护,也即认证图像的真实性和完整性。如果检测发现图像中的水印受到破坏,则证明图像被篡改了。与稳健性水印的要求相反,脆弱性水印必须对信号的改动很敏感,人们根据脆弱水印的状态就可以判断数据是否被篡改过,甚至可以确定被篡改的位置。它的特点是载体数据经过很微小的处理后,所加载的水印就会被改变或毁掉。

半脆弱水印也用于数字作品认证,它对某些特定的信号处理操作具有鲁棒性。由于传输过程对数字作品必然产生不可避免的损失,例如有损压缩、信道噪声等,因此,能够抵抗某些非恶意攻击的半脆弱水印往往比脆弱水印更有实用价值。半脆弱水印和脆弱水印有时也统称为认证水印。

6. 按照密钥分类

类似于密码学中的私钥密码和公钥密码,水印算法中也可根据所采用的用户密钥的不同,分为对称水印和非对称水印方案。

对称水印方案在嵌入水印和检测水印过程中采用同一密钥,因此,只有水印嵌入者才能够检测水印,证明版权。最初的数字水印算法都属于对称水印算法。由于这种对称水印技术在实际应用中存在检测不便的缺点,近年来提出了一种非对称数字水印技术。

非对称数字水印,或称公钥水印,就是用于嵌入水印的密钥,不同于用于水印检测的密钥。由嵌入者用一个仅有其本人知道的密钥嵌入水印。含水印的载密文件可由任何知道公开密钥的人来进行检测。也就是说任何人都可以进行水印的提取或检测,但只有特定的嵌入者可以嵌入水印。

近来有不少学者在非对称水印算法方面做了大量研究工作,提出了一些可行的技术。主要包括扩频非对称数字水印、Legendre 水印、特征向量水印、基于单向信号处理的非对称水印、基于 MPEG 图像类型标记水印等技术。

一般来说,非对称水印方案应该具备以下特征:

① 嵌入的水印应该满足数字水印的一般特征,如鲁棒性、不可觉察性等。

② 水印嵌入时用一个私钥,水印检测时用一个公钥。私钥由嵌入者掌握,必须保密,公钥是可以公开的。

③ 嵌入和检测算法在计算上是可行的,在实时性要求较高的应用中,如视频点播服务中,要强调水印的快速检测。

④ 攻击者即使掌握了公钥,也不能移去水印。注意:对称水印的鲁棒性,是在攻击者不知道密钥的前提下,要求能够抵抗各种有意和无意的攻击;非对称水印要求更严格一些,因为攻击者知道公钥,也就在某种程度上知道了有关水印的秘密。

⑤ 攻击者即使知道了公钥,也不能伪造一个水印,非对称水印的目的就在于能够让用户检测出版权信息,如果能够伪造水印,也就失去了版权保护的目的。

⑥ 从公钥推断私钥,在计算上是不可行的,如果能够推断出私钥,则整个方案就毫无安全性可言了。

⑦ 检测过程不需要宿主信号。

最早的非对称数字水印算法由 Hartung 和 Girod 提出,主要思想是由部分嵌入密钥生成检测密钥。由于检测密钥仍然与嵌入密钥保持一定的相关性,因此采用通常的相关检测方法进行水印检测。

目前提出的非对称水印算法主要分为两类:一类是基于水印特征的方法,就是把具有一定特征的信号作为水印信息;另一类是基于变换的方法,就是利用一些变换从嵌入密钥变换成提取密钥。目前已有的非对称水印算法大多数是 1 bit 水印算法,即只能检测水印的有无,多比特水印算法较少。而在实际应用中,多比特水印远比 1 bit 水印具有广泛的应用。

7. 按照使用目的分类

按照使用目的可以将数字水印分为版权标识水印和数字指纹两种。版权标识水印又称为基于数据源的水印,水印信息标识作者、所有者、发行者、使用者等,并携带有版权保护信息和认证信息,用于发生版权纠纷时的版权认证,还可用于隐藏标识、防复制等。数字指纹水印又称为基于数据目的的水印,主要包含一些关于本件产品的版权信息,或者购买者的个人信息,可以用于防止数字产品的非法复制和非法传播。

2.2.3 数字水印的性能评价

鲁棒性(稳健性)、不可感知性和容量是数字水印的三个重要评价指标。下面分别对这三个指标加以讨论。

（1）鲁棒性（稳健性）

除了主动攻击者对水印的破坏以外，水印在传递过程中也可能遭到某些非恶意的修改，如压缩编码、滤波、图像变换、多媒体信号的格式转换等。所有这些常用的信号处理都有可能导致水印的丢失。因此，设计一个可用的数字水印系统，除了安全性以外，鲁棒性也至关重要。

定义 2.1　鲁棒性：设 $\sum$ 是一个数字水印系统，M 是水印空间，C 是载体空间，K 是密钥空间，P 是一类映射：$C \rightarrow C$，若对所有的 $m \in M, c \in C, p \in P$，恒有：

$$D_K(p(E_K(c,m,k)),k) = D_K(E_K(c,m,k),k) = m$$

则称该系统为 P-鲁棒性的数字水印系统。

定义 2.2　保持 α-相似性：映射 $p: C \rightarrow C$ 具有性质 $\text{sim}(c, p(c)) \geqslant \alpha$ 且 $\alpha \approx 1$。

定义 2.3　α-弱系统：一个系统称之为 α-弱的，则对每一个载体都存在一个"保持α-相似性"的映射，使得隐藏的信息不能按定义 2.1 中的公式恢复出来。

一个理想的系统应该对所有的"保持 α-相似性"的映射具有鲁棒性，然而，这样一种系统在实际设计中是相当困难的，并且要达到这样的鲁棒性，水印容量是相当低的。很多数字水印系统只能针对某一类特殊的映射具有鲁棒性（比如，JPEG 压缩与解压缩、滤波、加白噪声等）。

Cox 等人指出，鲁棒性算法应该把水印信息放置在信号感观最重要的部分上。如果水印嵌入噪声部分，可以不费吹灰之力地就把它去掉。而如果嵌入感观最重要的部分，在载体不被破坏到无法识别的严重程度之前，都能够恢复出水印信息，也就是说，只要载体能够被正常使用，水印就不会丢失。因此将水印与载体的感观最重要的部分绑定在一起，其鲁棒性就会强很多。

衡量一个水印算法的鲁棒性，通常使用这样一些处理：

① 数据压缩处理。图像、声音、视频等信号的压缩算法是去掉这些信号中的冗余信息。通常水印的不可感知性就是采用将水印信息嵌入在载体对感知不敏感的部位，而这些不敏感的部位经常是被压缩算法所去掉的部分。因此，一个好的水印算法应该考虑将水印嵌入在载体的最重要部分，使得任何压缩处理都无法去除水印。当然这样可能会降低载体的质量，但是只要适当选取嵌入水印的强度，则可以使得水印对载体质量的影响尽可能小，以至于不引起察觉。

② 滤波、平滑处理。水印应该具有低通特性，低通滤波和平滑处理应该无法删除水印。

③ 量化与增强。水印应该能够抵抗对载体信号的 A/D、D/A 转换、重采样等处理，还有一些常规的图像操作，如图像在不同灰度级上的量化、亮度与对比度的变化、图像增强等，都不应该对水印产生严重的影响。

④ 几何失真。目前的大部分水印算法对几何失真处理都非常脆弱，水印容易被擦除。几何失真包括图像尺寸大小变化、图像旋转、裁剪、删除或添加等。

嵌入域的选择，嵌入位置的选择，嵌入方法和水印数据的表示法等都会对水印的鲁棒性产生直接影响，在这些方面的恰当选择有利于提高算法的鲁棒性。

（2）不可感知性

不可感知性要求嵌入信息后，宿主数据质量没有明显下降，凭借人类的感知系统不能发觉其中嵌入了信息。图像数字水印利用人眼对视觉信号感觉上的不敏感性，音频数字水印利用人耳对听觉信号感觉上的不敏感性。

通常有两种方法对水印的可感知性进行评价,一个是主观测试,另一个是客观度量。主观测试直接反映了人对图像质量的感受,一般来说比较准确,对最终的质量评价和测试是有实际价值的,但其缺点是,不同人员之间主观差异较大,并且实验时需要得到较好的统计结果,就要找大量的测试人员进行测试,因此结果的可重复性不强。

客观度量的结果不依赖于主观评价,并且计算较简单,可重复性强。常用的失真度量方法有差分失真度量、相关性失真度量等。但是,研究结果表明,这些客观失真度量与人的视觉和听觉系统相互关联得并不是很好。例如,一幅人头像的图片,如果有较弱的干扰集中在人的面部,那么人在主观感觉上认为这幅图像质量较差,但是如果有更强的干扰加在图片的背景上,那么峰值信噪比比前一幅更低,但是人在主观感觉上却认为其图像质量更高。在这种情况下,如果使用峰值信噪比来计算图像的失真,就可能会造成失真度量的误导。

(3)容量

既然认为水印系统等同于弱信号的通信系统,那么,水印的传输率是一个必须研究的问题。水印容量是水印系统信道的最大可靠传输率。为了解决数字水印的容量问题,很多研究者建立了各种数字水印通信模型,数学化的约束条件,利用香农信息论对信道容量的分析方法,分析通信模型的信道容量或者编码容量,从而得出其假设条件下的所定义的水印容量或者容量上限。不同的数字水印抽象模型导致了不同的水印容量结果,如何准确刻画水印通信模型,提供通用的约束条件,是需要深入研究的内容之一。

为了更好地衡量数字水印系统性能,下面给出目前常用的数字水印度量指标的数学形式。

(1)峰值信噪比(PSNR)

通常使用峰值信噪比(PSNR)来估计水印嵌入载体之后噪声的大小,并作为反映一个数字水印方案的不可感知性好坏的指标。PSNR 定义为

$$\mathrm{PSNR}(f,w) = 10\log_{10}\left[\frac{\max_{\forall (m,n)} f^2(m,n)}{\frac{1}{N_f}\sum_{\forall (m,n)}(f_w(m,n)-f(m,n))^2}\right]$$

其中,f 是载体图像,w 是水印信息,f_w 是嵌入水印的图像,(m,n) 是特定的坐标值,N_f 是载体信息或者是嵌入水印的信息的像素个数,PSNR 的单位是 dB。

(2)MOS 值

MOS 评分法是一种使用最广的音频主观评价方法,因此也常用它来估计音频水印不可感知性。它用 5 级评分标准来评价语音的质量,分别代表语音质量为极好、较好、一般、较差、极差五个等级,见表 2.1。参加测试的人员对所听的语音从五个等级中选择其中之一作为他对语音质量的评价,全体实验者的平均分就是所测语音质量的 MOS 分。

表 2.1 五种等级的质量标准和受损程度的尺度

MOS 评分	质量标准	受损程度
5	极好	不可察觉
4	较好	可察觉,但不影响听觉效果
3	一般	轻微影响听觉效果
2	较差	影响听觉效果
1	极差	严重影响听觉效果

一般认为 MOS 分为 4.0~4.5 为高质量数字化语音,称为网络质量;3.5 分左右称为通信质量,能感觉到语音质量有所下降,但不妨碍正常通话;3.0 分以下称为合成语音质量,具有足够高的可懂度,但自然度不够好,并且不易进行讲话人识别。

（3）相关系数

为了衡量嵌入的和恢复的水印之间的相关性。采用下面的公式来求得相关系数：

$$\rho(w,\hat{w}) = \frac{\sum_{i=1}^{N_w} w(i)\hat{w}(i)}{\sqrt{\sum_{i=1}^{N_w} w^2(i)} \sqrt{\sum_{i=2}^{N_w} \hat{w}^2(i)}}$$

其中,$w(i)$ 和 $\hat{w}(i)$ 分别是嵌入和恢复的水印信息,N_w 是水印的长度。对于鲁棒型水印来说,应尽量使 ρ 达到最大,而对于脆弱水印,这个值应该尽量减小。

（4）归一化汉明距离

如果数字水印是由二值数据组成的,可以采用计算汉明距离来估计嵌入和恢复的水印的相似性。这里的汉明距离表示为

$$\rho_{HD}(w,\hat{w}) = \frac{1}{N_w} \sum_{i=1}^{N_w} w(i) \oplus \hat{w}(i)$$

其中,$w(i)$ 和 $\hat{w}(i)$ 分别表示嵌入及恢复的水印,N_w 为水印长度,$\oplus$ 是异或运算符。

2.3　数字水印安全性

数字水印安全性是应用的重要需求,正如密码算法一样,水印算法必须经过公开的分析和各种攻击,才能证明其安全性。许多水印算法在这方面仍需改进提高。

本节我们主要讨论水印协议和算法的安全性问题。

2.3.1　数字水印算法安全性

一个水印算法的安全性指的是它对抗蓄意篡改的能力。Cachin 从信息论的角度,给出了信息伪装系统安全性的一个正式定义。其中,载体被看作是一个具有概率分布为 P_C 的随机变量 C,秘密消息的嵌入过程看作是一个定义在 C 上的函数。设 P_S 是 $E_K(c,m,k)$ 的概率分布,其中 $E_K(c,m,k)$ 是由信息伪装系统产生的所有伪装对象的集合。

如果一个载体 c 根本不用作伪装对象,则 $P_S(c)=0$。为了计算 P_S,必须给出集合 K 和 M 上的概率分布。Cachin 定义了这样一个熵,它可以衡量两个概率分布的一致程度。设定义在集合 Q 上的两个分布 P_1 和 P_2,当真实概率分布为 P_1 而假设概率分布为 P_2 时,它们之间的熵定义为

$$D(P_1 \parallel P_2) = \sum_{q \in Q} P_1(q) \log_2 \frac{P_1(q)}{P_2(q)}$$

用它来度量嵌入过程对概率分布 P_C 的影响。当假设概率分布与真实概率分布完全一样时,这个熵 $D(P_1 \parallel P_2)$ 为零,说明假设的与真实的概率分布之间没有不确定性。当假设概率分布与真实概率分布不同时,上述定义给出了假设的与真实的概率分布之间不确定性

的衡量,P_1 和 P_2 之间差别越大,熵值越大。Cachin 根据 $D(P_C \parallel P_S)$ 来定义一个信息伪装系统的安全性。

定义 2.4　绝对安全性: 设 $\sum$ 是一个信息伪装系统,P_S 是通过信道发送的伪装对象的概率分布,P_C 是 C 的概率分布,若有 $D(P_C \parallel P_S) \leqslant \varepsilon$,则称 $\sum$ 抵御被动攻击是 $\varepsilon -$ 安全的。若有 $\varepsilon = 0$,则称 $\sum$ 是绝对安全的。

因为 $D(P_C \parallel P_S)$ 等于 0 当且仅当两个概率分布相等,也就是说攻击者看到的载体对象和伪装对象的概率分布是完全一致、无法区分的,因此攻击者无法判断传递的是伪装对象还是载体对象。于是我们可以得出结论:如果一个信息伪装系统嵌入一个秘密消息到载体中去的过程不改变 C 的概率分布,则该系统是(理论上)绝对安全的。

**定理 2.1　** 存在绝对安全的信息伪装系统。

证明:我们给出一个构造性证明。设 C 是所有长度为 n 的比特串的集合,P_C 是 C 上的均匀分布,e 是秘密消息($e \in C$)。发送者随机选择一个载体 $c \in C$,并计算 $s = c \oplus e$,这里 $\oplus$ 是比特异或运算 XOR。这样产生的伪装对象 s 在 C 上也是均匀分布的,因此 $P_C = P_S$,并且 $D(P_C \parallel P_S) = 0$。在信息提取过程中,通过计算 $s \oplus c$,就可恢复出秘密消息 e。

上述系统非常简单但没有什么用处,因为没有监狱会让犯人 A 和 B 去交换随机比特串。

2.3.2　隐写分析概述

如同密码分析是采用数学手段分析和攻击加密算法的技术一样,隐写分析是采用数学和信号处理手段分析和攻击数字水印的技术。

隐写分析的目的在于揭示可疑载体中水印信息存在与否。隐写分析的目标可划分为三个层次:最基础的目标是判断可疑载体是否隐藏了水印信息;隐写分析的第二层目标是提取载体中的水印信息;第三层目标是在达到前述目标的基础上,主动对水印信息进行干扰或破坏。

目前较有效的隐写分析算法往往针对特定水印算法或特定对象,如基于 LSB 及其各种衍生算法的隐写分析。本节首先介绍隐写分析基本原理和思路,然后介绍隐写分析的经典算法。

1. 感官分析

感官分析利用人类感知和清晰分辨噪音的能力来对数字载体进行分析检测。多数水印软件采用非自适应的方法嵌入水印。即选择嵌入位置时,同等对待载体中的所有样点,忽略了载体本身存在的空间相关等特性。如果图像存在颜色相同的或含有饱和度(0 或 255)的连接区域,经过预处理后,能够被观察出嵌入的痕迹。利用人类视觉系统分辨噪声和图像轮廓的能力,可以发现经过连续的时域嵌入后图像元素边缘或轮廓不自然的区域。人类听觉系统更加敏锐,不但可以分辨出静音区域嵌入水印后带来的噪音,而且可以分辨出在不同频段嵌入造成的失真,这对基于音频的水印算法带来很大挑战,使得目前基于音频的水印容量较低。对视频信号,分析时要观察是不是有不正常的画面跳动或者噪声干扰等。

感官分析方法虽然简单,但一方面主观依赖性强,因此可靠性难以保证;另一方面自动化能力差,不适用于大批量载体检测。

2. 特征分析

特征分析的依据是:嵌入操作使得载体产生变化,这些变化使载体产生特有的性质——

特征,依赖这些特征可以进行分析。

（1）格式特征

图像处理软件在显示图像时不解析图像格式中存在的冗余数据,水印软件 Invisible Secrets、Hide and Encrypt、Hide Files and Folders 等利用了这个特点。这类图像可以采用下面方法检测。

基于 BMP 文件的格式嵌入法将水印附加到文件尾。由于这种方法嵌入的数据只是粘贴在文件的尾部,这必然增加文件尺寸,这个文件尺寸称为实际文件尺寸。利用图像文件的文件头信息和图像信息计算出这个 BMP 图像文件尺寸,称为有效文件尺寸。比较实际文件尺寸和有效文件尺寸,若它们之差大于一定的阈值（阈值用以解决不同图像软件生成的 BMP 的细微差别,可进行实验来确定）,则判断此文件嵌入了水印,并且可以把水印截取下来,若它们之差小于给定的阈值,则可以认为基于文件结构没有嵌入水印。其他利用格式冗余（GIF,JPEG 文件等）进行嵌入的分析方法类似。

在带调色板和颜色索引的图像中,一般按照调色板颜色使用频度的高低进行排序,以减少查寻时间和编码位数。颜色值之间可以逐渐改变,但很少以一比特增量方式变化。检测图像出现下列情况时,图像中很可能嵌入了水印:灰度图像颜色索引是以 1 bit 为步进增长的,但对应颜色的 RGB 值是相同的;在调色板中出现了图像中没有使用的颜色;调色板颜色顺序没有按照常规的方式排序;等等。对于在调色板中嵌入水印的方法,一般是比较好判断的。即使无法判断是否有水印,对图像的调色板进行重新排序,按照常规的方法重新保存图像,也有可能破坏掉用调色板方法嵌入的水印,同时对传输的图像感观没有造成破坏。

（2）软件特征

许多软件在嵌入水印时也嵌入特殊标记,用以证明作者版权等。有一类分析软件利用这个特性,通过比嵌入前后载体的差异,找到水印软件在载体中插入的特征标记,并以该标记识别待检测载体是否含有水印。

例如,P. Satya. Kiran 发布的工具软件 THE THIRD EYE 会在嵌入后留下"www. binary-techNologies. com"的标记;securengin3.0 在含水印载体像素区留下 96 bit 的固定二进制特征码;BMP Secrets V1.0 则在距文件头 36 字节处留下十六进制特征字节"00 00 40 0B 00 00 40 0B"。目前互联网上公布的水印软件中,有十几种含有明显的特征。

利用软件特征进行检测,方法简单,速度相对较快,但越来越多的水印软件已经不再对此进行改进,不再嵌入特征标记,因此这种分析方法适用的空间越来越小。

3. 统计分析

水印对原始载体冗余部分的改变虽然几乎不影响原始载体的感观效果,但却经常会改变原始载体的某些统计特征。通过分析待检测载体的统计特征,可以判断载体是否含有水印。这种分析方法通过比对一类载体的统计特征和待检测载体统计特征找出差别。

目前针对 LSB 嵌入的统计分析算法最成熟,我们将在后面章节中详细介绍两种代表性算法:chi-square 分析算法和 RS 分析算法。

4. 通用分析方法

严格地说,感官、特征和统计分析都是针对性检测方法,虽然某些统计分析方法适用面相对较广,但都难以达到检测任意水印算法的目标。通用分析方法的目标是,经训练后,通用分析方法可以检测包括空域和变换域的任意水印算法。

通用分析方法的原理是,寻找具有区分能力的统计量构成特征矢量集,然后采用神经网络,聚类分析或回归分析等方法找到阈值,从而构建分类器。目前已有基于图像质量度量、高阶统计量(小波分解系数等)和加性噪声的盲检测算法。

通用分析方法的优点是不用考虑具体的水印方法,对于变换域和空间域水印算法都有一定的适用性,对于新的未知水印算法,可以通过训练调整某些参数来进行检测,因而具有一定的灵活性。通用分析方法的不足之处是需要训练分类器,但根据特定数据库训练的结果,并不一定适合于需要测试的图像。通用分析方法检测范围广,但复杂度高,目前准确性不高。

2.3.3 chi-square 分析

chi-square 分析又称卡方分析。普通图像像素值的分布情况由于 LSB 嵌入会发生变化。使用 LSB 嵌入水印时,如果像素值最低位比特与水印比特相同,那么保留该像素值不做变化;否则,使用水印比特位代替像素值的最低比特位。例如,水印比特位为 1 时,若像素值为 (128)D＝(1000 0000)B,则将像素值变为 (129)D＝(1000 0001)B;若像素值为 (17)D＝(0001 0001)B,则不改变该像素值。

图 2.7 测试图像 Bliss

分析该处理过程,像素值会由 $2i$ 变为 $2i+1$,而不会变为 $2i-1$;或者由 $2i+1$ 变为 $2i$,而不会变为 $2i+2$,即像素值在值对 $2i$ 和 $2i+1$ 之间翻转。因此,若用 h_i 表示像素值为 i 的像素个数,那么,使用 LSB 嵌入后,h_{2i} 和 h_{2i+1} 会比较接近,远小于普通图像中 h_{2i} 和 h_{2i+1} 的距离。图 2.7 显示了测试图像,图 2.8 显示原始图像的灰度直方图(局部),图 2.9 显示对应含水印图像的灰度直方图(局部)。从图中可以看出,正如算法分析所得结论,原始图像中 h_{2i} 和 h_{2i+1} 相差较大,灰度值为 96 的像素约有 1 700 个,而灰度值为 97 的像素约有 4 000 个左右。嵌入后,h_{2i} 和 h_{2i+1} 的差距缩小了,灰度值为 96 和 97 的像素个数几乎相等,约为 2 700 左右。利用这个特点可以进行统计分析。

令

$$h_{2i}^* = \frac{h_{2i} + h_{2i+1}}{2}$$

该值在嵌入前后不发生变化,当 h_{2i}^* 较大时,根据中心极限定理,下式成立。

$$\frac{h_{2i} - h_{2i+1}}{2\sqrt{h_{2i}^*}} = \frac{h_{2i} - h_{2i}^*}{\sqrt{h_{2i}^*}} \sim N(0,1)$$

即 $\frac{h_{2i} - h_{2i}^*}{\sqrt{h_{2i}^*}}$ 服从标准正态分布。因此,统计量 χ^2 服从自由度为 k 的开方分布。k 为 h_{2i} 和 h_{2i+1} 组成的数字对,h_{2i}^* 为 0 时不记在内。

$$\chi^2 = \sum_{i=1}^{k} \frac{(h_{2i} - h_{2i}^*)^2}{h_{2i}^*} \sim \chi^2(k)$$

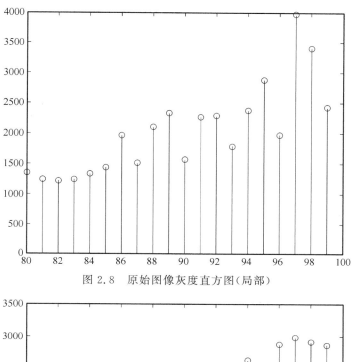

图 2.8 原始图像灰度直方图(局部)

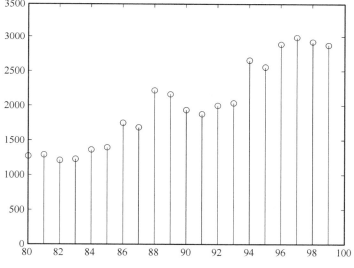

图 2.9 含水印图像灰度直方图(局部)

由于 χ^2 越小,表明 h_{2i} 和 h_{2i+1} 越接近,因此也意味着图像含水印的概率也越高。可以利用卡方分布的概率密度函数计算载体被隐写的概率:

$$p = 1 - \frac{1}{2^{\frac{k-1}{2}} \Gamma\left(\frac{k-1}{2}\right)} \int_0^{\chi^2} \exp\left(-\frac{x}{2}\right) x^{\frac{k-1}{2}-1} \mathrm{d}x$$

如果 p 接近 1,说明载体含有水印。图 2.10 给出了对测试图像在三种嵌入率 30%,50% 和 70% 情况下进行卡方检测的情况。

使用 LSB 算法对图像左上角特定比例区域内所有像素嵌入水印。图像横坐标表示进行卡方分析的区域所占的比率,纵坐标表示卡方分析所得的嵌入概率。可以看出,对于不同隐写率,在嵌入区域内,嵌入概率估计值近似为 1;嵌入区域以外,嵌入概率估计值近似为 0,与实际情况吻合。

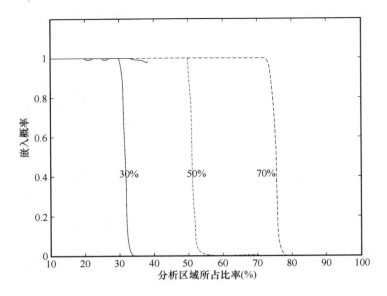

图 2.10 灰度图像卡方检测结果

卡方分析不仅能够对隐写率做出分析,且能够判断嵌入位置。但如果隐写率较低,或者嵌入位置随机分布,卡方分析就难以奏效。

2.3.4 RS 分析

1. RS 分析原理

RS 分析是 Fridrich 提出的一种利用图像空间相关性的隐写分析方法。以 ZigZag 方式扫描给定图像,将其排列为一个向量$(x_1, x_2, \cdots, x_n)$,并定义下述函数描述图像空间相关性:

$$f(x_1, x_2, \cdots, x_n) = \sum_{i=1}^{n-1} |x_i - x_{i+1}|$$

f 值越小,说明图像相邻像素之间的起伏越小,亦即图像块的空间相关性越强。

为便于描述算法,定义翻转函数。记 F_1 为 $2i$ 和 $2i+1$ 的相互变化关系,例如 $F_1(2) = 3, F_1(3) = 2$;F_{-1} 为 $2i-1$ 和 $2i$ 的相互变化关系,例如 $F_{-1}(2) = 1, F_{-1}(1) = 2$。因此,$F_1$ 和 F_{-1} 关系可表述为

$$F_{-1}(x) = F_1(x+1) - 1$$

类似地,定义不变关系:

$$F_0(x) = x$$

可以使用翻转函数描述 LSB 算法:当嵌入秘密信息与像素最低比特位相同时,对像素应用 F_0 翻转函数,亦即像素值保持不变;否则,对像素应用 F_1 翻转函数,使像素值由 $2i$ 变为 $2i+1$,或由 $2i+1$ 变为 $2i$。

对图像块的每个像素应用翻转函数,记为

$$F(G) = (F_{M(1)}(x_1), F_{M(2)}(x_2), \cdots, F_{M(n)}(x_n))$$

其中,$M(i), 1 \leqslant i \leqslant n$ 标识应用于像素的翻转类型,取值为 $-1, 0, +1$ 三者之一。对图像的翻转操作相当于在 G 上叠加了一些噪声,一般情况下,噪声会破坏图像块的空间相关性。若 $f(F(G)) > f(G)$,则称 G 为正常(regular)的,否则称为异常的(singular)。

　　采用这个特性分析含水印图像与普通图像之间的区别。第一步,将待检测图像划分为若干大小相同的图像块;第二步,分别对各图像块像素应用非负翻转,即 $M(i)$,$1 \leqslant i \leqslant n$ 为 0 或 1;第三步,依次计算 $f(F(G))$,记正常图像块($f(F(G)) > f(G)$,空间相关性削弱)比例为 R_M,异常图像块比例为 S_M,则有 $R_M + S_M \leqslant 1$;第四步,依次对每个图像块应用非正翻转,同样计算正常和异常图像块比例,分别记为 R_{-M} 和 S_{-M}。

　　如果待检测图像没有经过 LSB 嵌入,无论应用哪种类型的翻转,从统计而言,会同等程度地增加图像的混乱度,亦即:$R_M \approx R_{-M}$,$S_M \approx S_{-M}$,而且 $R_M > S_M$,$R_{-M} < S_{-M}$。

　　如果待检测图像经过了 LSB 嵌入,那么应用非负和非正翻转会带来明显差别。下面我们开始分析,假设原始图像中,隐写率为 α,即负载了水印的像素数目与全体像素数目的比率为 α。那么,由于水印的随机性,大约有比例为 $\alpha/2$ 的像素发生了 F_1 翻转。对其应用非负翻转时,假设 F_1 的比率为 β,则像素的翻转情况可以分为三类:

　　第一类,经两次 F_0 翻转,灰度值没有发生变化的像素,所占比率为 $(1-\alpha/2)(1-\beta)$。

　　第二类,经 F_0、F_1 翻转各一次,灰度值发生变化的像素,所占比率为 $\alpha/2(1-\beta)+(1-\alpha/2)\beta$。

　　第三类,经两次 F_1 翻转,灰度值也没有发生变化,这类像素所占比率为 $\alpha\beta/2$。

　　分析可知,对于含水印图像,应用翻转后,灰度值发生变化的像素增加了,比例为 $\beta(1-\alpha)$。这意味着,图像混乱程度增加了,这个值随着 α 的增加而减少,也就是说,α 越大,翻转后 R_M 和 S_M 越接近。

　　对含水印图像应用非正翻转,同样有一部分元素经历了两次非 F_0 翻转,不同的是,一次经历了 F_1 翻转,一次经历了 F_{-1} 翻转,两次翻转的效果不会抵消,因此,R_{-M} 和 S_{-M} 之间的距离不会随着隐写率 α 的上升而下降。图 2.11 是在不同隐写率条件下计算的 R_M、S_M 和 R_{-M}、S_{-M} 值。

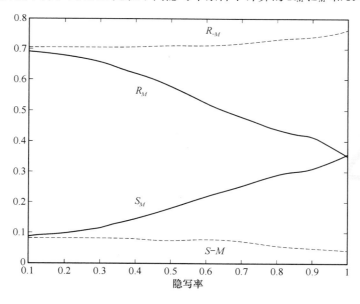

图 2.11　不同隐写率对应的 R_M、S_M 和 R_{-M}、S_{-M}

2. 隐写率估计

为了估计待检测图像隐写率,我们需要考察图像中实际发生翻转的像素个数。假设水印是随机的二进制比特流,那么使用 LSB 对比率为 α 的像素进行处理后,最低比特平面发生翻转的像素比率为 $\alpha/2$。例如,若隐写率为 100%,则平均有 50% 的像素发生了翻转。估算待检测图像隐写率时,不妨假设待检测图像的隐写率为 α,则相对于原始图像,约有 $\alpha/2$ 的像素灰度值发生了变化;对待检测图像的所有像素应用 F_1 翻转后,相对于原始图像,约有 $1-\alpha/2$ 的像素灰度值发生了变化。这两类情况下分别可计算得出 $R_M(\alpha/2)$、$S_M(\alpha/2)$、$R_{-M}(\alpha/2)$、$S_{-M}(\alpha/2)$、$R_M(1-\alpha/2)$、$S_M(1-\alpha/2)$、$R_{-M}(1-\alpha/2)$、$S_{-M}(1-\alpha/2)$,8 个样点值,可以根据这些数值估算隐写率。

(1) Fridrich 方法

根据试验结果,Fridrich 采用直线拟合 R_{-M}、S_{-M} 两条曲线,而采用二次曲线拟合 R_M、S_M 两条曲线。估计隐写率时,具体步骤为:第一,计算待检图像得到上述 8 个样点值,并根据实际翻转像素率为 50% 时,$R_M(1/2)=S_M(1/2)$(注意,$1/2$ 是像素翻转率,认为此时隐写率为 1,以下分析都考虑像素实际翻转率),拟合出 R_{-M},S_{-M} 和 R_M,S_M 四条曲线。第二,根据下面公式计算隐写率:

$$p=\frac{z_0}{z_0-0.5}$$

其中,z_0 是下述方程的根:

$$2(d_1+d_0)z^2+(d_{-0}-d_{-1}-d_1-3d_0)z+d_0-d_{-0}=0$$
$$d_0=R_M(\alpha/2)-S_M(\alpha/2)$$
$$d_1=R_M(1-\alpha/2)-S_M(1-\alpha/2)$$
$$d_{-0}=R_{-M}(\alpha/2)-S_{-M}(\alpha/2)$$
$$d_{-1}=R_{-M}(1-\alpha/2)-S_{-M}(1-\alpha/2)$$

(2) 简单方法

与 Fridrich 方法不同的是,一种简单的方式是,R_{-M},S_{-M} 和 R_M,S_M 都采用直线拟合,它们的关系如图 2.12 所示。

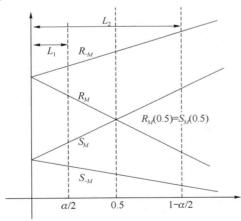

图 2.12 RS 隐写分析方法

分析时,可按下述步骤进行:

① 计算待检图像得到上述八个样点值。

② 连接这些数据并延长。根据上述分析并如图 2.12 所示，R_M 和 S_M 相交于像素翻转率为 0.5（隐写率为 1）处；R_M、R_{-M} 和 S_M、S_{-M} 相交于像素翻转率或隐写率为 0 处。

③ 利用 $R_M(0)$、$R_M(\alpha/2)$、$R_M(0.5)$ 和 $R_M(1-\alpha/2)$ 在一条直线，及其他样点之间关系计算隐写率。

2.4　数字水印攻击技术

随着水印技术的出现，对水印的攻击就同时出现了。水印的目的是保护多媒体数字产品不被盗用、篡改、仿冒等，而对水印的攻击，就是试图通过各种方法，使得水印无效。如抹去多媒体数字产品中的水印；或者水印尽管存在，但是使得水印提取算法失效；或者在作品中再加入一个或多个水印，使得对水印的解释发生歧义，导致水印失效。因此，对水印的攻击有各种各样的方法，总的目的是使得水印无法实现对多媒体数字产品的保护作用。

另一方面，研究各种可能的水印攻击方法，也是提高水印性能的一个重要手段。正如矛和盾之间的关系一样，了解矛的工作原理和性能，才能研究出更好的、可以抵抗此矛的盾。设计性能好的、实用的水印算法，必须要了解各种可能的攻击，设计针对具体应用的、能够抵抗各种攻击的水印算法。从前面几章介绍的一些具体水印算法看，我们都提到了该算法能够抵抗哪些攻击，对哪些攻击无效等，这些都有助于我们研究更好的水印算法。

2.4.1　数字水印攻击的分类

水印的攻击与各类水印密切相关。从载体上分，可以分为静止图像水印、视频水印、声音水印、文档水印和软件水印；从外观上分，又可分为可见水印和不可见水印，其中不可见水印又分为稳健的水印和脆弱的水印；从算法上分，可分为空间域水印和变换域水印。

对水印的攻击可分为四类：

① 去除攻击。是最常用的攻击方法。它主要攻击稳健性的数字水印，试图削弱载体中的水印强度，或破坏载体中的水印存在。

② 表达攻击。试图使水印检测失效。它并没有去除水印，而是将水印变形，使得检测器检测不出来。

③ 解释攻击。通常通过伪造水印来达到目的。比如使得载体中能够提取出两个水印，造成原来的水印无法代表任何信息。

④ 法律攻击。主要是利用法律上的漏洞。

对水印的攻击中，又可分为恶意攻击和非恶意攻击。所谓非恶意攻击，是指水印载体受到一些正常的变换，如压缩、重新编码、格式转换等，它们不是以去除水印为目的，但是它们确实对载体进行了改动。而恶意攻击是以去除水印为目的，它们是在保证数字载体仍然能够使用的情况下，尽可能地消除水印。

2.4.2　去除攻击

去除攻击是研究稳健性数字水印算法的一个重要的辅助手段。通常设计一个稳健的数字水印，都要检验其能够抵抗哪些稳健性攻击，或者各种攻击的组合。这里我们集中介绍常见的各种稳健性攻击：有损压缩和信号处理技术。

对于以变形技术在文本的行间距、字间距、空格和附加字符中隐藏的水印信息,可以通过使用字处理器打开后,将其格式重新调整后再保存,这样就可以去掉水印信息。在第二次世界大战中,检查者截获了一船手表,他们担心手表的指针位置隐含了什么信息,因此对每一个手表的指针都做了随机调整,这也是一个类似的破坏水印信息的方法。

对于时域(或空间域)中的 LSB 水印算法,可以采用叠加噪声的方法破坏水印信息,还可以通过一些有损压缩处理(如图像压缩、语音压缩等)对伪装对象进行处理,由于 LSB 方法是将水印隐藏在图像(或声音)的不重要部分,经过有损压缩后,这些不重要的部分很多被去掉了,因此可以达到破坏水印信息的目的。

对于采用变换域的数字水印技术,要破坏其中的信息就困难一些。因为变换域方法是将水印信息与载体的最重要部分"绑定"在一起。比如将水印分散嵌入在图像的视觉重要部分,只要图像没有被破坏到不可辨认的程度,水印都应该是存在的。对于变换域数字水印算法,采用叠加噪声和有损压缩的方法一般是不行的。可以采用的有效方法包括图像的轻微扭曲、裁剪、旋转、缩放、模糊化、数字到模拟和模拟到数字的转换(图像的打印和扫描,声音的播放和重新采样)等,还可以采用变换域技术再嵌入一些信息等,将这些技术结合起来使用,可以破坏大部分变换域的水印信息。

1. 有损压缩

对于多媒体信号来说,为了实现在网络上的快速传递和有效保存,通常需要对它进行压缩,在不影响使用效果的情况下,经常进行较大压缩比的有损压缩。对于图像而言,常见的是 JPEG 压缩,而对于视频而言,主要是 MPEG 压缩。压缩处理通常都是非恶意的攻击。

2. 信号处理技术

信号处理技术也是最常用到的攻击手段,它们有可能是非恶意的攻击,但是也有可能被用来做恶意的攻击。

(1)低通滤波:包括线性和非线性滤波。通常人的视觉和听觉对高频的变化不是十分敏感,因此在不影响图像或声音的使用情况下,可以适当进行低通滤波,以滤除高频成分,减少占用的带宽。如果水印是嵌入在载体的高频部分,则容易被去除。

(2)添加噪声:加性噪声和非相关的乘性噪声在通信理论和信号处理理论中都有大量的描述,添加这类噪声也是检测水印抗攻击能力的一个重要方面。

(3)锐化:这是图像处理的标准功能,它是对图像的边缘进行锐化和增强。如果水印的嵌入是修改了高频成分,则采用锐化攻击是非常有效的。

(4)直方图修改:它包括直方图的伸张或均衡,有时用于补偿亮度不足的情况。

(5)Gamma 校正:经常用来改善图像或调整图像显示,如图像扫描后的处理。

(6)颜色量化:它主要应用在把图像转化成图形交换格式(GIF)的情形。颜色量化通常结合抖动来分散量化误差。

(7)修复:它通常用于减少某种具体降质处理对图像的影响。当然也可以用来对由于加入水印而引入的未知噪声进行处理。

(8)统计均衡和共谋攻击:假定有同一个图像嵌入不同水印的多个拷贝,攻击者对所有的图像进行平均以去除其中的水印,或对这些图像进行剪切,重新拼凑组合来消除水印。

(9)Oracle 攻击:在有公开检测器的情况下,攻击者能不断地尝试少量地修改图像,直到检测器不能再检测到水印为止，利用这种方式来擦除水印。

（10）降噪攻击：降噪是图像处理中比较成熟的技术，一般通过线性或非线性滤波来实现，如均值滤波、中值滤波、加权中值滤波、维纳滤波等。现有的许多水印算法采用加性嵌入方式，并且水印的产生与原始作品无关，因此可以将水印近似看成加性噪声，这样可以采用适当的降噪方法来去除水印。

2.4.3　表达攻击

表达攻击与去除攻击的不同之处在于，它并不需要去除载体中的水印，而是通过各种办法使得水印检测器无法检测到水印的存在。

几何变换在数字水印的攻击中扮演了重要的角色，而且许多数字水印算法都无法抵抗某些重要的几何变换攻击。因此研究能够抵抗重要的几何变换攻击的数字水印算法也是当前研究的热点。常见的几何变换有：

① 水平翻转。许多图像都能够翻转，而不损失任何像素值。尽管抗图像翻转能很方便地实现，但现在却很少有系统能抵抗这种攻击。

② 裁剪。许多情况下，盗版者只对图像的重要部分感兴趣，而当图像受到裁剪，就有可能导致一些水印方案失效。

③ 旋转。通常对图像进行小角度的旋转，再结合适当的裁减，使得处理后的图像的商业价值没有受到太多影响，但却能够严重地破坏水印的检测，因为旋转造成了图像像素的重新排列。

④ 缩放。当扫描一个已打印图像，或把高分辨率的图像放到网上发布时，就必然经过缩放处理。图像经过缩放后，会影响到水印的提取，它考验了水印嵌入算法的稳健性。

⑤ 行、列删除。在一幅图像中，随机地删除某些行和某些列，对图像的视觉效果不会产生影响。但是它对水印的提取却有很大的影响。特别是对在空间域直接利用扩展频谱技术实现的水印方案具有很强的攻击力。通常在伪随机序列中规则地去掉 k 个样本值，结果它与原序列的互相关峰值会缩小 k 倍。

⑥ 普通几何变换。它通常结合了缩放、旋转和剪切等处理。

⑦ 打印-扫描处理。即数字图像经过数-模转换和模-数转换。经过打印和扫描处理后，得到的数字图像与原始数字图像相比，会受到偏移、旋转、缩放、剪切、加噪、亮度改变等的集体影响。

⑧ 随机几何变形。图像被局部的拉伸、剪切和移动，然后对图像利用双线性或 Nyquist 插值进行重采样。它是水印健壮性测试软件 StirMark 主要采用的方式，一般认为，不能抗随机几何变形，就不能算是好的水印方案。

⑨ 跳跃攻击。主要应用于音频水印，方法是把音频文件分为若干块，从每一块中随机地复制并插入或删除样点，然后再将这些块按原始顺序组合。这个处理几乎不影响音频的听觉效果，但能够有效地干扰水印的监测定位。

还有一类攻击方法是针对 Webcrawler 的。Webcrawler 是一个自动版权盗版检测系统，它从网上下载图片，并检查是否含有水印。针对它的攻击方法是，将一个嵌入了水印的图像切成许多小块，这些小块在 Web 页上按相应的 HTML 标记再组装起来。Webcrawler 只能去查看每个图像小块，但由于这些小块太小而无法容纳任何完整的水印数据，因此，

Webcrawler 无法发现水印。该攻击方法实际上并未导致任何图像质量的下降,因为,图像像素值被完全地保留了,只是对检测器进行了欺骗。

对于任何需要精确同步的水印方案,有效的攻击方法就是使得水印检测器无法取得同步。如在图像中随机添加或者删除行、列,在视频中删除帧或者进行帧重排等。

2.4.4 解释攻击

解释攻击既不试图擦除水印,也不试图使水印检测无效,而是使得检测出的水印存在多个解释。例如,一个攻击者试图在同一个嵌入了水印的图像中再次嵌入另一个水印,该水印有着与原所有者嵌入的水印相同的强度,由于一个图像中出现了两个水印,所以导致了所有权的争议。

Craver 给出了解释攻击的一个例子。水印技术的嵌入过程可用公式表达为:$I_w = I + W$,此公式的意义是一幅图像 I 加载了由足够小的值构成的水印 W,而图像无明显的降质,得到的嵌入了水印的图像是 I_w。嵌入过程中,可以根据不同的规则插入水印,而且可以在图像的不同空间位置上和在变换域不同的区域嵌入水印。假定所有者 A 将原图像 I 和水印 W 秘密存储起来,仅发布嵌入了水印的 I_w。这样,要检测一个被怀疑的图像 I' 时,检测算法是这样工作的:从被怀疑图像中减去 I 而提取出水印,即 $W' = I' - I$。然后对提取出的水印同原水印 W 计算相关 $C(W, W')$,以衡量它们之间的相似程度。

在进行解释攻击时,攻击者 B 将水印插入过程逆向运用,即它的攻击是减去一个水印。B 计算原图像 $I_B = I_w - W_B$,声称 I_B 是它的"原图像"(由于 W_B 足够小,I_B 和 I_w 之间无明显的差异),W_B 是 B 的水印。为了区别清楚,我们将 A 的原图像和水印分别用 I_A 和 W_A 来表示,而 B 的原图像和水印是 I_B 和 W_B。现在,A 和 B 都可以声称他们用各自的原图像和水印产生了插入水印的图像 I_w。A 和 B 还可以用他们各自的原图像和水印来检测对方所产生的插入了水印的图像 I_w。A 所进行的检测过程可用公式表达:

$$N_A = I_B - I_A = W_A - W_B$$
$$P_A = C(N_A, W_A) = C(W_A - W_B, W_A)$$

而 B 所进行的检测过程类似也可用公式表达:

$$N_B = I_A - I_B = W_B - W_A$$
$$P_B = C(N_B, W_B) = C(W_B - W_A, W_B)$$

这样,P_A 代表了 A 的水印出现在 B 声称的原图像 I_B 中,而 P_B 则代表了 B 的水印出现在 A 声称的原图像 I_A 中,即:在 I_B 中有 W_A,而在 I_A 中有 W_B。这样,形成了死锁,无法判断哪个是原始图像,哪个是盗版者。

从上例可见,解释攻击中,攻击者并没有除去水印而是在原图像中"引入"了他自己的水印,从而使原作者的水印失去了唯一性的作用。在这种情况下,攻击者同原作者一样拥有所发布图像的所有权的水印证据。

2.4.5 法律攻击

法律攻击同前三种攻击都不同,前三种可以称为技术性的攻击,而法律攻击则完全不同。攻击者希望在法庭上利用此类攻击,它们的攻击是在水印方案所提供的技术或科学证据的范围之外而进行的。法律攻击可能包括现有的及将来的有关版权和有关数字信息所有权的法案,因为在不同的司法权中,这些法律有可能有不同的解释。

理解和研究法律攻击要比理解和研究技术上的攻击困难得多。首先,应致力于建立一个综合全面的法律基础,以确保正当的使用水印和利用水印技术提供的保护,同时,避免法律攻击导致降低水印应有的保护作用。一个真正健壮的水印方案必须具备这样的优点:攻击者使法庭怀疑数字水印方案的有效性的能力降至最低。

2.4.6　非蓄意攻击

非蓄意攻击是指在图像传输或处理的过程中引入干扰或噪声,其特点是虽然客观上水印提取受到干扰,然而这种干扰并非刻意引入,而是由于为图像去噪等正常信号处理操作引入的。非蓄意攻击主要是分为以下几种情况:

① 数据压缩处理。图像、声音、视频等信号的压缩算法是去掉这些信号中的冗余信息。通常水印的不可感知性就是采用将水印信息嵌入在载体对感知不敏感的部位,而这些不敏感的部位经常是被压缩算法所去掉的部分。因此,在图像、声音、视频等文件被压缩时,水印容易被擦除。

② 滤波、平滑处理。低通滤波和平滑处理也容易将水印删除。

③ 量化与增强。载体信号的 A/D、D/A 转换、重采样等处理,还有一些常规的图像操作,如图像在不同灰度级上的量化、亮度与对比度的变化、图像增强等,都可能会对水印产生影响。

④ 几何失真。几何失真包括图像尺寸大小变化、图像旋转、裁剪、删除或添加等。目前的大部分水印算法对几何失真处理都非常脆弱,水印容易被擦除。

2.4.7　水印攻击软件

水印技术的发展促进了水印攻击的研究,反过来攻击方法的成熟又加速了水印技术的发展。目前有许多水印攻击软件,有些已经成为水印攻击软件的典范和对水印算法的测试基准,这里介绍几种水印攻击软件。

Unzign 是一个用于 JPEG 格式图像的实用程序。在版本 1.1 中,Unzign 引入了与微小图像变换相结合的像素抖动。根据所研究的水印嵌入技术,该工具能比较有效地去除或破坏嵌入的水印。然而,除了去除水印之外,Unzign 1.1 版往往会引入不可接受的人为痕迹。现已发布了改进的 1.2 版本,尽管减少了人为痕迹的引入,但同时也降低了破坏水印的性能。

StirMark 最早是一个用于测试图像水印技术健壮性的工具。它是 Petitcolas 在英国剑桥大学攻读博士学位期间开发的,第一版在 1997 年发布后,从 1.0,2.2,2.2b,2.3,3.0,3.1 版,到现在的 4.1 版,Stirmark 在水印界获得了极大的关注,它成为目前最为广泛使用的用于水印攻击的基准测试工具。Stirmark 对给定的一幅加了水印的图像进行测试,就能生成许多修改后的图像,以此来验证嵌入的水印是否仍能被检测到。

目前 StirMark 还提供了少量对音频水印技术的攻击工具,并且也在不断地完善当中,文献介绍了 StirMark 在音频水印方面的自动评估工具的研究。

Checkmark 是由 Pereira 等开发的,它是一种基准测试工具,是在 UNIX 或 Windows 平台下运行于 Matlab 上用于数字水印技术的一组基准套件。Checkmark 根据 Stirmark 改写了全部的攻击类,还包括了一些未在 Stirmark 中提出的攻击。而且它还考虑了水印应用,这意味着从单个攻击评估得出的分数将根据它们对于一个给定的水印用途的重要性进行加权。因此它提供了一种更好地评估水印技术的有效工具。与 Stirmark 相比,Checkmark 添加了新的质量测量功能方法——加权 PSNR 和 Watson 测量方法,以灵活的 XML 格式输出和生成 HTML 结果表格;应用驱动评估,特别是用于算法快速测试的非几何应用,其算法不包括同步机制,容易将 Matlab 上的单个攻击用于测试。

Optimark 是用于静止图像数字水印算法的一个基准测试工具。它与 Stirmark 和 Checkmark 不同之处是,Optimark 具有图形界面,它能利用不同的水印密钥和信息,使用多重测试进行检测/解码性能评估。Optimark 针对水印检测器给出的不同结果(浮点结果或二值结果),相应给出不同的对解码性能的测量方法、平均嵌入和检测时间、算法有效载荷以及某一攻击和某一性能标准的算法崩溃极限的评估。

Stirmark,Checkmark 和 Optimark 支持的主要攻击类型(图像水印)比较如表 2.2 所示。

表 2.2 主要攻击类型的比较

攻击类型	Stirmark	Checkmark	Optimark
裁剪	√	√	√
翻转	√	√	√
旋转	√	√	√
旋转-尺寸放缩	√	√	√
FMLR	√	√	
锐化	√	√	√
高斯滤波	√	√	√
中值滤波	√	√	√
随机扭曲	√	√	*
线性变换	√	√	√
方向比例	√	√	
缩放改变	√	√	√
行移除	√	√	√
颜色降质	√	√	
JPEG 压缩	√	√	√
小波压缩		√	
投影变换		√	
扭曲		√	
模板移除		√	
非线性移除		√	
拼贴		√	

注:* 表示支持旋转＋自动裁剪和旋转＋自动裁剪＋自动缩放

习　　题

1. 搜集相关文献资料,举例说明中国古代或近代采用隐写术进行信息安全传递的手段。

2. 搜集相关文献资料,举例说明当前对信息隐藏技术的需求以及主要的技术手段。

3. 试利用香农信息论对信道容量的分析方法,推导 2.1.3 小节给出的四种模型的信息隐藏容量表达式。

4. 举例说明日常生活中的可见水印和不可见水印。

5. 试对某一种数字水印算法,采用各种可能的破坏(无意的或有意的),分析是否还能正确提取出水印信息,以此来评价该水印算法抵抗各种攻击的能力。

6. 检索相关论文,写一篇关于数字水印攻击的阅读报告。

7. 下载"Stirmark"软件,试用并写出分析报告。

8. 下载一种水印软件,用 Stirmark 软件测试和分析它的性能。

第 3 章

文 本 安 全

3.1 文本安全简介

文本信息是数字内容中最为常见的信息载体之一,我们日常工作生活中直接接触的各种文本载体资源已经成为不可或缺的事物。例如,各种通过互联网传输的文本资源、各种格式的公文处理文档等文本数据,以及扫描成文本图像的个人档案、医疗记录、学历证书、专利证件、手写签名、设计图样、馆藏图书、机要文件等。人们频繁地利用上述这些文本资源进行交流、沟通、联系和工作,因此针对文本的版权保护、内容分析等安全问题就成为必须考虑的重要事项,本章将对文本安全的各项技术进行介绍。

1. 文本数据的概念

文本数据是计算机的一种文档类型。该类文档主要用于记载和储存文字信息,而不是图像、声音和格式化数据。文本数据编码简单、数据量小、传输便捷,可以和传统印刷方式的文档进行相互转换、打印、扫描和识别等,因而得到了广泛的应用。

在现有的数字多媒体数据中,许多都是文本数据,如 TXT、DOC、PDF、HTML、XML、EML、XLS、PPT、CHM、WPS、ASP、BAT、BAS、PRG、CMD 以及数据库文件等。针对不同的应用范围、不同的表述对象,文本可以有不同的描述。在网络化时代,文本数据也是互联网络中最常见和使用最多的一种媒体形式。

由于文本数据的类型比较多,分类方法也多种多样。

按内容表现形式可以分为格式化数据和非格式化数据。格式化数据中,编码相同的字符可以有不同的外在表现样式,如文字之间可以设置不同的字距、行距,可以有不同的字体、颜色、尺寸等,如 DOC、WPS 等数据就属于格式化数据。而非格式化数据中,不同的字符只有编码的不同,没有表现形式的不同,如 TXT 就属于非格式化数据。按编码方式的不同,可以分为 TXT、PDF、RTF、HTML 等。通常每种文本编辑器都有自己的编码方法,而同一个文本中的数据根据功能的不同又可以分为:消息主体,它是文本中的主体内容,所有表达语义的文字对应的编码数据都是属于这一类;文档标记,它描述文本的逻辑结构和物理属性,如文本的编码和版本标识,格式化文本中的标记字符以及字体、高度、间距等;附件,如文本中的图像等额外的非字符编码数据,以及注释等。

此外,文本图像也是一种文本数据,它是把文字资料通过图文扫描仪、数码相机等数据采集设备生成的图像,不是能用机器立即阅读及处理的文字符号编码文件,而是以数字点阵表示的像素为基本单元进行处理、存储的图像文件。文本图像是以文字、表格、图形等文本信息为主要内容特征的静止图像。

2. 文本数据的特点

数字化数据表现的信息对感知系统来说,有的是可以感知的,比如一篇文档中的文字。黑白图像中的像素点对人的眼睛来说是可以感觉到的,而有些信息是感知系统感觉不到的,比如真彩色图像中最低比特位所表现的信息则已超出人眼的感觉范围。这些超出感知系统感知范围的数据,对感知系统来说,就属于冗余数据,另一方面,在信息的数字化过程中,这些冗余部分存在着一定的随机性。那么,将这些具有某种随机性的冗余信息替换为其他随机数据,对感知系统来说是无关紧要的。图像、视频、音频等载体中的信息隐藏正是利用这些数据存在冗余数据的特点,在冗余数据中嵌入信息。

由于文本数据不存在编码冗余,改变其中任何一个比特都将使文本发生可以感知的变化。因此在文本中进行隐藏就不同于图像、音频中的信息隐藏,它需要使用特殊的方法来嵌入信息,文本信息隐藏技术就应运而生了。文本信息隐藏技术就是研究各种在文本中嵌入信息的方法,以及如何提高隐藏容量,如何提高嵌入信息的安全性,并根据隐藏方法开发实用的隐藏工具的一门技术。

3. 文本数据的编码方式

文本数据主要是以字符编码的形式来表现信息的数据,常见的字符编码方式有:

① ANSI。系统预设的标准文字储存格式。ANSI 是 American National Standards Institute 的缩写。它成立于 1918 年,是一个自愿性组织,拥有超过 1 300 个会员,包括所有大型的电脑公司。ANSI 专为电脑工业建立标准,它是世界上相当重要的标准。

② Unicode。世界上所有主要指令文件的联集,包括商业和个人电脑所使用的公用字集。当采用 Unicode 格式储存文件时,可使用 Unicode 控制字符辅助说明语言的文字覆盖范围,如阿拉伯语、希伯来语。用户在"记事本"中输入含有 Unicode 字符的文字并储存文件时,系统会提示你必须选取"另存为"中的 Unicode 编码,这些字符才不会被遗失。需要提醒大家的是,Windows 2000 部分字型无法显示所有的 Unicode 字符。如果发现文件中缺少了某些字符,只需将其变更为其他字型即可。

③ Unicode big endian。在 Big-endian 处理器(如苹果 Macintosh 电脑)上建立的 Unicode 文件中的文字位元组(存放单位)排列顺序,与在 Intel 处理器上建立的文件的文字位元组排列顺序相反。最重要的位元组拥有最低的地址,且会先储存文字中较大的一端。为使这类电脑的用户能够存取你的文件,可选择 Unicode big-endian 格式。

④ UTF-8。UTF 意为通用字集转换格式(Universal Character Set Transformation Format),UTF-8 是 Unicode 的 8 位元格式。如果使用只能在同类位元组内支持 8 个位元的重要资料一类的旧式传输媒体,可选择 UTF-8 格式。

3.2 文 本 水 印

随着电子商务及电子政务的发展,党政机关、企事业单位、民间团体、国防、国家安全等有关部门将处理大量的文字材料,有些涉及个人隐私、商业机密的重要文件需要通过网络传输。研究如何保证这些文本信息的安全传输是事关个人、集体甚至国家发展与安危的大事。对文本数字水印的研究有助于保护文本数字信息的版权及增加文本数字信息在互联网上传输的安全度。

文本数字水印技术,就是将代表著作权人身份的特定信息(即数字水印),按照某种方式嵌入电子出版物中,在产生版权纠纷时,通过合法的发行者、运营者的相应算法提取出该数字水印,从而验证版权的归属,确定泄露与泛滥渠道,确保数字产品著作权人的合法利益,避免非法盗版的威胁。

3.2.1　文本水印算法

文本水印算法主要分为三大类:①基于文档结构;②基于自然语言处理技术;③基于传统的图像水印方法。

1. 基于文档结构的水印方法

对于文档格式文件和文档图像(如 Postscript、PDF、RTF、WORD、WPS),可以将水印嵌入版面布局信息或格式化编排中。Brassil 等人提出了 3 种著名的文本水印编码技术,并在 Postscript 文档中予以实现。他们利用文档的特点通过轻微调整文档结构来完成编码,包括:行间距编码、字间距编码和特征编码。而在非格式化文本中基本没有可用的格式信息,隐藏方法一般是不可见编码。

(1) 行间距编码

行间距编码利用文本的行间距携带水印信息,一般在文本中每间隔一行轮流地嵌入水印信息,嵌入信息行的相邻上下 2 行位置不动,作为参照,需嵌入信息的行根据水印数据的比特流进行轻微的上移和下移,在移动过的一行中编码一个信息比特。根据经验,当垂直位移量等于或小于 1/300 英寸时,人眼将无法辨认。行间距编码提取水印信息最有效的是采用质心检测法,质心定义为水平轴上一行的中心。该类编码方法有较强的鲁棒性,即使经过多次拷贝,或对页面按某个伸缩因子进行多次缩放,嵌入的秘密信息也可以检测出来,适合打印文档的保护。但其不可见性较差,而且水印容量很小,经改进后也只能每行嵌入 1 bit 信息。

(2) 字间距编码

字间距编码方法是在编码过程中,将文本某行中的一个单词水平左移或右移来嵌入水印信息,而与其相邻的单词并不移动,作为解码过程中的位置参考。根据经验,人眼无法辨认 1/150 英寸以内的单词的水平位移量,如图 3.1 所示。

Ding 等人通过微调单词间距使不同行的平均字间距表现出正弦曲线特征,从而将水印信息编码在正弦曲线中,增强了鲁棒性并能实现盲检测,但水印容量不大。随后 Hyon-Gon,Whoi-YulKim 等人对此方法加以改进,利用不同正弦曲线的正交特性提高了水印容量。此外 Kim 等人提出了基于统计的字间距编码方法,把相邻的若干词分为一组并把各组分类,在相同的各组内进行字移嵌入相同的水印信息。该方法较 Brassil 等人的方法具有更强的鲁棒性,而且只需作较少改动,但水印容量进一步降低。Nopporn-Chotikaka mthorn 提出了基于字符间距宽度序列编码的文本数字水印方法,较 Brassil 等人的方法提高了水印信息容量,并扩展了语言的适用范围(可用泰文),但其鲁棒性存在明显缺陷。

由于文本中初始的字间距是变化的,该方法在解

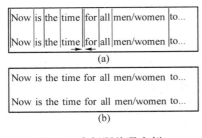

图 3.1　字间距编码实例

码时要求原始的文档,甚至是原始字间距的详细数据。该方法的不可见性好于行间距编码,水印容量也更大,极端情况下可以接近每单词 1 bit 的容量,但在解码时受噪声干扰的影响也更大。

(3) 特征编码

特征编码通过改变文档中某个字母的某一特征来嵌入标记,这些特征可以是各种各样的:字体、颜色、大小、下划线、笔画高度和方向等。它同时适用于格式化文档和图像格式文档。对于文档格式文件,可以使用已有特征的近似情况替代嵌入信息,包括不易察觉的字体缩放,与背景同色的下划线、相似的字体、字体颜色等。

此外也可以设计与原字符仅有微小特征差异的若干新字符,利用这些字符间的替换来嵌入水印。比如在英文字母 h、t 等中的垂直线,其长度可稍做修改以使一般人不易发觉。该算法还可以类推到字符串上,利用字符串不同拓扑结构的字形来表示隐藏信息。还有一类面向中文文本的基于汉字数学表达式的特征编码法,它把汉字用以部件作为操作数、部件间结构关系作为运算符号的数学表达式表达,利用该方法能较为方便和自动化地构造出相似字形的汉字字库,如"镕"和"𫟹容",然后再进行替换编码。

对于文档图像,比较典型的方法是通过改变字母位图边界上的像素位置使字符在视觉上看起来几乎一样,但又能检测出不同,由此传递水印信息。在这种编码中,水印信息作为可见的噪声(失真)叠加到字母笔画的边缘和文本中图像的边界上,通过对噪声图案进行二次编码,从而达到嵌入水印的目的。

文本中字符可以变化的特征有很多,所以特征编码法的容量很大。相应的解码则要求原始文档,甚至要求某一特征在像素变化中的详细数据。

以上 3 种方法可以综合运用。例如,在文档处理过程中,在水平与竖直方向可能会受到不同程度的破坏,如果对同一行同时使用行移和字移进行编码,就可以增加鲁棒性,估计出水平与竖直轮廓谁的噪声小从而确定用哪种方式检测。

(4) 不可见编码

基于不可见编码(空格)的水印方法是唯一适用于非格式化文档的基于文档结构的方法,一般将信息编码隐藏在字处理系统的断行处。行尾是否有空格在视觉上难以区分,提取时可通过不可见编码的有无及数目进行解码。此类方法虽然具有一定的不可见性,但鲁棒性很差,水印容量也很欠缺,只能在行末或标点符号处嵌入 1 bit 信息。

2. 自然语言文本水印方法

自然语言文本水印是近几年来被关注的研究问题,它的主要指导思想是利用自然语言处理技术在不改变文本原意的情况下通过等价信息替换、语态转换等办法把水印信息嵌入文本中。目前自然语言文本数字水印方法主要分为两类:一类基于句法结构,另一类则基于语义。

(1) 基于句法结构的自然语言文本水印算法

该方法主要是对句子的句法结构进行转换以嵌入水印,其中公认的、最常用的变换方式有以下 4 种:移动附加语的位置、加入形式主语、主动式变被动式和在句子中插入"透明短语"。虽然 4 种变换方式各不相同,但它们有着共同的特点:都会使句子的句法结构、句法树的形状发生变化,进而使得变换前后句子的二进制编码变得不同;都存在可逆变换;可以几种方法同时使用。以"王励勤最后夺得了金牌"为例句(见表 3.1)。

表 3.1　以"王励勤最后夺得了金牌"为例句进行句法变换

变换方式	变换后的句子
移动附加语的位置	最后王励勤夺得了金牌。
加入形式主语	是王励勤最终夺得了金牌。
主动式变被动式	金牌最后被王励勤夺得了。
在句子中插入"透明短语"	正如我们看到的,王励勤最后夺得了金牌。
综合运用以上方法	正如我们看到的,最后金牌是被王励勤夺得了。

（2）基于语义的自然语言文本水印算法

基于语义的自然语言文本水印方法主要是在基于对句子进行深层的理解的基础上对句子进行变换,以达到在文本中加入水印的目的,通常有以下一些方法。

基于同义词替换可以算是最早的自然语言文本水印算法,它是在保持语义不变或相近的前提下对内容进行替换,将一个载体文本看成一系列的意义序列,嵌入过程就是将载体文本转换成具有相同或相近意义的隐秘文本的过程。相应的,一些语义上可有可无的标点符号的增删也能加以利用。比如,在 HTML 语言中可对作用完全相同的标签进行替换从而实现文本隐藏,如
,
与
。同义词替换方法的水印容量一般与同义词库的大小有关,同义词库越大,水印容量通常也越大。

Purdue 大学的 Atallah 教授等人提出了另一种很重要的基于 TMR 树的自然文本水印方法。该方法把文本视为一个语义的整体,并借助于一些已经定义好的语义转换嵌入水印。虽然可能潜在地修改一个句子的意思,但却保持着整个文本的意思基本不变。具体的嵌入方法是使用 TMR(Text meaningrepresentation)树的方式对文本中的句子进行表达,并通过对 TMR 树的操作来实现对文本中句子的修改。对 TMR 树的操作主要有 3 种方式:嫁接(grafting)、剪枝(Pruning)和等价信息替换(adding/substitution),需要借助复杂的语义分析方法。该方法具有良好的鲁棒性和一定的抗攻击性,但是受限于自然语言处理技术,嵌入水印后的载体文本容易发生语义改变和难以理解的情况,不可见性不够理想。

拥有悠久历史的"藏头诗"也是一种基于语义的隐藏方法。基于这种思路可以把文本中处于某些特定位置的词连接起来组成水印信息,但需要花费很多的时间的精力来组织语言,而且只适用于一些特定的文本。

还有一些专门适用于中文文本的基于语义的水印方法:比如基于"的"字结构的隐藏方法。据不完全统计,"的"字结构是现代汉语中最常用的一种短语结构,在一些语法规则中,可以利用"的"字的增删在不改变句子本身语义的前提下嵌入水印。在多规则共同使用时能大大提高水印容量并可以多重嵌入、互相校验。其不可见性要好于基于 TMR 树的方法,但鲁棒性不佳。除了上述两类主要方法外,基于词性标记的文本水印方法也值得关注,由于词性标记技术相对成熟,该类方法有较大的发展空间。

3. 基于传统图像水印技术的文本水印方法

文本图像多为二值图像和灰度图像,对于文档格式文件也可以转化为图像来处理,这些图像通常具有以下一些特性:纹理细微丰富,纹理的分布比较均匀,呈现小区域边缘特性,并存在大面积的平坦背景区。可以有选择地应用和改进传统图像水印算法嵌入水印,包括

LSB、LSPB、像素变异法、DCT 和 DWT 变换、在图像压缩过程的模板中嵌入水印等方法。其中像素变异法是研究最多的一种。

3.2.2 总结和展望

在基于文档结构的各种文本水印方法中,行间距编码方法的容量最小,其鲁棒性相对最好。字间距编码水印方法的不可见性好于行间距编码,但鲁棒性减弱,相应地增加了提取的复杂度。特征编码法在水印容量方面有明显的优势,有着非常好的不可见性,也很难被攻击者去除。但其受噪声影响大,鲁棒性不佳,在提取时较前 2 种方法更加复杂和困难。空格编码不易引起词句的改变和读者的注意,但容量太小,而且有的编辑器会自动删除多余的空格。值得注意的是这 4 种方法都只是停留在文本的表层。由于它们都是空间域的方法,安全性主要靠空间格式的隐蔽性来保证,无法抵抗对于文本结构和格式的攻击,简单的重新录入(retype)攻击就能使之失效,因此这些水印方案普遍存在抗攻击性不强、鲁棒性较差的缺点。

自然语言文本水印的方法相对在鲁棒性上提高了系统的灵活性和承受攻击的能力,但其不适用于文本内容不宜更改的情况。同时由于该技术的研究刚刚起步,目前还存在很多尚待解决的问题,包括体裁、字数、变换效果的限制,以及如何进一步增强系统的防攻击能力等。上述问题的解决很大程度上都要借助、依赖于自然语言处理技术的发展。此外其普遍存在容量不足的问题,因为该类水印多为面向词句级别的对象。

由于精确的分析和利用文档图像的特征存在难度,而且文本的操作习惯不同于图像,基于传统图像水印技术的文本水印方法普遍存在鲁棒性不高、操作复杂的缺点。三者比较,虽然起步较晚,但由于能与文本内容相结合,具有更好的鲁棒性和抗攻击性,自然语言文本水印将是未来文本水印方法的主流方向。

通过对当前文本数字水印技术研究的了解和把握,笔者认为在以下几方面值得进一步研究:

① 由于目前计算机的自然语言理解技术仍待研究改进,依靠该技术的自然语言文本水印的方法也因此不够理想,加入水印后可能会破坏文本的结构和内容,使语句产生歧义,这已成为该类方法的瓶颈,因此研究相应的自然语言理解技术必不可少。

② 水印容量普遍不足,这与文本载体本身属性密切相关。目前的文本水印方法中,包括行移、字移、不可见编码、自然语言方法在内的各种水印方法,其信息都是加载于词、行或语句之上,未能深入到字符之中,因而导致水印容量较小,特征编码方法的容量相对理想。要解决这一问题,一方面需要更好的字符层面的水印算法,另一方面可以利用编码技术增大编码密度。

③ 需要开发安全性更好的文本水印。一方面需要建立相关的理论体系以给出理论上的安全性证明;另一方面,由于文档结构和传统图像水印的方法存在自身难以改变的弱点,自然语言文本水印将是这方面的研究重点。此外,如何综合利用多种水印方法以及与密码学(如哈希函数、公钥思想)的适当结合也值得进一步研究。

④ 在其他载体上(图像、视频等)都有一些很好的同时满足较好的不可见性和鲁棒性的水印算法,如何在文本水印领域开发类似的算法值得研究。

⑤ 需要开发更多的适用于中文特点的文本水印方法。目前大多数文本水印嵌入和检

测方法都是面向英文文本,对中文文本效果并不理想。比如汉字排版基本没有字间距,字间距编码无法直接使用,而由于中文文本表达的意义往往较英文复杂丰富,基于 TMR 树的水印方法在中文领域的应用也还不成熟。

⑥ 文本数字水印还欠缺一些评估的参数,如果能根据文本本身的特点制定某些参数就可以更好地对于文本水印的性能和效果进行描述和反映。

⑦ 文本水印要得到更广泛的应用,必须建立一系列的标准或协议,如加载或插入数字水印的标准、提取或检测数字水印的标准、数字水印认证的标准等都是急需的。这也是数字水印领域内普遍的需求。

总的来说,文本数字水印是一门新兴的尚未成熟的科学,近几年来文本数字水印技术取得了很大进展,但目前为止尚未形成一个完整的理论体系。尽管如此,随着研究的不断深入和数字版权管理技术的发展,我们相信它有着广阔的应用前景,必将成为版权保护的重要工具。

3.3　文本表示技术

3.3.1　中文自动分词

1. 概述

自动分词是文本分析的前提。文档由被称为特征项的索引词(词或字)组成,文本分析是将一个文档表示为特征项的过程。在提取特征项时,中文又面临了与英文处理不同的问题。中文信息和英文信息有一个明显的差别:英语单词之间用空格分隔;而在中文文本中,词与词之间没有天然的分隔符,中文词汇大多是由两个或两个以上的汉字组成的,并且语句是连续书写的。这就要求在对中文文本进行自动分析前,先将整句切割成小的词汇单元,即中文分词(或中文切词)。

词是最小的、能独立活动的、有意义的语言成分。计算机的所有语言知识都来自机器词典(给出词的各项信息)、句法规则(以词类的各种组合方式来描述词的聚合现象)以及有关词和句子的语义、语境、语用知识库。汉语信息处理系统只要涉及句法、语义(如检索、翻译、文摘、校对等应用),就需要以词为基本单位。例如,汉字的拼音-字转换、简体-繁体转换、汉字的印刷体或手写体的识别、汉语文章的自动朗读(即语音合成)等,都需要使用词的信息。切词以后,在词的层面上做转换或识别,处理的确定性就大大提高了。再如信息检索,如果不切词(按字检索),当检索德国货币单位"马克"时,就会把"马克思"检索出来,而检索"华人"时会把"中华人民共和国"检索出来。如果进行切词,就会大大提高检索的准确率。在更高一级的文本处理中,例如句法分析、语句理解、自动文摘、自动分类和机器翻译等,更是少不了词的详细信息。

如何面向大规模开放应用是汉语分词研究亟待解决的主要问题。在处理大规模开放文本时,汉语分词系统还将面临以下困难。

(1) 如何识别未登录词

由于不存在绝对完备的词典,虽然一般的词典都能覆盖大多数的词语,但有相当一部分的词语不可能穷尽地收入系统词典中,这些词语称为未登录词或新词。常见的未登录词有如下几类:

① 专有名词,包括中文人名(如"温家宝总理")、地名(如"景江县")、机构名称(如"杭州娃哈哈集团公司")、外国译名(如"奥巴马总统")、时间词(如"2009 年 1 月 6 日");

② 重叠词,如"高高兴兴""研究研究";

③ 派生词,如"一次性用品";

④ 与领域相关的术语,(如"互联网")。

一个鲁棒的分词系统必须具备识别这些未登录词的能力。虽然迄今出现了很多识别未登录词的方法,包括规则方法和统计方法,但由于汉字组词自由,缺少像英语那样的显性识别信息(如大写字母)等原因,目前大多数识别方法只能进行小规模应用或只能识别某些类型的新词,如中文人名、地名等。

(2)如何廉价高效地获取分词规则

这是汉语分词系统设计中不可忽视的问题之一。一方面,目前还没有一个可以利用的大规模的汉语分词语料,而人工加工大规模的分词语料是耗费很大的工作;另一方面,任一汉字对之间都可能是一个词语边界,而且分词直接面对的是词,参数空间巨大,目前还没有适用于分词的完全有效的无指导参数学习方法。

(3)词语边界歧义

指的是对于一个给定的汉语句子或汉字串,有多种词语边界划分形式。汉语词语边界歧义包括组合歧义和交叉歧义。

根据在大规模语料中的分析结果,交叉歧义还可细分为真歧义和伪歧义。真歧义指存在两种或两种以上的可实现的切分形式,如句子"必须/加强/企业/中/国有/资产/的/管理/"和"中国/有/能力/解决/香港/问题/"中的字段"中国有"是一种真歧义;而伪歧义一般只有一种正确的切分形式,如"建设/有""中国/人民""各/地方""本/地区"等。在这些歧义中,伪歧义字段的切分结果是上下文无关的,一般仅依据字段内部的信息,如词频或字间互信息就可正确切分伪歧义字段,而真歧义字段或组合歧义字段的结果依赖于它所处的上下文环境,因而常常需要更多的信息,特别是上下文信息,才能正确处理真歧义字段。

(4)实时性问题

大多数分词系统只注重分词准确率,而忽视了速度。有些应用系统,如机助翻译系统,对实时性能要求较高,要求分析算法对输入句子能做出迅速准确的处理,而对于给定的输入句子,其可能的切分词串数量与句子长度成指数关系。现已证明,最坏情况下的穷举搜索算法实际并不可行。贪心算法虽然能避免组合爆炸,但不能保证输出结果最佳。可见,分词算法的效率在实时性应用系统中的地位非常重要。

2. 自动分词算法

中文分词的算法主要有正向最大匹配、逆向最大匹配、双向最大匹配、最佳匹配法、最少分词法、词网格算法、逐词遍历法、设立切分法、有穷多层次列举法、二次扫描法、邻接约束法、邻接知识约束法和专家系统法等。

现有的分词算法可分为三大类,即基于字符串匹配的分词方法、基于理解的分词方法和基于统计的分词方法。

(1)基于字符串匹配的分词方法

这种方法又称为机械分词方法,它是按照一定的策略将待分析的汉字与一个充分大的词典中的词条进行匹配,若在词典中找到某个字符串,则匹配成功(识别出一个词)。

按照扫描方向的不同,串匹配分词方法可以分为正向匹配和逆向匹配;按照不同长度优先匹配的情况,可以分为最大或最长匹配和最小或最短匹配;按照是否与词性标注过程相结合,又可以分为单纯分词方法和分词与标注相结合的一体化方法。常用的几种机械分词方法如下:

① 正向最大匹配(Forward Maximum Matching,FMM)。其主要的算法思想是:选取包含 6~8 个汉字的符号串作为最大符号串,把最大符号串与词典中的单词条目相匹配,如果不能匹配,就去掉一个汉字继续匹配,直到在词典中找到相应得单词为止,匹配的方向是从左向右。

② 逆向最大匹配(Backward Maximum Matching,BMM)。基本算法和正向最大匹配相似,只是匹配的方向是从右向左。一般说来,逆向匹配的切分精度略高于正向匹配,遇到的歧义现象也较少。统计结果表明,单纯使用正向最大匹配的错误率为 1/169,单纯使用逆向最大匹配的错误率为 1/245(这可能是因为汉语的中心语靠后的特点)。

③ 双向匹配法(Bi-direction Matching,BM)。对 FMM 法和 BMM 法结合起来的算法称为双向匹配法,这种算法通过比较两者的切分结果来决定正确的切分,而且可以识别出分词中的交叉歧义。

④ 最少匹配法(Fewest Words Matching,FWM)。FWM 算法实现的分词结果中含词数最少,它和在有向图中搜索最短路径很相似。控制首先要对所选的语料进行分段,然后逐段计算最短路径,得到若干分词结果,最后进行统计排歧,确定最理想的分词结果。

⑤ 网格分词法。网格分词法是基于统计性的一种分词算法,它的算法思想是:首先构造候选词网络,利用词典匹配列举输入句子所有可能的切分词语,并且以词网格形式保存;然后计算词网格中的每一条路径的权值,权值通过计算图中每一结点得一元统计概率和结点之间的二元统计概率的相关信息;最后根据搜索算法在图中找到一条权值最大的路径,为最后的分词结果。

对于机械分词方法,可以建立一个一般的模型,形式地表示为 ASM(d,a,m),即 Automatic Segmentation Model。其中,d 为匹配方向,+表示正向,—表示逆向;a 为每次匹配失败后增加或减少字串长度(字符数),+为增字,—为减字;m 为最大或最小匹配标志,+为最大匹配,—为最小匹配。

例如,ASM(+,—,+)就是正向减字最大匹配法(Maximum Match,MM),ASM(—,—,+)就是逆向减字最大匹配法(简记为 RMM 方法)。对于现代汉语来说,只有 m=+是实用的方法。

(2)基于统计的分词方法

从形式上看,词是稳定的字的组合。在上下文中,相邻的词同时出现的次数越多,就越有可能构成一个词。因此字与字相邻共现的频率或概率能够较好地反映成词的可信度。可以对语料中相邻共现的各个字的组合的频度进行统计,计算它们的互现信息。计算汉字 X 和 Y 的互现信息公式为

$$M(X,Y)=\log\frac{P(X,Y)}{P(X)P(Y)}$$

其中,$P(X,Y)$是汉字 X,Y 的相邻共现概率,$P(X)$、$P(Y)$分别是 X,Y 在语料中出现的概率。互现信息体现了汉字之间结合关系的紧密程度,当紧密程度高于某一个阈值时,便可认为此字组可能构成了一个词。这种方法只需对语料中的字组频度进行统计,不需要切分词典,因而又称为无词典分词法或统计取词方法。这种方法也有一定的局限性,会经常抽出一些共现频度高,但并不是词的常用字组,如"这一""之一""有的""我的""许多的"等,并且对

常用词的识别精度差,时空开销大。实际应用的统计分词系统都要使用一部基本的分词词典(常用词词典)进行串匹配分词,同时使用统计方法识别一些新的词,即将串频统计和串匹配结合起来,既发挥匹配分词切分速度快、效率高的特点,又利用了无词典分词结合上下文识别生词、自动消除歧义的优点。

（3）基于理解的分词方法

这种分词方法是通过让计算机模拟人对句子的理解,达到识别词的效果,基本思想就是在分词的同时进行句法、语义分析,利用句法信息和语义信息来处理歧义现象。它通常包括三个部分:分词子系统、句法语义子系统、总控部分。在总控部分的协调下,分词子系统可以获得有关词、句子等的句法和语义信息来对分词歧义进行判断,即它模拟了人对句子的理解过程。这种分词方法需要使用大量的语言知识和信息。由于汉语语言知识的笼统性和复杂性,难以将各种语言信息组织成机器可直接读取的形式,因此目前基于理解的分词系统还处于试验阶段。

词汇切分算法最重要的指标是准确,在兼顾准确性的情况下也要考虑时间复杂性。下面具体介绍正向减字最大匹配法。

如图 3.2 所示,正向减字最大匹配法切分的过程是从自然语言的中文语句中提取出设定长度字串与词典比较,如果在词典中,就算一个有意义的词串,并用分隔符分隔输出,否则缩短字串,在词典中重新查找(词典是预先定义好的)。

算法要求为:输入,中文词典,待切分的文本 d,d 中有若干被标点符号分割的句子 s1,设定的最大词长 MaxLen。输出,每个句子 s1 被切分为若干长度不超过 MaxLen 的字符串,并用分割符分开,记为 s2,所有 s2 的连接构成 d 切分之后的文本。

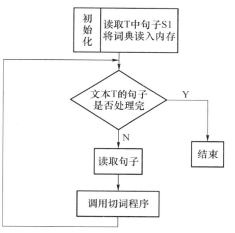

图 3.2　正向减字最大匹配算法流程

该算法的思想是:从文本 d 中逐句提取,对于每个句子 s1 从左向右以 MaxLen 为界选出候选字串 w,如果 w 在词典中,处理下一个长为 MaxLen 的候选字段;否则,将 w 最右边一个字去掉,继续与词典比较;s1 切分完之后,构成词的字符串或者此时 w 已经为单字,用分隔符隔开输出给 s2。从 s1 中减去 w,继续处理后续的字串。s1 处理结束,取下中的下一个句子赋给 s1,重复前述步骤,直到整篇文本 d 都切分完毕。

3.3.2　文本表示模型

文本表示即文本数字化,20 世纪 60 年代中期以来,人们提出了大量文本表达模型。下面先介绍一下文本表示的基本概念:

① 文档(Document)。泛指一般的文献或文献中的片段(段落、句子组或句子)。

② 项(Term)。当文档的内容被简单地看成是含有基本语言单位(字、词、词组或短语等)所组成的集合时,这些基本的语言单位统称为项,即文档可以用项集(Term List)表示为 $D(T_1,T_2,\cdots,T_k,\cdots,T_n)$,其中 T_k 是项,$1 \leqslant k \leqslant n$。

③ 项的权重(Term Weight)。对于含有 n 个项的文档 $D(T_1,T_2,\cdots,T_k,\cdots,T_n)$,项 T_k 常常被赋予一定的权重 W_k,表示它在文档中的重要程度,即 $D=D(T_1,W_1;T_2,W_2;\cdots;T_k,W_k;\cdots;T_n,W_n)$,简记为 $D=D(W_1,W_2,\cdots,W_n)$。这时我们说项 T_k 的权重是 W_k,$1\leqslant k\leqslant n$。在自动分类系统中,项的权重最好反映出其三方面的测度,即特征项与类别空间中类别的相关度,特征项在待分文本中的重要度,特征项在语料库中的地位,即该特征项在整个类别空间的地位。

④ 相似度(Similarity)。两个文档 D_1 和 D_2 之间的内容相关度(Degree ofRelevance)常常用它们之间的相似度 $\mathrm{Sim}(D_1,D_2)$ 来度量。

当前应用最主要的信息表示模型主要有,布尔模型(Boolean Model)、向量空间模型(Vector Space Model,VSM)、概率模型(Probabilistic Model)和潜在语义索引模型(Latent Semantic Indexing,LSI)。这些模型从不同角度出发,使用不同的结构来表示文本。

1. 布尔模型

布尔模型(Boolean Model)建立在经典集合论和布尔代数之上,是第一个被提出的模型。在布尔模型中,文档 D_j 中的索引特征只有两种状态,即出现或者不出现,每个特征的权值 $w_{ij}\in\{0,1\}$。一个文档既可表示成文档中出现的特征的集合,也可以表示成为特征空间上的一个向量,向量中每个分量权重为 0 或者 1,这种布尔模型成为经典布尔模型。经典布尔模型查询由特征项和逻辑运算符"AND""OR""NOT"组成,查询与文本的相关性只能是 0 或者 1,满足逻辑表达式的文档被判定相关,不满足的被判定为不相关。

布尔模型在 20 世纪六七十年代得到了较大的发展,出现了许多基于布尔模型的商用检索系统,如 DIALOG、STAIRS 等。布尔模型具有简单、容易理解、形式化简洁等突出优点,但布尔模型表示能力非常刚性,不能反映特征项对于文本的重要性,缺乏定量的分析。此外,布尔模型过于严格,缺乏灵活性,更谈不上模糊匹配。

为此,在布尔模型的基础上,Salton 等人重新定义了 AND 与 OR 操作符成为多元操作符,使查询与文档的相关性可以成为 $\{0,1\}$ 之间的数,从而得到了一个扩展的、更加概括的检索模型——扩展布尔模型,或称为 p 范数模型。它是介于布尔模型和向量空间模型之间的文本表示模型。在 p 范数模型中,多元 AND 与 OR 查询的相似度定义为

$$\mathrm{sim}_{\mathrm{AND}}(d,(t_1,W_{q1})\,\mathrm{AND}\cdots\mathrm{AND}(t_n,W_{qn}))=1-\left(\frac{\sum_{i=1}^{n}((1-W_{di})^p W_{q_i}^p)}{\sum_{i=1}^{n}W_{q_i}^p}\right)^{\frac{1}{p}}$$

$$\mathrm{sim}_{\mathrm{OR}}(d,(t_1,W_{q1})\,\mathrm{OR}\cdots\mathrm{OR}(t_n,W_{qn}))=\left(\frac{\sum_{i=1}^{n}(W_{di}^p W_{q_i}^p)}{\sum_{i=1}^{n}W_{q_i}^p}\right)^{\frac{1}{p}},1\leqslant p\leqslant\infty$$

其中,t_i 为特征,W_{q_i} 为查询中 t_i 的权重。通过调节 p 值,扩展布尔模型可在不同的表示模型之间转换。当 $p=1$ 时,布尔运算符 AND 与 OR 之间的差别消失,等价于向量空间模型;当 $p=\infty$ 时,逻辑运算符合模糊逻辑的形式,可以看作是布尔逻辑的一种泛化,又相当于布尔模型。扩展布尔模型有效融合了传统布尔模型和向量空间模型的处理思想,虽然自 1983 年被提出来以后还没有得到广泛应用,但是该模型本身固有的特性有可能使其在未来的发展中,具有相当的实践价值与发展前景。

2. 向量空间模型

鉴于布尔模型"刚性表示"的缺陷,Salton 等人在 1968 年提出了向量空间模型(Vector Space Model,VSM)。向量空间模型建立在线性代数理论之上,已经逐渐发展成为目前最为流行的文本表示模型。基于这种模型每篇文档都形式化为高维特征空间中的一个向量,对应特征空间中的一个点,向量的每一维表示一个特征,这个特征可以是一个字、一个词、一个短语或某个复杂的结构。

在一个文档 d 中,每个特征项 t 都被赋予一个权重 W,以表示这个特征项在该文档中的重要程度。权重都是以特征项的频率为基础进行计算的,经典的权重定义公式是 TF * IDF,其中 TF 为词频(Term Frequency),表示 t 在文档 d 中出现的次数;IDF 为特征项的文档频率(Inverse Document Frequency),Salton 将其定义为 $IDF_t = \log(N/n_t)$,N 表示文档集合中所有的文档数目,表示整个文档集合中出现过 t 的文档数目。TF 反映了特征项在文档内部的局部分布情况,IDF 反映了特征项在整个文档集中的全局分布情况,TF * IDF 公式可以反映特征项在文档表达中的重要程度。

但在实际的应用中,经典的 TF * IDF 公式又存在多个变种,需要针对不同的情况,选择最合适的权重计算方法。著名的信息检索系统 Smart 提出过一套 VSM 模型中特征权重计算的变种体系,该体系综合了 TF * IDF 的多种变化,将文档某个特征的权重计算归结为三个组成部分:TF 正则化因子、IDF 正则化因子和文档长度正则化因子。因此,特征项的权重可以定义为

权重 w = TF 正则化因子 * IDF 正则化因子 * 文档长度正则化因子

各组成成分的变种详见表 3.2。

表 3.2 特征项的权重计算

TF 正则化因子	1.0	布尔方式,词出现时 tf=1,否则 tf=0
	tf	原始词频
	$0.5 + 0.5 * \dfrac{tf}{tf_{max}}$	Augmented term frequency
	$1 + \log tf$	Logarithmic term frequency
IDF 正则化因子	1.0	不考虑 IDF 因子
	$\log(N/n_t)$	IDF
	$\log \dfrac{N - n_t}{n_t}$	概率 IDF
文档长度正则化因子	1.0	不考虑文档长度正则化因子
	$\dfrac{1}{\sqrt{\sum\limits_{t} w_t^2}}$	文档的欧式长度
	$\dfrac{1}{\sum\limits_{t} w_t}$	权重之和

文档表示为特征向量后,文本之间的语义距离或者语义相似度就可以通过空间中的这

两个向量的集合关系来度量。在向量空间模型中,通常用空间中的两个向量的夹角余弦值来度量文档之间的语义相似度,夹角余弦值越大,两个向量在空间中的夹角就越小,表示它们的语义距离越小,两个文档就越相似。经典的计算公式为

$$\text{sim}(d_i, d_j) = \frac{d_i \cdot d_j}{|d_i| * |d_j|} = \frac{\sum_{k=1}^{m} w_{ki} * w_{kj}}{\sqrt{\sum_{k=1}^{m} w_{ki}^2} * \sqrt{\sum_{k=1}^{m} w_{kj}^2}}$$

向量空间模型的优点在于:将文本简化为特征项以及权重集合的向量表示,从而把文本的处理转化成向量空间上的向量运算,使得问题的复杂度大为降低,提高了文本处理的速度。它的缺点也很明显,该模型假设文本向量中的特征词是相互独立的,这一假设在自然语言文本中是不成立的,因此对计算结果的可靠性造成一定的影响。此外,将复杂的语义关系归结为简单的向量结构,丢失了许多有价值的线索。因而,有许多改进的技术,以获取深层潜藏的语义结构。

3. 概率模型

概率模型建立在概率论的框架基础上,是一种实现简单、效果较好的信息检索模型,最早于 1976 年英国城市大学的 Robertson 和 Sparck-Jones 提出。概率模型的基本思想是将查询与文档的相似度看成一个概率,对于给定用户查询 Q,对所有文档计算概率,并从大到小进行排序,概率公式为 $P(R|D,Q)$ 来判断不同文档与同一个查询相关的程度。其中,R 表示文本 D 与用户查询 Q 相关。根据不同的假设进行推理求 $P(R|D,Q)$ 的计算公式,可以衍生出不同的概率检索模型。概率检索模型包括 BIR(Binary Independence Retrieval),BII(Binary Independence Index Model)、INQUERY 等。实际应用中最广泛、最著名的概率检索模型是英国城市大学的 OKAPI,在多次 TREC 评测中都有突出的表现,它的权重定义公式称为 BM25 公式:

$$\sum_{w \in q \cap d} \left(\ln \frac{N - \text{df}(w) + 0.5}{\text{df}(w) + 0.5} \times \frac{(k_1 + 1) \times c(w,d)}{k_1 \left((1-b) + b \frac{|d|}{\text{avdl}} + c(w,d) \right)} \times \frac{(k_3 + 1) \times c(w,q)}{k_3 + c(w,q)} \right)$$

其中,q 表示一个查询,d 表示一篇文档,$|q|$ 表示查询 q 的长度,$|d|$ 表示文档 d 的长度,avdl 表示文档集合中文档的平均长度。W 表示特征词项,$c(w,d)$ 和 $c(w,q)$ 分别表示 w 出现在 d 和 q 中的次数,N 是文档集合中的文档总数,$\text{df}(w)$ 表示出现 w 的文档个数。k_1, k_3, b 都是人工调节的参数。

向量空间模型与概率模型都是对原始文本的表示模型,在实践中两者的应用也最为广泛。其主要不同点在于对文本语义相似度度量的定义上,向量空间模型在欧拉集合空间通过向量的夹角余弦来定义,概率模型在概率测度空间上通过概率来衡量两个文本的语义相似度,概率模型基于概率值而不是几何测度值来衡量语义相似度。这两个模型也存在相同点,两者的特征权重定义都基于词频并且都假设特征间是相互独立的。但是,概率模型涉及的各种参数估计难度较大,人工调节的参数也存在巨大的鲁棒性问题,因此在实际应用中,概率模型的应用范围不如向量空间模型广泛。

4. 潜在语义索引模型

由于自然语言中词语的多义性与同义性现象普遍存在,向量空间模型中关于特征项相互独立的基本假设,在实际语言环境中很难成立。为了克服这种缺陷,20 世纪 80 年代,Dumais

和 Berry 在向量空间模型的基础上,提出了潜在语义索引模型(Latent Semantic Indexing,LSI)。该模型试图不利用外部知识库,而是从挖掘文档集本身的潜在信息入手,通过统计分析发现文本中词与词之间存在的某种潜在的语义结构,表示词和文本之间的内在关系,以此来克服因文档词语多义性和同义性带来的问题。LSI 模型可以看作是 VSM 模型的一种改进,已经被证明在很多应用中具有显著的改进效果,能够在很大程度上弥补 VSM 的不足。

LSI 模型的基本思想是:在文档集中的共现词条之间具有相关性,共现频率越高则词条的相关性越强。LSI 就是把共现词条映射到同一维空间上,非共现词条映射到不同维的空间上。LSI 通过统计方法,对大规模的文档集合构造对应的矩阵,并通过奇异值分解(Singular Value Decomposition,SVD)和降维处理,来将文档和词的关系映射到相似的低维的语义空间中。此时的语义空间揭示了词与词之间、文档与文档之间、文档与词之间的潜在相似度关系,提供相当丰富的信息。

为了实现上述思想,训练语料库首先表示为一个 $m \times n$ 阶的词-文档矩阵 $\boldsymbol{A}$,其中,n 表示语料库中的文档数;m 表示语料库中包含的所有不同词的个数。也就是说,矩阵 $\boldsymbol{A}$ 的一列对应一篇文档,矩阵 $\boldsymbol{A}$ 的一行则对应语料库中包含的词。$\boldsymbol{A}$ 表示为

$$\boldsymbol{A} = [a_{ij}]_{m \times n}$$

其中,a_{ij} 为词 i 在文档 j 中的权重,a_{ij} 的取值类似向量空间模型的特征权重计算。因为词和文档的数量都很大,而每个文档中出现的词又非常有限,所以 $\boldsymbol{A}$ 一般是高阶稀疏矩阵。

词-文档矩阵 $\boldsymbol{A}$ 建立后,利用奇异值分解计算 $\boldsymbol{A}$ 的 k-秩近似矩阵 $\boldsymbol{A}_k (k \ll \min(m, n))$,经过奇异值分解,矩阵 $\boldsymbol{A}$ 可表示为三个矩阵的乘积:

$$\boldsymbol{A} = \boldsymbol{U} \sum \boldsymbol{V}^{\mathrm{T}}$$

其中,$\boldsymbol{U}$ 和 $\boldsymbol{V}$ 分别是矩阵 $\boldsymbol{A}$ 的奇异值对应的左、右奇异向量矩阵,矩阵 $\boldsymbol{A}$ 的奇异值按递减排列构成对角矩阵 $\sum$。取 $\boldsymbol{U}$ 和 $\boldsymbol{V}$ 最前面的 k 个列构建 $\boldsymbol{A}$ 的 k-秩近似矩阵 $\boldsymbol{A}_k$,如图 3.3 所示。

$$A_k = U_k \sum{}_k V_k^{\mathrm{T}}$$

$\boldsymbol{U}$ 和 $\boldsymbol{V}$ 的列向量均为正交向量,假设 $\boldsymbol{A}$ 的秩为 r,则有

$$\boldsymbol{U}^{\mathrm{T}} \boldsymbol{U} = \boldsymbol{V}^{\mathrm{T}} \boldsymbol{V} = \boldsymbol{I}_r$$

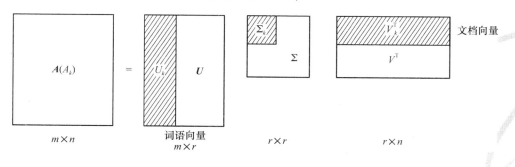

图 3.3　奇异值分解

A_k 是对原词-文档矩阵 $\boldsymbol{A}$ 的近似,在某种意义上保持了 $\boldsymbol{A}$ 中所反映的词语和文档间联系的内在结构(潜在语义),但在很大程度上又消减了 $\boldsymbol{A}$ 中因多义词和同义词引起的"噪声"

因素,从而更加凸现出词和文档之间的语义关系。同时,另一方面,A_k 缩减了 A 的向量空间维数,因而可以提高计算效率。

K 值的选取是很重要的,太大会导致结果趋近于原始矩阵而失去挖掘潜在语义的能力,太小则会使得语义信息丢失太多,以至于对于文档和词的分辨能力不足。总的来说,LSI 的优势主要有:

① LSI 向量空间中的每一维含义发生了很大变化,它反映的不再是词的简单出现频率和分布关系,而是词语间强化的语义关系。

② 为原词-文档矩阵降维,可以有效处理大规模语料库。

③ 将词和文档置于同一空间,使 LSI 应用更具灵活性。既可以计算文档间的相似度,也可计算词语间的相似度。

5. 特征项的粒度

向量空间模型表达效果的优劣直接依赖于特征项的选取,以及权重的计算。选取特征项有以下几个原则:一是应当选取那些包含语义信息较多,对文本的表示能力较强的语言单位作为特征项;二是文本在这些特征项上的分布应当有比较明显的统计规律性;三是这种选取过程本身应当比较容易实现,其时间和空间开销都不应当太大。一篇中文文本有字、词、短语、句、段等各个层次,在实际应用中常常采用字、词或短语作为特征项。

(1) 字特征

使用字特征的特征抽取过程最为简单,而且由于常用的汉字数目较少,因此抽取过程的时间和空间开销都不会太大。但是字对文本的表示能力比较差,不能独立地完整地表达语义信息。曾经有人尝试过用字作为文本分类的依据,通过字来判决,一方面避免了自动分词这个比较棘手的问题,另一方面也利用了有些汉字一字成词的特点。但是,试验证明这种方法没有取得令人满意的效果。

(2) 词特征

与字相比较而言,词汇能够比较完整地表达语义信息。然而,并不是所有词都适合作为特征项,有研究表明,高频词和低频词对文本的表示作用均小于中频词。因为高频词在所有文章中都有相近的较高频率,低频词在文本中出现次数少,不适合采用统计方法来处理,而中等频度的词和文本表达的主题比较相关,表示能力最强。

文本中常常出现一些没有实在意义的虚词、助词等,比如"着""了""过""的""地""得",这些词出现次数很多,然而对于表达意义的贡献却很小,一般的做法是将这些词加入停用词表,统计词频时过滤掉这些词,或者采用属性标注的方法,直接过滤掉所有的虚词。

然而采用词特征的先决条件是要有一个良好的分词策略。如果分词效果不好,将会造成最终的分类效果反而不如直接采用字特征。

(3) 短语特征

国外有研究者曾就以词还是词组作为特征项表示文本的问题进行了探讨。他们试图寻找一种语义上更丰富,但实现技术上又可行的特征表示方法。一些研究者提出在单个词以外,附加短语作为特征来表示文本。从语言学意义来看,短语是大于词小于句子的语言单位。这个想法是有一定根据的,可以发现:短语往往比单个的词更善于表达结构化信息,由于短语所包含的单个词之间对表达意义有相互的补充作用,因此短语一般比单个词在语义上的含糊度小,清晰表达概念的能力更强。从技术上来说,现有的文本处理技术也能够保证短语划分程序的健壮性。尽管看起来这种想法合乎情理,应该收到良好的效果,但是试验结果却是令人失望的。分析其可能的原因发现:虽然短语比单个词汇在语义上质量更高,但是它们的统计意义却比单个词汇低很多。比如"核污染处理",虽然在意义和概念上非常明确,即语义质量很高,对表达文章内容贡献很大,但是除非这个短语重复出现在文本或文本集中,以至于对词的统计结果产生显著影响,否则对于基于统计方法的文本分类系统不会产生影响。它对统计结果造成的影响由于短语形式上的变化而更加不明显,如"核污染处理",可以表达成"对核污染的处理""处理核污染""核垃圾清理""清理核垃圾"等,这些短语意义相当但外形不同,在频数计算中是作为不同的单元分别处理的,可见对于基于词形比较的统计方法来说短语的低共现概率是非常大的障碍。而且,并不是所有短语都在语义上都具备高价值,"助理教授"可以算作概念上具有一定意义的短语,但是"高个教授"就未必了。

3.3.3 特征选择

文本挖掘的基本困难之一是特征项空间的维数过高。所谓"特征项"在中文文本中主要指分词处理后得到的词汇,而特征项的维数则对应不同词汇的个数。数量过大的特征项一方面导致分类算法的代价过高,另一方面导致无法准确地提取文档的类别信息,造成分类效果不佳。因此,需要在不牺牲分类质量的前提下尽可能地降低特征项空间的维数。"特征选取"的任务就是要将信息量小、"不重要"的词汇从特征项空间中删除,从而减少特征项的个数,它是文本自动分类系统中的一个关键步骤。

为便于后面的描述,这里简要给出特征选取的一般过程。给定训练文档集合 $D=\{d_1,\cdots,d_n\}$,设 $T=\{t_1,t_2,\cdots,t_m\}$ 为对 D 中的文档做分词后得到的词汇全集,用 $[m]$ 表示集合 $\{1,2,\cdots,m\}$。所谓"特征选取"可以看成是确定从 TERMS 到 $[m]$ 的一个 1-1 映射,即

F - Selection:T—>[m]

然后根据计算开销的考虑,取一个 $i\in[m]$,认为 T 中那些函数值不小于 i 的词汇为"选取的特征项",记为 T_s。

1997 年研究出了多种特征选取方法,如文档频率(Document Frequency,DF)、信息增益(Information Gain,IG)、互信息(Mutual Information,MI)、开方检验(test,CHI)、术语强度(Term Strength,TS)等。针对英文纯文本比较研究了上述五种经典特征选取方法的优劣。实验结果表明:CHI 和 IG 方法的效果最佳;DF 方法的性能同 IG 和 CHI 的性能大体相当,而且 DF 方法还具有实现简单、算法复杂度低等优点;TS 方法性能一般;MI 方法的性能最差。针对中文网页,其结论是否还正确,目前还没有很明确的结论。下面对这些典型的特征选取算法做一下简单地介绍。

1. 文档频率

文档频率(Document Frequency)是指词在训练语料中出现的文档数。对于每一个词都计算其文档频率,然后把低于某一阈值的词去除。采用 DF 作为特征抽取基于如下基本假设:DF 值低于某个阈值的词条是低频词,它们对于分类提供的信息量不大。将这样的词条从原始特征空间中移除,不但能够降低特征空间的维数,而且还有可能提高分类的精度。

文档频率是最简单的特征抽取技术,由于其具有相对于训练语料规模的线性计算复杂度,它能够容易地被用于大规模语料统计。

2. 信息增益

信息增益（Information Gain）在机器学习中经常用作特征词汇重要程度的评价标准，它是一个基于熵的评估方法，定义为某特征词汇在文本中是否出现对分类的影响而产生的信息量的增减。把 $\{c_i\}_{i=1}^m$ 记为训练语料所属的类别集合，那么词 t 的信息增益可以定义为

$$G(t) = -\sum_{i=1}^m P_r(c_i)\log P_r(c_i) + P_r(t)\sum_{i=1}^m P_r(c_i/t)\log P_r(c_i/t)$$

$$+ P_r(\bar{t})\sum_{i=1}^m P_r(c_i/\bar{t})\log P_r(c_i/\bar{t})P(c_i)$$

其中，表示 c_i 类文档在语料中出现的评率，$P(t)$ 表示语料中包含词语 t 的文档的概率，$P(c_i|t)$ 表示文档包含词语 t 时属于 c_i 类的条件概率，$P(\bar{t})$ 表示语料中不包含词语 t 的文档的概率，$P(c_i|\bar{t})$ 表示文档不包含词语 t 时属于的条件概率，m 表示类别数。

这个定义对所有类别的全局特性考虑词语的重要程度。用此类方法进行特征选取需要计算每个词的信息增量，然后把低于预定义阈值的特征词滤除。概率估计的时间复杂度是 $O(N)$，空间复杂度为 $O(VN)$，N 是训练集的文档数，V 是词典中的词汇数。熵计算的时间复杂度是 $O(Vm)$。信息增益的不足之处在于，它考虑了词语未发生的情况。虽然某个词语不出现也可能对判断文本类别有贡献，但实验证明，这种贡献往往小于考虑词语不出现情况所带来的干扰。

3. 互信息

互信息（Mutual Information）是统计语言模型中常用的一种标准，如词联想。词 t 和类别 c 之间的互信息定义为

$$I(t,c) = \log\frac{P_r(t\bar{\,}c)}{P_r(t)\,\hat{}\,P_r(c)}$$

若 t 和 c 共现的次数记为 A，t 在非 c 类别的文档中出现的次数记为 B，c 类别中不包括 t 的文档数记为 C，语料集合中的所有文档数记为 N，那么对 t 和 c 之间的互信息可以用下式估计：

$$I(t,c) \approx \log\frac{A \times N}{(A+C) \times (A+B)}$$

如果 t 和 c 之间是不相关的，那么 $I(t,c)$ 的值为 0。从整体的特征选择出发，则定义两个统计量：

$$I_{avg}(t) = \sum_{i=1}^m P_r(c_i)I(t,c_i)$$

$$I_{max}(t) = \max_{i=1}^m\{I(t,c_i)\}$$

MI 的计算时间复杂度与 IG 的一样都是 $O(Vm)$。互信息方法的一个不足就是计算结果对词 t 的边缘概率非常敏感，这是显而易见的：

$$I(t,c) = \log P_r(t/c) - \log P_r(t)$$

因此，如果词的条件概率相同的话，非常用词的互信息值反而高于频繁出现的常用词。这种情况下得出的结论不能体现出对于词频差距较大的特征词之间的区别。

4. CHI 统计

CHI 统计是测量词条 t 和类别 c 之间的相关性与 χ^2 相比较。如果我们规定 t 和 c 共现

的次数记为 A，t 在非 c 类别的文档中出现的次数记为 B，c 类别中不包括 t 的文档数记为 C，非 c 类别中未包含 t 的文档数记为 D，语料集合中的所有文档数记为 N。基于上面的假设，给出 t 品质的定义式：

$$\chi^2(t,c) = \frac{N \times (AD-CB)^2}{(A+C) \times (B+D) \times (A+B) \times (C+D)}$$

词条的 $\chi^2(t,c)$ 值比较了词条对一个类别的贡献和对其余类别贡献的大小，以及词条和其他词条对分类的影响。其中，如果 $AD-CB>0$，说明该词和类别正相关，即词条出现说明某个类别也可能出现；反之，如果 $AD-CB<0$，说明该词和类别负相关，即词条出现某个类别很可能不会出现。因此在特征选择时，选择词条的 $\chi^2(t,c)$ 值高，同时满足 $AD-CB>0$ 的词条作为特征词。

CHI 的时间复杂度是 $O(N)$，空间复杂度为 $O(VN)$，N 是训练集的文档数，V 是词典的词汇数。

3.4 文本分类技术

文本分类是指把一个或多个预先指定的类别标号自动分配给未分类文本的过程。作为文本挖掘核心任务之一的文本分类的研究可以追溯到 20 世纪 60 年代早期，但直到 90 年代早期才成为信息处理、数据挖掘和机器学习等领域的主要研究问题，这主要归功于日益增长的应用需求以及硬件能力。本节主要介绍文本分类的问题定义、几种主要的文本分类方法和文本分类模型的评估方法。

3.4.1 文本分类问题的一般性描述

文本分类（Text Categorization 或 Text Classification，TC）是根据给定文本的内容，将其判别为事先确定的若干个文本类别中的某一类或某几类的过程。这里所指的文本可以是媒体新闻、科技报告、电子邮件、技术专利、网页、书籍或其中的一部分。文本分类问题关注的文本种类，最常见的是文本所涉及的主题或话题（如体育、政治、经济、艺术等），也可以是文本的文体风格（如流派等），或文本与其他事物（如垃圾邮件或成人网页等）之间的联系（相关或不相关）。

到目前为止，绝大多数的文本分类工作还是由人工来完成的。无论是个人电子文本的整理还是国际专利文献的分类，通常都离不开人的脑力劳动。特别是海量文本数据的分类处理，更是需要大量熟练的相关领域内的专家参与其中。例如，美国国家医学图书馆拥有数以百计的专业人员对图书馆购进的各种医学图书杂志进行编目和分类，而著名国际网站 Yahoo 雇佣的一百多名各个领域的专家，即使满负荷工作，也不能及时地对每天像潮水般涌现在互联网上的新的网页进行阅读、标注和分类。

显然，传统的人工文本分类方式已远远不能满足当今社会发展的实际需要，研制与开发能有效代替人工进行快速、准确分类的自动文本分类系统，研究和发展相应的自动文本分类技术就显得十分迫切。

自动文本分类技术的研究目标就是实现文本分类的自动化，以达到降低分类费用、改善分类性能（如提高分类精度和分类的一致性）等目的。

目前,主要的文档自动分类算法可以分为三类:

① 词匹配法。词匹配法又可以分为简单词匹配法和基于同义词的词匹配法两种。简单词匹配法是最简单、最直观的文档分类算法,它根据文档和类名中共同出现的词决定文档属于哪些类。很显然,这种算法的分类规则过于简单,分类效果也很差。基于同义词的词匹配法是对简单词匹配法的改进,它先定义一张同义词表,然后根据文档和类名以及类的描述中共同出现的词(含同义词)决定文档属于哪些类。这种分类算法扩大了词的匹配范围,在性能上要优于简单词匹配法。不过,这种算法的分类规则仍然很机械,而且同义词表的构成是静态的,对文档的上下文不敏感,无法正确处理文档中其具体含义依赖于上下文的词,分类的准确度也很低。

② 基于知识工程的方法。基于知识工程的文档分类方法,需要知识工程师手工地编制大量的推理规则,这些规则通常面向具体的领域,当处理不同领域的分类问题时,需要不同领域的专家制定不同的推理规则,而分类质量严重依赖于推理规则的质量。因此,在实际的分类系统中较少使用基于知识工程的学习法。

③ 统计学习法。统计学习法和词匹配法在分类机制上有着本质的不同。它的基本思路是先搜集一些与待分类文档同处一个领域的文档作为训练集,并由专家进行人工分类,保证分类的准确性,然后分析这些已经分好类的文档,从中挖掘关键词和类之间的联系,最后再利用这些学到的知识对文档分类,而不是机械地按词进行匹配。因此,这种方法通常忽略文档的语言学结构,而用关键词来表示文档,通过有指导的机器学习来训练分类器,最后利用训练过的分类器来对待分类的文档进行分类。这种基于统计的经验学习法由于具有较好的理论基础、简单的实现机制以及较好的文档分类质量等优点,目前实用的分类系统基本上都是采用这种分类方法。

文本分类是一种典型的有教师的机器学习问题,一般分为训练和分类两个阶段。

1. 训练阶段

(1) 定义类别集合 $C = \{c_1, \cdots, c_k, \cdots, c_m\}$,这些类别可以是层次式的,也可以是并列式的。

(2) 给出训练文档集合 $S = \{s_1, \cdots, s_k, \cdots, s_n\}$,每个训练文档 s_j 被标上所属的类别标识 c_i。

(3) 统计 S 中所有文档的特征矢量 $V(s_j)$,确定代表 C 中每个类别的特征矢量 $V(c_i)$。

2. 分类阶段

(1) 对于测试文档集合 $T = \{d_1, \cdots, d_k, \cdots, d_r\}$ 中的每个待分类文档 d_k,计算其特征矢量 $V(d_k)$ 与每个 $V(c_i)$ 之间的相似度 $\text{sim}(d_k, c_i)$。

(2) 选取相似度最大的一个类别 $\text{argmaxsim}(d_k \quad c_i)$ 作为 d_k 的类别。

有时也可以为 d_k 指定多个类别,只要 d_k 与这些类别之间的相似度超过某个预定的阈值。如果 d_k 与所有类别的相似度低于阈值,那么通常将该文档放在一边,由用户来做最终决定。对于类别与预定义类别不匹配的文档而言,这是合理的,也是必需的。如果这种情况经常发生,则说明需要修改预定义类别,然后重新进行上述训练与分类过程。

3.4.2　文本分类算法

文本分类算法实质上就是建立文本特征到类别的映射关系,不同的算法在训练和测试阶段都有着显著的区别。根据对分类知识的表示形式,分类算法可以分为符号分类器、概率分类器、回归分类器、中心向量分类器、最近邻分类器、最大边缘分类器和组合分类器。

1. 符号分类器

符号分类器直接采用符号表示分类知识,常用的符号方法包括归纳规则学习和决策树两类。归纳规则学习算法为每个类别学习最优的 DNF 规则集合,用 DNF 表示每条规则。学习过程分为两个阶段,扩展规则集和删剪规则集。扩展阶段按自底向上的方式学习每条分类规则,并使分类规则在训练集上得到优化;删剪阶段根据分类性能和规则复杂度的折中为指标对规则集进行删剪。比较常用的归纳规则学习算法是 RIPPER 算法。决策树表示可视为 DNF 规则表示的特例,学习到的分类规则被表示为一颗决策树。对于一个待分类的文本,采用自顶向下的方式,在决策树的内部节点进行属性值比较并根据不同的属性值判断该节点向下的分枝,当到达叶节点时,就得到了该文本的类别。现在广泛应用的决策树算法有 ID3,assistant 和 C4.5 等。

符号分类器的分类知识采用符号规则表示,因此易于理解,而且该算法对特征维数不敏感。但是该算法的分类性能往往不如非符号方法好,容易产生过拟合现象,并且删剪阶段比较复杂,不能输出类别置信度,难以满足有些场合的要求。

2. 概率分类器

概率分类器假设特征和类别之间存在某种联合概率分布。贝叶斯算法就是一种非常典型的概率分类器,它假设类别相同的样本具有相同的、独立的条件概率,而且这种条件概率在不同类别的样本间是不完全相同的,因此可以应用贝叶斯公式求取样本所属类别的后验概率。

朴素贝叶斯分类器(Naïve Bayes)是一种最简单的贝叶斯分类器,将其应用在文本分类中的基本思想是利用单词和类别的联合概率估计给定文本所属类别的概率。Naïve Bayes 分类器假设文本是基于词的 unigram 模型,即文本中词的出现依赖于文本类别,但不依赖于其他词及文本的长度,也就是说词与词之间是独立的。

假设有类别集合 $C = (c_1 \cdots c_n)$,V 维的特征向量 $W = (w_1 \cdots w_v)$,这样,在给定输入向量 W(此时 W 表示一篇文本),它所属的类别可以由下列判别公式得到:

$$\hat{c} = \arg \max_c P(c|W) = \text{agr} \max_c P(c)P(W|c)$$

$$= \arg \max_c P(c) \prod_i P(w_i|c)$$

与其他文本分类技术相比,朴素贝叶斯分类器能够很快地趋于稳定,通常只需要扫描一遍文档即可完成分类处理,速度较快,因此可以适用于。是 NB 分类器假定在给定分类变量的情况下所有的特征项都是相互独立的,这在文本处理中显然是不现实的。为此,有研究人员开始提出对 NB 方法的改进,使之能处理特征项之间存在有限相互关联的情况,即允许在 Bayesian 分类网络中,一个特征节点除了类变量之外,还有别的父节点。因此,分类处理的复杂度将显著提高。

3. 回归分类器

回归分类器采用函数拟合训练样本集生成的样本矩阵,样本矩阵中的每行表示一个文档的特征向量,以及此文档所属类别向量。回归函数的形式分为线性或非线性两种,而回归函数参数的学习方法分为批量学习与在线学习两种。其中,采用批量学习的回归方法在统计中称为线性多元回归或非线性多元回归,而采用在线学习的非线性回归方法在机器学习领域中即为神经网络。

Yang 等人提出的线性最小平方拟合(Linear Least Squares Fit,LLSF)可以自动从训练集文档和它们所属类中学习得到多元回归模型(Multivariate Regression Model)。训练数据用输入/输出向量对表示,其中输入向量用传统向量空间模型的文档表示方法(词和权重),输出向量则是该文档对应的类向量(采用布尔权重)。通过求解这些向量对的线性最小平方拟合,可以得到一个词一分类的回归系数矩阵:

$$F_{LS} = \arg \min \parallel FA - FB \parallel^2$$

其中,矩阵 A 和 B 分别是所有训练样本输入向量和输出向量组成的矩阵。F_{LS} 为结果矩阵,定义了从任意文档到类别权重向量的映射。对这些类别权重进行排序,则可以得到输入文档可能的类别列表。然后再指定阈值,就可以判别文档所属的类别,阈值同样是从训练中学习获取的。

神经网络(Neural Network,NNet)技术是人工智能中的成熟技术。Wiener 和 Ng 曾分别将该技术用于文本分类。Wiener 试过感知器方法(Perceptron Approach,无隐层)和三层神经网络(一个隐层)。Ng 只用了感知器方法。这些系统中为每个分类建立一个神经网络,通过学习得到从输入单词(或者更复杂的特征词向量)到分类的非线性映射。Wiener 的实验建议将多层神经网络(Multiple-class NNet,用于高层分类)和多个两层神经网络(Two-class Networks,用于最底层分类)混合起来。

总之,线性回归方法性能较高,分类时速度很快,可在线化,但在批处理训练时计算复杂性很大。

4. 中心向量分类器

中心向量分类器为每个类别训练一个中心向量,根据新样本与该类别中心向量的相似性判断其是否属于该类别,其中常用的相似性计算公式是内积或余弦相似度。由于一般的线性回归方法,比如 LLSF、神经网络等,也能够将每个类别对应的回归系数视为中心向量,因此基于中心向量的分类器与多元线性回归的表达形式是完全相同的,不同的是训练分类器时的依据。回归方法认为当回归方程与样本矩阵拟合的越好,那么预测时的性能就越高,因此训练时是两者尽量拟合。而基于中心向量的方法本质上是一种简化的概率方法,它的隐含前提假设是每个类别的样本符合多元高斯分布,因此可以用一个中心向量代表一个类别,新文档与哪个类别中心向量距离近,它就可被预测为哪个类别,因此其训练方法就变得相当简单直接。

Rocchio 方法是一种常用的中心向量分类器,它将本表示为向量空间中的高维向量,按照训练集中正例的向量赋予正权值,反例的向量赋予负权值,相加平均以计算每一类别的中心。对于属于测试集的文本,计算它到每一个类别中心的相似度,将此文本归类于与其相似度最大的类别。如果对于那些类间距离比较大类内聚类比较小的类别分布情况,Rocchio方法能达到较好的分类精度,而对于那些类别分布不好的情况,Rocchio 方法的效果较差。

与回归分类器相比较,Rocchio 分类器在训练与测时速度上都较快,一般都不需要特征选择和特征变换,与 NB 分类器接近。

5. 最近邻分类器

最近邻分类器的核心思想是用训练样本自身表示分类知识,分类时直接把与测试文档接近的若干训练样本所属类别的加权和作为分类结果。作为一种非参数机器学习方法,如果训练样本量充分大,理论上可以对任意复杂的概率分布情况建模。

K 最近邻分类器,作为一种统计学习方法在模式识别领域已研究发展了 40 多年,在早期的文本自动分类的研究中就已应用了这一方法。KNN 算法相当简单:从训练集中求出与待分类文档的距离最近的 k 个文档,然后根据这 k 个文档的类别来权衡待分类文档的类别。待分类文档的类别权重用它与相邻文档之间的相似度度量。如果这 k 个文档中有若干个属于同一个类别,则将它们的类别权重累加,得到的和就是待分类文档属于该类别的可能性度量值。对每个类别的可能度数值进行排序,就得到了待分类文档归入各类别的可能性大小的排列。通过对每个类别定义阈值,我们就可以判断待分类文档是否可以归入某一类别。每个类别的门限可以通过对训练集的学习得到。

设有类别集合 $C = (c_1 \cdots c_m)$,样本集为 (d_i, c_j),$i = 1, \cdots, n$,$j = 1, \cdots, m$,d_i 为某文本向量,KNN 的决策规则可写作:

$$y(\boldsymbol{x}, c_j) = \sum_{d_i \in kNN} \mathrm{sim}(\boldsymbol{x}, \boldsymbol{d}_i) y(\boldsymbol{d}_i, c_j) - b_j$$

其中,$y(\boldsymbol{d}_i, c_j) \in \{0, 1\}$ 表示文本 $\boldsymbol{d}_i$ 是否属于类别 c_j($\boldsymbol{y} = 1$ 为是,$\boldsymbol{y} = 0$ 为否);$\mathrm{sim}(\boldsymbol{x}, \boldsymbol{d}_i)$ 表示测试文本 $\boldsymbol{x}$ 和训练文本 $\boldsymbol{d}_i$ 的相似度;b_j 则是二元决策的阈值。

最近邻分类器的最大特色是扫描一遍训练样本数据库就可以预测一个文档所属的类别,训练方便快捷,且性能一般优于 Rocchio、NB、NN 等方法。但最近邻分类器的复杂度为 $O(n * \log n)$,n 为训练样本量,因此计算量较大。

6. 最大边缘分类器

最大边缘分类器是一种建立在统计学习理论基础上的机器学习方法,它基于结构风险最小化原则,在向量空间中寻找一个决策面,这个面能"最好"地分割两个分类中的数据点。其代表性算法是支持向量机(Support Vector Machine,SVM)。

最大边缘分类器在性能上与其他分类器相比具有非常明显的优势,但速度较慢,很难在线化。

7. 组合分类器

多分类器组合是机器学习中研究非常广泛的课题,并在许多实际应用上取得了很好的结果(如文本分类、手写体识别、时间序列预测等)。多分类器通过组合若干个性能较差、结构较为简单的成员分类器可以得到分类性能优于复杂结构分类器的组合分类器。组合分类器首先在训练集上进行有指导的学习,包括成员分类器的学习和组合算法的学习,这两个学习过程有时是相互交织的。对未知的测试样本,首先获得参与组合的各成员分类器的分类结果,再由组合算法获得最终结果。文本分类中比较常用的组合方法是多数投票规则(Majority Voting,MV)和权重投票规则(Weighted Voting,WV)。在多数投票规则中,每个分类器都为类别投票,获得票数最多的类别即为最终决策类别,为每个分类器的投票赋以不同的权重,则为权重投票法,信任度最高的类别即为最终决策类别。一般有三种组合算法:投票规则、级联规则和基于线性回归的组合分类器学习算法。

(1)投票规则

在多数投票规则中,每个分类器对于类别的贡献都是相同的,权重投票规则虽然将分类器的投票赋以权重,但也只考虑了单个分类器的局部贡献。这些表决规则并没有考虑到分类器本身的特性,仍然实行的是"一人一票"的原则。而实际上由于各个分类器使用的特征不同、原理和方法不同,或者训练过程使用的样本不尽相同,每个分类器对每个类别的识别能力有一定差别。为此,我们使用了三种投票方法。

① 第一种方法将分类器在整个训练集上的准确率作为权重:

$$\hat{c} = \arg\max_c \sum_{k=0}^{K} \mathrm{TP}_k * \mathrm{conf}_{k,c}$$

其中,TP_k 为第 k 个分类器的准确率,$\mathrm{conf}_{k,c}$ 为第 k 个分类器分配给任务类别 c 的信任度。

② 第二种方法考虑了单个分类器在每个类别上的准确率:

$$\hat{c} = \arg\max_c \sum_{k=0}^{K} P_{k,c} * \mathrm{conf}_{k,c}$$

其中,$P_{k,c}$ 为第 k 个分类器在任务类别 c 上的准确率。

③ 第三种方法结合了前两种方法的优点,图 3.4 给出了其决策规则如图 3.3 所示。

```
算法:基于投票的组合分类器
输入:K 个分类器和待分文本
输出:文本所属的任务类别
方法:
        for 每个单分类器 k
            if c_i 是分类器 k 分配给文本的任务类别
                conf_{c_i} += (P_{k,c_i} * conf_{k,c_i})
            else
                conf_{c_i} += ((1 - R_{k,c_i}) * conf_{k,c_i})
        ĉ = arg max conf_{c_i}
                c
```

注:R_{k,c_i} 为第 k 个分类器在任务类别 c 上的召回率。

图 3.4　投票规则

（2）级联规则

在级联规则中,单个分类器的决策是通过串联的方式来组合的。如果一个分类器分配给文本的信任度值小于阈值 θ_k,则利用另外一个分类器对文本进行任务分类。图 3.5 为级联规则:

```
算法:基于级联的组合分类器
输入:K 个分类器和待分文本
输出:文本所属的任务类别
方法:
        for 每个单分类器 k
            if max conf_{k,c_i} < θ_k, ∀ c_i
                if(TS_k == TS_{k-1})
                    ĉ = TS_k
                    return ĉ;
            else
                ĉ = arg max conf_{k,c_i}
                        c
                return ĉ;
```

注:TS_k 为第 k 个分类器分配给文本的任务类别。

图 3.5　级联规则

（3）基于线性回归的学习算法

在线性回归中，我们将单分类器看作 D 维空间中的一维，则其线性回归模型形如下：

$$\mathrm{con}f_{c_i} = b + \sum_{k=1}^{K} a_{k,c_i} * \mathrm{con}f_{k,c_i}$$

$$\hat{c} = \arg\max_c \mathrm{con}f_{c_i}$$

其中，$\mathrm{con}f_{k,c_i}$ 为第 k 个分类器分配给任务类别 c_i 的信任度，a_{k,c_i} 为分类器 k 在任务类别 c_i 上的回归参数，b 为偏置。

3.4.3　常用文本分类算法

文本分类问题可以用更形式化的方法进行描述。假设有一组文档概念类 C 和一组训练文档 D，那么客观上就存在着一个目标概念 T：

$T : D \longrightarrow C$

这里，T 把一个文档实例映射为某一个类。对于 D 中的文档 d，$T(d)$ 是已知的。通过"有指导地"对训练文档集的学习，可以找到一个近似于 T 的模型 H：

$H : D \longrightarrow C$

对于一个新文档 d_x，$H(d_x)$ 表示对 d_x 的分类结果。一个分类系统的建立或者说分类学习的目的就是寻找一个和 T 最相近的 H，即给定一个评估函数 Func，分类学习的目标应使 T 和 H 满足：$\mathrm{Min}(\sum \mathrm{Func}(T(d_x) - H(d_x)))$。

一般来讲，文本分类主要有以下五个问题需要解决：

① 获取训练文档集合。训练文档集合选择是否合适，对文本分类器的性能有较大影响。训练文档集合应该能够广泛地代表分类系统所要处理的、实际存在的各个文档类别中的文档。一般地，训练文档集合应该是公认的、经人工分类的语料库。

② 建立文档表示模型。建立文档表示模型是一个重要的技术问题，它将决定选用什么样的文档特征（或属性）来表征文档。目前的文本分类系统，绝大多数都是以词语来表征文档的，至于具体形式，则可能是关键词或短语、主题词、概念等。当然，不同语言的文本，在获取文档的词语属性时，需要采用不同的技术，例如抽词或切分词。鉴于中文文本信息的特殊性，有些中文文本分类系统采用了基于统计的 N-gram 属性，以避开词语切分的困扰。

③ 文档特征抽取（或选择）。对于使用自然语言表达的文档集合来说，文档特征是开放的、无限制的。一个分类系统对于所获取的特征必须进行筛选和优化，从特征的全集中抽取一个最优的特征子集。唯有如此，才能保证分类算法的效率。

④ 选择或涉及分类模型。选择分类模型实际上就是要使用某种方法，建立从文档特征（或属性）到文档类别的映射关系，是文本分类的核心问题。现有的分类方法主要来自两个方面：统计和机器学习，比较著名的文本分类方法有 KNN、Native Bayes（NB）、SVM、LLSF、Bosting 等。

⑤ 性能评测模型。文本分类系统的建立，需要对系统使用的分类方法或分类器进行性能评价分析，性能评测是分类处理流程中的重要一环。同时，寻找能够真正反映文本分类内在特征的性能评估模型，对改进和完善分类系统也具有指导意义。

1. KNN 分类算法

KNN 分类算法又称为 K 近邻算法（K-Nearest Neighbour，KNN）。KNN 最初由

Cover 和 Hart 于 1968 年提出,是一个传统的基于统计的模式识别的方法。该算法的基本思想是:根据传统的向量空间模型,文本内容被形式化为特征空间中的加权特征向量。对于一个测试文本,计算它与训练样本集中每个文本的相似度,找出 K 个最相似的文本,根据加权距离和判断测试文本所属的类别。具体算法步骤如下:

① 对于一个测试文本,根据特征词形成测试文本向量。

② 计算该测试文本与训练集中每个文本的文本相似度。

③ 按照文本相似度,在训练文本集中选出与测试文本最相似的 K 个文本。

④ 在测试文本的 K 个近邻中,依次计算每类的权重,计算公式如下:

$$P(X,C_j)=\begin{cases}1, & \sum_{d_i \in KNN} \mathrm{Sim}(x,d_i)y(d_i,C_j)-b \geqslant 0 \\ 0, & \text{其他}\end{cases}$$

其中,X 为测试文本的特征向量;$\mathrm{Sim}(X,d_i)$ 为相似度计算公式;b 为阈值,有待于优化选择;而 $y(d_i,C_j)$ 的取值为 1 或 0,如果 d_i 属于 C_j,则函数值为 1,否则为 0。

⑤ 比较类的权重,将文本分到权重最大的那个类别中。

KNN 方法基于类比学习,是一种非参数的分类技术,在基于统计的模式识别中非常有效,对于未知和非正态分布可以取得较高的分类准确率,具有鲁棒性、概念清晰。但在文本分类中,KNN 方法也存在不足,如 KNN 算法是懒散的分类算法,其时空开销大,计算相似度时,特征向量维数高,没有考虑特征词间的关联关系;样本距离计算时,各维权值相同,使得特征向量之间的距离计算不够准确,影响分类精度。

2. NB 分类算法

NB(Native Bayes)算法是基于贝叶斯全概率公式的一种分类算法。假设有类别集合 $C=(c_1 \cdots c_n)$,V 维的特征向量 $W=(w_1 \cdots w_v)$,这样,在给定输入向量 W(此时 W 表示一篇文本),它所属的类别可以由下列判别公式得到:

$$\hat{c} = \arg \max_c P(c|W) = \arg \max_c P(c)P(W|c) = \arg \max_c P(c) \prod_i P(w_i|c)$$

其中,$P(c)$ 表示待分类的文档所处的领域中文档属于这个类的概率,在具体的计算时,可以分别用训练集中属于这个类的文档所占的比例代替。$P(w_i|c)$ 表示在类别 c 中特征项 w_i 出现的概率,可以近似地用训练集中包含有该特征项的类别 c 中的文档个数与训练集中类别为 c 的文档总数的比值表示。

由此可以看出,NB 算法假设文档之间的特征项都是相互独立的。但是,这一假设对语义丰富的语言文字信息往往过于简单,这也在一定程度上限制了算法的性能。NB 算法需要使用训练集对分类器进行训练,即需要分别计算每个 $P(w_i|c)$。假设训练集共有 m 个类别,n 个特征项,待分类文档共有 k 个特征项,那么训练的时间复杂度为 $O(m*n)$。分类的时间复杂度为 $O(k)$。

3. 决策树分类算法

决策树(Decision Tree,Dtree)算法通过对训练数据的学习,总结出一般化的规则,然后再利用这些规则解决问题。用决策树进行文本分类的基本思路是这样的:先用训练集为预先定义的每一个类构造一棵决策树,构造方法如下:

① 以训练集作为树的根结点,它表示所有的训练文档,将它标记为"未被检测"。

② 找到一个标记为"未被检测"的叶结点,如果它表示的所有文档都属于这个类,或者

都不属于这个类,将这个叶结点的标记改为"已被检测",然后直接跳到第三步;否则,挑选当前最能区分这个结点表示的文档集中属于这个类的文档和不属于这个类的文档的特征项作为这个结点的属性值,然后以这个结点为父结点,增添两个新的叶结点,都标记为"未被检测",父结点表示的训练文档集中含有这个特征项的所有文档用左子结点表示,所有不含有这个特征项的文档用右子结点表示。

③ 重复第二步操作,直到所有的叶结点都被检测过。

对每棵决策树,从它的根结点开始,判断结点的属性值(特征项)是否在待分类的文档中出现,如果出现,则沿着左子树向下走,否则沿着右子树向下,再继续判断当前结点的属性值是否在待分类的文档中出现,直到到达决策树的某个叶结点,如果这个叶结点表示的训练文档都属于这个类,则判定这篇待分类的文档也属于这个类,反之亦然。

4. Rocchio 分类算法

其基本思想是使用训练集为每个类构造一个原型向量,构造方法如下:给定一个类,训练集中所有属于这个类的文档对应向量的分量用正数表示,所有不属于这个类的文档对应向量的分量用负数表示,然后把所有的向量加起来,得到的和向量就是这个类的原型向量,定义两个向量的相似度为这两个向量夹角的余弦,逐一计算训练集中所有文档和原型向量的相似度,然后按一定的算法从中挑选某个相似度作为界。给定一篇文档,如果这篇文档与原型向量的相似度比界大,则这篇文档属于这个类,否则这篇文档就不属于这个类。

具体过程是,我们首先为每一个类 c_j 建立一个原型向量(训练集中 c_j 类的所有样本的平均向量),然后通过计算文档向量 d 与每一个原型向量的距离来给 d 分类。公式如下:

$$w_{cj} = \alpha w_{jc} + \beta \cdot \frac{\sum\limits_{i \in c} x_{ij}}{n_c} - \gamma \cdot \frac{\sum\limits_{i \notin c} x_{ij}}{n - n_c}$$

其中,w_{jc} 指类 c_j 中心向量的权重,x_{ij} 是指文档向量的权重,n 是所有训练样本的数目,n_c 是训练集中属于类 c_j 的正例样本的个数,$n-n_c$ 为反例样本的个数。

在此,α、β、γ 分别用来控制初始向量、正树集和反倒集所占的权重。通常,为了强调正例文本的重要性,正例的权值取得较大,而反倒的权值取得比较小。

Rocchio 算法的突出优点是容易实现,计算(训练和分类)特别简单,它通常用来实现衡量分类系统性能的基准系统,而实用的分类系统很少采用这种算法解决具体的分类问题。

5. 支持向量机分类算法

支持向量机(SVM)分类算法由 Vapnik 在 1995 年提出,用于解决二分类模式识别问题。其基本思想是使用简单的线形分类器划分样本空间,对于在当前特征空间中线性不可分的模式,则使用一个校函数把样本映射到一个高维空间中,使得样本能够线性可分。

SVM 基于结构风险最小化原则。它在向量空间中找到一个决策面,这个面能"最好"地分割两个分类中的数据点。两个分类的分类间隔(margm)可以定义"最好"分割。其基本思想可用图 3.6 的二维情况说明。图 3.6 中,实心点和空心点代表两类样本,H 为分类线,H_1、H_2 分别为各类中离分类线最近的样本且平行于分类线的直线,H_1 和 H_2 之间的距离为类间间隔。所谓最优分类线就是要求分类线不但能将两类样本正确分开,而且使分类间隔最大。分类线方程为 $x \cdot w - b = 0$(w 为权重向量,b 是分类阈值)。

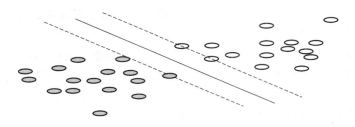

图 3.6 最优分类线

设训练样本集为 $(x_i, y_i), i=1, \cdots, n, x \in R^d$，$x_i$ 为某一个文本的向量；$y \in \{-1, 1\}$ 为类别标识。最优超平面是满足 $y_i[(\boldsymbol{w} \cdot \boldsymbol{x}_i) - b] - 1 \geqslant 0, i = 1, \cdots, n$ 且使 $\| w \|^2$ 最小化的超平面（最小化是关于向量 $\boldsymbol{w}$ 和阈值 b 进行的）。

利用拉格朗日函数优化方法，求最优超平面可以表示成如下约束优化问题，即在约束条件 $\sum_{i=1}^{n} y_i \alpha_i = 0 (\alpha_i \geqslant 0)$ 下，对 a_i 求解下列函数的最大值：

$$\max Q(\alpha) = \sum_{i=1}^{n} \alpha_i - \frac{1}{2} \sum_{i,j=1}^{n} \alpha_i \alpha_j y_i y_j (\boldsymbol{x}_i \cdot \boldsymbol{x}_j)$$

其中，a_i 为 Lagrange 乘子。这是一个不等式约束下二次函数寻优的问题，存在唯一解。解中将只有一部分（通常是少部分）a_i 不为零，对应的样本就是支持向量。求解上述问题得到的最优分类函数是

$$f(\boldsymbol{x}) = \text{sgn}\{(\boldsymbol{w} \cdot \boldsymbol{x}) - b\} = \text{sgn}\left\{\sum_{i=1}^{n} \alpha_i^* y_i (\boldsymbol{x}_i \cdot \boldsymbol{x}) - b^*\right\}$$

式中的求和实际上只对支持向量进行。b^* 是分类阈值，可以用任意一个支持向量求得。文本 x 的所属类别由 $f(x)$ 决定，对非线性问题，可以通过非线性变换转化为某个高维空间中的线性问题，在变换空间中求最优超平面。

3.4.4 文本分类的性能评估

在过去的十几年里，自动文本分类技术由于其潜在的巨大应用前景，得到了机器学习、信息检索、数据挖掘、自然语言处理等研究领域众多学者的高度重视，并取得了长足的进展。近年来，国内外有关自动文本分类的各种研究文章如雨后春笋层出不穷。随着各种文本分类器的不断提出，如何客观地评估和比较它们的分类性能就成了一个不容忽视的问题。

分类器性能的评估与比较是一个非常复杂的问题，目前尚未得到很好的解决。现阶段人们还无法从理论上对不同分类器的分类性能进行客观、全面的比较，而只能依赖仿真实验结果对其进行对比和判断。除分类器性能之外，影响分类器实际分类效果的因素还有很多，如实验数据集的选择、文本文档的描述与表示、性能评估指标的确定、实验数据的分析与处理等等。由于受时间等条件的限制，人们不可能对影响分类效果的所有其他因素逐一进行考察，而只能依据少量的实验数据对分类器性能作一大致的判断。

尽管有这样或那样的困难，如果不同分类器的对比实验是在如下三点的基础上获得：

- 采用了同一个或几个标准数据集；
- 选用了恰当的性能评估指标；
- 对分类结果进行了必要的统计分析。

那么基于这一比较结果所得出的有关结论就基本上反映了客观现实。

例如，Yang 在标准数据集 Reuters-21578 上对 SVM，KNN，LLSF 和 NB 等分类器做了大量的对比实验，并对实验结果进行了 s-检验，t-检验、和 p-检验等统计检验，由此得出的"SVM 优于 KNN，KNN 明显优于 LLSF，LLSF 明显优于 NB"的结论，就比较令人信服。用于文本分类的标准数据集通常有以下几种：

• Reuters-21578：路透社财经新闻语料库，包含 21 578 篇路透社在 1987 年间播发的财经新闻。在以往进行的众多文本分类实验中，该数据集可以按照以下三种方式："ModLewis"，"ModApte"和"ModHayes"分解成训练样本集和测试样本集，其中以"ModApte"分解方式最为常见"ModApte"分解方式将 Reuters-21578 中的 9 603 篇新闻指定为训练样本，另外 3 299 篇新闻指定为测试样本。训练样本和测试样本分别涉及 115 个和 93 个不同的类别，其中至少包含一个训练样本和一个测试样本的类别有 90 个。一篇新闻可能属于多个不同的类别，最多的达到 16 个，平均有 1.2 个。Reuters-21578 是一个典型的多标号文本分类问题。另外，在这 12 902 个样本中，有一部分新闻稿件只有标题而没有正文，如果剔除这些文档，则训练样本和测试样本的个数分别降为 7 770 和 3 019。为了在该数据集上进行单标号文本分类，人们可以在对其进行"ModApte"分解的基础上，舍去所有多标号新闻文档，得到一个拥有 6 552 个训练样本，2 266 个测试样本的数据子集。Reuters-21578 是文本分类研究中最重要的一个标准数据集。

• 20 Newsgroups：新闻组语料库，由互联网用户在 Usenet 上张贴的 19 997 条消息组成的。这些消息均匀分布在 20 个不同的新闻组中，每个新闻组有 1 000 条消息（仅有一个新闻组含 997 条消息），每个新闻组对应着一个文本类别。20 Newsgroups 是一个典型的单标号文本分类问题。通常将每个新闻组中的前若干条消息（如前 800 条消息）作为训练样本，剩余的其他消息作为测试样本。

• OHSUMED：医学文摘语料库，包含 348 566 份文本文档，这些文档来自大型医学信息数据库 MEDUINE，每份文档的内容均为 1987 年至 1991 年 5 年间发表在 270 种国际医学杂志上论文的标题和摘要。文本类别为每份文档的检索项，总的类别个数高达 18 000 多个。OHSUMED 也是一个多标号文本分类问题。

目前，国内许多学者在进行文本分类研究时，并没有采用标准语料库，而是随便选用一些自己从互联网上下载的网页作为实验数据集，从而给文本表示方式以及文本分类器的比较与评估工作带来了很多新的困难。特别是中文文本分类研究，由于缺乏通用的研究者可免费从网上获取的标准中文语料库，这种问题就显得更加突出。

评估文本分类器性能需要注意的第二个方面是，如何选择恰当的性能评估指标。要全面评估文本分类器的性能，我们认为至少需要考察以下两个方面：首先，文本分类器进行正确分类决策的能力；其次，文本分类器进行快速分类决策的能力。由于自动文本分类技术目前尚不十分成熟，尚没有达到大规模实际运用的阶段，理论以及实验研究的重点仍然放在如何进一步提高文本分类器正确分类的能力上面。

为了评测文本分类的分类器性能，我们假设：有 m 篇文档，它们分属 n 个类别，分别由专家和自动分类程序来对全部文档进行分类，那么就可以建立如下的矩阵（见表 3.3）。

对于矩阵中的每一个元素 a_{ij}，其取值一共有 4 种可能的情况：

• TP：专家和分类程序都把文档 d_i 分配到类别 c_j。

- FP:分类程序把文档 d_i 分配到类别 c_j,而专家没有。
- FN:专家把文档 d_i 分配到类别 c_j,而分类程序都没有。
- TN:专家和分类程序都未把文档 d_i 分配到类别 c_j。

表 3.3　文本-类别矩阵

文本 ＼ 类别	C_1	...	C_j	...	C_n
d_1	a_{11}	...	a_{1j}	...	a_{1n}
⋮	⋮		⋮		⋮
d_i	a_{i1}	...	a_{ij}	...	a_{in}
⋮	⋮		⋮		⋮
d_m	a_{m1}	...	a_{mj}	...	a_{mn}

其中,TP 和 TN 都是正确分类的情况,但 TN 不是我们关心的,而 FN 对分类程序来说意味着遗漏,FP 则意味着虚警。现在用 ♯TP、♯FP、♯FN、♯TN 分别表示这 4 种情况的数量,用 ♯TP$_j$、♯FP$_j$、♯FN$_j$、♯TN$_j$ 分别表示第 j 类中这 4 种情况的数量,显然有

$$\sharp TP = \sum TP_j$$

$$\sharp FP = \sum FP_j$$

$$\sharp FN = \sum FN_j$$

$$\sharp TN = \sum TN_j$$

在此基础上,研究人员可以定义用于各个类别的分类效果评测指标,如召回率(recall)、准确率(precision)等,对于第 j 个类而言,其召回率、准确率的计算公式分别为

$$R_j = \sharp TP_j / (\sharp TP_j + \sharp FN_j)$$

$$P_j = \sharp TP_j / (\sharp TP_j + \sharp FP_j)$$

除此以外,为了评价分类器的整体分类结果,避免使用上述单独评测指标产生的片面影响,研究人员通常采用一些更具综合性的量化指标。主要指标如下。

(1) 宏观平均(Macro-averaging)

宏观平均指标的计算方法是:首先各个类的召回率、准确率等评测指标,然后将它们取平均值,从而得到该分类器整体关于全部类别的召回率和准确率。这里,假设用 MR、MP 表示宏观召回率和宏观准确率,则它们的计算公式分别为

$$MR = \sum R_j / n$$

$$MP = \sum P_j / n$$

(2) 微观平均(Micro-averaging)

微观平均指标的计算方法是:首先计算全部类别的 ♯TP、♯FP、♯FN、♯TN,再通过这些指标值来计算分类器的微观平均值。假设用 mR 表示微观召回率,用 mP 表示微观准确率,则有

$$mR = \sharp TP / (\sharp TP + \sharp FN)$$

$$mP = \sharp TP / (\sharp TP + \sharp FP)$$

不难看出,宏观平均和微观平均是两种不同的评测计量方法,其中宏观平均方法是平等看待每一个类别,而微观平均方法则是平等看待每一篇文档。因此可以说,宏观平均相对较易受小类的分类性能的影响,微观平均则较易受到大类的分类性能的影响,两者侧重点有所不同。

（3）平衡点（Break-even point）

文本分类研究的实验表明,在分类器的召回率和准确率之间通常有比较密切的影响和联系,为了获得高的召回率,往往会牺牲一定的准确率,反之亦然。这种关系非常类似于信息检索中查全率和查准率之间的互逆关系。当要在分类器的召回率和准确率之间进行权衡时,可以通过把召回率和准确率调整成某一相同值的做法,获得分类器的平衡点值。平衡点经常被用来作为评测分类器分类效果的指标。

（4）F 测度值（F-measure）

F 测度值方法是将召回率和准确率综合起来的另外一个常用指标。其通用的计算公式可以表示为

$$F = (\beta^2 + 1) * precision * recall / (\beta^2 * precision + recall)$$

其中,β 是一个调整召回率和准确率重要程度的参数,即：

- 当 $\beta = 1$ 时,召回率和准确率同等重要;
- 当 $\beta < 1$ 时,召回率比准确率重要;
- 当 $\beta > 1$ 时,准确率比召回率重要。

在实际应用中,经常可以看到以下三种 F 测度值：F_1 指标（取 $\beta = 1$）,F_2 指标和 $F_{0.5}$ 指标,它们在文献中也常被写作 P&R、P&2R、2P&R,其中 F_1 指标更为常见些。注意,计算 F_1 值时,当进一步地满足 precision = recall 的条件下,F_1 值就是平衡点值。

上述评测指标对于文本分类评测试验来说是重要的。除此之外,分类评测过程中的样本选取方法,对于试验也是非常重要的。在评测分类效果时,一般情况下是利用训练样本先训练分类器,然后对测试样本进行分类,并将分类结果与其标准结果比较后得出测试误差,再根据误差来推测此分类器对新样本分类的泛化误差。因此,为了在有限的条件下,最大限度地使得泛化误差接近于测试误差,需要在选取训练样本和测试样本时,采用一些不同的做法。

最简单、最常用的训练样本和测试样本的选取方法是预留法（hold-out）,即将已经人工分好类的文档样本集合分成两部分,一个用于训练,一个用于测试。除此之外,目前也还有一些比较复杂的训练与测试样本的选取方法,如交叉验证法（cross validation）。交叉验证法与预留法有很大不同。通常,在 k-fold 交叉验证中,先将数据大致分成 k 个同样大小的子集合对分类器训练 k 次,每次训练时将其中一个子集合排除在训练集合之外,再使用被排除的子集合进行测试。

习　　题

1. 以 HTML 为载体,设计一种数字水印算法。
2. 试搜集建立一个分词词典,并实现基于正向最大匹配的自动分词算法。
3. 查阅近年来的特征选择算法的文献,写一篇阅读报告。
4. 试搜集建立文本分类训练集和测试集,并实现一种文本分类算法,对算法的性能进行评估。

第 4 章

图 像 安 全

4.1 基 本 概 念

4.1.1 数字图像

一幅图像是由很多个像素（pixel）点组成的，像素是构成图像的基本元素。比如，我们说一幅图像的大小是 640×480，则说明这个图像在水平方向上有 640 个像素，在垂直方向上有 480 个像素。数字图像一般用矩阵来表示，图像的空间坐标 x, y 被量化为 $M \times N$ 个像素点。

每个图像的像素通常对应二维空间中的一个特定位置，并且由一个或多个与那个点相关的采样值组成数值。根据这些采样数目及特性的不同数字图像可以划分为二值图像、灰度图像和彩色图像。二值图像中每个像素的亮度值仅可取 0 和 1。灰度图像中每个像素可以由 0～255 的亮度值表示，0～255 表示了不同的灰度级。

彩色图像可以用红、绿、蓝三基色组成，任何颜色都可以用这三种颜色以不同的比例调和而成。彩色图像可以用类似于灰度图像的矩阵表示，只是在彩色图像中，由三个矩阵组成，每一个矩阵代表三基色之一。

4.1.2 数字图像的编码方式

图像包含巨大数量的信息，传输和存储需要很大的带宽，给存储器容量、通信干线信道传输率以及计算机处理速度都增加了极大的压力，单纯从扩大存储器容量和增加通信干线的比特率来解决这一问题是不现实的。因此提出了图像的压缩编码方法。

图像压缩一般通过改变图像的表示方式来达到，因此压缩和编码是分不开的。图像压缩不仅是必要的而且是可能的，因为图像数据是高度相关的，一幅图像的内部和视频序列中相邻的图像之间有着大量的冗余信息。这些冗余信息有时间冗余、空间冗余等，图像编码方法就是要尽可能的消除这些冗余信息，以降低表示图像所需的数据量。以静止图像画面为例，数字图像的灰度信号和色差信号在空域（(x, y) 坐标系）虽然属于一个随机场分布，但是它可以看成一个平稳的马尔可夫场，即图像像素点在空域中的灰度值和色差信号值，除了边界轮廓外，都是缓慢变化。比如一幅人的头像图，其背景、人脸、头发等处的灰度、颜色都是平缓改变的。相邻像素的灰度和色差值比较接近，信息有较多的冗余。所以先排除冗余信息，再进行编码，使像素的平均比特数下降，以减少空域冗余来进行数据压缩就是通常所说图像编码。

去掉图像中的各种冗余信息并不会影响人们对它们的识别和判断，因为人类的视觉系统是一种高度复杂的系统，它能从极为杂乱的图像中抽象出有意义的信息，并以非常精练的形式反映给大脑。人眼对图像中的不同部分的敏感程度是不同的,如果去除图像中对人眼不敏感或意义不大的部分,对图像的主观质量是不会有很大影响的。所以,允许图像编码有一定的失真也是图像可以压缩的一个重要原因。在许多应用场合,并不要求经压缩及复原以后的图像和原图完全相同,而允许有少量失真,只要这些失真并不被人眼所察觉,在许多情况下是完全可以接受的,这就给压缩比的提高提供了十分有利的条件。

1. 图像压缩编码的基本过程

从信息论的角度看,图像是一个信源。描述信源的数据是信息量(信源熵)和信息冗余量之和。图像数据压缩技术就是研究如何利用图像数据的冗余性来减少图像数据量的方法。常见的信息冗余量有:时间冗余、空间冗余、结构冗余、知识冗余、视觉冗余等。数据压缩实质上就是减少这些冗余量。可见,冗余量减少可以减少整个信源的数据量而不减少信源的信息量。

编码的第一步是进行映射变换,这其实是去冗余阶段。经过映射变换,如时域预测、频域变换或其他等价变换,原始图像数据特性被改变,变得更利于压缩编码。去冗余阶段形成的参数进入熵减阶段,这个阶段就是量化过程。量化器的引入是图像编码产生失真的根源。熵编码器是用来消除符号编码冗余度的,它一般不产生失真,常用的编码方法有许多种,如分组码、行程码、变长码和算术码等。量化后的参数再被送入存储设备或通过信道传输。上述过程的逆过程即为解码过程。

2. 常用的图像编码技术

图像编码属于信源编码的范畴。对它进行归类的方法并不统一,从不同的角度来看就会有不同的分类方法。从光度特征出发可分为单色图像、彩色图像和多光谱图像编码;从灰度层次上可分为二值图像和灰度图像编码;按所处理维数出发可以分成行内编码、帧内编码和帧间编码。从信源编码的角度来分类,图像编码大致可分为匹配编码,变换编码和识别编码。从是否有信息损失的角度来分,也可分为有损编码和无损编码。如果从目前已有的使用方案的角度来分类也可以分为三大类:预测编码、变换编码以和统计编码。而这些方法既适用于静止图像编码,也适用于电视信号编码。

需要提出的是,上述各种具体方案并不是孤立的、单一的使用,往往是各种方法重叠、交叉使用,以达到最高的编码效率,在国际编码标准中这一点尤为突出。下面简要地分类介绍一下常用的编码技术。

(1) 预测编码

预测编码也称为差值脉冲编码调制(DPCM)。在预测编码中所采用的主要是两大技术:信号的最佳线性预测和最佳量化。由图像的统计特性分析可知,图像相邻像素之间存在很强的相关性,因此可以用已知的前面几个像素的值进行预测。而把实际的值与预测的差(预测误差)作为传输的对象。当对预测的误差不进行量化时,即在不产生量化误差的条件下,也可用于无失真编码,获得更高的压缩比。此外,还可以根据图像的内容采用不同的预测系数,减少预测误差,降低码率,即所谓的自适应预测。或者利用人眼对差值大小所表现的不同的灵敏度,采用自适应量化技术。

(2) 变换编码

变换编码不是直接对空域图像信号编码,而是首先将空域图像信号映射到另一个空间(变换域),产生一组变换系数,然后对这些系数进行量化、编码、传输。变换编码对静止和运动图像都适用,常见的变换有离散傅里叶变换(DFT)、沃尔什哈达玛变换(WHT)、K-L 变换(理论上的最佳变换)、离散余弦变换(DCT)等。其中在图像压缩编码技术中,由于离散余弦变换的性能最接近 K-L 变换,而算法的计算复杂度适中,又具有快速算法的特点,所以被认为是一种准最佳变换。

（3）子带编码

子带编码最初是用于语音的压缩编码,其基本思想是在发信端利用数字线性滤波器将信号分离为高频和低频两个不同频带的信号,利用与各频带的统计特性相适配的编码器进行编码,在接收端,经解码、内插、线性合成滤波器得到信号的恢复值。子带编码具有子带内编码的噪声只限于子带内,而不会扩散到其他子带的特点,而且可以根据主观视觉特性,将有限的比特率在各个子带内做合理的分配,即实行噪声频谱成形技术,有利于提高图像的质量。这些特点对实现所谓的多分辨率图像压缩编码很有利。

（4）量化编码

量化编码又分为标量量化和矢量量化。对于经过映射变换后的数据,或者直接对 PCM 数据,一个数一个数的进行量化叫标量量化(Scalar Quantization,SQ);若对这些数据分组,每组若干个数据作为一个矢量,然后以矢量为单位,逐个量化,称为矢量量化(Vector Quantization,VQ)。矢量量化是近年来图像、语音编码技术中颇为流行的一种新型量化编码方法,其关键问题在于设计一个优良的码本。

（5）块截断编码

块截断编码(Block Truncation Coding,BTC)是一种低复杂度图像编码算法。它首先将图像分解成大小固定的互不重叠的块,然后对不同的二值量化器进行量化。量化器的阈值与两个量化重建值由块的局部统计特性决定。BTC 具有编码速度快,算法简单的特点,但一般压缩比不高,且有块效应。

（6）模型基编码

模型基编码包括语义基编码和物体基编码。其区别在于语义基编码是针对图像内容已知的情况,如对于可视电话图像,而更一般的对于内容未知的图像编码的称为物体基编码。利用语义基编码,可以充分结合有关知识,如计算机视觉、计算机图形学,甚至非刚体运动、人体生理特征等,通过建立图像中景物的三维模型,分析提取景物的参数(如形状参数、运动参数),传输图像的一些特征参数而非图像内容本身,可以获得很高的压缩比,所引入的误差是人眼不很敏感的几何失真,因此具有相当大的吸引力和广泛的应用前景。对物体基编码来说,必须实时地构造物体的模型,分层次地对物体描述,根据景物的内容分割出不同的形状、性质的物体,用运动参数、形状参数、色彩参数等进行描述,然后对编码参数进行传输。由于其处理的内容广泛,因此实现的难度很大,压缩效果也不如语义基编码。

（7）分形编码

分形编码是基于新兴的分形几何学(目前主要是线性分形几何)的一种新型数字图像编码方法。其实质是对于任一给定的画面或图像找出能生成此画面或图像的分形算法,仅保存或传输此分形算法。从理论上说,只有严格的自相似的图像才能以分形形式加以编码。为此,要进行某些扩展,比如既控制单一的自相似性又混合多个特征。总之,分形理论用于图像编码之所以有效,是因为存在着客观的事实依据。但由于自然界的景物千差万别,因此要获得其生成的分形算法是相当困难的,其中有很多问题有待人们继续进行深入的探索。

（8）小波变换编码

基于小波变换（DWT）的编码方法在 20 世纪 90 年代得到了广泛的研究。它是将图像先进行小波变换，然后利用 DWT 具有的很多良好性质，如空间和频域局部性、方向性、多分辨率性等，来研究如何组织和量化变换系数的编码方法。

严格地说，小波变换编码应该也属于变换编码范围，但是，由于 DWT 对图像编码十分有效，已经被新一代的图像编码标准 JPEG2000、MPEG-4 等采纳，并且所受到的关注已经远远超过其他变换方法，因此，将小波变换编码方法特别归为一类。

4.2　图 像 加 密

在网络上传输图像数据在很多情况下要求发送方和接收方在保密的情况下进行，如军用卫星所拍摄的图片、军用设施图纸、新型武器图、金融机构的建筑图纸等；还有些图像信息，如在远程医疗系统中，医院中患者的病历，根据法律必须要在网络上加密后方可传输。

数字图像加密是在图像明文上通过一定的算法使其变成不可识别的密文，达到图像保密的目的。下面着重介绍几种典型加密算法。

4.2.1　基于矩阵变换及像素置换的图像加密

基于矩阵变换的图像加密算法的基本思想是对图像矩阵进行有限次的初等矩阵变换，可以有效地打乱输入明文的次序，进而有效地掩盖明文信息，达到加密的目的。目前，数字图像置乱加密的方法已经有许多种，这些方法在一定的应用范围中各自起到了积极作用。由于置乱加密不仅用于图像信息的保密，同时也是图像信息隐藏、图像信息分存、数字水印级数等工作的基础，因此置乱加密算法的优劣也直接影响到其他处理的效果。常用的矩阵变换方法有 Arnold 变换。

设像素的坐标 $(x, y) \in S = \{0, 1, 2, \cdots, N-1\}$，Arnold 变换为

$$\begin{bmatrix} x' \\ y' \end{bmatrix} = \begin{bmatrix} 1 & 1 \\ 1 & 2 \end{bmatrix} \begin{bmatrix} x \\ y \end{bmatrix} (\bmod N), (x, y) \in S$$

记变换中的矩阵为 A，反复进行这一变换，则有迭代公式：

$$Q_{ij}^{n+1} = AQ_{ij}^n (\bmod N), \quad n = 0, 1, 2, \cdots$$

其中，$Q_{ij}^0 \in S$，$Q_{ij}^n = (i, j)^T$ 为迭代第 n 步时点的位置。

Arnold 变换可以看作是裁剪和拼接的过程。通过这一过程将离散化的数字图像矩阵中的点重新排列。由于离散数字图像是有限点集，这种反复变换的结果，在开始阶段 S 中的像素点的位置变化会出现相应程度的混乱，但由于动力系统固有的特性，再迭代进行到一定步数时会恢复到原来的位置，即变换具有庞加莱回复性。这样，只要知道加密算法，按照密文空间的任意一个状态来进行迭代，都会在有限步内恢复出明文（即要传输的原图像）。这种攻击对于现代的计算机来说其计算时间是很短的，因而其保密性不高。

4.2.2　基于现代密码体制的图像加密

根据密钥的特点，现代密码体制可分为对称密码体制和非对称密码体制。对称密码体

制中,通信双方共享一个加密密钥和一个解密密钥,加、解密密钥相同或彼此容易相互确定,加、解密密钥均须保密,其代表为数据加密标准和高级加密标准。非对称密码体制中,发送方拥有一个公钥和一个私钥,其代表为 RSA 和椭圆曲线密码体制。在实际应用中,对称密码体制主要用于加密文本信息。非对称密码体制比对称密码体制平均慢约 1 000 倍,它经常用来加密短信息,如密钥等。基于现代密码体制的图像加密原理是将图像数据视为二进制流,直接采用现代密码体制进行加解密。

理论上,数字图像完全可用现代密码体制进行加密,但数字图像是一种特殊的数据(数据量大、二维数据和冗余度高等),而现代密码体制都是针对文本数据(一维数据)加密设计的,并没有结合图像数据的特征,因此很难满足实际应用的需求。现代密码体制往往结构复杂、计算量大、加密效率低,不适用于图像加密。

4.2.3　基于混沌的图像加密

基于混沌的图像加密技术是近年才发展起来的一种新型密码技术。它是把待加密的图像信息看作是按照某种编码方式的二进制的数据流,利用混沌信号来对图像数据流进行加密。混沌之所以适合于图像加密,这是与它自身的动力学特点密切相关的。

混沌加密的原理就是在发送端把待传输的有用信号叠加(或某种调制机制)上一个(或多个)混沌信号。使得在传输信道上的信号具有类似随机噪声的性态,进而达到保密通信的目的。在接收端通过对叠加混沌信号的去掩盖(或相应的解调机制),去除混沌信号,恢复真正传输的信号。

混沌加密方法属于对称加密体制的范畴,这种加密体制的安全性取决于密钥流发生器(即混沌)所产生的信号与随机数的近似程度,密钥流越接近随机数,其安全性越高,反之则容易被攻破。混沌加密方法是符合现代密码学要求的,其近阶段的主要研究方向是寻找更加随机的混沌流,并解决混沌流的同步问题。

4.2.4　基于秘密分割与秘密共享的图像加密技术

秘密分割就是把消息分割成许多碎片,传一个碎片本身并不代表什么,但把这些碎片放到一起消息就会重现。这种思想用于图像数据的加密就是在发送端先要把图像数据按照某种算法进行分割,并把分割后的图像数据交给不同的人来保存,在接收端需要保存秘密的人的共同参与才能恢复出原始待传输的图像数据。为了实现在多个人中分割一幅秘密图像信息,可以将此图像信息与多个随机位异或成"混合物"。例如 Trent 可将一幅图像信息划分为 4 部分并按如下协议实现:

① Trent 产生 3 个随机位串 R,S,T,每个随机位串和图像信息 M 一样长。

② Trent 用这 3 个随机位串和 M 异或得到 U: $M \oplus R \oplus S \oplus T = U$。

③ Trent 将 R 给 Alice,S 给 Bob,T 给 Carol,U 给 Dave。

④ Alice、Bob、Carol、Dave 在一起可以重构待传输的秘密图像信息,$M \oplus R \oplus S \oplus T = M$。

在这个协议中 Trent 作为仲裁人具有绝对的权利,他知道秘密的全部,可以把毫无意义的东西分发给某个人,并宣布是秘密的有效部分,并在秘密恢复之前没有人知道这是不是一句谎话(他可以把"秘密"分发给 Alice、Bob、Carol、Dave 四个人,并宣布秘密都是有效的,但实际上只需要 Alice、Bob、Carol 三人就可恢复秘密）。

这个协议存在一个问题：如果秘密的一部分丢失了而 Trent 又不在，就等于把秘密丢失了，且这种一次一密的加密体制是有任何计算能力和资源的个人和部门都无法恢复秘密的。

4.2.5　基于变换域的图像加密

按照加密对象不同，图像加密可分为空间域（时域）加密和变换域（频域）加密，它们的加密对象分别为像素值和变换域系数。利用离散余弦变换（Discrete Cosine Transform，DCT）、小波变换（Discrete Wavelet Transform，DWT）等变换可实现图像空间域和变换域之间的相互转换。基于频域的图像加密原理是先对图像进行变换（如 DCT 或 DWT），得到变换域系数；通过某种变换规则，改变变换域系数的位置或值，对变换后数据进行逆变换，得到加密图像。现有的图像加密算法多为基于空间域的图像加密，而基于频域的图像加密算法研究相对少很多。基于频域的图像加密算法具有良好的加密效果和数学原理复杂等优点，这类算法值得进一步深入研究。下面介绍一种基于小波变换域的图像加密技术，加密过程如图 4.1 所示。

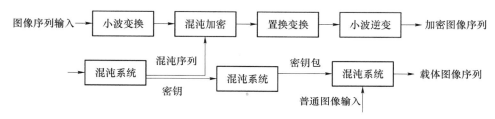

图 4.1　图像加密算法框图

（1）加密过程（如图 4.1 所示）

输入：原图像、载体图像 1、参数 1、参数 2、参数 3、…

输出：加密图像、载体图像 2（其中包含密钥）。

步骤 1：首先对于大小为 $M \times N$ 的任意图像，其大小可能不是 8×8 整数倍，这时要对原图像进行边界扩充（添 0），使得其大小为 8×8 的整数倍，其方法是在图像的边界填充 0（黑色），再按照图 4.2 所示过程对图像进行连续三级小波分解。

步骤 2：将小波系数按照图 4.2 的顺序分为四组，即低频部分 LL3、水平区域组（HL3，HL2，HL1）、垂直区域组（LH3，LH2，LH1）和对角线组（HH3，HH2，HH1），分别编号为组 1、组 2、组 3 和组 4。当然还可以有其他分组方式。分组完成后，按照小波零树扫描方式（见图 4.3）将每组数据变为一维数组。

步骤 3：生成混沌密钥模板矩阵。首先根据输入参数，选择混沌系统，并给定初始值，生成密钥模板，利用该密钥模板，分别对每组小波系数进行相应的调整。

步骤 4：根据输入参数选择置乱方法，如选择 Arnold 变换与 FASS 曲线相结合，然后分别对小波系数进行分块和全局范围内的置乱处理，FASS 方块大小及 Arnold 变换的次数，在参数中给出。

步骤 5：根据输入参数，可以再进行步骤 2～4 的过程对小波系数进行再次加密处理。否则，将数据输入图像量化编码系统，进行图像数据的量化编码，或通过小波逆变换输出加密图像，同时输出解密密钥和伪装密钥，形成密钥包文件，它包含了所有的加密信息。

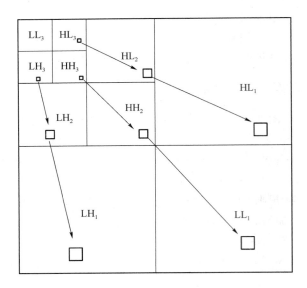

图 4.2　小波系数分组图

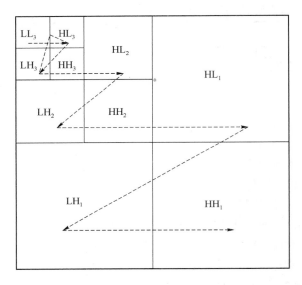

图 4.3　零树扫描顺序图

步骤 6:将输出的密钥包隐藏在载体图像中,提供给终端用户,便于解密时提取密钥数据。

(2) 解密过程

输入:加密图像、载体图像。

输出:解密图像。

　　首先,对输入的载体图像进行分类处理,识别出加密图像、载体图像和一般普通图像,然后通过运行特定的去隐藏程序,从载体图像中提取密钥包数据,同时进行用户端的解密认证程序,确认密钥包的有效性。密钥包有效后,提取解密密钥。将该密钥输入混沌解密系统,系统自动分析密钥,提取解密特征信息,得到加密参数,进行加密过程的逆过程,就可以实现图像信息解密,输出原图像。

4.2.6 基于 SCAN 语言的图像加密

SCAN 语言是一种简单、有效的二维空间数据访问技术。它可以方便地产生大量的扫描路径(称为扫描字),进而将二维图像数据变为一维数据序列,并应用不同的扫描字代表不同的扫描次序,组合不同的扫描字将产生不同的加密图像。然后,应用现在通用的商业加密算法如 DES、AES 等对扫描字进行加密,最终实现图像的加密。

基于 SCAN 语言的图像加密,在开始加密时,需要先将二维数据转换为一维数据。在解密完成后,一维数据还需要重排为二维数据。因此,这类算法的加密效率不高。它只是利用了扫描模式将二维数据转换为一维数据的便利性,其安全性主要依赖于所采用的商业密码。

基于 SCAN 语言的图像加密算法安全性低,算法不能公开,不符合 Kerckhoffs 准则。在设计图像加密算法时,将 SCAN 语言的图像加密和其他加密手段有效地结合,使其满足 Kerckhoffs 准则。

4.3 图 像 水 印

针对图像的数据特征,研究者提出了上百种数字水印算法。总体而言,根据嵌入位置可以将主要算法大致归为格式、空间域、变换域、扩展频谱等几类,本节将主要介绍这几种嵌入方法。

4.3.1 格式嵌入技术

该类算法最简单,其基本原理是利用文件格式中的保留位和格式特征,将水印信息插入到载体文件格式的冗余位中或挂接到载体文件末尾。与其他水印算法不同,此类算法不是利用载体文件的有效数据(如图像的像素或音频的采样点),而是利用文件格式中的冗余位(如文件头中的保留位)或文件格式中的注释段,对这些数据位进行修改不会影响文件的正常使用。此类算法的优点在于人的感知器官和基于统计的检测方法都觉察不出嵌入到文件结构中的信息,缺点在于嵌入信息后将改变文件的大小,并且目前很多基于格式和挂接的数字水印软件都具有可辨别的标识特征,根据具体的标识特征可以很容易地从文件格式中或文件结束标识符之后提取出水印信息。

使用此类算法的公开典型软件有 AppendX、JpegX、Camouflage、Steganography、Masker 和 Invisible Secrets 等。除了 AppendX,其余几类软件均对嵌入的信息提供加密功能,前五种软件均采用挂接式嵌入,Invisible Secrets 是将水印信息插入到 JPEG 图像的注释段。这些典型软件均具有固定的特征标识符。

AppendX 首先对水印进行压缩再挂接到载体文件之后。JpegX 以 JPEG 图像为载体,由用户输入水印信息,水印信息被挂接到 JPEG 图像结束符"FFD9"之后,信息嵌入前可进行加密,但 JpegX 只提供了一个字节的密钥空间,加密强度很弱,并且在挂接数据时加入了固定长度为 88 字节的数据头,数据头构成为:"5 字节的 JpegX 签名(5B 3B 31 53 00)＋83 字节的 JpegX 声明信息(内容固定)＋秘密信息长度",数据头之后为秘密信息数据,表 4.1 示意了 JpegX 的数据头格式。

表 4.1　JpegX 的数据头格式(JPEG 图像结束符,JpegX 签名,JpegX 声明信息)

FF	D9	5B	3B	31	53	00	57	61	72	6E	69	6E	67	21	20
4D	6F	64	69	66	69	63	61	74	69	6F	6E	20	6F	66	20
74	68	69	73	20	66	69	6C	65	20	77	69	6C	6C	20	72
65	73	75	6C	74	20	69	6E	20	69	74	20	6E	6F	20	6C
6F	6E	67	65	72	20	77	6F	72	6B	69	6E	67	2E	20	4A
50	65	67	58	20	31	2E	30	2E	36						

Camouflage 可将任意格式的文件嵌入到任意格式的文件中,但只能识别文件名中不含汉字的文件,嵌入方法是将信息加密后挂接到载体文件之后,同时在加密数据之前和之后都加入固定的数据段。加密数据之前加入固定的 26 字节的数据头,数据头的内容包含了载体文件信息。加密数据之后加入固定格式的数据段,其构成为:"非固定长度数据段 1(20h)+非固定长度数据段 2(载密文件名)+246 字节(20h)+16 字节非固定数据+250 字节(20h)+6字节(74 A4 54 10 22 00)+15 字节(20h)"。其中非固定长度数据段 1 的长度在 240 至 250字节之间,非固定长度数据段 2 因文件名的不同其长度不固定,16 字节非固定数据段的内容由载密文件决定。

Steganography 支持多种文件格式,采用挂接式算法,对水印提供加密功能,同样在加密数据之前和之后加入了固定的数据段,加密数据之前有固定的 40 字节的数据头,其格式为:"9E97BA2A008088C9A370975BA2E499B8C178720F88DDDC342B4E7D317FB5E87039A8B84275687191",加密数据之后有固定的 28 字节的数据段:"2 字节(4849)+26 字节(内容不固定)"。

Masker 以 gif、jpg、bmp、pcx、png、tif、wav、exe、dll、avi 等格式的文件为载体,对水印信息提供 7 种加密算法(BLOWFISH、CAST5、DES、SERPENT-256、RIJNDAEL-256、TripleDES、TWOFISH),信息加密后在经过 base64 编码后挂接到载体文件之后,对于不同的载体文件格式,Masker 所设定的特征标识符也有所不同。

Invisible Secrets 是一款综合数字水印软件,除了可以嵌入数字水印外,还可用于加解密信息、生成可执行的自解密文件、完全抹除文件夹、清除上网痕迹、实现 IP 到 IP 之间的密码传送、锁定应用程序以禁止他人使用等。以 JPEG、BMP、PNG 图像、WAV 音频文件和HTML 文件为载体,对水印信息提供 8 种加密算法(AES-Rijndael、Blowfish、Twofish、RC4(TM)、Cast128、GOST、Diamond 2、Sapphire Ⅱ)。该软件对不同的载体对象使用不同的嵌入方法,对于 BMP 图像和 WAV 音频文件采用连续 LSB 嵌入,对 JPEG 图像是采用基于文件格式的嵌入。JPEG 图像文件中以一些固定的字节对图像格式进行标识,例如以"FFD8"为文件开始标识符,以"FFD9"为结束标识符,以"FFDB"标识 DCT 系数的量化表,以"FFFE"标识图像的注释段。Invisible Secrets 在量化表标识符"FFDB"之前加入两个以"FFFE"标识的注释段,在这两个附加的注释段中嵌入信息,第二个注释段以"FFFF"为结束标识。

格式嵌入类软件虽然不受容量的限制,但嵌入信息后文件大小都发生了显著改变,这使嵌入的信息很容易被人察觉,并且该类大多数软件都具有较为明显的特征标识,可根据这些特征标识破坏水印信息。

4.3.2　空间域技术

空间域技术又称为空域技术,主要用于嵌入 BMP、PNG 或 WAV 等无损存储(或无损压缩)的图像或音频文件的数字水印。以 LSB 替换、LSB 匹配(改进 LSB 算法)或 BPCS(位平面复杂度分割)算法为主。

1. 最低有效位方法

最低有效位(Least Significant Bit,LSB)方法具有原理简单、易于实现和容量大的优点,是目前的数字水印软件使用最多的算法,典型软件有 S-Tools v4、Hide and Seek、EzStego、Hide4PGP v2.0、Cloak 8.0、Secure Engine Professional 1.0 等。

首先分析图像中可以用来嵌入水印的位置。如图 4.4 所示,一个 8×8 的图像共有 64 个像素点,每一个像素点的取值为 0~255,可以用 8 bit 表示,图中每一个横截面代表一个位平面,第 1 个位平面由每一个像素最低比特位组成,第 8 个位平面由每一个像素的最高比特位组成。这 8 个位平面在图像中所代表的重要程度不同。以 Lena 图像为例,如图 4.5 所示。

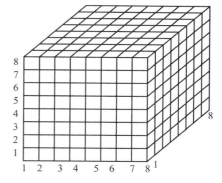

图 4.4　图像像素的灰度表示

(a)原始图像(8 bit 灰度BMP图像)

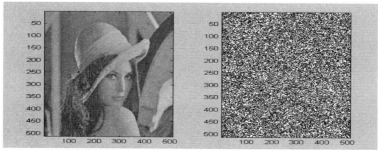

(b)去掉第一个位平面的Lena图像和第一个位平面

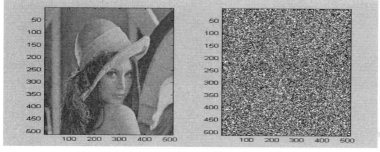

(c)去掉第1~2个位平面的Lena图像和第1~2个位平面

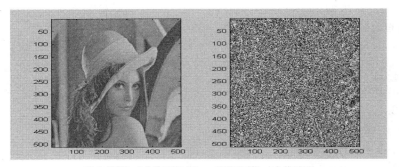

(d)去掉第1~3个位平面的Lena图像和第1~3个位平面

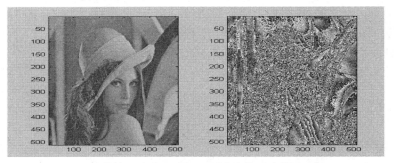

(e)去掉第1~4个位平面的Lena图像和第1~4个位平面

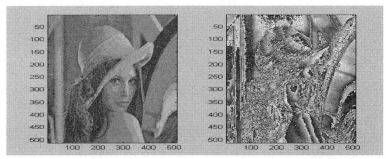

(f)去掉第1~5个位平面的Lena图像和第1~5个位平面

(g)去掉第1~6个位平面的Lena图像和第1~6个位平面

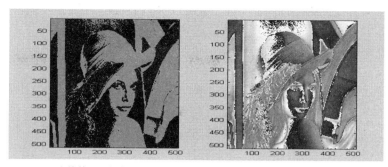

(h)去掉第1～7个位平面的Lena图像(即第8个位平面)和第1～7个位平面

图 4.5　Lena 图像各个位平面示意图

图 4.5(b)和(c)中,最低的两个位平面反映的基本上是噪声,没有携带图像的有用信息;加入第 3 个位平面后,则噪声信息显得不均匀,已经包含了一些图像信息;1～4 个位平面所携带的信息已经有了明显的不均匀,可以注意到已经不是均匀的噪声了,去掉第 1～4 个位平面的 Lena 图像已经出现了可见的误差;图(f)(g)(h)则变化越来越明显。可见,如果将数字水印信息嵌入 Lena 图像的第 1～3 个位平面中,可以达到不易被察觉的目的。

从以上例子可以看出,人的视觉系统对于图像和声音中嵌入最低有效位的水印信息不敏感,这就是 LSB 算法的基本原理。下面介绍一种顺序 LSB 嵌入算法。

嵌入过程描述如下:选择一个载体元素的子集 $\{j_1, j_2, \cdots, j_{L(m)}\}$,其中共有 $L(m)$ 个元素,用以嵌入水印的 $L(m)$ 个比特。然后在这个子集上执行替换操作,把 c_{j_i} 的最低比特用 m_i 来替换(m_i 的取值为 0 或 1)。得到嵌入水印后的载体元素的子集 $\{s_1, s_2, \cdots, s_{L(m)}\}$。

提取过程描述如下:找到嵌入水印的载体元素的子集 $\{s_1, s_2, \cdots, s_{L(m)}\}$,从中抽出它们的最低比特位,排列之后组成水印 m。

为了提高算法隐蔽性可以采用随机 LSB 嵌入算法,即以一个种子生成一个伪随机序列来控制随机选取嵌入位置,使秘密信息散布到整幅图像中,并以种子作为密钥。

在 LSB 替换的基础上出现了基于 LSB 匹配(LSB Match)的隐藏算法,这是一种改进的 LSB 算法,基本原理是通过对嵌入位置上像素值＋1 或－1,使其 LSB 值与信息比特相同,这种嵌入方式隐蔽性更好,隐藏软件 Cloak 8.0 就采用了基于 LSB 匹配的隐藏算法。

2. 位平面复杂度分隔（BPCS）方法

BPCS 算法借鉴了 LSB 算法中位替换的思想,采用块替换的方法嵌入信息。这里定义复杂度 α 为像素块中垂直和水平方向上实际的 0、1 转换次数与最大可能的转换次数的比值($0 \leqslant \alpha \leqslant 1$)。如果位面小块的大小为 8×8,那么 0、1 转换次数的取值范围就是 0 和 112 之间的整数。当位平面小块为全 0 或全 1 时,0、1 转换次数取为最小值 0。而当位平面小块为如图 4.6 所示棋盘状时,0、1 转换次数取为最大值 112。

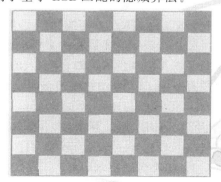

图 4.6　棋盘状小块

水印嵌入过程如下:

（1）将图像从灰度编码空间转换到 0、1 二进制编码空间，将图像不同的位平面分割为大小相同的像素块（典型值为 8×8）。

（2）根据复杂度门限将像素块分为可用块与不可用块，当像素块的复杂度大于所设定的门限 α_0（$0 \leqslant \alpha_0 \leqslant 0.5$，典型值为 0.3）时，则该像素块可用，否则不可用。

（3）将数字水印构造成数据块形式。由水印信息组成位面小块，如果其复杂度大于 α_0，直接替换原面小块；否则要作共轭处理，就是将水印信息组成的位面小块与棋盘状小块作异或生成新的小块。共轭处理后的复杂度必然大于 α_0。共轭处理后，用新的小块替换原始水印数据的位面小块。

（4）以数字水印构造的数据块去替换可用块。记录下来哪些小块是经过共轭处理的，将这部分信息也嵌入到载体数据中，这些额外信息的嵌入不能影响已经嵌入的水印信息，并且要能够正确提取。

提取时，仅需将载体数据中所有复杂度大于 $\alpha \cdot C_{max}$ 的位面小块取出，而后根据 Step5 中记录下的额外信息，对进行过共轭处理小块进行逆操作，就可以正确还原出水印信息。

该算法的优势在于，一方面可选择多个位平面来嵌入信息，水印容量可达载体图像文件大小的 50%；另一方面利用了复杂度大的像素块的类噪声特性，较好地保持了图像的视觉特性。但与此同时，由于嵌入了大容量信息，对图像的影响也将增大。

在静止图像的空间域应用 BPCS 方法时往往不采用二进制形式划分位平面，而是采用循环码划分位平面。设一个数字的二进制形式为 $(B_{N-1}, B_{N-2}, \cdots, B_1, B_0)$，循环码形式为 $(G_{N-1}, G_{N-2}, \cdots, G_1, G_0)$，它们可以按照如下规则互相转换：

$$G_{N-1} = B_{N-1}, G_{N-2} = B_{N-1} \otimes B_{N-2}, G_{N-3} = B_{N-2} \otimes B_{N-3}, \cdots, G_0 = B_1 \otimes B_0$$

$$B_{N-1} = G_{N-1}, B_{N-2} = B_{N-1} \otimes G_{N-2}, B_{N-3} = B_{N-2} \otimes G_{N-3}, \cdots, B_0 = B_1 \otimes G_0$$

其中，符号 $\otimes$ 表示异或运算，如果用二进制形式划分位平面，会有许多小块的复杂度大于 0.5，嵌入水印会引起较大的失真。而应用循环码划分位平面可以使绝大多数小块的复杂度在 0.5 以下，因而可方便地调节信息的隐蔽性和嵌入量。

4.3.3 变换域技术

基于变换域数字水印算法通常透明性和鲁棒性比空间域算法更好，对数据压缩、常用的滤波处理以及噪声等均有一定的抵抗能力，并且与当前图像压缩标准结合具有更重要的实用价值，因此已经成为算法研究的重点。常用的变换有离散傅里叶变换（DFT）、离散余弦变换（DCT）、离散小波变换（DWT）等。

变换域数字水印算法的主要思想就是将水印信息嵌入到载体对象的变换域系数中，在保持了不可感知性的同时，使嵌入的信息具有较强的鲁棒性。现有变换域算法影响较大的主要有基于 DCT 的 JSteg 算法、F3 算法、F4 算法和 F5 算法，采用此类算法的典型软件有 Jstegshella 2.0、JPHS、F5、outguess 和 Steganos Security Suite 6.0。其中 Jstegshella 2.0 和 JPHS 采用 JSteg 算法，F5、outguess 和 Steganos Security Suite 6.0 采用 F5 算法，这些软件均是以 JPEG 图像为载体，目前基于 DWT 的水印软件较少。

1. DFT 域数字水印

一维 DFT（离散傅里叶变换）反映了一维信号的频域关系，针对图像的二维傅里叶变换反映了图像的频域关系。傅里叶变换方法的优点在于可以把信号分解为相位信息和幅值信息,具有更丰富的细节信息,DFT 域数字水印算法将水印信息嵌入信号相位和幅值信息。但是 DFT 方法在水印算法中的抗压缩的能力比较弱,因此目前基于傅里叶变换的水印算法也相对较少。

2. DCT 域数字水印

二维 DCT 变换是目前使用最多的图像压缩系统——JPEG 压缩的核心,JPEG 压缩是将图像的像素分为 8×8 的块,对所有块进行 DCT 变换,然后对 DCT 系数进行量化,量化时,先对所有的 DCT 系数除以一组量化值(见表 4.2),并取最接近的整数作为 DCT 系数。压缩中采用 ZigZag 扫描方式(见图 4.7),将 8×8 的 DCT 系数变为一维序列,第一个值(左上角)为直流系数,其余为交流系数。DCT 系数中,左上角部分为直流和低频系数,右下角部分为高频系数,中间区域为中频系数。

表 4.2　JPEG 压缩中使用的量化值(亮度成分)

坐标	0	1	2	3	4	5	6	7
0	16	11	10	16	24	40	51	61
1	12	12	14	19	26	58	60	55
2	14	13	16	24	40	57	69	56
3	14	17	22	29	51	87	80	62
4	18	22	37	56	68	109	103	77
5	24	35	55	64	81	104	113	92
6	49	64	78	87	103	121	120	101
7	72	92	95	98	112	100	103	99

DCT 域的数字水印算法都是充分利用了 DCT 系数的特点,如直流分量和低频系数值较大,代表了图像的大部分能量,对它们做修改会影响图像的视觉效果;高频系数值很小,代表图像中的噪声部分,这些部分容易通过有损压缩或者滤波等处理被去掉。因此最好的水印嵌入区域就是在中频部分。

下面介绍一种可有效抵抗 JPEG 压缩的 DCT 域鲁棒性水印算法。

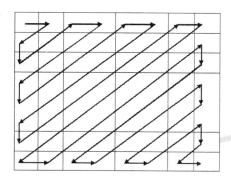

图 4.7　Zigzag 扫描方式

首先对图像 DCT 系数进行分类。针对原始数据,按照 8×8 进行分块,可以得到 N 个小块,记为 $D_i, i=1,2,\cdots,N$。对第 i 个 8×8 的小块作 DCT 变换,得到一个 DC 系数和 63 个 AC 系数,记为 $F_i(u,v), u,v=0,1,2,\cdots,7$,则 $F_i(0,0)$ 即为第 i 个 8×8 的小块的 DC 系数,而 $F_i(u,v), u,v=0,1,\cdots,7, u,v$ 不同时为零,为第 i 个 8×8 的小块的 AC 系数,这样可以得到 N 个 DC 系数和 $N×63$ 个 AC 系数。这样可以将 DCT 系数分为 64 类,DC 系数类,由每个小块的 DC 系数组成,这些系数为

$$F_i(0,0), \quad i=1,2,\cdots,N$$

AC 系数类,由每个小块的 AC 系数组成,这些系数为

$$F_i(0,1),F_i(0,2)\cdots,F_i(0,N)$$
$$F_i(1,0),F_i(1,1),\cdots,F_i(1,N)$$
$$F_i(N,0),F_i(N,1),\cdots,F_i(N,N)$$

其中,$i=1,2,\cdots,63$,共 63 类,每类 N 个数据。

为了提高算法的容量,进一步细分数据类,以原始图像采用大小为 256×256 的 Lena 图像为例。可以将其分为 1 024 个 8×8 的小块,细分到 24 块 8×8 的 DCT 系数为一组,则每组都拥有 1 个 DC 类,63 个 AC 类,总共可以分为 $(1\ 024/24)\times63=2\ 646$ 个 AC 类,42 个 DC 类,这样实际上把类增加到了最初的 42 倍,从而大大地提高了算法的容量。

为简单起见,引入记号:

$$F(n,u,v)=\{F_i(n,u,v)|i=1,2,\cdots,64,\cdots n\times64\}$$
$$u,v=0,1,2,\cdots,7;n=1,2\cdots,N/24$$

则 $F(n,0,0)$ 为 DC 系数类,余者均为 AC 系数类。

算法利用 Y 分量的 DCT 分量来嵌入水印,通过改变 $F(u,v)$ 中数据的正负号数量来表达水印信息。

嵌入过程为:预先设置数值 d 作为嵌入水印的强度。对图像进行 8×8 的分块,对每一 8×8 的分块做 DCT 变换,得到 DCT 系数的分类 $F(u,v)$,这里 $0\leqslant u,v\leqslant7$,选取水印的嵌入位置,即取定 u,v。

令 $n^+(u,v)=$ 集合 $F(u,v)$ 中正数的个数,$n^-(u,v)=$ 集合 $F(u,v)$ 中负数的个数,当要在 $F(u,v)$ 中嵌入 0 时,即 $W(i)=0$,考察集合 $F(u,v)$ 中的数值,如果

$$n^+(u,v)-n^-(u,v)>d$$

则不需要修改 $F(u,v)$ 中的数值,否则将 $F(u,v)$ 中绝对值最小的负数改为正数,绝对值不变,如此下去,直到上式成立。当要嵌入 1 时,即 $W(i)=1$ 时,考察集合 $F(u,v)$ 中的数值,如果

$$n^-(u,v)-n^+(u,v)>d$$

则不需要修改 $F(u,v)$ 中的数值,否则将 $F(u,v)$ 中绝对值最小的正数改为负数,绝对值不变,如此下去,直到上式成立。最后发送者做二维逆 DCT 变换,将图像变回空间域,进行传输。

提取水印时,将图像按照 8×8 进行分块,对每一块进行 DCT 变换,得到 DCT 系数,对于嵌入的水印数据集 $F(u,v)$,计算中 $n^-(u,v)$ 和 $n^+(u,v)$,检测为

$$\text{IF } n^+(u,v)>n^-(u,v) \text{ THEN } W(i)=0$$
$$\text{ELSE} W(i)=1$$

对所有的嵌入位置进行提取,得到所嵌入的水印信息。

实验表明,该算法抵抗 JPEG 压缩的效果非常好,即使在质量因子为 40% 的 JPEG 压缩图像里,提取的水印比特正确率仍然可以达到 97.4%。

3. DWT 域数字水印

因为小波变换是将空间和时间信号在多个不同的分辨率尺度下进行分解,所以可以针对信号的不同分辨率尺度对信号进行处理。现在很多信号处理压缩算法都是基于小波变换的,因此在小波变换域进行水印的嵌入更实用。

图像信号属于典型的二维信号。实际的图像信号像素点间一般都具有相关性,相邻行之间、相邻列之间的相关性最强,其相关系数呈指数规律衰减。通过小波变换可以将信号从

一个正交矢量空间变换到另一个正交矢量空间(即从空间域变换到频率域),使变换后的各信号分量之间相关性很小或不相关。小波变换技术相当于将信号在水平和垂直方向进行分解,因此它的分解结果将产生一个低频分量和三个高频分量,如图4.8所示。

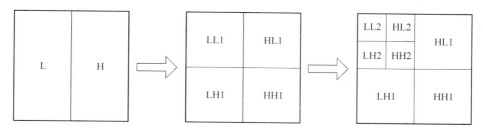

图 4.8　小波变换分解

低频分量 LL_1 包含了绝大部分能量,体现了原信号的基本特征,因此被称为近似分量,另三个分量分别代表水平高频分量 HL_1、垂直高频分量 LH_1 和对角线高频分量 HH_1,它们具有较少的能量,体现了原信号的细节特征,因此也称为细节分量。根据具体需要,可以对信号进行多重小波分解,以得到合适的分量。

这里介绍一种通过对小波系数进行编码的方式实现的数字水印算法——邻近值算法。

该算法是在图像一级小波变换的基础上进行数字水印嵌入的,它利用邻近值算法修改小波变换后 HL_1 上的每个系数,分别嵌入 1 bit 信息,当然也可以使用 LH_1 上的系数来进行水印嵌入。该方案的优点是嵌入的信息量比较大,仅使用 LH_1 中的系数,就能够嵌入载体图像 1/4 大小的二值数字水印图像。嵌入和提取时采用邻近值算法,该算法在动态调整水印方案健壮性的同时,还保证了载体图像的视觉效果。

(1) 水印的加载过程

① 对载体图像 C 做一级小波变换;

② 以密钥 K 为种子对水印数据 $W(i,j)$ 随机置乱,记置乱后的水印图像数据为 $W'(i,j)$;

③ 根据 $W(i,j)$ 的数据,利用邻近值算法,对载体图像的一级小波变换的 HL_1 系数进行修改,嵌入水印信息;

④ 对修改后的小波变换域系数,做一级小波逆变换,恢复水印图像,即作 C_w。

(2) 水印的提取过程

① 对水印图像 C_w 做一级小波变换;

② 利用邻近值算法,从载体图像一级小波变换的 HL_1 系数中提取出已经之乱的水印信息 $W'(i,j)$;

③ 对提取出的置乱水印信息 $W'(i,j)$,以密钥 K 为种子对数据 $W'(i,j)$ 进行置乱恢复,提取出嵌入的水印 W_t。

(3) 邻近值算法

邻近值算法的思想是:对于给定的数值 Φ 和步长 a,根据水印比特的取值 0 或 1,修改 Φ 的值。当要嵌入 1 时,取 Φ 为最接近 Φ 的偶数个 a 的值;当要嵌入 0 时,取 Φ 为最接近 Φ 的奇数个 a 的值。如 $\Phi=5,a=2.4$,当嵌入 0 时,取 $\Phi=4.8$;当嵌入 1 时,取 $\Phi=7.2$。

① 嵌入处理

当 $W(i,j)=1$ 时,修改 $HL_1(i,j)$ 的值,使得 $HL_1(i,j)$ 等于与 $HL_1(i,j)$ 的距离最近的

a 的奇数倍的值。

② 提取处理

当 $HL_1(i,j)/a$ 最接近偶数时，取 $W'(i,j)=1$；

当 $HL_1(i,j)/a$ 最接近奇数时，取 $W'(i,j)=0$。

该数字水印方案采用邻近值算法，算法中的步长 a 可以根据水印健壮性的需要动态调节，同时在系数修改上取最接近系数本身的奇数或偶数倍步长值，保证了载体图像的视觉效果。水印检测时不需要原始图像，该算法对剪切攻击具有良好的抵抗效果，同时对 JPEG 压缩有一定的抵抗能力。

4.3.4　扩展频谱技术

扩频信号的特点是，信号占据很宽的频带，整个信号的能量可以很高，但在每一个频段上的信号能量很低，即使部分信号在几个频段丢失，其他频段仍有足够的信息可以用来恢复信号。扩频通信技术可以应用到水印系统中来，将水印扩展在整个文件中，以达到不可察觉的目的，并且损坏一部分文件，也很难删除整个水印。

Smith 和 Comiskey 提出了一个扩频水印系统的一般框架。假设原文件为 $M \times N$ 的灰度图像，要求水印嵌入方 A 和水印检测方 B 共同拥有一组（至少）$L(m)$ 个正交的、尺寸为 $M \times N$ 的灰度图像 ϕ_i，且与原文件也全部正交。这里 ϕ_i 满足：

$$\langle \phi_i, \phi_j \rangle = \sum_{x=1}^{M} \sum_{y=1}^{N} \phi_i(x,y)\phi_j(x,y) = G_i \delta_{ij}$$

其中，$G_i = \sum_{x=1}^{M} \sum_{y=1}^{N} \phi_i^2(x,y)$，$\delta_{ij} = \begin{cases} 1, i=j \\ 0, i \neq j \end{cases}$。

首先，A 通过计算图像 ϕ_i 的加权和，产生一个水印 $E(x,y) = \sum_i m_i \phi_i(x,y)$，设原始图像为 C，计算原始图像 C 与水印 E 的和，得到一个含水印的图像 $S: S(x,y) = C(x,y) + E(x,y)$ 通过这样的方法将水印编码到文件中去。

提取水印时，由于 C 与 ϕ_i 全部正交，所以 B 可以通过计算 S 在基础图像 ϕ_i 上的投影得到第 i 个水印位 m_i：

$$\langle S, \phi_i \rangle = \langle C, \phi_i \rangle + \langle \sum_j m_j \phi_j, \phi_i \rangle$$
$$= \sum_j m_j \langle \phi_j, \phi_i \rangle$$
$$= G_i m_i$$

上式两端除以 G_i 就可以得到水印比特 m_i。这一方法在水印提取时，不需要原始图像 C。

以上以 $M \times N$ 大小的灰度图像为例描述了一个理想的扩频水印系统模型，同样可以扩充到一维信号。这一理想模型假设所有基础图像为相互正交的，并且原始图像也与所有基础图像正交。但是在实际情况下，要设计一组既有图像含义又严格满足正交条件的基础图像是很困难的，前面给出的是一个理想的、概念性的模型，实际使用时，由于正交性不能严格满足，需要引入误差。

下面介绍一种基于扩频技术的简单水印算法。

嵌入过程：用一个伪随机序列对水印信息进行调制，也就是用伪随机序列对信息进行扩频,然后附加在文件上。

提取过程:首先以原文件做参考提取出附加在文件上的扩频信号,再用扩频码进行解扩就可以得到水印。

4.3.5　水印嵌入位置的选择

图像数字水印研究的最早,目前已经非常成熟,互联网上公开的水印算法中绝大多数都针对静态图像。水印的嵌入位置和嵌入方法的选择对水印的安全性和透明性有很大影响。

一般认为,水印的安全性是指,嵌入的水印不能被非法使用者轻易地提取出来,或者被轻易地擦除。根据 Kerckhoffs 准则,一个安全的数字水印,其算法应该是公开的,其安全性应该建立在密钥的保密性的基础上,而不应是算法的保密性上,因此,很多水印算法采用一个密钥控制的伪随机数发生器生成嵌入位置。

另一方面,由于嵌入了水印,载体本身会产生失真,图像质量会受到影响。水印嵌入位置不同,所引起的失真程度也不同,有些位置的失真人类的感观是不可察觉的。研究表明,人类视觉系统(HVS)对图像每个区域的敏感度是不一样的。根据 HVS 对于各区域敏感程度可将图像划分为:高信息量区域,即亮度变化大、HVS 敏感度高的区域;低信息量区域,即亮度变化小、HVS 敏感度低的区域;关键区域,即亮度突然变化、HVS 最敏感的区域;随机纹理区域,即具有规则变化的区域。人眼会对这类区域产生一定的适应性以至于很容易遗忘,这些区域包含的内容意义并不大,对图像理解不起决定性作用。

为了提高含水印图像质量,应当针对不同的图像区域调整水印嵌入强度。HVS 对低信息量区域和随机纹理区域不敏感,可以增加水印嵌入强度,而 HVS 对关键区域最敏感,水印嵌入强度必须减弱。在嵌入水印之前,需要对图像块进行分类。

1. 基于亮度变化率的第一次分类

一幅图像中,某一个子块 m,其平均亮度 L_m 可以通过下式求得:

$$L_m = \sum_{i=1}^{n} l_i / n (n \geqslant 1)$$

其中,l_i 表示每个像素的亮度分量值,n 表示子块 m 中像素的数量。2 个相邻像素亮度分量 l_i, l_j 之差的绝对值称为两个像素间的亮度变化,用变量 $D_{i,j}$ 表示:

$$D_{i,j} = |l_i - l_j|$$

所有相邻像素亮度变化 $D_{i,j}$ 的总和与像素总数 n 的比,称为该子块的亮度变化率,用变量 C_m 表示:

$$C_m = \sum_{i=1}^{n} \sum_{j=1}^{n} D_{i,j} / n$$

亮度变化率 C_m 反映了图像子块内部亮度变化的大小和快慢,计算出每个子块的 C_m 后,就可以根据设定的阈值 T_1 将图像划分成"低信息量区域"($C_m < T_1$)和"高信息量区域"($C_m > T_1$)。

2. 基于亮度相对变化率的第二次分类

根据图像中区域的内部特征对图像进行了初次分类后,再根据区域间特性的差异,对"高信息量区域"作进一步分类。

一幅图像中,某一个子块 m 与其所有相邻子块 k 的亮度变化率之差的均方根,称为该子块的亮度平均变化率,用变量 R_m 表示。这里相邻的子块有 8 个,R_m 可以由下式求得:

$$R_m = \sqrt{\sum_{k=1}^{8}(C_k - C_i)^2/8}$$

子块 m 的亮度平均变化率 R_m 与该区域的平均亮度 L_m 的比值,称为该子块的亮度相对变化率,用变量 V_m 表示:

$$V_m = R_m/L_m$$

V_m 反映了该子块与周围子块在亮度变化上的差异。计算出 V_m 后,根据设定的阈值 T_2 可将"高信息量区域"进一步划分成"随机纹理区域"($V_m < T_2$)和"关键点区域"($V_m > T_2$)。

4.3.6 脆弱性数字水印技术

在没有特别说明的时候,大部分数字水印技术一般都是指健壮性的数字水印。脆弱性的数字水印是一类特殊的数字水印。所谓脆弱性数字水印就是在保证多媒体信息感知质量的前提下,将数字、序列号、文字、图像标志等作为数字水印嵌入到多媒体数据中,当多媒体内容受到质疑时,可将该水印提取出来用于多媒体内容的真伪识别,并且指出篡改的位置,甚至攻击类型等。

1. 脆弱性数字水印的基本特征

脆弱性数字水印作为数字水印的一种,除了具有水印的基本特征,如不可见性、水印的安全性、一定的健壮性外,还应能够可靠地检测篡改,并根据具体场合的不同而具有不同的健壮性,它具有如下一些基本特征:

① 检测篡改

脆弱性数字水印最基本的功能就是可靠地检测篡改,理想情况是能够指出修改或破坏量的多少及位置,甚至能够分析篡改的类型,并能对篡改的内容进行恢复。

② 健壮性与脆弱性

水印的健壮性与脆弱性应随应用场合的不同而不同,如果用于版权保护,则希望水印足够健壮,并能承受大量有意或无意的(如图像压缩、滤波、扫描复印、尺寸变化)破坏。若攻击者试图删除水印,则将导致多媒体产品的彻底破坏;如果用于图像的篡改鉴别时,则希望水印是在满足一定健壮性条件下的脆弱,比如在许多应用场合,图像压缩就属于被容许的篡改,它要求水印能够在抵抗一定压缩的情况下,同时还能检测出恶意的篡改。

③ 不可感知性

同健壮性一样,在一般情况下,脆弱性数字水印也是不可见的。

④ 可靠性

系统应具有较小的误检率和漏检率,由于检测结果直接关系到图像的真伪及其所具有的价值大小,因此误检率和漏检率是评价脆弱性水印性能的重要指标,确保检测的准确可靠是脆弱性水印设计的关键。

2. 脆弱性数字水印算法

根据识别篡改的能力,可以将脆弱性水印划分为以下四个层次:

① 完全脆弱性水印:指的是水印能够检测出任何对图像像素值进行改编的操作或对图像完整性破坏,如在医学图像中,图像的一点点改动都可能会影响最后的诊断结果,此时嵌入的水印就应当属于完全脆弱性数字水印。

② 半脆弱性水印:在许多实际的应用场合中,往往需要水印能够抵抗一定程度的有意

数字处理操作,如 JPEG 压缩等。这类水印可以比完全脆弱性数字水印稍微健壮一些,即允许图像有一定地改变,它是在一定程度上的完整性检验。

③ 图像可视内容鉴别:在有些场合,用户仅对图像的视觉效果感兴趣,也就是说,能够容许不影响视觉效果的任何篡改,此时嵌入水印主要是对图像的主要特征进行真伪鉴别,即比前两类水印更加健壮。

④ 自嵌入水印:即把图像本身作为水印嵌入,这不仅可以鉴别图像的内容,而且可以部分恢复被修改的区域,如图像被剪掉一部分或被换掉一部分,就可以利用这种水印来恢复原来被修改的区域,但自嵌入水印可能是脆弱的或半脆弱的。

脆弱性水印按照实现方法的不同,又可分为空间域方法和变换域方法两类:

① 空间域方法

最早的空间域方法是基于 LSB 的方法,即在图像最低有效位平面嵌入水印,然而,这种仅修改图像最低有效位的方法不仅对噪声非常敏感,而且容易被破坏,同时这种方法不能容忍对图像的任何修改。另外一种脆弱性水印是针对图像的 7 个最高有效位及尺寸,通过密码学中的哈希函数运算来获得原始图像的某些特征,该特征与一有意义的二值水印图像经过异或操作,并经过公开密钥加密后,嵌入到图像的最低有效位。当图像内容受到质疑时,首先将图像的 7 个最高有效位与图像尺寸,经过哈希运算后。得到某些特征,然后将图像最低有效位公开解密后的结果与该特征进行异或操作,从提出的水印中可以非常直观地看出被篡改的区域。必须指出的是,空间域方法的优点是能够嵌入较多的水印,但非常易于被精心设计的攻击所攻破,即被"伪认证"通过。

② 变换域方法

为提高水印的健壮性,许多算法均采用了变换域方法,在脆弱性数字水印研究中,变换域方法也有许多优点,如许多脆弱性水印系统的应用场合要求水印能抵抗有损压缩,这在变换域中更容易实现,而且容易对图像被篡改的特征进行描绘。变换域方法突出的优点是能够较好地与现有的压缩标准(如 JPEG、JPEG2000)结合起来,并且能够在容许一定压缩比的情况下,检测出发生的篡改并定位,但由于嵌入水印的量有限,对篡改的定位一般是 8×8 大小的块,因此不如空间域水印定位准确。

随着网络通信技术的迅速发展和多媒体数字产品的增多,对数字信息进行真实性和完整性认证变得日益紧迫和重要,其应用涉及电子政务、电子商务、国家安全、医院、司法、新闻出版、网络通信、科学研究、工程设计等各个领域,采用数字水印技术进行图像认证是一个方兴未艾的高新技术前沿课题,其迫切的市场需求和广泛的应用前景已吸引了众多的研究者投入这一行列。但关于脆弱性水印及半脆弱性水印技术的研究目前尚处于初步阶段,在理论和实际成果方面还远不如健壮性水印技术那么成熟,还存在许多有待深入研究的问题。

4.4 图像感知哈希

4.4.1 感知哈希及其特性

感知哈希,又称鲁棒哈希、信息的指纹等,是指一种不可逆的原始数据的数字摘要,具有单向性、脆弱性等特点,可保证原始数据的唯一性与不可篡改性。在现实网络中,信息可能被篡改或扭曲。如论坛的帖子在转发的过程中,可能被人故意添油加醋,以讹传讹,最后导致发散的帖子跟最初的帖子大相径庭。还有些图像和视频,在网络中(如社会网络等)被传播、剪辑和拼接,也改变了信息最初的本意。信息(如图像)的感知哈希技术,通过提取信息的鲁棒指纹,将该指纹和事先提取的指纹进行对比,以度量信息是否为盗版拷贝、是否被篡改拼接等,以达到认证、鉴别和拷贝检测等目的。这种信息的指纹在信息内容没有改变的情况下(如对信息施加适度的修缮、美化、格式调整等),其指纹值保持不变或变化不大。在信息的内容被篡改的情况下,指纹值要能发生较大变化,以能感知信息内容的变化。

基于感知哈希的信息使用方法主要存在两种模式,认证模式和识别模式。无论是哪种模式,都要求先计算感知哈希值,然后将其量化或置乱处理,并存储在感知哈希库中。在具体认证或识别的时候,同样计算待度量信息的感知哈希值,并将其跟库中事先存放的感知哈希值进行匹配或对比。

感知哈希具有以下特性:

(1)鲁棒性(Robustness)。是指当信息经受了内容保持情况下的各种处理(如压缩、变形或传输过程中的各种干扰),信息的感知哈希应该依然标识该信息。为了取得较高鲁棒性,信息的指纹必须建立在对那些信号衰减或扭曲保持不变的感知特征有效提取的基础上。

(2)可区分性(Discrimination)。是指感知哈希应具有识别不同内容信息条目的能力。这种可区分性跟信息指纹的长度或其熵有关(哈希长度要够长)。但在实际应用中,感知哈希存放在相关的数据库中,由于网络数字多媒体的海量性,这种数据库条目往往是规模非常庞大,所以为了提高哈希匹配效率,又要求这种感知哈希必须设计得比较紧凑(哈希长度要够短)。因此理想的感知哈希必须是在哈希长度尽量短的情况下取得最好的可区分性。

(3)安全性(Security)。是指感知哈希应能防止受到攻击而失去其认证或识别的功能。主要体现在两个方面:其一是指感知哈希系统能够抵御那些欺骗认证或识别的内容篡改攻击;其二是指根据 Kerchhoffes 安全原则,攻击者不能通过对哈希或明文/哈希对的分析,获取密钥的相关知识。

(4)可靠性或准确性(Reliability or Accuracy)。是指感知哈希能可靠或准确地认证或识别对象的能力。具体的要求(如对虚警率和漏检率的要求)跟其实际应用场景有关。

(5)粒度(Granularity)。是指其所能认证的最小区域或能识别的最小分块。粒度越小,其性能越好。但如果粒度太小,一方面其感知哈希的长度会变长,影响其存储和匹配效率;另一方面,也会影响其鲁棒性。所以粒度、可区分性及鲁棒性之间存在一种平衡关系,不能兼顾。具体应用中,可以针对需求有所侧重。

(6)多能性(Versatility)。是指能够用同一个感知哈希数据库或算法提供不同的应用服务或适合不同的媒体介质。

4.4.2 感知哈希技术

1. 研究现状与分类

根据感知哈希所侧重的性能评估要求,可以将感知哈希的研究工作分类如下:

(1)对感知哈希鲁棒性的研究。早期的感知哈希主要侧重于对鲁棒性的研究。所谓鲁棒性,是指在内容没有发生改变的情况下,感知哈希能够保持不变(或变化较小)。如图像缩放、旋转或添加一些噪声,这时候,图像的感知哈希应该能够保持不变,以确定变化后的图像还是原来的那幅图像。Venkatesan 等人在研究中对数字图像进行小波分解,并将子带划分排列生成随机分块,然后利用每个字块的均值、方差作为特征构造哈希。该方法比空域特征更具鲁棒性,但它们不能非常好地捕捉内容的变化。Fridrich 在研究中提取低频 DCT 系数构造稳健的图像哈希,产生的哈希可以抵抗滤波操作,但它不能很好地抵抗几何扭曲。Kozat 在研究中对每个图像块进行奇异值分解,然后保留奇异值和最大奇异值对应的特征向量作为图像的特征,该方法对旋转和裁剪有一定抵抗能力。Mihcak 在研究中使用 3 级小波分解,然后对子带进行二值化、迭代滤波产生哈希。该方法对 JPEG 压缩,噪声,锐化和滤波操作鲁棒,但对几何攻击则效果不佳。牛夏牧等人在研究中对图像进行分块,并对分块下标进行随机加密处理,对图像进行旋转处理,该方法可以较好地抵御旋转等攻击。Monga 等人在研究中提取重要几何保持特征点,生成鲁棒性哈希。但它不能较好地抵抗尺度缩放攻击。唐振军等人在研究中设计一种基于非负矩阵分解(NMF)的图像鲁棒感知哈希,该方法可以抵御高斯滤波、JPEG 压缩、缩放、水印嵌入等攻击。

(2) 对感知哈希的取证功能研究。Lian 在研究中使用的分形编码生成可以定位图像中的恶意篡改区域的图像哈希。它对分形图像编码和滤波具有鲁棒性,但对 JPEG 压缩和噪声鲁棒性仍需改进。一般来讲,这类算法对一般图像处理的鲁棒性很强,包括对几何攻击抵抗能力也较强,但是它没有同时捕捉好全局和局部特征。当图像内容被恶意篡改的时候,哈希可能变化不大,所以会导致篡改认证失败。Queluz 在研究中提出了对图像像素在与不在边缘的二进制的表示方法。这种方法能以较高准确率定位篡改位置,但它也无法重建被篡改的数据。Dittmann 在研究中提出基于图像边缘的方法具有较好的检测准确率和定位能力。但是,这种方法不能抵抗大压缩因子压缩等一些内容保持的操作。最近,Min Wu 团队在研究中更进一步,他们将感知哈希作为一种边信息,可以对数字图像的加工(或篡改)历史进行初步评估。

(3) 对感知哈希的安全性研究。根据 Kerchhoffes 安全原则,感知哈希的安全性在于攻击者不能通过对哈希或明文/哈希对的分析,获取密钥的相关知识。Fridrich 在研究中较早地考虑了安全性,并利用密钥控制的随机矩阵模式来对图像的随机分块进行投射,以保证哈希的安全性。Min Wu 团队的 Swaminathan 等人在研究中利用傅里叶-梅林变换提取旋转不变特征生成鲁棒的图像哈希。他们的方法在稳定性和安全性方面有很好的表现。该文同时首次利用信息的微分熵作为对感知哈希的安全性进行度量。Min Wu 团队在研究中利用唯一截距从小部分明文/感知哈希中估计出感知哈希的密钥。张海滨等人在研究中提出了一种基于纠错码的安全增强感知哈希方法,感知哈希以加密的形式存放在数据库中,以防止明文/哈希对关系攻击。研究在只获得仅一对明文/感知哈希对的情况下,分析了攻击者在 Kerchhoffes 安全框架下的攻击代价,并只侧重于感知哈希应用在认证场合的安全性。研究分析了密钥特征空间泄漏和感知哈希篡改攻击两种安全威胁,以及作为水印感知哈希的安全攻击,并对基于随机投影方法的感知哈希安全性做了理论上的分析。

2. 应用模式

类似于生物认证中的认证(Authentication)模式和识别(Identification)模式,在感知哈希的应用中,也主要存在类似的两种模式,认证模式和识别模式。其应用方法也跟生物认证中的认证和识别模式类似,其中认证模式是“一一比对”,跟原始信息的感知哈希直接对比;

而识别模式是"一对多比对",即逐个对比感知哈希库中的各个哈希,以找到相同的(或最相似的)哈希。具体两种模式的描述如下:

(1) 认证模式

首先要对原始信息进行注册。即计算其感知哈希值,然后将其 ID、名称、拥有者等信息连同感知哈希一起存放在数据库中。有些文献中认为认证是原始信息的感知哈希和被测信息的感知哈希直接对比,所以没有注册阶段。但从应用的规范角度出发,应该跟生物认证技术一样,在认证模式中也必须注册。其好处有:可以对拥有者的身份等信息进行校验;不需要后面对其他测试信息认证时再重复计算原始信息的感知哈希值;提供规范统一的感知哈希计算、保护等功能;不能事先知道原始信息的感知哈希究竟是用来做认证使用的,还是识别使用的抑或是两者都有可能,所以设置统一的注册阶段,将感知哈希统一存放在数据库中是非常有必要的。

然后在认证阶段对原始信息使用相同的算法和密钥提取感知哈希值,并跟库中需要认证的原始信息的感知哈希直接进行一一比对,如果相匹配(或者哈希距离在一定的阈值范围内),则认为两个信息是相同的,否则认为是不同的。在有些应用中,认证的目的还有取证的功能,即通过感知哈希的对比,检测出信息是否经受了篡改,经受了哪种篡改,或者篡改的位置等信息。

(2) 识别模式

跟认证模式一样,首先也要对原始信息进行注册。所有要求注册的信息都统一存放在感知哈希数据库中,并进行统一管理和保护。然后在识别阶段,对被测信息提取其感知哈希值,并与存放在数据库中的感知哈希逐个进行对比,并找出其中最匹配的(或者哈希距离在一定范围内的所有感知哈希)。识别的目的是找出被检测信息的原始信息,或者可能的原始信息有哪些。

4.5 图像过滤

4.5.1 概述

网络在为人们认识世界、方便生活提供帮助的同时,也为有害信息的广泛传播提供了便捷的途径,随之而来的是人们常常会受到含有如色情、暴力等不健康的非法图像和视频的侵扰。以色情图像为例,其疯狂传播给人们带来很大的影响,尤其是身心尚未成熟的青少年。由于色情行业是一个存在着很大经济利益的市场,而网络同时又是一个很方便的信息传播载体,许多不法分子采用网络传播淫秽信息,目前,网上黄毒泛滥在一定程度上已经发展成为一个较为严重的社会问题。Intenet 规模的迅速增长,使得不良网站和网页的及时发现越发的困难。一个人在互联网上随意点击,平均每 7 次就有可能会点击到色情站点,而全世界有 2 500 万儿童网迷,有 25% 的小网迷曾主动访问过色情网站,20% 的人曾被动地收到过与色情有关的信息,全球 75% 的家长明确表示担心不良信息对孩子的负面影响。因此,如何保护网民特别是青少年免受不良信息的影响,如何净化网络,有效过滤有害信息,特别是具有淫秽内容的不良图像成为人们迫切需要解决的问题。

不良图像识别技术是过滤网络中色情图像信息的关键技术,如何判断一幅图像是不是色情图像是一个新的课题,因而引起了人们的广泛关注。由于图像比文本具有更丰富的信息,因而,色情图像比色情文本信息的危害更大,以图像分析与图像理解技术为支撑的基于内容的不良图像识别技术正在成为色情信息过滤技术研究的一个重要方面。基于内容的不良图像的识别和检测技术近年来已引起人们的极大关注和兴趣。不良图像信息识别就是判定一幅图像是否是具有不良信息的图像,不良图像信息识别技术主要是通过图像分析技术,将图像中的肤色区域分割出来。该技术的关键是如何准确的检测出肤色区域,以及判断该肤色区域是不是色情区域。因此,不良图像信息识别就是一个特殊的基于内容的图像识别技术。它是建立网络色情图像过滤系统的关键技术。一般来说,主要有四类图像过滤方法:

① 基于 URL 的图像过滤通过封锁 URL 地址来控制对不良网站的访问。

② 基于包封锁的过滤技术,收集并记录含有敏感内容的 IP 地址,然后封锁对这些 IP 地址的请求,以此来控制访问。

③ 基于文本的图像过滤,根据网页中文本关键词进行过滤,即扫描下载网站内容,如果其中包含指定的关键词,则对该网站进行封锁。

④ 基于内容的图像过滤,根据图像的颜色、纹理等内容特征对敏感图像进行过滤。

前两种技术是最原始的过滤技术,虽然实现起来简单方便,但是存在诸多不足。比如前两种技术以敏感 URL 地址库、IP 地址库或者敏感词汇库为基础,因此需要定期更新敏感 URL 地址、IP 地址和敏感词汇,但是色情网站或色情词汇的增长速度之快,是更新速度很难以企及的。另外,基于文本的图像过滤技术,只是根据网页文本中的关键词进行图像过滤,当敏感内容由图像组成或者色情信息发布者有意更改其关键字时,这种技术就无能为力了。基于内容的敏感图像过滤技术,是一种更高级的图像过滤方式,通过最能反映图像本质的内容对其进行分析并过滤,已经成为相关领域的研究热点。

4.5.2　基于内容的图像过滤

基于内容的图像过滤(Content-Based Image Filtering,CBIF)是指在动态信息流(如网络等)中,按照用户提供的查询图像特征,在图像内容特征数据库中搜索与之具有相似特征的图像,并且屏蔽掉其他无用的图像。基于内容的敏感图像过滤技术主要是指色情图像的过滤,即根据色情图像的肤色特征、纹理特征及皮肤裸露面积等图像内容特征,检测网络中的色情图像,并将其过滤掉。主要方法如下。

(1)基于色度空间的图像识别技术

从直观上看,肤色信息最直接、最丰富地体现在这类图像中,因而以往的研究都充分利用了肤色信息来描述敏感图像的特征。但网络图像内容丰富且色彩和背景变化显著,同时很多图像都受不同程度的光照影响,所以传统的肤色滤波器就无法很好地提取肤色。可以利用计算机视觉和图像理解技术对色情图片识别进行研究,通过对图片肤色分割和人体姿态的几何特征检测来判别图片中是否含有色情。目前肤色模型已经广泛地用于人及其局部特征的识别。色情图片在色度空间 YUV 和 YIQ 中分布具有一定特性,根据 U 与 V 的夹角和 I 的阈值进行肤色检测,生成掩码图像,然后进行纹理处理,提高了准确性。在掩码图像的基础上提取原图像中的特征,进行图像分类看其是色情图片还是正常图片,决定对 Web 页面的处理。人们已利用肤色模型研究出多层次特定类型图像过滤方法,并在实际应用中取得成功。RGB 是常用的表色系统,但人的肤色在 RGB 空间中的分布非常广泛,直接在

RGB 空间进行处理难以达到从图像中抽取人体肤色区域的目的。利用 YUV 和 YIQ 系统相结合的办法，能够较好地提取并分割图像中人体的肤色区域。即把彩色图像的像素 p 由 RGB 空间变换到 YUV 和 YIQ 空间，如果满足条件则 p 是肤色点。在 HSV 空间中，人类的肤色集中分布在一个固定的区域，容易进行相应的检测处理。在参数 H、V、S 中，H 表示色度，S 表示色饱和度，而 V 表示亮度。亮度 V 的值不反映色彩信息，它对肤色的检测，不具有特别意义。于是，从图像中寻找肤色区域的工作可以在 HS 平面中进行。通过测定肤色区域各部分的面积，比较它们的相对大小和分布，就可分析出是否含有色情内容。利用肤色模型可以采用多层次特定类型图像过滤方法，首先采用肤色模型检测待过滤图像中是否有存在中的肤色区域。但是有一定肤色区域的图像并不一定是敏感图像，为进一步确定图像中是否含有色情，要确定它是否为一幅人体图像。要确定是否为人体图像时，先检测是否存在人的面部特征，并进一步分离出面部图像。最后通过计算面部图像，与整个肤色区域的面积比例和具体的分布，可以确定是否含有色情内容。

（2）基于轮廓特征抽取法

基于轮廓特征抽取，主要是将特征检索问题看作是一个分布式求解问题，把整个特征检索空间划分给不同的智能体，从而减少特征的检索空间，并以并行的方式检索图像特征，提高系统的处理速度，增强系统的灵活性与控制力。此算法主要采用了基于小波与正则中心矩相结合的特征抽取技术和基于多智能体的特征检索技术，实现了基于语义的特征向量匹配。其中特征抽取部分的核心是基于轮廓的特征抽取算法，所谓特征抽取就是图像内容抽取。目前典型的特征抽取方法主要有颜色直方图法、形状特征法、纹理特征法和轮廓特征法。其中基于颜色直方图的特征抽取方法能够较好地表示图像的全局颜色信息，但是对于图像语义信息表示能力不足，易出现颜色特征相近图像而语义无关的情况。基于形状和纹理特征抽取方法通用性差，主要表现在：形状特征抽取算法仅对于具有统一背景的图像有较高效率。纹理特征抽取算法不能处理无纹理的图像。基于轮廓特征抽取方法能够处理任何类型的图像，通用性强，特别适合于描述图像中某一对象的略图。此方法解决了目前多维索引算法在大型图像库检索效率低的问题，在不降低图像识别率的情况下，提高了系统的检索速度。

（3）基于语义的图像识别技术

图像的语义分为 3 个层次：即底层特征层、对象层和概念层。底层特征层主要涉及基于内容的颜色、形状、纹理和空间关系等；对象层主要考虑图像中的对象、对象的空间问题；概念层主要解决图像通过场景、行为和情感所表达的意义。图像语义模型是一个对图像特征提取的一个高度抽象描述，它由图像固有信息和意念信息两部分组成。固有信息包含了图像本身的颜色、纹理和形状等，以及图像中的对象、对象与对象的相关关系。意念信息由场景语义、行为语义和情感语义组成。语义模型具有层次提炼性、网络继承性和自学适应性等特点，它具有自身的知识库和形式描述语言，是一个由图像信息、计算机和知识概念组成的系统。有研究者针对相关反馈图像检索系统，提出了一种新的图像语义模型——图像间语义模型，对图像语义聚类问题进行了初步探索，提出了两种利用图像间语义关系进行语义聚类的方法：基于互信息的图像间语义关系学习方法和基于图像关联因子的图像间语义关系学习方法。试图在不进行图像分割和关键词标注的情况下，通过分析图像检索过程而达到获取图像语义信息的目的。上述方法在一定程度上突破了传统的基于视觉特征图像聚类，通过对用户的访问历史信息进行分析,建立语义相关图像事务数据库,实现了图像数据库的语义聚类和过滤。

（4）多层次的图像识别技术

多层次的特定类型图像识别方法,根据敏感图像的显著特征,通过建立有效描述被过滤图像特征的肤色模型,结合支持向量机和最近邻算法实现了对敏感图像的有效过滤。多层次特定类型图像过滤方法融合了肤色模型、支持向量机和最近邻方法多个处理算法的处理结果。多层次过滤算法采用了多种过滤模型,在对图像的内容进行判别过程中运用了由粗到细的逐层检验方法。

根据视觉对图像的分析肌理和敏感图像本身的特点——有裸露肌肤,首先采用肤色模型来检验待过滤图像,可以有效地识别出图像上的肤色区域。有一定肤色区域的图像并不一定是裸体图像,如一张正常的人脸照片,为了进一步确定图像是否含有裸体,应用了模式识别中的分类方法。图像分类是一个比较复杂的问题。采用在解决小样本、非线性及高维模式识别具有一定的优势的支持向量机方法把图像分成两类:一类是非裸体图像,另一类是裸体图像。由于向量机本身的特性——对于测试样本分类错误率的期望上界是训练样本中平均的支持向量占总训练样本数的比例,所以在训练样本是线性不可分的情况下,尽管可以用广义最有分类面把它们分开,但支持向量的个数会稍微多一些,分类器的错误率也就相对大一些。

敏感图像的过滤是一个图像理解与识别的问题,但是它与一般的人脸识别和指纹识别有所不同,主要是由于图像的背景条件比较复杂、光照条件不一致、人体的表现形式具有多姿态性,因此很难用一个简单的模型把所有的特征表征出来。根据视觉对图像的分析机理和敏感图像本身的特点,利用肤色检测模型与纹理模型相结合,并且采用相应的分类算法建立过滤模型。首先采用肤色模型检测待过滤图像,得到初步的掩码图像。但是由于其他非肌肤物体颜色与肌肤颜色相似,可能造成误检,误差较大,需要在上一步的基础上采用纹理模型处理通过肤色检测模型得到的掩码图像,这样就可以更准确地识别出图像中的肤色区域。为了能够对敏感图像实现过滤的功能,在得到的掩码图像基础上,从原图像中提取特征向量,采用分类算法进行分类。

（5）网络图像实时动态识别技术

浏览器与互联网上的服务器建立虚拟连接后,很多未知因素都会对网络数据流传输产生不利影响。为了减少延迟,加快系统响应,诸如 IE、Netscape 等浏览器都采用了缓存机制,把最近或经常读取的网页内容放到硬盘缓存中,以加快下次读取的响应速度。因而图像过滤系统可以充分利用缓存内容,通过分析缓存内的图像,来实时过滤有害网页。它的过滤途径是:图像过滤器读取缓存中的图像信息并分析其属性,将检测到的含有敏感图像网页地址加入黑名单,从而禁止用户以后再次进行访问。但是不健康图像仍然会在浏览器内显示,缓存中也依然保留有图像痕迹,用户仍可脱机浏览。由此,研究者提出了一个新的过滤思路,建立一种新颖的网络内容过滤系统,它能有效地分离图像信息,并进行实时的分析过滤。传统过滤系统的主要缺点是不能在网络数据流进入浏览器的同时提取出图像数据流,这样就造成图像信息仍然可进行浏览。该方法设计了两个核心功能模块:浏览器模块负责显示网页,图像过滤模块能够对进入浏览器的图像进行快速准确的分析。为了将图像与文本信息分离开来实现网页的实时过滤,必须在这两个模块之间建立起两大通信机制,首先在数据进入浏览器之前,需将它们分离为文本流和图像流,文本流不加处理直接送到浏览器,图像数据流由图像过滤模块来处理,然后在数据输出时将文本流和过滤后的图像流重新合成,将处理后的网页显示到浏览器上。显然,过滤系统在此框架下可以更方便地控制文本和图像数据,图像未被处理之前对于用户而言是不可见的,因而整个处理过程对于用户而言是透明的。如果图像过滤模块带来的延时在可接受的范围内,将不会对用户浏览网页造成太大影响。在系统中还把已检测出的敏感网站加入到黑名单内,以此作为过滤系统的一个辅助手段。如果某一方面中包含了太多的敏感图像,其地址将被加入黑名单中,直接被禁止访问。

习　　题

1. 深入阅读一篇图像加密论文,实现软件仿真。

2. 检索最新的数字图像水印文献,写一篇阅读报告。

3. 深入阅读一篇数字图像水印论文,实现软件仿真。

4. 设计并实现一种 DCT 域的数字水印算法,分析其特性。

5. 根据图像小波变换的特点,设计并实现一种小波变换域的数字水印算法,分析其特性。

6. 设计一种图像的数字水印算法。

7. 深入阅读一篇数字图像感知哈希论文,实现软件仿真。

8. 检索最新的数字图像过滤文献,写一篇阅读报告,总结近年来图像过滤的研究重点和难题是什么。

第5章

...

音 频 安 全

5.1 音 频 分 析

音频是多媒体中的一种重要媒体。我们能够听见的音频信号的频率范围大约是 20 Hz～20 kHz,其中语音大约分布在 300 Hz～4 kHz 之内,而音乐和其他自然声响是全范围分布的。声音经过模拟设备记录或再生成为模拟音频,再经数字化成为数字音频。

要对数字音频进行安全性保护,就要对数字音频信号进行分析。对音频信号的分析可以从时域、频域、滤波等角度进行。时域分析包括时域波形分析,例如对时域信号波形的时间、幅值、周期和时间相关性等进行分析。频域分析包括对确定性信号频谱分析,对随机噪声信号的功率谱分析,以及对系统频率相应的分析和相干函数分析等。

5.1.1 人类的听觉特性

人类的听觉是非常复杂的,它的研究成果在语音识别、语音压缩等语音信号处理中有着广泛应用。研究人类听觉系统对语音信号的处理方式,并开发出基于人类听觉系统的信号处理模型和谱分析方法是语音处理研究的重要途径。

(1) 语音的听觉心理

正常人的听觉系统极为灵敏,人耳能感觉的最低声压接近空气分子热运动产生的声压。通常两耳的传递速度不同,声音右耳传至左大脑的速度比较快,声音从左耳传至右大脑的速度比较慢。此外,人耳对于声波的音高、音强、声波的动态频谱有分析感知能力。人耳对声音的强度和主观感觉是从响度和音调体系出来的。

人耳对声音强度的感觉非常灵敏,动态范围也很大。当声音的强度小到人耳刚刚可听见时,称为听阈。测量表明听觉阈值随着频率变化。例如,在 1 kHz 纯音时,10^{-6} W/cm² 声强的声音,人刚刚能听到;而在其他频率时,可能比该值更大或更小的声强,人耳才能听到。客观测量表明如果频率为 1 kHz 的纯音,当声强级达到 10^{-4} W/cm² 时,人耳就感到疼痛,这个阈值称为痛阈。

音调是听觉分辨声音高低时用于描述这种感觉的一种特性。客观上用频率表示声音的音调,其单位是 Hz,主观上感觉音调的单位采用美(mel)标度。这是两个概念上既有不同、又有联系的计量单位。

人对声音的频率感觉范围是 20 Hz～20 kHz,约 1 000 倍频程,用八度音表示约分为 9～10 个八度音左右,其最高可听频率为最低可听频率的 1 000 倍。人对音调的感觉同频率不是成正比例关系的,且与声音的强度及波形有关。规定音调的测量以 40 dB 声强为基准,由主观感觉标定,且 1 kHz 纯音的音调为 1 000 mel。让听者听两个声强级为 40 dB 的纯音,其中一个纯音的频率固定,调节另一个纯音的频率使其感觉音调高 1 倍,就标出了这两个同声强声音的音调差为 1 倍。

（2）掩蔽效应

迄今为止,人耳听觉特性的研究大多在心理声学和语言声学领域内进行。实践证明声音虽然客观存在,但是人的主观感觉和客观实际并不完全一致,人耳听觉有其独有的特性。人的听觉系统功能复杂,没有哪一种物理仪器具有人耳那样惊人的特性。听觉机构不但是一个极端灵敏的声音接收器,它还具有选择性,可以起到分析器的作用。此外,它还具有判断音响、音调和音色的本领。当然这些功能在一定程度上是与大脑的结合而产生的,因此听觉特性涉及心理声学和生理声学方面的问题。对于听觉系统的复杂结构与其信息处理过程,虽然现今的科学已经有所揭示,但对真正的实质问题还没有完全掌握。

掩蔽现象是一种常见的心理声学现象,它是由人耳对声音的频率分辨机制决定的。在一个较强的声音附近,相对较弱的声音将不被人耳觉察,即被强音所掩蔽。较强的音称为掩蔽者,较弱的音被称为被掩蔽者。掩蔽效应分为同时掩蔽和异时掩蔽两种。

同时掩蔽指掩蔽现象发生在掩蔽者和被掩蔽者同时存在时,也称为频域掩蔽。声音能否被听到取决于它的频率和强度。正常人听觉可听觉频率 20 Hz～20 kHz、强度 0～13 dB 的声音。人耳不能听到听觉区域以外的声音。在听觉区域内,人耳对声音响应随频率变化,最敏感的频率段为 2～4 kHz。在这个频率段外,人耳的听觉灵敏度逐渐下降。人耳刚好可听到的最小声强级称为听阈,它是声音频率的函数。人耳不能听到声强低于听阈的声音。

由于一个较强信号的存在,听力阈值不等于安静时的阈值。在掩蔽者频率的邻域内,听力阈值被提高。而新阈值,也就是不可听闻的被掩蔽者的最大声强级,称为掩蔽阈值。当目标信号的声强级低于掩蔽者的掩蔽阈值时,目标信号被掩蔽,即不被人耳所察觉。利用人耳听觉系统的这一特性,一方面可以把被掩蔽的弱信号看作与人耳无关的信号,不必对其进行编码处理;另一方面,通过对量化噪声的频谱进行适当整形,使量化噪声低于掩蔽阈值,在主观听觉上能够被音频信号所掩蔽,这样既降低了量化的码率,也提高了语音编码的质量。

异时掩蔽的掩蔽效应发生在掩蔽者和被掩蔽者不同时存在时,也称为时域掩蔽。异时掩蔽又分为前掩蔽和后掩蔽两种。若掩蔽效应发生在掩蔽者开始之前的某段时间,则称为前掩蔽;若掩蔽效应发生在掩蔽者结束之后的某段时间,则称为后掩蔽。利用前掩蔽效应,对抑制因时间分辨率不够而造成的预回声起着重要作用。语音信号处理是分帧处理的,帧长的选择受一些因素制约。若帧长过长,则会使时间分辨率下降,产生严重的预回声。解决预回声的方法是缩短帧长,以提高时间分辨率,这样预回声的影响就被限制在一个较短的时间内。但帧长缩短到 2～5 ms 之间时,由于前掩蔽效应,预回声会被随之而来的冲激响应所掩蔽。

5.1.2　音频文件格式

存储音频数据的文件格式众多。常见的是 MP3、WMA、RM 和 VQF 等。其中又以 MP3 和 WMA 最为常用,特别是 MP3 压缩标准,在各类多媒体音频文件中得到广泛应用,而 WMA 格式文件由于较高的压缩和 Windows 平台的良好支持,也被主流音频制作软件和大量多媒体著作平台所支持。

（1）MP3

MP3 格式诞生于 20 世纪 80 年代的德国，所谓的 MP3 也就是指的是 MPEG 标准中的音频部分，也就是 MPEG 音频层。根据压缩质量和编码处理的不同分为 3 层，分别对应"＊.mp1""＊.mp2""＊.mp3"这 3 种声音文件。需要提醒大家注意的地方是：MPEG 音频文件的压缩是一种有损压缩，MPEG 3 音频编码具有 10∶1～12∶1 的高压缩率，同时基本保持低音频部分不失真，但是牺牲了声音文件中 12 kHz 到 16 kHz 高音频这部分的质量来换取文件的尺寸，相同长度的音乐文件，用 ＊.mp3 格式来储存，一般只有 ＊.wav 文件的 1/10，因而音质要次于 CD 格式或 WAV 格式的声音文件。由于其文件尺寸小、音质好，所以在它问世之初还没有什么别的音频格式可以与之匹敌，因而为 ＊.mp3 格式的发展提供了良好的条件。直到现在，这种格式还是很流行，作为主流音频格式的地位难以被撼动。但是树大招风，MP3 音乐的版权问题也一直找不到办法解决，因为 MP3 没有版权保护技术，说白了也就是谁都可以用。

（2）WMA

WMA（Windows Media Audio）格式是来自于微软的重量级选手，后台强硬，音质要强于 MP3 格式，更远胜于 RA 格式，它和日本 YAMAHA 公司开发的 VQF 格式一样，是以减少数据流量但保持音质的方法来达到比 MP3 压缩率更高的目的，WMA 的压缩率一般都可以达到 18∶1 左右，WMA 的另一个优点是内容提供商可以通过 DRM（Digital Rights Management）方案如 Windows Media Rights Manager 7 加入防拷贝保护。WMA 内置了版权保护技术，可以限制播放时间和播放次数甚至于播放的机器等，这对被盗版搅得焦头烂额的音乐公司来说可是一个福音，另外 WMA 还支持音频流（Stream）技术，适合在网络上在线播放，作为微软抢占网络音乐的开路先锋可以说是技术领先、风头强劲，更方便的是不用像 MP3 那样需要安装额外的播放器，由于 Windows 操作系统和 Windows Media Player 无缝捆绑，只要安装了 Windows 操作系统就可以直接播放 WMA 音乐，新版本的 Windows Media Player 7.0 更是增加了直接把 CD 光盘转换为 WMA 声音格式的功能，在新出品的操作系统 Windows XP 中，WMA 是默认的编码格式，大家知道 Netscape 的遭遇，现在"狼"又来了。WMA 这种格式在录制时可以对音质进行调节。同一格式，音质好的可与 CD 媲美，压缩率较高的可用于网络广播。虽然现在网络上还不是很流行，但是在微软的大规模推广下已经得到了越来越多站点的承认和大力支持，在网络音乐领域中直逼 ＊.mp3，在网络广播方面，也正在瓜分 Real 打下的天下。因此，几乎所有的音频格式都感受到了 WMA 格式的压力。微软官方宣布的资料中称 WMA 格式的可保护性极强，甚至可以限定播放机器、播放时间及播放次数，具有相当的版权保护能力。应该说，WMA 的推出就是针对 MP3 没有版权限制的缺点而来——普通用户可能很欢迎这种格式，但作为版权拥有者的唱片公司来说，它们更喜欢难以复制的音乐压缩技术，而微软的 WMA 则照顾到了这些唱片公司的需求。

除了版权保护外，WMA 还在压缩比上进行了深化，它的目标是在相同音质条件下文件体积可以变得更小（当然，只在 MP3 低于 192 kbit/s 码率的情况下有效，实际上当采用 LAME 算法压缩 MP3 格式时，高于 192 kbit/s 时普遍的反映是 MP3 的音质要好于 WMA）。

（3）RealAudio

RealAudio 主要适用于在网络上的在线音乐欣赏，现在大多数的用户仍然在使用 56 kbit/s 或更低速率的 Modem，所以典型的回放并非最好的音质。有的下载站点会提示用户根据用户的 Modem 速率选择最佳的 Real 文件。Real 的文件格式主要有：RA(RealAudio)、RM (RealMedia,RealAudio G2)、RMX(RealAudio Secured)等。这些格式的特点是可以随网络带宽的不同而改变声音的质量,在保证大多数人听到流畅声音的前提下,令带宽较富裕的听众获得较好的音质。

近来随着网络带宽的普遍改善,Real 公司正推出用于网络广播、达到 CD 音质的格式。如果 RealPlayer 软件不能处理这种格式,它就会提醒下载一个免费的升级包。许多音乐网站提供了歌曲的 Real 格式试听版本。

（4）VQF

VQF 是雅马哈公司开发的一种音频压缩技术,它的核心是用减少数据流量但保持音质的方法来达到更高的压缩比,VQF 的音频压缩率比标准的 MPEG 音频压缩率高出近一倍,可以达到 18∶1 左右甚至更高。也就是说把一首 4 分钟的歌曲(WAV 文件)压成 MP3,大约需要 4 MB 左右的硬盘空间,而同一首歌曲,如果使用 VQF 音频压缩技术的话,那只需要 2 MB 左右的硬盘空间。因此,在音频压缩率方面,MP3 和 RA 都不是 VQF 的对手。相同情况下压缩后 VQF 的文件体积比 MP3 小 30%～50%,更利于网上传播,同时音质极佳,接近 CD 音质(16 位 44.1 kHz 立体声)。可以说技术上也是很先进的,但是由于宣传不力,这种格式难有用武之地。∗.vqf 可以用雅马哈的播放器播放,同时雅马哈也提供从 ∗.wav 文件转换到 ∗.vqf 文件的软件。

当 VQF 以 44 kHz、80 kbit/s 的音频采样率压缩音乐时,它的音质优于 44 kHz、128 kbit/s 的 MP3,当 VQF 以 44 kHz、96 kbit/s 的频率压缩时,它的音质几乎等于 44 kHz、256 kbit/s 的 MP3。经 SoundVQ 压缩后的音频文件在进行回放效果试听时,几乎没有人能听出它与原音频文件的差异。播放 VQF 对计算机的配置要求仅为奔腾 75 或更高,当然如果用奔腾 100 或以上的机器,VQF 能够运行得更加出色。实际上,播放 VQF 对 CPU 的要求仅比 Mp3 高 5%～10%。

5.1.3　音频时域信号分析

音频信号携带着各种信息,在不同的应用场合人们感兴趣的信息有所不同。例如,为了判断信号波形是否是语音信号,只需要提取人类语言信号的一般特征;为了区分语音段是清音还是浊音,就应该了解该段语音波形的能量谱分布和基音频率。

从整体来看,语音信号的特征和表征其本质的参数随时间变化,是一个非平稳过程,不能用处理平稳信号的数字信号处理技术分析处理。因此,短时分析技术贯穿于语音分析的全过程。由于语音是由人的口腔肌肉运动构成声道某种形状产生的响应,这种口腔肌肉运动相对于语音频率来说是缓慢的。所以,虽然语音信号具有时变特性,但是在短时间范围内,其特性保持不变,因而,可以将其看作是准稳态过程,即语音具有短时平稳性。

音频信号的时域分析就是分析和提取音频信号的时域参数。进行音频分析时,最先接触到并且也是最直观的是它的时域波形。音频信号本身就是时域信号,因而时域分析是最早使用,也是应用最广泛的一种分析方法,这种方法直接利用音频信号的时域波形。音频的时域分析采用时域波形图,图 5.1 为汉语语音"音频安全"的时域波形图。从图中可以看出,此波形有四部分振幅较大的包络,分别对应汉语语音"音""频""安""全",其余部分振幅较小,是杂乱无章的噪声。

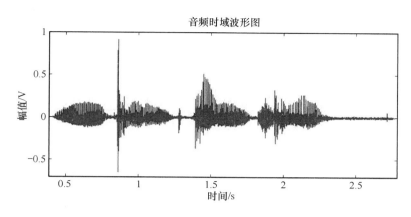

图 5.1 汉语"音频安全"时域波形图

时域分析通常用于最基本的参数分析及应用,如音频信号的分割、预处理、大分类等。这种分析方法的特点是:①表示音频信号比较直观、物理意义明确。②实现起来比较简单、运算少。③可以得到音频的一些重要的参数。④只使用示波器等通用设备,使用较为简单等。

音频信号的时域参数有短时能量、短时过零率、短时白相关函数和短时平均幅度差函数等,这是音频信号的一组最基本的短时参数,在各种音频信号数字处理技术中都要应用。

（1）短时能量和短时平均幅度

能量是语音信号的一个重要特征,短时能量可以作为区分清音段和浊音段的依据。实验结果表明浊音段的短时能量 E_n 明显高于清音段。在信噪比高的情况下,它还可以作为区分有声和无声的依据。定义短时能量为

$$E_n = \sum_{m=-\infty}^{\infty} [x(m)w(n-m)]^2 = \sum_{m=n-N+1}^{n} [x(m)w(n-m)]^2 \tag{5-1}$$

其中,$w(n)$ 是窗函数,N 是窗的长度。

因此可认为短时能量是语音信号的平方通过一个冲激响应为 $h(n)$ 的线性滤波器后的输出,这就使窗函数的选择显得尤为重要。E_n 计算时用的语音信号的平方,这就产生了一个缺陷,即它对高电平特别敏感。为此,引入了短时平均幅度的概念,定义短时平均幅度函数 M_n:

$$M_n = \sum_{m=-\infty}^{\infty} |x(m) \| w(n-m)| \tag{5-2}$$

（2）短时能量和短时平均幅度

当离散时间信号相邻的两个样点的正负号异号时,就称之为"过零",且此时信号的时间波形穿过了零电平的横轴。语音信号的短时过零率表示一帧语音信号波形穿过零电平横轴的次数。定义短时过零率函数 Z_n:

$$Z_n = \sum_{m=-\infty}^{\infty} |\text{sgn}[x(m)] - \text{sgn}[x(m-1)]| w(n-m) \tag{5-3}$$

其中,$\text{sgn}[]$ 为符号函数,定义为

$$\text{sgn}|x(n)| = \begin{cases} 1, & x(n) \geqslant 0 \\ -1, & x(n) < 0 \end{cases} \tag{5-4}$$

其中,$w(n)$ 为窗函数,计算时采用矩形窗,窗长为 N。但是,当相邻两个样点符号相同时,$|\text{sgn}[x(m)] - \text{sgn}[x(m-1)]| = 0$,没有产生过零;而当相邻两个样点符号相反时,$|\text{sgn}[x(m)] -$

$\text{sgn}[x(m-1)]| = 2$，是过零次数的 2 倍。因此，对窗函数进行如下修改：

$$w(n)| = \begin{cases} \dfrac{1}{2N}, & 0 \leqslant n \leqslant N-1 \\ 0, & \text{其他} \end{cases} \tag{5-5}$$

由短时过零率的定义公式可知，短时过零率对随机噪声比较敏感。为此，对短时过零率进行修改，提出了门限过零率：即在零电平附近设置正负门限 $\pm T$，以提高噪声容限。门限过零率的定义：

$$Z_n = \sum_{m=-\infty}^{\infty} \{|\text{sgn}[x(n)-T] - \text{sgn}[x(n-1)-T]| + |\text{sgn}[x(n)+T] - \text{sgn}[x(n-1)+T]|\} w(n-m) \tag{5-6}$$

修改后的门限过零率就具有了一定的抗噪能力，只要随机噪声幅度范围没有超过 $[-T, T]$，就不会产生虚假过零率。

(3) 短时自相关函数分析

短时自相关函数用于衡量语音信号自身时间波形的相似性，因此可以利用短时自相关函数来测定语音信号的相似特性。定义语音信号的短时自相关函数 $R_n(k)$：

$$R_n(k) = \sum_{m=-\infty}^{\infty} x(m)w(n-m)x(m+k)w(n-m-k) \tag{5-7}$$

由定义可以看出，短时自相关函数和窗长的选择有密切的关系。窗的长短直接影响语音信号基音周期的提取，最理想的方法是让窗长自适应于基音周期的变化，但这样会增加复杂度。为此提出了修正的短时自相关函数 $R'_n(k)$：

$$R'_n(k) = \sum_{m=-\infty}^{\infty} x(m)w_1(n-m)x(m+k)w_2(n-m-k) \tag{5-8}$$

其中，w_1 和 w_2 是矩形窗，但窗长不同，分别为 $0 \sim N$ 和 $0 \sim N+K$。

5.1.4 音频频域信号分析

实验表明，人类感知语音的过程和语音的频谱特性关系密切，人的听觉对语音的频谱特性更敏感。幅频谱特性相似的两段语音，尽管时域上差别很大，但感知它们时人的感觉是相似的。语音的频谱具有非常明显的语言声学意义，能反映一些非常重要的语音特征，如共振峰频率和带宽等。因此，对语音信号进行频谱分析是认识和处理语音信号的重要方法。

傅里叶分析是分析线性系统和平稳信号稳态特性的有效手段，已广泛应用于工程和科学领域。这种以复指数函数为基函数的正交变换，理论完善，计算方便，概念易于理解，是语音处理领域的重要分析工具。

语音信号是典型的非平稳信号，其非平稳性源于发声器官的物理运动过程。这个物理运动过程与声波振动的速度相比缓慢得多。因此，在短时间段（如 10～30 ms）内可以认为是平稳的，可以用时间依赖处理方法来进行分析处理。短时傅里叶分析是在短时间平稳的假定下，用稳态分析处理非平稳信号的一种方法，也成为时间依赖傅里叶变换。

广义上讲，语音信号的频谱分析对象包括语音信号的频谱、功率谱、倒频谱和频谱包络等，常用的频域分析方法有带通滤波器组法、傅里叶变换法、同态分析法、线性预测法等几种。

(1) 语音的短时傅里叶频谱

语音信号的样本序列 $x(m)$ 是时变的。分段的方法是加一个沿时间轴滑动的窗函数 $w(n-m)$，通常窗的宽度是有限的。对应于不同的 n 值，窗处于不同的位置。如果是非矩形窗,则不仅能取出一段语音信号序列,而且还可以对该段语音信号的每个样本进行加权。由于语音信号是短时平稳的,因此可以对语音的每一帧进行短时傅里叶变换,定义短时傅里叶变换为

$$X_n(e^{jw}) = \sum_{m=-\infty}^{\infty} x(m)w(n-m)e^{-jwm} \tag{5-9}$$

它反映了语音信号的频谱随时间变化的特性,其中 $w(m)$ 是窗函数。

这是透过位于 n 处的窗口观察到的窗选语音段的傅里叶变换。n 取不同的值时,窗函数 $w(n-m)$ 沿时间轴滑到不同的位置,便取出不同的语音短段。因而,$X_n(e^{jw})$ 是频率 w 和时间 n 的函数,即 $X_n(e^{jw})$ 有时-频特性,反映了语音信号的频谱随时间变换的特性。

(2) 线性预测分析法

1947 年美国科学家 N. Wineer(维纳)在研究火炮的自动控制时提出了线性预测的思想。此后,线性预测技术应用于许多领域,并在其中发挥了巨大作用。1967 年日本学者 Itakura(板仓)等人最先将线性预测技术应用于语音分析和语音合成领域中,使数字语音技术获得巨大的发展。线性预测作为一种工具,几乎普遍地应用于语音信号处理的各个方面。这种方法是最有效和最实用的语音分析技术之一,在各种语音分析技术中,线性预测是第一个真正得到实际应用的技术。线性预测技术产生至今,虽然语音处理又有了许多突破,但这种技术依然是最重要的分析技术基础。

在估计基本的语音参数(如基音周期、共振峰频率、谱特性、声道截面积函数等)方面,线性预测分析是一种主要的分析技术。其重要性在于使用线性预测分析的方法能够极为精确地估计语音参数,可以用少量的参数精确有效地表示语音波形及其频谱的性质,且可以用比较简单的计算和比较快的速度求得线性预测分析参数。

线性预测分析的基本思想是:利用语音信号之间的相关性,用过去的取样值来预测现在或者未来的取样值,即用过去若干个语音信号的取样值的线性组合逼近一个语音信号的取样值。在某个测度准则下,通过使用实际的取样值与预测值之间的差别达到最小,确定唯一的一组预测系数。这组预测系数反映了语音信号的特性,可以作为语音信号特征参数用于语音编码、语音合成和语音识别等。

在语音信号处理中应用线性预测分析技术,不仅利用了其预测功能,而且它提供了一种优良的声道模型。这种模型对理论研究和实际应用都起到了极其重要的作用。声道模型的优良性能不仅意味着线性预测技术是一种高效的语音编码方法基础,而且也意味着预测系数是语音识别的非常重要的信息来源。因此,线性预测技术的基本原理和语音信号数字模型密切相关。

(1) 信号模型

在随机信号谱分析中,常把一个时间序列模型化为白噪声序列作用于一个数字滤波器 $H(z)$ 后产生的输出。通常,$H(z)$ 写成有理分式的形式,即

$$H(z) = G \frac{1 + \sum_{l=1}^{q} b_l z^{-l}}{1 - \sum_{i=1}^{p} a_i z^{-i}} \tag{5-10}$$

系数 $a_1, a_2, \cdots, a_p$ 和 $b_1, b_2, \cdots, b_q$ 以及增益因子 G 是模型的参数。因此,信号可以用有限数目的参数构成的信号模型来表示。设 $x(n)$ 为模型化的信号,$u(n)$ 为模型的激励,它们的变

换分别为和,则有

$$X(z) = H(z)U(z)$$

从时域上看,信号模型的输入和输出之间满足差分方程

$$x(n) = \sum_{i=1}^{p} a_i x(n-i) + G\sum_{l=1}^{q} b_l u(n-l)$$

上式表明,$x(n)$ 可以用它的 p 个过去值 $x(n-1)$,$x(n-2)$,$\cdots$,$x(n-p)$ 和输入的当前值 $u(n)$ 及其 q 个过去值 $u(n-1)$,$u(n-2)$,$\cdots$,$u(n-q)$ 的线性组合来表示。在物理意义上,就是 $x(n)$ 可以由过去值及模型输入的线性组合来预测得到。

(2)语音信号的线性预测分析

语音信号序列是一个缓变的随机序列,在一定的近似程度上可以用上述的信号模型化的方法来分析。图 5.2 是基于信号模型化的思想建立的语音信号的产生模型。与语音信号产生的物理机理模型比较,该模型是发音机理模型的一种特殊形式,它把发音过程中的辐射、声道以及声门激励的全部谱效应简化为一个时变的数字滤波器来表示,其稳态系统函数为

$$H(z) = \frac{X(z)}{U(z)} = \frac{G}{1 - \sum\limits_{i=1}^{p} a_i z^{-i}}$$

从而把语音信号 $x(n)$ 模型化为一个 $AR(p)$ 过程序列。

对于浊语音,这个系统由冲激序列激励,各冲激之间的间隔为基音周期;对于清语音,则由白噪声序列激励,它可简单地由随机数发生器产生。因为图 5.2 的模型常用来合成语音,故 $H(z)$ 亦称为合成滤波器。该模型的参数有浊/清

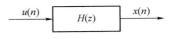

图 5.2 信号 $u(n)$ 的模型化

判决、浊语音的基音周期、增益常数 G 及数字滤波器参数 a_1,a_2,$\cdots$,a_p。当然,这些参数是随时间缓慢变化的。这种简化模型的主要优点是能够用线性预测分析对滤波器系数 a_1,a_2,$\cdots$,a_p 和增益 G 进行高效的计算。

5.2 针对音频的攻防

语音是语言的物质外壳,是人类交流信息最有效、最方便的手段。远在人类社会的懵懂时期,文字等其他方式尚未出现,语音就已经成为人类最为直接的交流手段,绵延数千年。人们利用语音来传递思想,表达感情。语音成为人类生活不可或缺的一部分,关系到人类社会的方方面面。另一方面,语音的存在形式也从出口即逝的声波,扩展到模拟和数字的信号,可以被无限地记录、传播和保存。然而,任何事情都有着双面性,在极大地方便人类生活的同时,通信的迅猛发展也给语音应用带来了安全隐患。因此,针对音频的攻防是数字内容安全研究中的一个重要内容。

5.2.1 音频主要应用场合

随着科学技术的发展,音频的应用范围不断扩大。从面对面的对话,扩展到远距离的、隔山隔海的交流。借助电话、卫星、网络等各种各样的通信设施,真正实现了小说中的"千里传音"。据工信部发布的通信业经济运行情况数据显示,2015 年 1~7 月,我国移动电话用

户净增 850.3 万户,总数达到了 12.95 亿户。移动通信中最为主要的应用为语音通信,1～7 月全国移动电话去话通话时长完成 16 654.1 亿分钟。

音频的另外一个重要应用场合就是数字音乐了。据《2014 中国网络音乐市场年度报告》的一项数据显示,2014 年我国网络音乐市场总体规模达到 75.5 亿元,网络音乐用户数占网民总数的比例高达 73.7%。

5.2.2　针对音频的攻击方式

无线及网络等各种通信信道的开放性,为恶意攻击者提供了可乘之机,使得语音通信的信息被窃听、篡改等非法操作变得非常容易,也使得语音信息的来源较难认证。此外,由于数字媒体的可无损复制,对数字音乐的盗版攻击也是一种对音频的主要攻击方式之一。

(1) 窃听攻击

这类攻击是指攻击者在未经会话参与者允许的情况下获取会话信令或者窃听通话。传统的电话网络具有封闭性,减少了不信任接入和窃听的可能性,攻击者要窃听电话必须在物理链路上接入电话机,这在一定程度上增加了窃听的难度。而当前流行的 VoIP(Voice over Internet Protocol)或无线移动通信都是建立在开放的网络上,用户可以以多种方式非常方便地进行访问,这样就导致窃听变得很容易。语音的安全环境涉及很多敏感的信息。某些军事信息的泄露可能会给国家带来重大的甚至灾难性的影响。公众的语音通话也大多涉及个人隐私、商业信息等重要内容,一旦遭到窃听,也可能引起严重的后果。据美国前防务承包商雇员斯诺登曝光的文件显示,美国国家安全局通过接入全球移动网络,每天收集全球高达近 50 亿份手机通话,并汇聚成庞大数据库。窃听的对象甚至包括多国领导人的电话通信,多达 35 国领导人出现在监听名单上,德国总理默克尔首当其冲。这一监听行为使得美德关系曾立即变得紧张起来。另据报道,具有 168 年历史的英国《世界新闻报》因雇员的窃听丑闻(包括对失踪女孩、恐怖袭击受害者、阵亡英军士兵家属的语音信箱等进行窃听)被曝光后,这一挑战道德底线的行为,引发了公众的愤怒。迫于社会各方面的压力,该报于 2011 年 7 月 10 日关门大吉。

(2) 篡改攻击

近几年来,随着数字录音笔和手机录音功能的普及,数字录音大有取代以前模拟录音的趋势。人们可以将手机通话记录保存起来。功能强大的个人电脑、各种音频处理算法和软件的广泛使用,使得一般的用户也能轻易地对数字录音进行篡改而不留下痕迹。此外,篡改者还能轻易地将同一说话人不同时段的录音进行拼接,得到对篡改者有利的录音内容。如果虚假的录音被滥用,如涉及法律证据、个人隐私等,必将引起一系列的问题。近日,有声音学家指出,马航失踪客机 MH370 驾驶舱与控制塔的最后通话,背景杂音异常,怀疑马来西亚在发布通话录音之前,曾经修改录音,隐瞒政府不想外界知道的事实。多名专家告诉美国国家广播公司说,初步分析表明整个录音是由两段音频拼接而成,其中一段有可能是用数字记录器对着扬声器录制的。专家普赖姆欧指出,录音的开头和结尾都是有着本底噪声的清晰录音,但中间部分非常奇怪。音频的篡改攻击使得人们听到的数字录音不再绝对真实可信。

(3) 盗版攻击

网络音乐是伴随着互联网的发展和普及而产生和发展起来的新型音乐产业。近几年更是发展迅猛,据中国互联网信息中心发布的第 36 次中国互联网络发展状况统计报告显示,

2015年6月,使用网络音乐的用户规模高达4.8亿人,网民的使用率达到了72%。然而,由于数字音乐具备易于无损复制、分发等特性,借助互联网随意复制和发行受知识产权保护的数字音乐产品和内容的现象普遍存在。据国际知识产权联盟(IIPA)2015年发布的报告,仅在2014年,我国就有数以百计的未授权音乐网站应运而生,极大扰乱了在线音乐市场。

5.2.3 针对音频的安全需求

针对音频的攻击多种多样,需要不同的安全技术来抵制这些攻击。典型的音频安全需求包括:

(1)机密性。机密性是指保证信息不泄露给非授权的用户或实体,确保存储的消息和被传输的消息仅能被授权的各方得到,而非授权用户即使得到信息也无法知晓消息的内容,不能使用。通常通过访问控制阻止非授权用户获得机密信息,通过加密变换阻止非授权用户获知信息内容。

(2)完整性。完整性是指信息未经授权不能进行篡改的特征,维护信息的一致性,即信息在生成、传输、存储和使用过程中不应发生人为或非人为的非授权篡改(插入、修改、删除、重排序等)。一般通过访问控制阻止篡改行为,同时通过消息摘要算法来检验信息是否被篡改。

(3)版权保护。版权保护的主要目的就是保护数字作品内容,维护版权所有者和用户的合法权益。它的出现是为了解决困扰数字内容产业的版权问题。通常可以通过数字版权管理技术保护数字作品的版权。

5.3 音频信号加密

自人类出现以来,语音一直是人们沟通、交流和传递信息的最重要、最方便的媒介和手段,随着人类社会的不断发展,科学技术的不断革新,尤其是电话等设备的发明,使语音通信成为人们远距离交流和通信最为常用和快捷的方式。但是,由于语音通信过程需经过用户不可控的公有信道,存在着信息被他人窃取、篡改、伪造等危险,所以对语音进行加密以保障语音通信的安全和可信显得十分重要。

从国家的角度看,其语音通信中涉及很多政治、军事、国防重要的机密信息,一旦被第三方窃取,很可能会导致国家的巨大损失或社会动荡,甚至造成国家安全和人们生命财产的巨大威胁。从企业的角度看,随着企业规模的不断发展,企业的分支机构、企业合作伙伴以及企业客户遍布各地,其沟通和洽谈过程中也涉及很多企业核心决策和商业机密,如何保证其通信过程中信息的安全性是企业能否生存发展的关键,如果企业的机密信息被不良企图的人获取,会给企业造成巨大的经济损失,所以其语音通信的安全性企业的生存也十分重要。同时,随着人们对隐私的不断重视,人们也对其语音通信的安全性和隐私性的要求也越来越高。

因此,对于语音通信中的语音数据加密具有十分重要的理论和实际研究的意义,好的语音加密算法可以保证即使语音数据被人窃取后也无法从中获得任何具有实际意义的信息。同时,由于语音通信中语音数据具有数据量大和高时效性的特点,所以设计适合语音加密的高效加密算法,一直是密码学界近年来研究的热点之一。

1881 年的电话保密装置标志了语音加密的开端,但这类设备主要是依靠设备对语音进行物理保护,以达到保密通信的作用。随着技术的进步,人们不再依赖设备来保障语音的安全,而是利用加密算法直接对语音信息进行加密处理。按照语音信号的传输形式可将语音加密分为模拟加密和数字加密两种。

5.3.1　模拟加密

模拟音频加密的主要优势是可以直接应用于现有的模拟电话,并且适合在窄带无线电通信系统中传输。在模拟音频加密算法中,从对音频信号处理方式的不同看,又可以分为时间域加密、变换域加密和时域变换域组合的加密算法。早期对模拟音频的加密研究主要集中在时间域和变换域。在时间域中的加密方法以置乱音频信号为主,但由于在时间域中可用于置乱的参数很少,因此,很多学者选择在变换域上对音频进行加密,再把加密后的数据变换到时间域上,加密的方法包括倒频和分割置乱等。但是这两种方法加密后的音频都具有很高的剩余可懂度,安全性较差。图 5.3(a)是时域上一段女性对话的原始音频信号,图 5.3(b)是在时域上采用混沌置乱的方式加密的音频信号,图 5.3(c)为在变换域上采用混沌置乱的方式加密的音频信号。图 5.4 是图 5.3 相应的频谱图,从图 5.3 和图 5.4 可以看出,加密后的音频信号还保留很多原始信号的共振峰、抛物线信息、信号能量和原始声音语调等。加密后的音频信号仍然容易被偷听者检测,因此,这降低了语音加密系统的安全性。

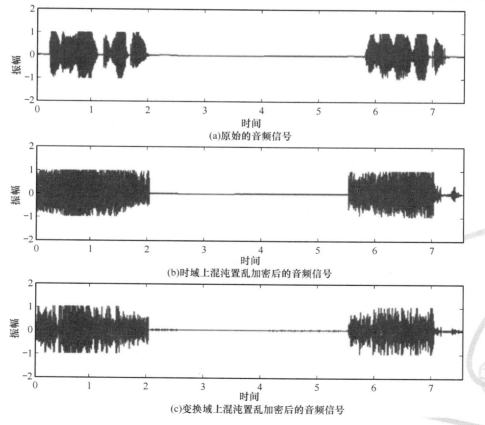

图 5.3　音频信号在时间域和变换域的混沌加密

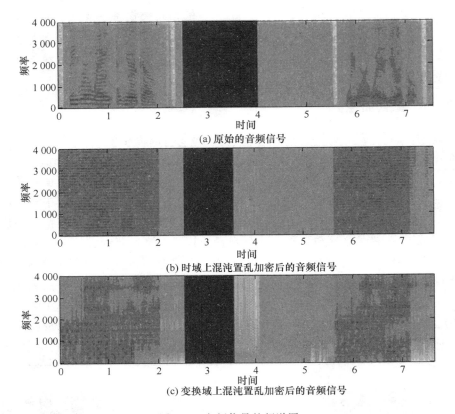

图 5.4　音频信号的频谱图

为此,有学者提出在时域和频域上同时对音频信号进行加密。Emad 等人于 2011 年提出了在时域和频域上利用掩蔽因子同时对音频信号进行加密的算法。算法的加密过程如下:

Step1　将一段一维的音频信号变换成二维的形式。

Step2　产生一个掩蔽因子。

Step3　第一轮:使用混沌序列进行置乱;加入掩蔽因子。

Step4　第二轮:进行 DCT 或 DST 变换;使用混沌序列置乱;进行 DCT 或者 DST 逆变换。

Step5　第三轮:使用混沌序列进行置乱。

Step6　重新变换为一维信号。算法的解密过程如下:

① 从密钥中产生掩蔽因子。

② 将一维语音信号变换为二维信号。

③ 第一轮:使用混沌序列进行逆置乱。

④ 第二轮:进行 DCT 或 DST 变换;减去掩蔽因子;使用混沌序列置乱;进行 DCT 或者 DST 逆变换。

⑤ 第三轮:减去掩蔽因子;使用混沌序列置乱。

与单独在时域或频域上置乱音频信号相比,该算法具有更高的安全性。

5.3.2　数字加密

随着数字语音信号传输条件的成熟,语音加密技术获得了新的进展。在处理语音信号时,可以先将模拟信号转化为数字信号(取样、量化、编码),然后对数字语音信号压缩编码,编码后的信号最后仍以数字信号传输,同时语音信号的加密可以在上述的任何一个环节中进行,因此有很高的安全性。由于语音具有数据量大、实时性要求高、通信连续、码率可控等特点,因此使用传统密码学中对称和非对称密码的方法对语音数据进行加密并不是十分合适。目前已经出现了很多专门针对语音等多媒体数据的加密算法,这些算法可以分为两大类:完全加密算法和选择加密算法。

完全加密算法是对编码以后的所有音频信号进行加密,此时的音频信号被认为是普通的二进制数据。这种算法加密的数据量大,安全性高,但是不能过于复杂,否则难以满足语音通信实时性的要求。考虑到每个音频数据包含的信息量比文本数据少的特殊性,可以采用一些计算量小,低延时的加密算法。为此,有些学者提出了部分加密的方法。

部分加密又称之为选择加密(Selective Encryption),即只选择多媒体内容的一部分系数进行加密。解密的过程和加密相似,只需要解密被部分加密的内容即可恢复原始的明文数据。由于整个文件并没有被完全加密,所以加密过程更快且通常可以达到实时性的要求。图 5.5 为部分加密的基本思路。原始音频 P 被分割成 P_1 和 P_2,采用密钥 K_e 对 P_1 进行加密得到 P_1',而 P_2 保持不变,再将 P_1' 和 P_2 进行链接得到加密的音频内容 M。

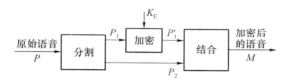

图 5.5　部分加密

基于感知的加密是一种很常见的部分加密方式,这种加密是根据实际要求降低多媒体文件内容质量的可控加密过程。通过提供对内容质量降低的多种层级,可以对多媒体内容进行多种层级的加密方式,如预览模式、中等质量方式和高等质量方式等。为了实现这类加密,首先提取媒体文件的一些参数并进行加密,如图 5.6 所示。对一个音频文件进行离散小波变换(DWT),选择小波系数的一些子带系数进行加密。

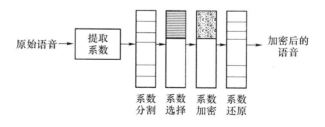

图 5.6　基于感知的部分加密

Juan 等人提出了一种可伸缩的音频部分加密算法。该算法可以根据实际需求调整音频加密的安全等级。压缩编码后的音频数据码流并不是同等重要的,可以根据听觉特性对此进行分类。该算法主要考虑加密后音频质量下降的等级,算法的安全性主要取决于采用的加密算法。

Servetti 等人提出了一种低计算复杂度的针对 MP3 音频的部分加密方案。该算法可以根据用户的需求降低音频的质量,降低后,用户可以通过获取一个密钥恢复原始的音频。

算法的解密过程只需要选择 1%～10% 的音频数据流。算法首先从 MP3 格式的音频文件中获取中频 DCT 系数,再将这些系数分成几个频率区域,通过低通滤波器滤除其中的一些频谱以减弱压缩音频的听觉质量。此外,该算法可以通过增加或减少系数的数量来修改截止频率以根据实际获取需要的音频听觉质量。算法的实验结果显示,在 5.5 kHz 的低通滤波器下可以保留音频的质量,但算法缺乏一些正式的测试以表明算法的整体性能。

5.4　音频隐写与水印

音频信息隐藏是信息隐藏的一个重要分支,其主要原理是利用人耳听觉系统的某些特性,将秘密信息隐藏到普通的音频数据流中以达到隐蔽通信的目的。音频信息隐藏作为一种有效的信息安全手段能够掩盖秘密通信的存在,避免攻击者对通信内容进行非法监控和破坏,是当前数字音频处理研究的重要内容。音频的数字隐写和数字水印同属音频信息隐藏的范畴。音频隐写技术主要应用在需要安全保密通信的部门,利用音频信息中的冗余空间携带隐蔽信息,达到秘密信息伪装传递的目的。数字水印的目的不是为了保密通信,而是为了标明载体本身的一些信息,如音频的创作者、版权信息、使用权限等。利用数字水印,还可以追踪音频产品的非法传播和扩散,打击盗版。

5.4.1　音频隐写典型算法

随着隐写技术的发展,音频隐写逐渐成为近年来的热门研究领域和发展方向,该技术通过向音频文件中嵌入秘密信息达到隐藏通信的目的。音频隐写的一般框架如图 5.7 所示。图中,P 表示音频载体信号,W 表示嵌入的秘密信息,E_m 为音频隐写算法,E_x 为秘密信息提取算法,K 是隐写算法中使用的密钥,N 为传输信道上的噪声。

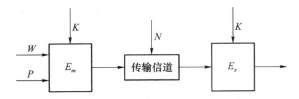

图 5.7　音频隐写的一般架构图

由于人耳的听觉要比视觉敏感得多,因此针对音频载体的隐写算法设计要比静止图像的复杂。目前国内外关于音频隐写的算法可以分为四类。

（1）最低有效位方法（LSB）

最简单、经典的音频隐写算法是时域的 LSB（Least Significant Bit）算法,目前互联网上常见的隐写软件如 StegHide、Hide4PGP、Security Suit 等,用的就是这种以秘密消息替换载体的最低有效位的方法。由于任何秘密数据都可以看作是一串二进制位流,而音频文件的每一个采样数据也是用二进制数来表示,这样就可以将每个采样值的最不重要的二进制位用代表秘密数据的二进制位代替,以达到在音频信号中嵌入秘密数据的目的。LSB 隐写算法的框图如图 5.8 所示。

通常,用来隐藏信息的都是载体的最低位。为了获得更高的隐写容量,最低的 2 个甚至

3 个有效位都被用来嵌入秘密信息。然而,随着所替换的有效位深度的增加,由信息嵌入所引起的噪声也相应增大,这就破坏了不可感知性。Johnston 等指出,对于一般的 16 比特量化的高保真音频来说,在保证音频听觉的前提下,每个样点能被替换的 LSB 位数是 3,即每样点中能嵌入 3bit 信息,容量为 3 bit/sample。为了改进 LSB 的隐写信息嵌入容量,Cvejic 等人增加了所替换有效位的深度,通过反复实验找到合适的替换位,不但提高了鲁棒性,

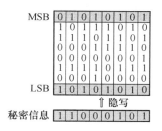

图 5.8 LSB 隐藏算法原理图

也保证了较好的不可感知性,该算法可以把容量提高到 4 bit/sample。此外,他们在后来的文献中也在变换域中使用 LSB 算法,目的是进一步提高鲁棒性,并改善了文献在空域中存在的不可感知性受到严重影响的问题。刘等提出了一种改进时域 LSB 算法,通过使用简单的互补误差替换和分组替换规则,可以将容量提高到 5 bit/sample,并且算法的嵌入过程本身是一个单向函数,可以产生报文摘要,因此可以应用于数字签名系统中以进一步增强其安全性。

这类方法具有容易实现、隐藏容量大、计算复杂度低等优点。还可以利用伪随机序列选取嵌入位置,或者分别对数据本身和嵌入过程进行加密的方法来保证安全性,使其安全性依赖于密钥。它也有明显的缺点,就是鲁棒性较差,噪声、压缩、滤波、重采样都会破坏秘密数据。这使得该算法无法达到水印系统的要求,但在对鲁棒性要求不高的隐写术应用中还有一定的价值。

(2)回声隐藏法

回声隐藏是通过引入回声的方法将秘密信息嵌入到音频载体中。该方法利用了人类听觉系统中的另一个特性:音频信息在时域的后屏蔽作用,即弱信号在强信号消失之后变得无法听见。弱信号可以在强信号消失之后的 50～200 ms 而不被人耳察觉。因此,可通过改变回声的初始幅度、衰减速度和时间延迟等嵌入秘密信息。在不同的两个时间延迟上加入回声以实现二进制秘密信息的嵌入。

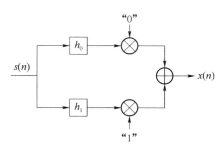

图 5.9 回声隐藏的方法

回声隐藏通过选择不同的延迟参数 d 来隐藏"0"和"1",假设 $d=d_0$ 表示嵌入比特"0",$d=d_1$ 表示嵌入比特"1"。回声隐藏的方法如图 5.9 所示,先将原始音频信号分成若干个大小相同的数据段,每段用于隐藏 1 bit 数据,为了实现在不同的数据段嵌入不同的比特,需要用到信号混合器,如果某个分段要嵌入"0",则对于该分段的所有样点,"0"混合器恒为 1,"1"混合器恒为 0,否则相反。秘密信息的嵌入过程是:原始音频信号 $s(n)$ 与回声核 $h_0(n)$ 和 $h_1(n)$ 做卷积,其中 $h_0(n)=\delta(n)+\alpha\delta(n-d_0)$,$h_1(n)=\delta(n)+\alpha\delta(n-d_1)$,分别得到原始信号与延迟分别为 d_0 和 d_1 的回声信号的叠加信号,再分别与"0"和"1"混合器相乘后做叠加,最后得到含有秘密信息的输出信号。

回声信息的提取过程中,接收端要进行秘密信息的提取就必须判定回声延迟。由于每段含有秘密信息的音频信号都是原始音频信号与回声核的卷积,直接从时域或频域确定回

声延迟存在一定的困难,可采用卷积同态滤波系统来处理,将这个卷积信号变成加性信号。

回声隐藏的一个公开问题是:如何在回声幅度较小的情况下提高恢复率。近年来大部分的研究集中在对回声核的改造上,提出了一些新的回声核。Oh 等人提出了基于双极性回声核的隐藏方法。双极性回声核比单一回声核的频率响应在低频区域表现得更加平坦,能够有效地提高嵌入回声后的音频质量。双极性回声核的数学表达式如下:

$$h_0(n) = \delta(n) + \alpha_1 \delta(n-d_1) - \alpha_2 \delta(n-d_2)$$

其中,α_1 和 α_2 分别表示回声1和回声2相对于原始音频信号的衰减系数;d_1 和 d_2 分别表示回声1和回声2的延迟。回声隐写算法虽然得到了较好的不可感知性,但鲁棒性较差。

(3)扩频隐藏法

借鉴扩频通信的思想,可以将秘密隐写的数据扩展到尽可能宽的频谱上。目前常采用直接扩频的技术将秘密信息进行纠错编码,再嵌入到音频载体中。扩频编码算法是将秘密数据分散在尽可能多的频谱中,因而抗干扰性强,隐蔽性好。同时提出了一种基于听觉掩蔽特性的扩频音频隐写算法,该算法充分利用了扩频系统抗干扰性能强、隐蔽性好的特点,引入了子带分割及多相离散余弦滤波器组的思想。Hosei 等人采用了基于频域掩蔽效应的心理声学模型将扩频信号嵌入音频中,他在原始音频信号中引入相位移动来减小嵌入数据间的相关性,从而减小提取误码率。而范等人将回声技术与扩频技术相融合,将嵌入数据的回声用扩频方法作为其衰减系数,从而提高了系统的不可感知性。陈等人对 DSSS 直接扩频音频隐写算法做了改进,不再是单一地对所有频域内所有系数进行加性隐写,而是选取频域内部分系数进行累加性隐写。所谓部分系数修改就是并没有改变频域内的所有点的系数,只是针对部分频率点的系数进行修改,这样可以避免引入过多的噪声量。

(4)变换域法

基于变换域的多媒体隐写算法在图像信息隐藏中得到了广泛的应用,近年来也越来越多应用于音频隐写算法。这一方法的基本思想是通过嵌入规则将秘密信息嵌入音频载体的某个变换域中。比较常见的变换域法有离散傅里叶变换、离散余弦变换、小波变换和倒频谱域法等。通常该类算法首先利用扩频技术将秘密信息进行编码,再将扩频编码后的秘密信息按照一定的嵌入规则嵌入到变换域中的某些系数上。基于变换域的算法通常比较复杂,计算量比较大,但由于考虑了人类听觉特性,透明性较好,此外,该类算法的鲁棒性也较好。

5.4.2　音频水印算法

音频数字水印的主要应用领域有两个方面:一是版权保护。版权保护是水印最主要的应用领域,其目的是嵌入数据的来源信息以及比较有代表性的版权所有者的信息,从而防止其他团体对该数据宣称拥有版权。这样水印就可以用来公正地解决所有权问题,这种应用要求非常高的鲁棒性。二是盗版追踪。为了防止非授权的复制制作和发行,出品人在每个合法复件中加入不同的 ID 或序列号即数字指纹。一旦发现非授权的复件,就可根据此复件所恢复出来的指纹来确定它的来源。对这种应用领域来说,水印不仅需要很强的鲁棒性,而且还要能抵抗共谋攻击。鲁棒性音频数字水印按照作用域可分为时间域算法、变换域算法和压缩域算法。其中典型的时间域算法包括最低有效位算法、回声隐藏算法,这些算法与音频隐写中的算法原理类似,主要缺点是鲁棒性较差,较少应用于版权保护的音频数字水印算法中。变换域算法和压缩域算法通常结合人耳的听觉特性或音频的压缩标准,应用较广泛。根据嵌入位置的不同,音频水印算法可分为在原始音频中嵌入水印、在音频压缩编码过程中嵌入水印和在压缩后的音频码流中嵌入水印,如图 5.10 所示。

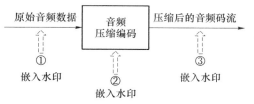

图 5.10　音频水印的嵌入位置

（1）原始音频数据中嵌入水印算法

这类方案在原始音频信号进行压缩编码之前就嵌入秘密信息,其最大的优点是可以借鉴现有非压缩音频隐写的成熟算法,来实现秘密信息的嵌入操作。Moghadam 和 Sadeghi 提出了基于遗传算法的 MP3 音频隐写算法。他们采用遗传算法来自适应的选择一些最佳的 MDCT 系数来嵌入。实验发现,每一个颗粒的平均嵌入量在不大于 5 个比特时,鲁棒性和感知质量之间能保持较好的平衡。但是该算法需要设置大量参数,且嵌入容量也不高。同时,该算法为了正确提取已嵌入的秘密信息,需要记录被选择 MDCT 系数的具体位置信息,作为密钥传给接收端,这为算法的安全性增加了潜在隐患。同样在 MDCT 系数上隐藏信息的还有吴国明等人提出的基于局部信噪比的自适应隐写算法,其通过信噪比控制隐写强度,计算音频每帧的特征矢量来选择嵌入的区域,在这些区域上修改 MDCT 系数,从而完成嵌入。从测试结果来看,该算法隐写容量较小,秘密信息提取准确率也不高。

朱奎龙等人结合 MP3 编码特点,提出了可抵抗重压缩攻击的压缩域音频隐写算法。其主要思想是根据比例因子带能量的大小,通过修改 MDCT 系数的符号来实现秘密信息的嵌入。由于大部分音频编码标准都采用了子带变换和 MDCT 变换,因此可充分利用这些变换的低频系数鲁棒性强的特点,来抵抗量化造成的秘密信息的丢失,这是前置式隐写方案的基本思路。但低频系数的修改很容易造成音频感知质量的大幅下降,从而影响隐写算法的不可感知性。另一方面,对于已经是压缩格式的音频信号,采用这类方法进行隐写时,需要先进行 MP3 解码,嵌入操作完成后还需要再次编码,计算量较大,无法满足许多实时应用系统的要求。从目前的研究现状来看,还没有前置式隐写算法能保证百分之百的正确提取率,也即部分秘密信息在提取之前就已经因为压缩编码丢失。从这一点来讲,这类算法更适合用于音频作品的版权保护。

小波变换对高频提供高的时间分辨率和低的频率分辨率,对低频提供低的时间分辨率和高的频率分辨率,这种非线性时频特性更适合音频信号的特点和人类听觉系统的时-频分辨特性。因此小波变换尤其适用于对音频等非平稳信号进行分析和处理。离散小波变换将音频信号分解为近似分量(低频分量)和细节分量(高频分量),近似分量又进一步被分解为近似分量和细节分量,得到的数据称为 DWT 系数。具体分解层数视信号长度和具体应用而定。通过这些系数可准确地重建原始信号,即离散小波逆变换。可以使用各种嵌入方法对小波系数进行水印嵌入,例如细节小波系数的统计均值趋于零,通过修改其统计均值进行水印嵌入。Peng 等人结合人类听觉系统的时域掩蔽特性,分析了音频帧的过零率以及时域能量,确认用于嵌入水印的帧,并利用音频分抽样特征和多小波变换在信号处理中的优势,将每一个音频帧进行分抽样为两个子音频帧并分别将其变换到多小波域。利用两个子音频帧在多小波的能量来估计所嵌入的水印容量,并根据它们的能量大小关系完成水印的嵌入。水印的提取过程转换为一个使用支持向量机进行处理的二分类问题。

张金全等人分析得如果通过修改 DCT 域直流系数嵌入水印,与原来音频相比,分帧边界处可能出现 $2e/\sqrt{N}$(设在嵌入信息时对第 i 系数的修改量为 e,变换的系数个数为 N)的变化,因为相邻帧可能都是最大修改值且修改方向相反,而在交流系数嵌入水印时,这个值接近 $2e\sqrt{2}/\sqrt{N}$。由于 DCT 是正交变换,变换前后信号能量不变,故对任一个 DCT 域系数的修改增量为 e,其在频域和时域引入的噪声的能量都为 e^2,故修改值 e 的大小决定了嵌入算法的信噪比,故对于不同系数的修改,如果修改值相等,噪声的能量相等,但反映到时域上,音频采样点幅值的变化却是不同的。嵌入水印时,对于幅值的修改,分帧边界处可能产生音频波形不连续的情况,从而引起可听噪声,故嵌入水印需要注意分帧边界处音频幅值的平滑性。音频某个采样点幅值的改变量与 DCT 域系数的变化量是线性关系,这可以用来提高算法的嵌入效率。他们通过进一步的推导表明,如果进行 j 级小波分解,所有近似系数有相同的改变值 e,则采样序列所有采样点的值也都有同一个增量 $e/(\sqrt{2})^j$。如果修改某一个近似系数,进行 j 级小波分解,由 Haar 小波的分解和重构表达式,则与这个近似系数对应的 2^j 个采样点的值有相同增量 $e/(\sqrt{2})^j$。对于 Haar 小波,无论小波分解的级数为多少,DWT 域近似系数的改变量与音频的采样点幅值的变化量是线性关系。他们的进一步的实验表明,对于 $dbN(N\geqslant2)$ 小波,这个线性关系仍然是成立的。

马翼平等在分析 DCT 噪声信号模型的基础上推导出了噪声敏感度函数。假设在 DCT 系数 $F(i)$ 上添加的噪声信号为 $E(i)(0\leqslant i\leqslant N-1)$,则 DCT 的噪声模型如下式所示。

$$e_i^f = \sum_{n=0}^{N-1} \left\{ \sqrt{\frac{2}{N}} E(i) |t(i,n)| \right\} = \sqrt{\frac{2}{N}} E(i) |t(i,n)|$$

其中,

$$t(i,n) = \begin{cases} \cos\dfrac{\pi}{4}, & i=0 \\ \cos\dfrac{(2n+1)i\pi}{2N}, & i\neq0 \end{cases}$$

在 DCT 噪声模型的基础上定义了噪声敏感度函数:

$$\beta(i) = \frac{\sum_{n=0}^{N-1} t^2(i,n)}{N}$$

他们建立了音频水印的嵌入位置和嵌入水印后的音频信号听觉感知性之间的关系,根据音频水印的不可听性要求选择最优的嵌入位置,然后调节水印强度来满足鲁棒性的要求,从而最大限度地保持音频水印的不可听性和鲁棒性,为解决音频水印嵌入过程中不可听性和鲁棒性之间的矛盾提出了一种策略。他们提出的嵌入对策:使用两个系数复合作用控制水印的嵌入,即水印嵌入强度 α 和 β。二者的关系既矛盾又统一,前者决定水印的鲁棒性,而后者决定水印的不可听性,二者的相互结合才能产生出更加完美的结果。

项世军等人通过大量的实验、分析并得出了在 DA/AD 过程中影响音频水印的主要因素:波形失真和时间轴线性伸缩,并针对这些因素提出了一个基于 DWT 的抗 DA/AD 变换的盲音频水印算法。针对音频水印 DA/AD 变换过程中时间轴上的线性伸缩和因幅值变化与噪声影响产生的波形失真,他们在算法中分别采取了相应的对策:在检测过程中结合同步码重定位和线性伸缩恢复法消除时间轴上线性伸缩带来的影响;针对幅值改变,在 DWT 域采用了基于三段低频小波系数之间能量关系的嵌入对策；自适应调整嵌入强度来满足抗噪声攻击的要求。该算法具有很强的抗 DA/AD 攻击性能和抗其他各种通用的音频处理和攻击的能力。

（2）音频压缩编码过程中嵌入水印算法

这类方案的隐写操作与音频压缩编码过程融合在一起，在压缩的某一环节中完成秘密信息的嵌入。目前很多针对图像掩密载体的压缩域隐写算法，都是基于这种思路来进行研究的，如 Jsteg、F3、F4、F5 等压缩域隐写方法，均是在 JPEG 压缩编码的量化过程中实现隐写的。这类算法一般能获得较好的不可感知性和抵抗攻击的能力，而且能与压缩编码标准很好地兼容，不会影响原始载体的压缩比特率。MP3Stego 是剑桥大学计算机实验室安全组开发的最早针对 MP3 音频载体的隐写软件。它在 MP3 编码过程的内层循环中实现秘密信息的嵌入，通过调节量化误差的大小，将量化和编码后的块长度的奇偶性作为秘密信息嵌入依据。该算法能获得很好的不可感知性，但最大隐写速率只能达到 76 bit/s（单通道、44.1 kHz 采样率条件下）。

2005 年，Wang 等人通过对大量的样本进行测试后发现，原始音频信号经过 MDCT 变换之后的低频 MDCT 系数，其小数点后第 1 个非零数值的位置，在经过 MP3 编码器压缩后通常不会发生变化。基于这一特点，他们通过改变低频带 6 个 MDCT 系数的第 1 个非零位置来实现秘密信息的嵌入。同时对不同压缩比特率下，秘密信息的检测率做了比较详细的实验分析，在 128 kbit/s 及以上的压缩率下，检测率可达 99%，在较低的 64 kbit/s 压缩率下，检测率也能达到 95%。由于该算法修改的 MDCT 系数固定在前面 6 个系数上，而对于不同内容的音频信号，不同位置 MDCT 系数抵抗压缩的能力和对音频感知质量的影响均不相同，因此算法在一致性和稳定性等性能指标方面有待进一步提高。

Kim 等人提出了利用 MP3 比特流的 linbits 特性嵌入水印。在 MP3 编码过程中，对于量化后的 MDCT 系数采用哈夫曼编码。MP3 编码标准中所提供的码表只能对不小于 15 的量化值进行编码，大于 15 的部分要进行额外编码，而额外编码的最长码长称为 linbits。该算法直接修改 linbits 的最低有效位及次低有效位来嵌入水印信息，处理速度快，但是 linbits 的出现频率强烈依赖于音乐种类。

Quan 等人提出利用湿纸编码原理来嵌入水印的方法，该算法嵌入过程和 MP3 编码同步，并且根据湿纸编码原理，接收方不需要确定嵌入位置。在该算法中，选择信掩比小于信噪比并且码元分配在 5~10 之间的频线作为嵌入位置，前者保证了该方案的透明性，后者则保证了该方案的鲁棒性。然后根据湿纸编码原理，由密钥及要传送的信息来确定修改方案，最终将水印数据嵌入。根据湿纸编码的性质，接收方根据与发送方共享的密钥及宿主信号映射规则解码出水印信号。该算法最突出的特点是能有效抵抗变换编码和二次编码，但秘密信息的隐写会引起音频载体文件长度的改变。

清华大学的王鹏军等人通过修改 MPEG-4 AAC 标准中的量化因子以产生冗余空间，实现了秘密信息的嵌入。尽管仿真结果表明该算法能抵抗一定强度的 RS 和 SPA 隐写分析，但同样地，含密载体文件的长度会随着秘密信息的增加而变大。

（3）压缩后的音频码流中嵌入水印算法

该类方案是将秘密信息直接嵌入到压缩比特流或码字中，其显著优点是避免了前两种方案中需要解码和再编码的过程。因而计算复杂度较低，同时可保证在不受攻击情况下秘密信息提取的正确性。音频压缩比特流中主要包含用于解码的边信息、比例因子和哈夫曼码字,这些对象均可作为水印嵌入的位置。比例因子是解码时使样本完全利用量化范围的乘数,当其级别增加时,音频强度增大,反之变弱。

Qiao 等人提出了将两种水印直接嵌入到 MPEG 音频流的方法。第一种将水印嵌入到 MPEG 音频流的比例因子,第二种方法将水印嵌入到 MPEG 编码的样本数据中。比例因子是使样本完全利用量化范围的乘数,共 63 级(0~62)。当量化过程中码元不够分配时,会调整量比例因子。实验表明比例因子级别小幅度的改变,如增加 1 或减少 1,不会被人耳察觉,第一种方法就是基于此原理。水印嵌入过程十分简单,就是把比例因子与相应的水印比特相加。另一种方法的基本思想是把水印比特序列加到编码样本序列上。为了减小听觉失真,该方法引入一个尺度参数 sp,每隔 sp 个样本嵌入一次。实验结果表明,如果选择一个好的尺度参数可以使失真达到最小。

文仁轶等人分析了 MP3 码流中比例因子相关信息及其在解码过程中的作用,提出了一种 MP3 压缩域音频水印算法。该算法能对比例因子进行合理选择,从而有效控制水印嵌入对原始音频的影响,具有良好的听觉透明性,利用选择条件实现了自适应和隐同步。仿真实验表明,该算法不仅具有良好的听觉透明性和较强的鲁棒性,而且嵌入和提取的速度快,能满足实时需求。

Koukopoulas 和 Stamatiou 则将若干比例因子组合并分成不同的模式,根据不同的模式在比例因子中嵌入秘密信息,该算法能抵抗压缩攻击,但嵌入容量非常有限。Neubauer 和 Herre 在 AES(音频工程协会)第 108 次和第 109 次会议上提出了压缩域音频数字隐写的框架,并提出了针对 AAC 音频作品的隐写算法。但该算法在提取时需要大量的附加信息,因此其实用性值得商榷。

MP3 压缩比特流中近 90% 以上的内容为哈夫曼码字,因此哈夫曼码字是理想的隐写对象。但 MP3 压缩标准对比特流的格式有严格的限制,随意修改码字的内容或长度极有可能造成比特流结构的混乱,导致提取端无法正常解码,因此针对哈夫曼码字的隐写算法的设计具有很大的挑战性。北京科技大学肖蓉利用 AAC 中 MDCT 量化系数大于 15 的 Huffman 编码特性来嵌入水印,并在此基础上依据水印的频率分布和音频信号感知熵 PE 的大小对嵌入算法进行了分析和改进。实验表明该算法具有较高隐藏率和良好的不可感知性,并且水印的嵌入和提取过程十分方便快速。

5.4.3 音频隐写和水印的评价指标

音频信息隐藏的主要技术指标有嵌入容量(Data Rate)、透明性(Transparency)、鲁棒性(Robustness)和安全性等。这些技术指标是衡量音频信息隐藏算法优劣成败的重要依据。透明性是指嵌入秘密信息不容易引起非法第三方用户注意的特性,要求原始音频和载密音频在听觉效果上保持很好的一致性,另外要在频谱分析,信噪比等方面保持一致性。鲁棒性是指载密音频经过文件压缩、信号处理及环境噪声攻击之后保持秘密信息的能力,所以在隐写时首先要选择不变性较好的音频特性作为操作对象,另外可以引入纠错编码,增强隐写的鲁棒性。嵌入容量是在保证安全性的情况下,载体能够嵌入秘密信息的容量大小。安全性是指可以对秘密信息加密、置乱等,可以将传统的密码技术和信息隐藏相结合,提高隐写过程的保密性。

音频信息隐藏系统的性能评价:透明性、鲁棒性和隐藏容量,这三个方面是一个矛盾的统一体。透明性是指原始载体和载密载体之间的相似程度。其最常用的评价指标是峰值信噪比(Peak Signal-Noise Ratio,PSNR),用于评价数字载体的失真度。鲁棒性、嵌入容量和透明度是信息隐藏中的三个主要参数,三者相互制约,相互矛盾。鲁棒性与嵌入强度直接有关,而嵌入强度越大,透明度就越差,如果既要保持好的鲁棒性,又要保持好的透明度,就要以牺牲秘密信息容量为代价。一个好的信息隐藏方法就是尽可能少地修改载体信号样本,实现足够大的嵌入信息量和高度的鲁棒性。所以,信息隐藏过程首先考虑的是透明性和嵌入容量。信息隐藏系统能抵抗正常通信信道的干扰,保证秘密信息的高正确率传输。但隐蔽信息必须具有较高的透明性,载体信号也要尽可能地不重复,并在此基础上追求最大的嵌入容量。

5.5 音 频 过 滤

互联网的普及,给人们的交流带来了极大的方便,人们甚至借助手机网络可以随时随地上网。然而由于它的新生和不规范,无限多样的信息被不加控制地传播,一些不安全和不健康的因素也隐藏其中。如:台独分子散发包含中华民国国旗图案的图片,非法组织(如法轮功分子)利用网络散发带有其宣传资料的语音信息,别有用心的人发送黄色图片等。这些不仅混淆了广大人民的视听,严重威胁国家政治环境的稳定,而且也对广大青少年的健康成长也造成了极为不利的影响。这些已经引起国内信息安全部门的广泛重视。因此,对互联网传播的内容进行监控和过滤无论对于青少年的健康成长,还是对于长期维护国家安定团结的政治局面都有深远的意义。

目前的网络监控和过滤系统都是基于文本检索而设计的,也存在针对特定图片的监控过滤系统,比如监控黄色图片和黄色网站等。针对互联网信息中音频信息的监控过滤系统在各个领域几乎还是一片空白,而基于文本的信息检索技术(关键词),经过多年的发展已成为比较成熟的技术,正是基于这一点,将传统的文本检索技术应用于音频信息的识别和检索当中,可以满足一定的应用需求。但是这种基于人工输入的属性和描述来进行音频检索的方法有很大的缺点,例如,当数据量越来越多时,人工注释的工作量加大,而且要求语音信息是已知的,否则难以加注,并且人工注释存在不完整性和主观性。为了解决以上问题,基于内容的音频识别和检索应运而生。

对网络传播信息的中音频信息进行过滤,主要是将需要过滤的特定字词做成数据库,然后对每一段需要发送的音频数据进行分析,根据一定的规则,分离出铃声音乐、语音、环境音等三类,进而利用语音识别技术对语音信息进行分析,看其是否含有特定语音库中的字词,如果包含特定词汇,则将其过滤不予发送,阻断它在网络中的传播。因此,在对网络传播中特定音频信息进行过滤的研究中,主要是对语音识别技术的研究。

通常一个音频过滤系统主要包括三个部分,即音频的前端处理、连续语音分割和声学模型的建立。

5.5.1 音频前端处理

这一部分的主要功能是实现对音频数据的分类,以确定音频数据是一段音乐还是一句语音或者是环境音、独奏乐、戏曲等。音频的分类标准也不尽相同,大概有以下三种:第一种是基于音频数据的某一类或多类特征参数,设定该特征参数的一个阈值,根据事先约定的规则,用实际计算的特征值与阈值比较,来指导完成音频类别,这种方法也比较典型;第二种是利用模板匹配的思想,为每一个音频类型建立一个模板,然后计算实际音频帧的特征向量,用特征向量匹配模板向量(通常是计算它们在向量空间中的距离)来完成音频类型;第三种是基于统计学习算法对音频类型识别,如神经网络等。

检测到语音的起止点后,就可以开始对检测出来的语音信号段进行分析处理,从中抽取语音识别所需的信号特征,即对语音信号进行分析处理,去除对语音识别无关紧要的冗余信息,获得影响语音识别的重要信息。语音特征参数是分帧提取的,每帧特征参数一般构成一个矢量,因此语音特征是一个矢量序列。语音信号中提取出来的特征经过数据压缩后便成为语音的模板。显然,特征的选择对识别效果至关重要,选择的标准应尽量满足:能有效地代表语音特征,包括声道特征和听觉特征,具有很好的区分性;各阶参数之间有良好的独立性;特征参数要计算方便,最好有高效的计算方法,以保证语音识别的实时实现。

孤立单词语音识别系统的特征提取一般需要解决两个问题:一个是从语音信号中提取(或测量)有代表性的合适的特征参数(即选取有用的信号表示);另一个是进行适当的数据压缩。而对于非特定人的语音识别来讲,则希望特征参数尽可能多地反映语义信息,尽量减少说话人的个人信息(对特定人语音识别来讲,则相反)。从信息论角度讲,这也是信息压缩的过程。线性预测(LP)分析技术是目前应用广泛的特征参数提取技术,许多成功的应用系统都采用基于 LP 技术提取的倒谱参数。但线性预测模型是纯数学模型,没有考虑人类听觉系统对语音的处理特点。Mel 参数和基于感知线性预测(PLP)分析提取的感知线性预测倒谱,在一定程度上模拟了人耳对语音的处理特点,应用了人耳听觉感知方面的一些研究成果。实验证明,采用这种技术,语音识别系统的性能有一定提高。也有研究者尝试把小波分析技术应用于特征提取,但目前性能难以与上述技术相比,有待进一步研究。

5.5.2　连续语音分割

经过对音频的前端处理,可以将铃声音乐和语音分离。下面的工作就要对语音进行分析、识别,检测一句话中是否含有特定的字词。任何语言中,短语(或词组)和句子的数量是非常大的,因此,一般情况下以短语或句子为单位进行模式识别是不恰当的。这就需要把连续语音分割成比短语更小的单位,如单词甚至音素。

目前的主流语音识别系统,都是以比较小的语音片断作为识别单元。实际操作中不可能以一句话作为识别的对象,来判定它的敏感性。因为:第一,这种基于语义的语音识别难于实现,让计算机理解一句话的语义目前还无法做到;第二,可能是同样的意思,但不同的人的表达不同,这样用一句话作为识别的对象就不具有通用性;第三,目前比较成熟的语音识别都采用 HMM 模型,对样本库进行采集训练,如果以一句话作为训练的对象,不但计算量不能承受,存储上也是惊人的。因此本书采取了基于关键词的过滤方法。比如有如下两个例子,"法轮功分子于明晚进行集会"和"法轮功组织明晚聚众起事";"非典将要再次爆发""非典又将流行"。它们共同特点是都分别含有"法轮功"和"非典"等特定的敏感字词,所以只需要检测这种关键的字词即可,这就使特定音频过滤算法的实现成为可能。

因此,把一句话分割成一个个单独的字就成为系统的关键部分,分割效果的好坏也直接影响了识别和过滤的结果。汉语作为人类唯一的会意文字,有着与其他语言截然不同的特色:以字为最小的语音单位,每一个汉字的发音对应着一个音节。因为汉语语音的单词是单音节词,这就使语音分割成为可能,例如可以根据能量的变化来分割。

5.5.3 音频识别模型的建立

特定音频过滤算法的主要部分是基于语音识别原理实现的。语音识别技术经过半个多世纪的发展,取得了长足进步。语音识别系统按照不同的角度、不同的应用范围、不同的性能要求会有不同的系统设计和实现,也会有不同的分类。从讲话人的范围来分有特定人和非特定人识别系统;从识别的对象来分有孤立词识别、连续语音识别、会话识别等;从识别词汇量来分有大词汇、中词汇、小词汇量识别。尽管语音识别的种类很多,它们的具体实现细节有所不同,但是所采用的识别的大体过程是相似的。识别的过程大体分为三步:首先,确定识别单元;其次,对识别所需的特征参数的提取;最后,模式匹配和模型训练部分。语音识别系统基本模型如图 5.11 所示。

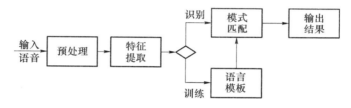

图 5.11 语音识别系统基本模型

根据特定音频过滤算法的功能要求,任务所需要的语音识别种类属于连续、小词汇量识别。通过前面的工作,基本确定了以孤立的字为识别单元,特征参数选择梅尔倒谱系数,因此下面的工作主要是模型的建立和训练。

(1) VQ 模型

矢量量化(Vector Quantization,VQ)是一种极其重要的信号压缩方法,广泛应用于图像信号压缩、语音信号压缩等领域。其核心思想是:如果一个码书是为某一特定的信息源而优化设计,那么由这一信息源产生的信号与该码书的平均量化失真就小于其他信息的信号与该码书的平均失真。这就意味着编码器本身就存在区分能力,因而可以用于语音的识别。每帧语音经过特征提取后,得到一个 n 维特征矢量,该矢量可以看作 n 维特征空间的一个点。这样,一个发音转化为特征序列后,在特征空间中形成相对应的一组点。这些点构成的集合在语音特征空间中称为“类”。VQ 的主要作用是聚类,即通过训练合理的拟定空间中的一组点,作为各个类的中心,这一组称为该字音的码本,其中每个点称为码字。对于整个识别系统,每个字音各自具有其单独的码本。识别时,将待识别语音特征序列的每个特征与某字音码本的各码字进行比较,记录下其最小距离,则整个序列的各帧最小距离之和作为判别距离。最小距离所对应的字音,即为识别判别的结果。

(2) DTW 模型

动态时间规整技术(Dynamic Time Warping,DTW)是运用较早的一种模式匹配和模型训练技术,它是把时间规整和距离测度计算结合起来的一种非线性规整技术。同一个人对同一字音的两次发音,在总体速度以及字音内部相对瞬间速度上必然存在一定的差异。在对两个发音的特征序列进行距离计算时,两个序列总长度通常不一致,无法直接对对应的帧进行距离计算。虽然将较短的帧进行线性扩张或将较长的帧进行线性压缩后可以解决长度不等的问题,但由于两次发音的内部相对瞬间速度会有非线性的变化,仅以这两个发音的特征对帧进行匹配,通常难以达到理想的效果。日本学者 Itfkaura 将动态规划的概念用于解决这一问题,提出了著名的动态时间规整算法,获得极大的成功。DTW 算法实质上是在一个限定范围内对起止点相同的多条匹配路径进行搜索,按照沿路径匹配累积距离最小准则,寻找其中的最优路径作为匹配路径,沿该路径匹配累积距离作为两个特征序列间的距离。DTW 技术需要的训练数据较少,因此它的系统开销小,便于实现,而且识别速度快,尤其适合小词汇量的语音识别。

(3)HMM 模型

隐马尔科夫模型(Hidden Markov Models,HMM)是由相互关联的两个随机过程共同描述信号的统计特性,其中一个是隐蔽的(不可观测)具有有限状态的马尔科夫链,另一个是与马尔科夫链相关联的观察矢量的随机过程(可观测)。隐马尔科夫链的特征要靠可观测的信号特征揭示。HMM 作为语音信号的一种统计模型,今天正在语音处理各个领域中获得了广泛的应用。将 HMM 应用于语音识别基于如下假设:虽然语音声学信号本身受各种因素的影响而表现出很强的不确定性,但声学信号中隐含的语义信息是确定的,并且所能观察到的语音信号的变化是由隐含语义信号的变化决定的。HMM 用隐含的状态对应于声学层各相对稳定的发音单位,在生成一个单词时,系统不断地由一个状态转移到另一个状态,每一个状态都产生一个输出,直至整个单词输出完毕。HMM 使用马尔可夫链来模拟信号统计特性的变化,而这种变化又是间接地通过观察序列来描述的,因此它是一个双重随机过程。隐马尔科夫模型很好地解决了分类以及训练上的困难,维特比搜索语音识别算法解决了时间轴归一化的问题,因此 HMM 算法现在已经成为语音识别的主流技术。

(4)ANN 模型

人工神经网络(Artificial Neural Networr,ANN)是一种模仿动物神经网络行为特征,进行分布式并行处理信息的数学模型,这种网络依靠系统的复杂程度通过调整内部大量节点之间相互连接的关系,从而达到处理信息的目的。人工神经网络具有自学习和自适应的能力,可以通过预先提供的一批相互对应的输入-输出数据,分析掌握两者之间潜在的规律,最终根据这些规律,用新的输入数据来推算输出结果,这种学习的过程被称为"训练"。人工神经网络在自动控制、模式识别、图像处理、组合优化问题及医疗等领域都有着广泛的运用。

ANN 由三个基本单元构成:神经元-处理单元,或叫节点,是神经网络的基本计算单元,其作用是对输入加权求和后进行非线性处理并输出。网络结构-网络拓扑结构,是网络的连接方式,主要有单层连接方式、多层连接方式和循环连接方式。训练算法,由学习方式和学习算法组成。学习方式是指向环境学习、获得知识后改善自身性能的特点,其方式主要有有导师学习、无导师学习和强化学习方式,针对不同的学习方式有三种学习算法:误差纠正学习、Hebb 学习和竞争学习算法。

ANN 是语音识别技术中的研究热点。人工神经网络本质上是一个自适应非线性动态系统,它模拟了人类神经元活动的原理,具有自适应性、并行性、鲁棒性、容错性和学习特性,因此被语音识别研究者所普遍重视。尽管基于人工神经网络的语音识别系统具有很大的发展潜力,但普遍存在训练、识别时间太长的缺点,因此还处在试验探索阶段。

习　　题

1. 常见的音频文件格式有哪些?
2. 音频时域分析的特点有哪些?
3. 音频频域分析的主要作用体现在哪里?
4. 针对音频的主要攻击方式有哪些?
5. 简述音频的主要安全需求。
6. 分析模拟音频加密和数字音频加密的优缺点。
7. 试述音频隐藏算法中回声隐藏算法的原理。
8. 试述音频水印算法中变换域算法的特点。
9. 试述音频过滤算法的试用场合。

第6章

视频安全

6.1 基本概念

6.1.1 人类视觉系统

人类视觉系统（HVS）是人类获取外界图像、视频信息的工具。光辐射刺激人眼时，将会引起复杂的生理和心理变化，这种感觉就是视觉。视觉是人类最重要，同时也是最完美的感知手段，一方面人类视觉机理非常复杂，另一方面研究人的视觉特性对于视频图像处理具有重要的指导意义。人眼的视觉特性主要包括如下几方面。

（1）亮度适应性

当人眼由光线很强的环境进入光线很暗的环境时，开始会感觉一片漆黑，什么也看不见，但是经过一段时间的适应后就能看清物体，这称为暗适应，暗适应过程大约需要 30～45 分钟。人眼由暗环境进入亮环境时，视觉可以很快恢复，这称为亮适应性，该过程大约需要 2～3 分钟。

（2）人眼察觉亮度变化的能力

人眼亮度感觉差别取决于相对亮度的变化，但人眼察觉亮度变化的能力是有限的。人眼可分辨的最小亮度差别 ΔL_{min} 称为可见度阈值。显然，低于可见度阈值的干扰是察觉不出来的。

在一个均匀背景亮度 L_0 下，$\Delta L_{min}/L_0$ 为一个常数。但大多数景物和图像的背景亮度是复杂而不均匀的，背景的亮度随时间和空间的变化而变化，此时可见度阈值将会增大，这种现象称为视觉掩盖效应。

可见度阈值和视觉掩盖效应对视频图像编码量化器的设计、视频信息隐藏的容量和强度有重要的作用。利用这一视觉特性，在图像的边缘区域可以容忍较大的量化误差，因而可减少量化级数以降低数码率。

（3）视觉惰性

人眼的亮度感觉有一个短暂的过渡过程，当一定强度的光突然作用于视网膜时，不能在瞬间形成稳定的主观感觉，而需要一定的时间，主观亮度感觉由小到大，达到最大值后又降低到正常值。当重复的频率较低时，短暂的光刺激比长时间的光刺激更显目。当光消失后，亮度感觉也不是立即消失，而是按指数函数的规律逐渐减少，这种现象称为视觉惰性。电视和电影充分利用了人眼的这一特性，采用多帧连续图像序列在一定时间内的连续播放，则给人以较好的连续运动景物的感觉。视频隐藏也通常利用视觉惰性这一特性进行信息的隐藏。

6.1.2 视频表示

图像按其灰度等级不同,可分为二值图像和多灰度级黑白图像;按图像的色调划分,可以分为黑白图像和彩色图像;按图像所占空间的维数划分,可分为二维图像、三维图像和多维图像;按图像内容的变化性质划分,可分为静止图像和活动图像,活动图像也称为序列图像或视频。

视频是由许多幅按时间序列构成的连续图像,每一幅图像称为一帧,帧图像是视频信号的基础。由于每一帧图像的内容可能不同,因此,整个图像序列看起来就是活动图像。例如,电视就是一种最常见的视频信号,视频内容可以是活动的,也可以是静止的;可以是彩色的,也可以是黑白的。

(1) 活动图像

三维立体活动图像所包含的信息首先表现为光的强度 I,它随三维坐标(x,y,z)、光的波长 λ 和时间 t 而变化,可表示为

$$I = f(x,y,z,\lambda,t)$$

三维视频或动画是时域离散的帧图像序列连续播放人眼的主观感觉,可表示为

$$I = V[f(x,y,z,\lambda,t)]$$

其中,$V[\cdot]$ 为人眼的视觉效应。

人们最常见的视频是电影、电视。他们都是二维平面活动的图像,可表示为光的强度 I 随平面坐标(x,y)、光的波长 λ 和时间 t 而变化,表示为

$$I = f(x,y,\lambda,t)$$

二维黑白活动图像是指图像在视觉效果上只有黑白深浅之分,而无色彩变化,可表示为

$$I = f(x,y,t)$$

根据三基色原理,二维彩色活动图像可表示为

$$I = \{f_R(x,y,\lambda,t), f_G(x,y,\lambda,t), f_B(x,y,\lambda,t)\}$$

(2) 静止图像

静止图像是指图像内容不随时间而变化,可分为黑白静止图像和彩色静止图像。二维黑白静止图像可表示为

$$I = f(x,y)$$

二维彩色静止图像可表示为

$$I = f(x,y,\lambda)$$

6.1.3 视频信息和信号的特点

(1) 直观性

人眼视觉所获得的视频信息具有直观的特点,与语音信息相比,由于视频信息给人的印象更生动、更深刻、更具体、更直接,所以视频信息交流的效果也就更好。这是视频通信的魅力所在,例如电视、电影。

(2) 高效性

由于人眼视觉是一个高度复杂的并行信息处理系统,它能并行快速地观察一幅幅图像

的细节,因此,它获取视频信息的效率要比语音信息高得多。

(3)广泛性

人类接收的信息,约80%来自视觉,即人们每天获得的信息大部分是视觉信息。通常将人眼感觉到的客观世界称为景物。

(4)高带宽性

视频信息的信息量大,视频信号的带宽高,使得对它的产生、处理、传输、存储和显示都提出了更高的要求。例如,一路PCM数字电话所需要的带宽为64 kbit/s,一路压缩后的VCD质量的数字电视要求1.5 Mbit/s,而一路高清晰度电视未压缩的信息传输速率约为1 Gbit/s,压缩后也要20 Mbit/s。显然,这是为了获得视频信息的直观性、确定性和高效性所需要付出的代价。

6.1.4 模拟视频

(1)模拟视频信号

普通广播电视信号是一种典型的模拟视频信号。电话摄像机通过电子扫描将时间、空间函数所描述的景物进行光电转换后,得到单一的时间函数的电信号,其电平的高低对应于景物亮度的大小,即用一个电信号来表征景物,这种电视信号称为模拟电视信号,其特点是信号在时间和幅度上都是连续变化的。对模拟电视信号进行的视频处理(如校正、调制、滤波、录制、编辑、合成等)称为模拟视频技术。在电视接收机中,通过显示器进行光电转换,产生为人眼所接受的"模拟"信号光图像。

(2)视频光栅扫描

模拟电视系统通常采用光栅扫描方式,所谓光栅扫描是指在一定时间间隔内电子束以从左到右、从上到下的方式扫描采集荧光屏表面。若时间间隔为一帧图像的时间,则获得或显示的是一帧图像;若时间间隔为一场图像的时间,则获得或显示的是一场图像。在电视系统中,两场图像为一帧,扫描方式通常有逐行扫描和隔行扫描。

6.1.5 数字视频

模拟视频信号经过数字化处理后,就变成一帧帧数字图像组成的图像序列,即数字视频信号。每帧图像由 N 行、每行 M 个像素组成,即每帧图像共有 $M \times N$ 个像素。利用人眼视觉特性,每秒连续播放30帧(帧频 f_b)以上,就能给人以较好的连续运动景物的感觉。每个像素用 N_b bit表示,数字视频信号的信息传输速率为 $M \times N \times f_b \times N_b$。

6.2 视 频 加 密

随着多媒体技术和计算机网络的发展,图形、图像、音频和视频等多媒体信息得到了日趋广泛的应用,如:视频点播、视频会议、监控系统等,而这对视频数据的产权保护和安全传输提出了相应的要求,视频信息的网络安全已成为当前亟待解决的问题。早期的安全方法主要依赖于对访问者的身份认证,而视频本身并未经过加密,因此存储和传输过程中易出现被窃取、解码、播放的问题。针对这种情况,特别是对关系军事、政治、经济等敏感视频信息的保护,有必要对视频数据加密方法进行研究。

6.2.1　视频加密算法的性能要求

由于视频数据通常具有数据量大、冗余度高、传输比特率高和实时性强等特点,为了满足视频的应用,视频加密算法在安全性、计算复杂度、压缩率等方面都有一定的要求。另外,还要求压缩编码后的视频数据具有位置索引功能、格式兼容性、压缩率可控等特点,于是决定了视频加密算法的性能要满足以下几点。

（1）安全与不可见

安全与不可见是视频加密算法最基本的要求之一,它是通过加密视频信息后,打乱原视频的数据内容来确保原始视频数据的安全与视觉不可见,这样就能很好地保护视频数据信息了。对视频加密算法而言,如果破译密码所付出的代价,远远大于直接购买视频数据所需的代价,那我们认为这个密码系统是安全的。

（2）压缩率不变

加密后的视频数据能够保持加解密前后的数据量不变,这称为具有压缩率不变的算法。使用具有压缩率不变的算法加密数据后,在存储时不会增加占用的空间,能在传输过程中保持传输比特率不变,良好的视频加密算法应该具有压缩率的不变性,这要求加密后的数据量与原视频数据相比要尽可能不增加。

（3）高效实时

对于视频数据的实时编解码与实时传输的要求,使得加解密算法不能给编解码和传输存取等带来过大的时间延迟。这要求加解密算法的计算复杂度要低,保证较快的加解密速度来满足视频数据应用的实时性需求。

（4）格式兼容

如果视频数据在加解密前后的格式信息保持不变就称为格式兼容。只有不改变加密后视频的格式,视频数据的准确定位才能实现,并能使视频格式的同步信息能保证在传输出现错误时恢复同步。

（5）数据可操作

视频数据被加密以后,有时要求对加密后的数据进行某些操作,比如图像帧的定位、视频数据的增减、视频数据的解码播放、数据编码的码率控制等。如果视频数据被加密后,仍然支持拷贝编辑等操作,那么我们称这种算法具有数据可操作性。

6.2.2　视频加密算法的分类

根据加密算法与视频压缩编码过程关系的不同,可将现有算法分为直接加密算法和选择性加密算法。

（1）直接加密算法

第一种直接加密算法是在视频压缩编码之前对视频原始数据进行加密。该类算法没有利用视频的特性,也不考虑视频的编码类型,仅仅将视频数据看作普通的二进制数据进行加密。如图 6.1 所示,图中,M 表示原始的视频流,K 表示密钥,E 表示编码加密后的视频数据。这类算法的加密过程与压缩过

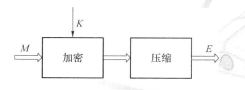

图 6.1　第一种直接加密模型

程互相独立,通常采用传统的密码算法如 DES 和 RSA 等来加密视频的原始数据。

视频编码器的目的是尽可能降低输入明文视频数据的相关性。加密算法使用加密操作隐藏了输入明文数据的固有相关性。如果在编码之前进行加密操作,则会大大降低编码的效果。因此,较少采用直接对原始视频数据进行加密的方案。对视频的原始数据直接加密最常用的算法是 2002 年 Pazarci 等人提出的算法,该算法在视频压缩编码前使用四种线性变换在彩色空间 RGB 上对视频进行加密。算法能确保编码器的编码效率,但正如 2007 年 Li 等人指出的那样,Pazarci 等人提出的方案由于密钥空间太小而无法抵抗暴力破解。此外,该算法由于加密的密钥可能通过四种线性变换而被攻击获取而无法抵抗已知或选择明文攻击。

为了不使加密视频原始数据而降低压缩编码器的编码效率,Socek 等人提出了一种保持相关性的视频加密方案,该方案设计了一种具有相关性保持的分类排序方法。方案过程如图 6.2 所示,视频的第一帧进行压缩编码,编码后将其传送给安全通道 S(图中的 Channel S)。然后将第一帧进行分类排序并应用于第二帧,第二帧分类排序的像素值再被视频编码器编码压缩并传递给不安全的信道 R(图中的 Channel R),再将第二帧进行分类排序并应用于第三帧,依此类推。

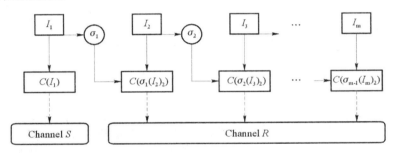

图 6.2　相关性保持的视频加密方案

该方案也无法满足已知明文攻击,攻击者可以基于帧的链条结构遵循已知的帧覆盖所有的帧。虽然采用该方案解密的运算代价很低,但加密性却很高。这是因为在加密过程中进行分类排序需要消耗大量的计算,但解密只需要根据查找表进行分类的逆向操作。

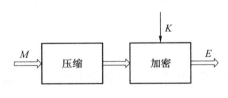

图 6.3　第二种直接加密模型

第二种直接加密算法是在视频压缩编码之后对视频压缩码流进行加密,如图 6.3 所示。图中,M 表示原始的视频流,K 表示密钥,E 表示编码加密后的视频数据。该类算法通常充分考虑压缩码流的特性,如 P/B 帧与 I 帧的关系、压缩视频码流字节值的特殊分布等。此外,该类算法通常使用轻型计算代价的加密算法加密整个视频压缩码流,因此,可以有效减少加密的运算代价。

该类典型的算法是 Qiao 等人在 1998 年提出的视频加密算法(Video Encryption Algorithm,VEA)。算法基于 MPEG 视频码流的字节值具有几乎同一的分布统计分析模型。VEA 的基本思想很简单,即码流字节的一半用传统加密算法加密,然后作为密钥与另一半码流进行异或操作。VEA 将帧分成多个容器,每个容器是 $2n$ 字节的序列,标记成 $a_1 a_2 \cdots a_{2n}$。VEA 对每个容器进行如下三步的操作:

Step1 创建两个列表,一个是下标为奇数的字节 $a_1 a_3 \cdots a_{2n-1}$,另一个是下标为偶数的字节 $a_2 a_4 \cdots a_{2n}$。

Step2 对这两个列表进行异或操作并得到 n 字节的序列 $c_1 c_2 \cdots c_n$。

Step3 使用密钥为 KeyE 的传统加密算法对下标是偶数的列表进行加密,产生密文 $c_1 c_2 \cdots c_n$。

该算法虽然计算代价比较低,但由于异或操作的特征,算法无法抵抗明文攻击。攻击者如果可以获取奇数或偶数列表,即获取整个帧。

另一种典型的算法是由 Liu 等人提出的置乱算法,该算法主要分为置乱和模糊两个步骤:

Step1 置乱操作。首先,被压缩的视频帧码流被分成长度为 b 的 n 个块,再根据伪随机序列 P 将这些块进行置乱操作。图 6.4 给出了置乱操作过程的一个例子,假设一帧被分成 256 块 $B_1 B_2 \cdots B_{256}$,并且被伪随机序列 $P = [256, 213, 216, \cdots, 130]$ 重新改变块的位置。该操作的输入作为密文的中间值 T。

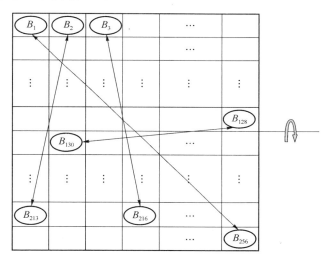

图 6.4 置乱操作

Step2 模糊操作。模糊操作的基本思想是使用低运算代价的加密算法对密文中间值 $T = (t_1 t_2 \cdots t_L)$ 进行模糊操作。可以使用诸如 AES 的传统加密算法加密密文 T 的一小部分,比如前 ℓ 个字节。再将这些加密的字节与密文余下的字节进行异或操作。模糊操作的过程如图 6.5 所示。

该算法计算代价低,但同样也无法抵抗已知明文攻击。

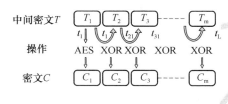

图 6.5 模糊操作

Tosun 和 Feng 将 VEA 方法作了进一步扩展,并将此用于无线多媒体传输网络中,该方法将原始数据的奇数部分(Odd)再分半,这样加密复杂度降为 VEA 算法的四分之一,所以很适合计算复杂度低、实时性要求高的无线网络。

Romeo 等人提出一种称为 RPK 的视频加密方法,并指出了该算法既具有流密码的快速性特点,同时又具有块密码的高安全性特点,并将该算法与 DES 和 RSA 等公钥算法和私钥算法作了比较,突出了其实时性的特点。

Wee 和 Apostolopoulos 提出了适用于流格式视频数据的分层加密方法,即使用传统的流密码加密视频数据的不同数据层,并建议采用密文反馈方式加密,以增强密码系统安全强度。这种方法利用了流密码的快速性特点,并且将流密码与流格式的视频相结合,使得加密后的数据可以直接进行编码率控制。

采用传统的高安全性的算法直接对视频数据进行加密,虽然计算复杂性高,通过部分加密的改进,也可以实现实时性。多数传统的加密算法都能保持加解密数据的尺寸不变,所以用于视频加密时,能够保持码流长度不变。但其将视频流看作普通数据流加密的过程改变了加密后的数据格式,使其不具有相容性,因此,不能够使用通用播放器播放。数据格式的改变同时增加了视频数据操作的难度,如使得画面裁减、定位等操作都变得困难。对于该算法,无论采用分组密码还是流密码对视频数据进行加密,其明文和密文长度是一致的,因此对压缩比不会产生影响。

(2) 选择性加密算法

所谓选择性加密,就是在图像和视频编码过程中,利用视频数据的特性,针对压缩后的码流,选择一部分关键数据进行加密。此类算法保持了加密后数据流的相容性。多媒体数据最大的特点就是数据量大,而视频数据通常比图像和音频具有更多的数据量,通过选择加密一部分重要数据,可以降低加密的数据量,提高加密效率。自 20 世纪以来,人们对视频信息的选择性加密方法进行了广泛的研究,选择加密不同的敏感数据,可以满足不同的需求。

视频数据信息量大,具有特殊的编码结构,且其实时性要求强,这些特点对现有的加密系统提出了新的要求,即被加密的视频在保证其安全性的同时,须保持码流结构不变,减小对于编码效率的影响,保证应用的实时性以及对网络传输错误的健壮性等。

选择性加密算法通常要考虑视频的编码过程,选择编码过程中对人眼视觉特性较敏感的部分数据进行加密。如图 6.6 所示,大部分与编码过程相结合的加密算法选择的加密位置包括 DCT 系数(位置 1)、量化后的 DCT 系数(位置 2)和熵编码后的码流数据(位置 3)。

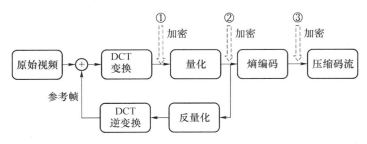

图 6.6 通用视频编码器加密的可能位置

① 针对 DCT 系数的加密

1996 年,Tang 等人提出了对 MPEG 编码过程中的 DCT 系数加密的算法。该算法根据安全需求等级的不同,采用不同的方式对 DCT 系数进行加密,包括以下几种方法:保持直流系数位置不同,置乱其他系数的位置;置乱所有 DCT 系数的位置;改变直流系数,再置乱其他的系数;将许多块的直流系数一起加密,然后改变直流系数,并置乱所有其他的系数。采用只加密直流系数的方式,并不能保证密文的不可理解性,因为能量的集中性并不等于信息可理解性的集中性。此外,将 64 个 DCT 系数完全置乱,也违背了 DCT 系数位置"之"字形扫描的能量大小排列顺序,会降低熵编码的效率。

Tosum 等人对 Tang 等人提出的算法进行了改进。该算法将 64 个 DCT 系数按照频带划分为 3 段,可以根据安全性和压缩比要求的不同,对不同的频带进行置乱加密。该算法每一段频带对应一种安全层或安全级别,即分别对应基础层、中间层和增强层。其分层的方法为 (4,19),即第一层为 1~4 点,第二层为 5~18 点,第三层为 19~64 点。可见,在每一层内置乱,相对于 64 点完全置乱,能够获得较高的压缩比。但是,这同时使得密钥空间减小了,安全性也就降低了。

也有学者提出对 DCT 的符号进行加密。Shi 等人于 1998 年提出将 DCT 系数的符号进行二进制编码,即正数用"0"表示,负数用"1"表示,这种对 DCT 系数符号进行加密的算法称为 SE 算法,这是将符号拼成比特流或数据段,然后使用随机产生的密钥流与其作按位的异或运算,将加密后的符号相应地赋回原数据中。

Zeng 等人于 2003 年提出如果对所有的 DCT 系数块进行置乱填充,则可以达到很高的安全级别,而且加密整个视频流的运算复杂度是传统算法的 16%~20%,但算法的缺点是加密后压缩视频的码流增加了近 20%。

② 针对量化后的 DCT 系数的加密

经典的对量化后的 DCT 系数进行加密的算法有两种:Tang 等人于 1996 年提出的"之"字形排序算法和 1999 年 Shi 等人提出的实时视频加密算法(RVEA)。

"之"字形排序算法的基本思想是对每个 8×8 的 DCT 系数块采用一个随机排序列表对 64 个量化后的 DCT 系数进行扫描。该算法分三步完成:

Step1 产生一个 64 位的随机序列。

Step2 8 个块的直流系数被关联在一起,并用 DES 进行加密。8 比特被加密的直流系数 $(d_7 d_6 d_5 d_4 d_3 d_2 d_1 d_0)$ 分成两部分:$d_7 d_6 d_5 d_4$ 和 $d_3 d_2 d_1 d_0$。第一部分由原始的直流系数取代,第二部分由最后的交流系数 AC_{63} 替换。这个过程称为分离的过程。目的是避免加密后的直流系数被破译者找到,因为在一个块中,直流系数的幅值总是最大的。

Step3 随机序列应用于这些被分离的块。

这个算法的主要优点是具有较高的加密效率。算法的运算负载只相当于完全加密算法的 1.56%。然而,算法的安全性却受到质疑。因为该算法无法抵抗已知明文攻击和唯密文攻击。另一个缺点是算法降低了视频压缩的效率。

实时视频加密算法(Real-time Video Encryption Algorithm,RVEA)的基本思想是量化后 DCT 系数的一部分被选择加密以减轻运算负担。REVA 是视频加密算法(VEA)和修改的视频加密算法(MVEA)的扩展版本。VEA 是加密所有 I 帧 DCT 系数的符号。MVEA 是加密 P 帧和 B 帧运动矢量的符号。VEA 和 MVEA 都无法抵抗已知明文攻击。因为当攻击者获得了原始和加密的视频,则可以轻易地获得密钥。为了克服 VEA 和 MVEA 在安全性上的弱点,他们提出了 RVEA 算法,该算法采用传统的加密算法 DES 取代异或操作。与 VEA 和 MVEA 不同的是,RVEA 只是选择每个宏块至多 64 个符号位进行加密以减少加密负担。

由于 RVEA 只是选择整个视频码流的 10% 进行加密,因此,与完全加密算法相比,该算法可以节省 90% 的加密时间。然而,虽然该算法可以抵抗已知明文攻击,但正如 Wu 等人在

2005 年指出的那样,RVEA 无法抵抗基于视觉的攻击方式。为此,2007 年,Li 等人提出了基于 VEA 而不是 RVEA 的基于视觉的视频加密算法(Perceptual Video Encryption Algorithm, PVEA)。PVEA 在三种控制因子的作用下选择 MPEG 视频码流的定长码字进行加密,其可以提供三种级别的视觉效果,即低码率的粗糙视频、高码率的细节和清晰的移动。

③ 针对熵编码码流的加密

经典的针对熵编码的加密算法包括由 2005 年 Wu 等人提出的多哈夫曼表(Multiple Huffman Table,MHT)方案以及 2007 年 Xie 等人提出的随机化熵编码和部分比特码流的置乱操作(Randomized Entropy Coding and Rotation in Partitioned Bit Stream,REC/RPB)方案。

MHT 方案的基本思想是通过在视频编码器中使用多统计模型取代单统计模型将熵编码码流转换成加密密文,该算法将特殊哈夫曼表的选择及其在熵编码中的使用顺序作为加密算法的密钥进行保存。与直接加密输入的数据不同,MHT 利用预保存的多个哈夫曼码表对量化后的 DCT 系数进行熵编码。这与标准的编码器不同,因为标准的编码器都只是采用一个固定的哈夫曼码表。因此,如果没有获取特殊的哈夫曼码表及其使用的顺序,正确的解码几乎是不可能的。MHT 方案的基本过程如下:

Step1 选择 m 个不同的哈夫曼码表,并从 0 到 $(m-1)$ 分别标记这 m 个哈夫曼码表。

Step2 产生一个随机的矢量 $P=(p_0 p_1 \cdots p_{n-1})$,这里 p_i 每个是一个 k 比特的整数,其大小从 0 到 $(m-1)$,并且 $k=\lceil \log 2m \rceil$。

Step3 使用表 $p_{(i \bmod n)}$ 对第 i 个原始数据码流的符号进行编码。

MHT 方案的重点是获得大量的最优化哈夫曼树,以至于可以达到标准视频编码器采用的哈夫曼树编码压缩的效率。为此,MHT 引入了哈夫曼树的变异过程,即哈夫曼树使用标签对。树的左边分支被标记为"0",右边为"1"。变异的过程如图 6.7 所示,标签对被一个秘密的序列重排序。很显然,获取的哈夫曼树与原始的具有相同的压缩效率。

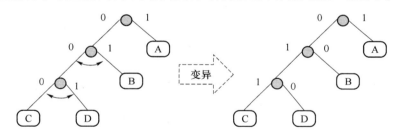

图 6.7　哈夫曼树的变异过程

MHT 方案最大的优点是具有低的运算代价。正如 Wu 等人指出的那样,其运算代价仅仅是完全加密算法的 5%。然而,MHT 方案也无法抵抗选择明文攻击,即攻击者如果重置密文很多次并加密大量的选择明文,就可以通过比较明文和密文的差别而找到多哈夫曼码表。

REC/RPB 方案采用两个级联的模型取代传统的熵编码器。第一个模型称为随机化熵编码(Randomized Entropy Coding,RPC),第二个为部分比特流的置乱(Rotation in Partitioned Bit Stream,RPB)。RPC 方案的核心思想是在熵编码器中根据随机序列使用多熵编码参数或设置。RPB 执行的操作是对 REC 输出的码流进行置乱。事实上,REC 与 MHT 方案是类似的,因为两者都采用多哈夫曼码表。但与 MHT 的不同之处在于 REC 使用的多哈夫曼码表可以公开。特殊哈夫曼码表的选择及其使用顺序是由一个密钥跳转序列(Key hopping Sequence,KHS)控制的。KHS 是由一个伪随机比特产生器(Pseudorandom Bit Generator, PRBG)使用一个种子(该种子可以是一个加密算法的密钥)产生的。REC 方案的过程如下：

Step1　产生 $M(M=2^m)$ 个不同的哈夫曼码表,码表的序号从 0 到 $M-1$,这些码表可以公开。

Step2　选择一个安全的 PRBG 作为 KHS 的产生器。产生一个随机的密钥种子 s,该种子是 REC 加密的密钥。KHS 产生器的第一个输出被赋值给 z。

Step3　将 z 分成 m 比特的块。令 $z=t_1\|t_2\|\cdots\|t_k\|\mathrm{rem}$,其中,$t_i$ 表示从 0 到 $M-1$ 的数字,rem 代表剩余的比特。

Step4　使用哈夫曼码表 t_i 编码一个符号 i(从 1 到 k)。

Step5　由 Step4 编码 k 个符号后,更新 KHS,即 KHS 产生器的新的输出被赋值给 z,再返回到 Step3。

RPB 的操作是为了抵抗已知或选择明文攻击。RPB 的三元素 (A,p,r) 代表使用分割密钥 $p(p_1p_2\cdots p_m)$ 和置乱密钥 $r(r_1r_2\cdots r_m)$ 加密长度为 N 的码流 $A(a_1a_2\cdots a_N)$。RPB 主要由两个步骤组成：

Step1　将 A 分成 m 个块 A_i,每个块的长度为 p_i,其中 $i=1,2,\cdots,m$, $\sum_{i=0}^{m} p_i=N$。

Step2　对每个块 A_i 执行 r_i 比特的左置乱,其中,$i=1,2,\cdots,m$。

图 6.8 是对 10 bit 的 $A=(a_1a_2\cdots a_9)$ 进行 RPB 操作。分割序列 $p=(3,5,2)$ 以及置乱序列 $r=(2,3,1)$。经过 RPB(A,p,r) 操作后的比特流被标记为 C。

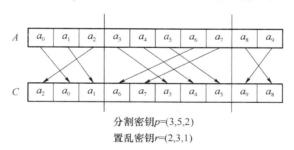

分割密钥$p=(3,5,2)$
置乱密钥$r=(2,3,1)$

图 6.8　码流的分割和置乱操作

与 MHT 方案不同的是 REC/RPB 能抵抗选择明文攻击,但是安全性的提高是以运算为代价的。这是由于产生的伪随机序列 KHS 的长度与输入明文的长度成正比,而且一般情况下,哈夫曼编码的效率也降低了近一半。因此,与完全加密算法相比,REC/RPB 无法节省 50% 的运算代价。

④ 综合加密

蒋建国等人提出将帧内、帧间预测模式置乱,量化系数与运动矢量加密相结合的 H.264 视频加密算法。为了提高安全性,算法首先使用混沌序列发生器产生无重复的伪随机值对帧内预测模式进行置乱,以增强对密码分析的抵抗性。其次,由于帧间运动预测 7 种块划分模式中 4×4 和 8×8 块得到的运动矢量数目相同,对它们进行置乱不会影响视频编码,因此算法选择置乱这两种模式的编码。再者,由于 H.264 中整数变换量化后结果为有符号整数,可以使用混沌序列对块中变换、量化的块中非零系数进行加密。同时,为减少对码率的影响,算法将量化系数划分为 0~15,16~31,32~63 等几个区域,在各区间使用不同位数的随机序列进行加密。

立振焜等人利用 FGS(Fine Granularity Scalable,FGS)压缩视频流的分层特点和 MPEG-4 视频对象 VO(Video Object,VO)的编码原则,结合改进的 C&S(Chain and Sum,C&S)加密算法,通过提取并加密基本层 VOP 的关键数据,包括形状、纹理、运动和全局背景等,实现 FGS 整体流的加密。该算法使加密数据流无须解密和加密操作就可支持网络节点的变换编码以适应带宽变化。以 VOP 为单位的加密策略和改进的 C&S 加密算法的采用,使流媒体丢包、位错等传输错误受到限制,加密后的媒体没有任何比特增加,加密密钥的相应变化,抵抗了已知明文攻击。

为了解决基于 H.264 的加密算法无法满足安全性和加密效率之间较好折中的问题,于俊清等人提出了两种基于感兴趣区域的 H.264 加密算法,将感兴趣区域的提取和基于熵编码的 H.264 加密算法相结合,只对提取出来的感兴趣区域进行加密。该算法设计了一种基于人脸检测的加密算法,并通过修改模式选择算法,去掉了使得非人脸区域参考人脸区域的帧间宏块预测类型,解决了由帧间预测引起的人脸加密区域变形的问题。

6.3 视频隐写与水印

当今,视频文件应用广泛,而且原始视频具有大量的时域和空域冗余信息。因此,在视频文件中进行隐写和嵌入水印受到越来越多学者的关注。

6.3.1 视频隐写

视频隐写可以应用在大量的场合。例如:可以应用在军事或者情报部门的秘密通信;还可以应用在视频传输过程中的差错检测;也可以应用于监控系统,为了保护授权用户的隐私性,可以将监控视频中授权用户的图像先进行提取,再嵌入视频背景中。

(1)视频隐写技术的特点

视频隐写技术是基于静止图像隐藏技术发展起来的,视频序列实际上是由一连串连续静止图像组成的,因而视频隐写技术在应用和设计上都与静止图像隐藏技术十分相近。但是与静止图像相比视频应用系统有着更大的可用载体空间和更为特殊的压缩特性。系统本身的实时性也更强,这就决定了视频隐写技术有着自身的特点。

首先,视频信息隐藏有着更大的可用载体空间。视频信息摆脱了图像信息在信号空间上的局限性,为信息的嵌入和隐藏提供了更大的载体空间。同时视频信号也由图像信号的空间域发展到了时间域,视觉特性的利用范围得到了进一步扩大。

其次,视频信息隐藏会造成压缩编码的损伤。视频序列数据量十分庞大,虽然隐秘信息有着一定的适应性,但在嵌入和传递信息的过程中会导致压缩编码的损伤。

再者,对信息隐藏或提取过程有更高的实时性要求。在对静止图像嵌入隐藏信息时会出现延时现象,若视频帧率更高时会影响到整体数据的平滑性,从而对视频质量造成影响,因而对信息隐藏或提取过程有更高的实时性要求。

(2)视频隐写技术的主要算法

视频隐写技术的分类方式多种多样。一种分类方式是根据是否与视频压缩编码器相结合进行分类(可分为压缩视频隐写技术和原始视频隐写技术);另一种分类方式是根据基于时域还是变换域进行分类。还可以根据如下的原则进行分类:将视频当成静止图像的组合;在隐写过程中利用视频的独特特性进行信息的嵌入;利用视频保存的格式进行信息的隐藏。此外,根据已存在的研究成果,采用更加详细的分类方式,即分为基于替代的方式、变换域的方式、自适应的方式。本章根据最后一种分类方式的介绍一些经典的视频隐写算法。

① 基于替代的视频隐写算法

基于替代的视频隐写算法的基本思想是使用秘密数据替代视频数据的冗余数据。与其他算法相比,基于替代的算法运算简单且嵌入的容量大。基于替代的算法包括很多种方法,比如最不重要比特位法(Least Significant Bit,LSB)、比特平面复杂度分割法(Bit Plane Complexity Segmentation)等。

LSB 是最古老和最著名的基于替代的算法。尽管算法很简单,但可以隐藏大量的秘密信息。图 6.9 展示了载体视频的第一帧和嵌入的秘密图像。其中,图(a)表示载体是一段 AVI 格式的视频,共有 14 帧,每帧的分辨率为 640×480。图(b)表示秘密图像,其分辨率为 670×670 的彩色图像。图 6.10 表示在不同的 LSB 上进行信息嵌入的效果图。

 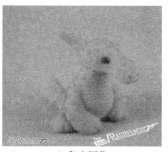

(a)未嵌入的视频第一帧图像　　　　　(b)秘密图像

图 6.9　视频载体和秘密图像

LSB=1,RGB components RMSE=1.17,PSNR=55.26

LSB=2,RGB components RMSE=2.37,PSNR=48.04

LSB=3,RGB components RMSE=5.12,PSNR=41.55

LSB=4,RGB components RMSE=9.97,PSNR=35.53

LSB=5,RGB components RMSE=20.55,PSNR=28.95

LSB=5,Red component only RMSE=9.86,PSNR=36.74

图 6.10　在不同的 LSB 上嵌入秘密信息的效果图

从图 6.10 可以看出,采用 LSB 进行视频隐写时,每个 8 bit 的像素最多可以用来嵌入的比特位是最不重要的 4 bit。当 LSB>4 时,被嵌入的视频帧的部分图像失真较明显,如图 6.10 中用黑色线圈起来的部分。

许多基于 LSB 的视频隐写算法通常旨在提高 LSB 的嵌入容量和加强秘密信息嵌入的不可见性。Eltahir 等人根据 HVS 特性修改传统的 LSB 方法提高了嵌入信息的不可见性。他们利用在 RGB 彩色图像中人眼对蓝色分量的改变比红色分量或绿色分量更敏感的特性,提出了修改红色和绿色分量的 3 bit 最不重要比特位,而蓝色分量只修改 2bit。该方法可以利用每个视频帧的 33.3% 的像素隐藏信息,但算法的鲁棒性较差,无法抵抗篡改攻击。

② 基于变换域的视频隐写算法

虽然基于替换的方法是一种最简单的方案,但其缺点是无法抵抗包括压缩、格式转换等在内的普通视频处理操作。此外,嵌入的秘密信息也很容易被攻击者破坏。变换域的技术是一种更加复杂但可以有效提高嵌入信息鲁棒性和不可见性的视频隐写方案。变换域包括离散傅里叶变换(DFT)、离散余弦变换(DCT)、离散小波变换(DWT)。由于多种视频编码标准采用 DCT 变换,所以基于 DCT 的视频隐写技术最受学者的关注。

Chae 等人于 1999 年提出了基于纹理掩蔽和多维格结构的视频隐写算法,该算法首先将视频帧和秘密信息进行 8×8 分块的 DCT 变换,然后将秘密信息的系数量化并进行多维格的编码,最后再嵌入到视频数据的 DCT 系数中。

视频隐写技术研究的一个重要内容是在尽可能不影响视频图像质量的情况下增加隐藏秘密信息的容量。Yang 等人针对 H.264/AVC 压缩编码标准提出了一种高容量的视频隐藏算法。该算法首先将视频帧转换成 YUV 彩色空间,再对 Y 分量进行 4×4 的 DCT 变换,然后将 1 bit 的秘密信息嵌在每个 4×4 块的 8 个 DCT 系数中,接着再将这 8 个系数进行量化。隐写的过程如图 6.11 所示。该算法具有大的信息嵌入容量,而且可以抵抗 H.264、MPEG-4 压缩以及篡改的攻击。

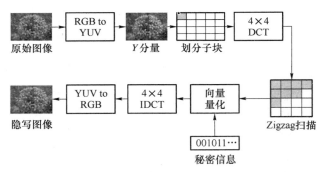

图 6.11　Yang 等人提出的视频隐写算法步骤图

DWT 变换在某些方面比 DCT、特别是分块 DCT 更具优势。例如,DWT 可以提供更适合人眼 HVS 模型的多分辨率描述。图 6.12 是一幅图像进行 4 阶 DWT 变换的结果,从图中可以看出,对小波变换的高分辨率子带中诸如边缘和纹理特征的检测更容易。此外,DWT 不需要将输入的图像进行分块操作,该操作通常会引起块效应。Xu 等人提出将秘密信息隐藏在视频的运动矢量中。首先,嵌在该位置不会受到压缩的较大影响;其次,人眼对高速运动的物体微弱改变不敏感。根据该原则,该算法先计算视频每帧的运动矢量,然后对运动矢量进行 2 阶小波变换,再将秘密信息嵌入到小波子带的低频系数中。这样可以保证秘密信息被嵌入在高速运动的区域以提高其不可见性。该算法的缺点是当视频运动平缓时,嵌入的容量极其有限。

图 6.12　图像的 Haar 小波变换

· 基于自适应的视频隐写算法

自适应的隐写技术是一类比较新的嵌入技术。该技术通常在嵌入秘密信息之前先研究视频载体的统计特征。为了提高隐写视频的质量,通常根据某个准则对视频载体进行修改。

Liao 等人提出了著名的 LSB 替代算法就是一种自适应隐写的算法。该算法首先将视频的运动目标和背景进行分割,将运动目标作为隐藏的秘密信息,采用 LSB 的算法嵌入到背景中,得到隐写的视频,算法过程如图 6.13 所示。

视频含有大量的信息,有些信息的特征很适用于自适应的隐写技术,视频的时域信息就是其中之一。Sur 等人提出了基于时域冗余特征的视频隐写算法,他们选择低帧率和高预测误差的宏块作为感兴趣区域,并根据预测误差块的像素值大小自适应计算用于信息隐藏的 DCT 系数的数量。此外,空域信息也是自适应算法采用的一种特征。Mansouri 等人综合利用视频的时域和空域特征自适应隐藏秘密信息。他们利用空间纹理这一特性,并将 I 帧量化的 DCT 系数 P 和 B 帧的运动矢量作为感兴趣区域。对于 I 帧,通过计算每个 8×8 分块的纹理和边缘信息以确定该块量化后的 DCT 系数是否满足隐藏信息的条件。对于满足条件的分块,8 bit 的秘密信息被嵌入在 8 个量化后的 DCT 系数中。对于幅值大于一定阈值的 P 帧和 B 帧运动矢量,也嵌入秘密信息。

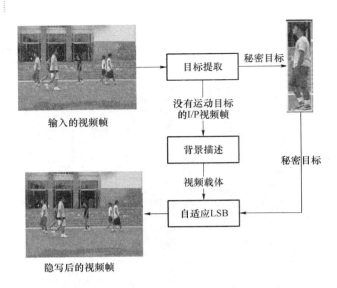

图 6.13　自适应的 LSB 嵌入过程

6.3.2　视频水印

视频水印,顾名思义就是加载在数字视频上的水印,是数字水印的一种。随着多媒体技术的发展,传播和获取视频信息也就变得越来越便利。但由于网络所具有的开放性和共享性,致使一些以数字媒介为载体的产品经常遭到恶意攻击、非法侵犯版权和信息篡改,严重损害了创作者的创作热情和利益。视频水印是用来实现版权保护的有效技术,也是目前水印领域中的研究热点。

（1）视频水印的特征

设计视频水印要充分考虑视频的特征。视频是在时间轴上连续的静止图像序列,相邻帧间不仅具有高度相关性并且有大量的空间和时间冗余度。因此视频水印就会具有图像水印的一些特性,比如安全性、稳健性、不可感知性等特点。此外视频水印还有图像水印所没有的其他性质。首先,信息量大,由于视频的信息量大,因此要以压缩的格式进行存储和传播,水印信息也可以嵌入压缩域中。其次,具有随机检测性,视频水印可以在视频流中随时随处地检测出水印。再者,实时处理性,为了使视频水印可以实时地进行水印的嵌入、提取或检测,要求其嵌入和提取过程具有高效性,在不同的应用中对嵌入和提取过程中高效性的侧重点,有所不同。再者,与视频编码标准相结合,针对视频数据量大,冗余度高的特点,在传输和存储时一般要进行压缩编码。在水印嵌入压缩视频流中时,必须结合视频压缩编码标准来进行,在原始视频嵌入水印时必须考虑视频压缩编码问题,否则会使水印在编码过程中造成一定程度的丢失。最后,码率恒定性,视频和音频大多是同时传输的,两者间具有一定程度的同步相关性。由于传输信道有一定带宽限制,所以就要求水印的嵌入对视频流码率影响很小以保证视频的传输正常。水印的不可见性、稳健性及水印信息容量3方面是矛盾的结合体,很难使这三方面同时达到最佳,由于在应用中对各方面的需求不同,所以也就对视频某一特性的要求有所侧重。

（2）视频水印的主要攻击形式

针对视频水印的攻击分为无意的信号处理类攻击和有意的恶意攻击。这些无意的信号处理方式和恶意攻击形式有：

●无意的攻击。视频压缩编码；对已压缩并嵌入水印的视频码流进行转码带来的帧速率和显示分辨率的改变，如 4:3、16:9 和 2.11:1 的屏幕宽高比的改变；视频处理中的帧删除、帧插入及帧重组等；模/数和数/模转换；低通滤波、噪声和轻微的对比度改变及几何失真等。

●有意的攻击。常见的有统计平均攻击和统计共谋攻击，这两种是属于删除攻击类；在共谋攻击中，首先从单个帧中估计出水印，并在不同的视频场景中求平均，接着从每一帧中减去估计的水印。

（3）视频水印的典型算法

视频水印是在静止图像水印的基础上发展起来的，最初视频水印是将视频看成一帧帧单幅的图像，采用图像水印的方法嵌入水印。由于没有考虑到视频时域间的强相关性，因此水印很容易受到帧平均等视频水印特有的攻击。近年来，已经提出了一些针对数字视频水印的算法。根据与压缩编码器相结合的情况，一般将视频水印嵌入在三个位置，即非压缩的原始视频中、压缩编码过程中和压缩后的视频码流中，如图 6.14 所示。

① 基于原始视频的水印算法

这类算法一般直接对未压缩的视频处理，与视频编码格式无关。如图 6.14 中的第一个嵌入位置。基于原始视频的水印算法又可分为两种，即空间域水印和变换域算法。空间域水印是指直接在原始视频数据中嵌入水印，嵌入的水印信号可以嵌入到亮度分量中，也可以

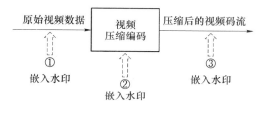

图 6.14　视频水印的嵌入位置

有一部分嵌入到色度分量中或全部嵌入到色度分量中。它不对水印信号进行预处理，而是直接将其加在视频帧的像素域（空间域）上。其优点是简单直接、容易实现，但明显的缺点是在鲁棒性和不可感知性方面的性能较差。

H&G 算法是由 Hartung 和 Girod 提出，是一种在原始视频中嵌入数字水印的算法。它借鉴了扩频通信的基本思想，即在视频帧的空间域上加载一个功率很小的伪随机噪声信号（类似白噪声）代表水印信号，由于这种水印对未授权者来说难以检测、定位、去除和处理，因此能有效地增强水印的鲁棒性。通常可用直接序列扩频的方法，实现在未压缩的原始视频中加载水印。

JAWS 算法是将视频看作是一系列静态图像，在数个连续帧中嵌入相同的水印。这种算法也借鉴了扩频思想，水印信号被看作是一个加性噪声。水印嵌入时，为了在图像纹理较多和较少的区域采用不同嵌入强度，利用了局部比例调整因子，该因子是通过用一个拉普拉斯高通滤波器对图像进行滤波并取绝对值得到的。水印检测时，为了提高检测性能，先对含水印的图像进行预滤波，去除像素间的相关性，然后计算经滤波后的信号结果和水印信号之间的相关性。利用扩频思想的水印算法，已经成为这一领域的经典算法，对于这项技术的发展起到了很大的推动作用，直接在原始像素值上进行水印嵌入和提取，主要目的是降低水印处理算法的复杂度。

针对视频水印中存在的线性共谋攻击问题，刘丽等人建立了线性共谋攻击的数学模型，并根据建立的数学模型提出了抵抗线性共谋攻击的视频水印设计规则。基于该规则，提出

了一种有效抵抗线性共谋攻击的视频水印方案。该方案从视频帧中自适应地选取一些互不重叠的 8×8 的块(子帧)作为嵌入区域,嵌入强度自适应于相应子帧的方差。该文献的实验表明,算法在经过线性共谋、帧去除、帧插入、帧重组以及 MPEG-2 压缩等各种攻击后,水印提取的正确率可达到 100%。

孟宇等人提出了一种基于方向经验模式分解(Directional Empirical Mode Decomposition, DEMD)的视频分割方法,并结合独立分量分析(Independent Component Analysis)技术实现视频水印的嵌入。基于 DEMD 的视频分割方法除去视频帧中反映图像内光照分布与能量的最低频率固有模态函数(Intrinsic Mode Function, IMF)分量,并选择一种简单有效的运动补偿方法,解决了传统基于直方图方法对光照突变、镜头内物体运动和镜头运动及拉伸的敏感问题,减少了镜头边界识别的误检率,在保证召回率不受影响的前提下提高了视频分割的精确度。使用这种视频分割方法与 ICA 结合,对分割出的每个视频段进行 ICA 分析得到一系列独立分量帧,以这些独立分量帧为载体,采用一种改进的基于小波域量化的图像水印技术嵌入水印,实现对视频加入水印的过程。实验结果表明,这种视频水印方法对各种水印攻击均有较好的鲁棒性,同基于传统直方图方法的视频水印方法相比较,对丢帧和持续时间不变减少帧数等攻击具有更好的鲁棒性。

空间域水印算法的缺点是,嵌入的信息量小,鲁棒性差,尤其容易受滤波、量化和压缩攻击。

变换域算法是指在原始视频的某个变换域中进行水印的嵌入与提取,主要是通过修改变换域的系数实现水印嵌入。该算法的主要优点是:物理意义清晰;可充分利用人类视觉特性;不可见性和鲁棒性好;与压缩标准兼容。常用的变换有离散余弦变换、离散傅里叶变换、离散小波变换,哈达玛变换等。

大多数视频压缩编码是基于 DCT 变换的,如 MPEG-1、MPEG-2、H.26x,所以大多数基于 DCT 变换的视频水印算法考虑到了这些视频压缩标准的特点,将视频帧分块进行 DCT 变换,然后在变换系数中嵌入水印。一种比较简单的 DCT 域水印算法是把扩频水印信号的 DCT 直流系数,直接加载到视频 DCT 系数的直流分量上。杨列森等人通过大量的实验发现,视频帧间 DCT 中频能量关系的近似不变性。假设 f_{me} 为视频一帧内各个 8×8 块的 DCT 变换的中频能量和的平均值,则有如下特性:首先,距离、内容相近的帧,其 f_{me} 也非常接近;其次,在保证保真度的情况下,通过一定方式调整一帧之内各个 DCT 块的部分中频系数大小,可以显著改变当前的 f_{me},从而改变该帧的 f_{me} 和前后帧的 f_{me} 的相对大小关系;最后,虽然调整后一帧的 f_{me} 会随着不同的空间同步失真、光度失真而变动,但各帧 f_{me} 的相对大小关系几乎不受各种空间同步失真和光度失真等因素的影响。他们利用视频帧间中频能量关系的近似不变性以及人眼的视觉特性嵌入水印。该算法对于几何变换具有较好的鲁棒性。

三维 DWT 具有良好的空时多分辨特性:空间上,对镜头中每一帧都进行二维空间小波变换;时间上,对各帧进行一维的时间轴小波变换,从而得到视频的低通帧和各级高通帧。彭川等人提出了一种基于三维小波变换的视频水印算法。算法以二值图像作为水印,并利用三维小波变换(3D DWT)和扩频技术,首先对水印图像进行随机置乱预处理以增强其安全性能;然后对宿主视频进行视频分割,并分别对得到的各序列作三维 DWT 变换;最后选取视频帧并将水印嵌入相应三维 DWT 系数中。该算法具有较好的不可见性,并且针对帧剪裁、帧丢失、帧平均和 MPEG 编码等具有良好的鲁棒性。徐达文等提出了一种基于分块三维小波变换的视频水印算法。将视频信号分成三维图像块,根据人类视觉系统的特性,选择纹理复杂的运动块进行三维小波变换。算法对水印信息进行扩频 CDMA 编码后,将其嵌入到三维块的小波系数中。并利用正交码的自相关函数特性来检测水印信息,实现水印的盲提取。该水印方案在保证视频视觉质量的同时,对于针对视频水印的特殊攻击具有高鲁棒性。

② 基于视频编码的水印算法

该类水印算法是水印的嵌入和提取过程都是在视频编解码器中进行,根据水印信息嵌入位置的不同,可以将该水印算法分为:基于 DCT 系数的数字视频水印算法、基于量化参数和量化器的视频水印算法、基于运动矢量的视频水印算法等。

目前比较主流的视频水印方法是在压缩域视频数据的 DCT 系数中嵌入水印,这类算法发展较为成熟。有的算法通过改变 DCT 系数的关系来嵌入水印,有的算法则是通过加性、乘性原则将水印根据视觉感知模板嵌入到 DCT 系数中,还有一些算法则是通过调节分块 DCT 的能量关系来嵌入水印。Langelaar 等人提出的差分能量水印(Differential Energy Watermarking,DEW)算法,是现有压缩域视频水印算法的典型算法之一,该算法最初应用于 MPEG 视频水印的 I 帧,通过有选择的丢弃压缩数据流中的 DCT 高频系数来实现水印嵌入。

Ling 等人对 DEW 算法做了两个方面的改进:一方面用能量差和总能量的比率代替能量差用于水印嵌入,从而提出改进差分能量水印算法;另一方面是提出差分数量水印算法,不仅使得嵌入水印过程中选择截断索引时不再需要两个块有足够的能量,而且使鲁棒性和嵌入容量都较 DEW 算法有所提高。此外,Ling 等人还提出了具有大容量、实时性的用于 MPEG 视频流的鲁棒水印算法,主要通过在感知范围内修改 DCT 块的中低频系数来调制块能量嵌入水印。

基于 DCT 域的视频水印算法大多考虑人眼视觉特性,通过修改特定位置的 DCT 系数来嵌入水印。基于 DCT 域的压缩视频水印算法复杂度低,易于实现,并具有较高的鲁棒性,其关键在于根据视频帧的不同特性来实现检测阈值的动态选取,从而优化了水印检测的性能。此外,这类算法充分结合视频的编码结构,从而保证了水印处理的实时性,而且便于针对 MPEG 压缩处理进行水印鲁棒性强度的预先设置(基于 DCT 系数关系的水印)。不过,大多基于 DCT 域的压缩视频水印算法是基于 8×8 块结构的,因此对于同步攻击(块同步攻击、空间几何攻击)而言较为脆弱。

现有的视频压缩标准大多采用运动估计方法来去除时间冗余,运动估计时计算得到的位置偏移矢量即被称为运动矢量。Jordan 等人在他们的一种适用于 MPEG-4 版权保护的视频水印算法中,第一次提出将运动矢量作为水印的载体。在 Jordan 的算法基础上,一些学者相继提出了一系列的改进算法,徐甲甲等人在"压缩嵌入联合编码"框架下,提出了一种基于秘密共享和信息分级保护的水印生成算法。与用算术编码压缩水印相比,秘密共享方案在保证水印可认证性的前提下大幅度减少了信息嵌入量,同时对嵌入的信息依其重要程度进行分级保护,有效地增强了水印的鲁棒性。在此基础上,利用当前宏块与其周围宏块的运动矢量的相关性,提出一种基于运动矢量的自适应视频水印算法,可有效控制运动矢量的修改幅度,保证视频质量。该方案能保持很小的峰值信噪比损失和较好的视觉效果,且对于删帧攻击具有较强的鲁棒性。此外,也有学者在嵌入点(嵌入水印的运动矢量)选择、水印映射规则、水印嵌入分量的选择(水平或垂直分量)等方面也进行了一些改进,在提高了嵌入容量的同时,尽可能地降低视频重建对视觉质量的影响。另外还有些视频的特殊位置也可以用来承载水印,如文件格式中的用户区域、文件尾部、系统预留区等。这类嵌入点的选择与视频内容相对独立,往往涉及压缩编码格式和存储文件格式的问题。

H.264/AVC 具有优异的压缩性能,压缩过程中产生的 DCT 系数大部分为零,且编码过程中采用的预测模式会使水印的误差漂移,嵌入水印很容易引起视频质量的失真。有学者把 JND 模型引入 H.264/AVC 的视频水印算法中以提高水印的不可见性和容量。Noorkami 等人首先构建一个 4×4 块的 JND 模型,并选择一部分符合 JND 值大于量化值的 DCT 系数嵌入水印。Wang 等人首先对水印进行扩频,增加其稳健性,其次构造适合于 H.264 的时空 JND 模型,再通过修改选择的 4×4 子块中两个固定位置的 DCT 系数绝对值的差值嵌入水印。该类算法充分考虑人眼的视觉特性,可以提高水印的不可见性和容量,但如何进一步提高 JND 模型的精度指导水印嵌入的强度仍值得研究。

在 H.264/AVC 编码过程中,一般 P 帧的数量远大于 I 帧。Noorkami 等人提出在 P 帧的 DCT 域中也嵌入水印以提高水印的嵌入容量。该算法在 I 帧利用构造的 4×4 块 JND 模型选择水印的嵌入位置,在 P 帧选择非零的 DCT 交流系数嵌入水印。算法可以较大幅度地提高水印的嵌入容量,而且对码率的影响可以控制,但算法欠缺考虑水印的鲁棒性。Mansouri 等人利用 P 帧帧组预测模式的信息,通过该信息在 I 帧运动较剧烈的块中嵌入水印。算法利用时域运动信息在 I 帧上嵌入水印,可以有效提高水印的容量和不可见性。

由于低能量信号相对高能量信号更能抵抗低通滤波攻击,而高能量信号更能抵抗高频噪声的攻击。为提高水印的鲁棒性,Chen 等人提出的算法先把块分成高能量块和低能量块,并设计两种不同的算法分别把水印嵌在这两种块中。该算法水印的鲁棒性较好,但不可见性较差,在 100 帧的 QCIF 格式的视频序列中嵌入 1 024 bit 的水印信息,三种序列嵌入水印后 PSNR 值下降平均约为 1.22dB。嵌入水印对视频质量造成较大的影响通常是由于嵌入水印会造成误差漂移,为减少水印的误差漂移,有学者采用一些补偿的方式对误差漂移进行补偿。

在 I 帧中选择对视频质量和码率影响最小的位置嵌入水印至关重要。Wu 等人利用粒子群优化算法选择最优的水印嵌入位置,并采用量化补偿的方式嵌入水印。算法对视频质量和码率影响很小,但补偿方式的嵌入水印会使鲁棒性降低。

也有学者提出在 P 帧的运动矢量中嵌入水印。和以往的压缩标准相比,H.264/AVC 中运动矢量残差幅值很小,在运动矢量中嵌入水印鲁棒性较差,嵌入水印引起的比特率变化也比较大。

由于基于视频编码的水印算法是在编码时进行水印嵌入,因此不会出现误差累计问题,但是会影响系统的编码效率,在恒定的码率约束下,逐步累积的效率降低会对其后的编码帧造成质量影响。因此,这类算法关注的是水印嵌入对编码效率产生的影响,以及水印信息的嵌入量、算法复杂度等的影响。

③ 基于压缩视频的水印算法

为保证水印算法的实时性,避免嵌入水印时需要对码流进行完全解码和重编码,有学者提出在压缩后的码流嵌入水印。Zou 等人提出通过修改压缩后的 CAVLC 码流中的句法元素嵌入水印。Nguyen 等人提出了一种在编码后的码流中的运动矢量字段嵌入水印的算法。Tian 等人首先解码 H.264 码流，获得量化后的 DCT 系数，选择在每个块的最后一个非零系数上嵌入水印。He 等人提出了一种实时的用于视频点播场景的视频水印算法，算法把水印嵌在 4×4 块的第一个非零 DCT 系数上。这类算法可以省去全部解码和编码的过程，从而大大减少计算代价，但是这类算法嵌入水印的容量有限，当嵌入水印比特数较多时，会在解码端造成明显的水印误差漂移。此外，该类算法水印的鲁棒性比较差。针对视频点播等实时性要求高、对鲁棒性要求较低的场合，在码流里嵌入水印是一种比较好的方案。Sun 等人[56]提出在码流里嵌入脆弱水印的算法，该算法对宏块中子块的 DCT 系数能量关系构造内容特征码，并把这些特征值嵌入拖尾的非零 DCT 系数中，该算法对视频质量和码率的影响较小。

Hartung 等人提出将水印信息嵌入到压缩后的视频码流中，其基本思想是采用了扩频通信的原理。首先水印序列中的一位和一个伪随机信号都被扩展成和视频信号长度相同，然后将两者进行调制，加入放大系数，形成扩频水印。然后将该水印进行 DCT 变换，得到 8×8 的 DCT 系数块。在 MPEG-2 编解码系统中，对原始视频码流先进行解码反量化，形成一个反量化后的 DCT 系数块。然后把水印和原始视频码流中的 DCT 系数相加，产生含有水印的 DCT 系数，接着对这些系数再次进行量化和编码，从而产生含水印码流。考虑到 MPEG-2 编码是一种包括 DCT 变换、量化、变长编码和运动补偿的混合编码方式，算法中还提出了移位补偿的思想。该算法的优越性在于不需要完全解压缩和重新压缩码流，并能抵抗一般的信号处理，但缺点在于嵌入水印的数据量较小，算法结构复杂。

由于在压缩过的 MPEG-2 视频码流中，可获得的基本单元是可变长码字（Variable Length Code，VLC），因为每个 DCT 系数都有相应的 VLC 码字与之对应。因此可以在 VLC 域中嵌入水印。这种算法计算复杂度小，可实现实时水印检测。视频编码过程中产生的其他信息也可以用来嵌入水印信息，如 Linnartz 提出的 PTY Mark 算法（Picture Type Mark）。该算法直接根据水印信息来选择编码视频帧的图像类型（Picture Type）。其基本思想如下：在 MPEG 编码中图像类型分为 I 帧、B 帧和 P 帧，从一个 I 帧开始，直到但不包括下一个 I 帧的一系列帧称为一个图像组（Group of Pictures，GOP），如果将每个 GOP 的长度固定为 12，并且用 B 帧表示比特 1，P 帧表示比特 0，则每个 GOP 和一个二元序列存在一个一一对应关系。将二元序列编码为汉明码，并排除一些不常见的序列，可以得到一个拥有 62 个码字的码表，也就是说，每个 GOP 可以携带近 6 个比特的信息，这对于一些常见的应用比如嵌入版权所有者的信息来说已经足够了。水印检测的过程非常简单，只要根据 MPEG 码流中 GOP 的类型，查找码表就可以得到所嵌入的信息。这种算法虽然设计新颖，但是其抗攻击能力较差，在应用中具有很大的局限性。例如，如果对 MPEG 码流进行重新编码，就很容易去除或修改所嵌入的水印信息。

由以上可以发现，视频水印的嵌入位置是灵活多变的，各种数据都可以作为水印的载体。在压缩视频中嵌入水印，主要可以采用两种技术路线：一方面在已有的嵌入位置上，采用新的方法嵌入和提取水印；另一方面寻找新的水印嵌入位置。算法主要需要解决水印处理的计算复杂度、水印的鲁棒性和不可感知性、水印的随机检测等关键技术和问题。

6.4 视频隐写分析

隐写分析技术是对隐写技术的逆向研究,随着信息隐写技术的广泛使用,一些提供免费下载的公开信息隐写软件在网络上出现,这使得使用信息隐写技术进行隐蔽信息传输成为一种个人行为,而该技术能否被正当使用也成为各国安全部门所关注的问题,因此对抗信息隐写的分析技术开始兴起。现阶段信息隐写分析技术的研究重点集中于静止图像的隐写分析,而针对视频信息隐写的分析技术发展相对缓慢。这一方面是由于视频信息隐写及其分析技术需要具备视频编解码系统的研究背景;另一方面是目前只有很少成熟的视频信息隐写软件被公开。但数字视频作为未来网络信息资源的重要组成,基于视频资源的信息隐写及其隐写分析技术正逐步成为信息隐藏领域的研究重点。

视频隐写分析的基本思想是:秘密信息的嵌入虽然不会明显改变视频序列的感观效果,却会在一定程度上无可避免地造成原始载体视频数据的某些统计特性发生变化,基于这个特点,视频隐写分析通过分析视频信息量大小与统计特性偏差之间的对应关系来得出可疑性决策,以至估计出秘密信息在视频序列中的隐藏位置、强度等。

6.4.1 视频隐写分析的特点

与静止图像信息隐藏技术相比,视频信息隐藏技术有以下不同之处。

(1)大的隐藏容量和相对小的嵌入比率

由于视频资源自身的数据量要远远大于一幅静止图像的数据量,通常它所体现出来的绝对隐藏容量也很大,以一个 900 MB 的 DVD 文件可以隐藏约 10 MB 的隐藏信息,而一幅 512×512 的图像其信息隐藏量往往只有几 K。但实际上,这种绝对大的隐藏容量往往使人忽略其相对小的嵌入比率,按照上面的例子,静止图像隐藏嵌入算法可以达到总数据量 10% 的数据嵌入率,而视频信息隐藏的嵌入率最多只有 1% 左右。这是由于视频资源庞大的数据量必须引入高压缩比的视频压缩编码技术形成压缩流才能够进行有效存储,而这些压缩编码技术在最大限度消除视频序列图像中的冗余信息的同时,实际上也压缩了隐藏信息的生存空间,从而导致视频信息隐藏的嵌入率远远小于静止图像隐藏技术。这种很小的嵌入率的特点使得嵌入信息以极低的密度分散在较大的视频码流中,也进一步增强了视频信息隐藏分析的难度。

(2)对视频编解码系统的强依赖性

较为成熟的视频信息隐藏算法往往对视频编码系统具有较高的依赖性,甚至完全融入编解码系统之中。这是由于视频资源必须经过有损压缩编码系统,并会造成部分信息的损失。如果隐藏算法游离于这些视频编码系统之外,那么视频压缩编码系统就成为这些隐藏系统必须能够抗击的一种特殊攻击模式。例如,一些将视频序列作为一幅幅静止图像进行隐藏处理的空间域信息隐藏技术,在这种高压缩编码条件下,往往会产生大量的检测错误,必须采用扩频等手段来提高隐藏信息检测的正确率,这将是以大幅度缩减实际数据隐藏量为代价。

(3)序列图像时间域相关特性的利用

在静止图像隐藏分析算法中多数利用图像空间域和变换域的相关特性进行统计分析,

而视频信息隐藏系统往往因为高压缩算法的引入使得这些相关特性消失殆尽,但视频系统又提供了时间域的相关特性,而一般单向的压缩编码流程使得隐藏算法很难估计时间域特性的变化,这为信息隐藏分析提供了一个有力的工具。鉴于视频信息隐藏系统对具体的视频编解码系统的依赖性,其对应隐藏分析算法也必然从具体的视频编解码系统着手进行设计。本章的第 6.2 节简单介绍了基于混合编码的视频压缩编码系统,第 6.3 节则针对这类视频编解码系统分析其中引入隐藏算法的可能性,为构建完整隐藏分析系统提供必要的定性分析。

6.4.2　视频信息隐藏嵌入点分类

以 MPEG 类混合视频编码系统为例,其压缩码流数据往往采用分级结构,逐级又采用头部信息和内容数据的构成方式。这些信息都可能成为隐藏信息的嵌入点,同时还有部分中间数据可能形成隐藏嵌入点,如 DCT 系数,这些数据元素在隐藏信息的疑似程度各不相同。通过对视频信息隐藏算法的机理分析,可以发现在这样的视频编解码系统中引入隐藏机制,除了要考虑嵌入调制对视觉可视性的影响之外,嵌入点数据必须具备随机性和可控性两个基本特性才能够成为隐藏载体。其中,随机性是信息隐藏安全性的必要保证而可控性则是引入隐藏信息的必要条件。

码流数据元素随机性是指视频码流中的数据元素数值或某种特性参数具有不可预测性,正是这种随机性为信息隐藏提供必要的伪装。例如,优 T 系数,其数值和空间位置总是根据图像内容的不同而不断变化,从而具备一定不可预测性,可以形成隐藏算法。随机性的约束来自多方面的,可能来自系统本身相关特性,或是码流语法约束,或是一些默认的设置,例如视频编码过程中的填充数据,虽然这些数据在码流语法中并未规定它的数值,应具有一定的随机性,但通常系统都采用全"0"或全"1"的填充方式,因此它的随机性就有所消失,在填充数据中进行隐藏数据就可以通过简单比对就可以被发现。

码流数据元素可控性反映了视频码流中的数据元素进行调制操作难易程度,它直接影响到隐藏信息的引入难易程度。如果数据元素的可控性很低,也就意味着它受到系统上下环节影响较大,对其进行调控将导致系统产生连锁反应而降低其安全性。

按照随机性和可控性的不同,我们将 MPEG 视频码流数据元素进行定性分为三类:

第一类,视频码流信息。其特点是具备一定可控性,但随机性较低。这类信息主要包括码流填充信息数据、VLC 编码码表选择等。

第二类,视频码流信息。其特点是具备一定随机性,但可控性较低。这类信息主要包括编码模式、宏块类型、量化等级等。

第三类,视频码流信息。其特点是同时具备随机性和可控性。这类信息主要包括 DCT 系数及对应形成的 VLC 码字、运动矢量。

针对第一类视频数据元素,由于数据自身的规律性较强,隐藏分析系统可以采用遍历监控的方法,按照其规律性建立起来的标准模型进行比对分析,对其异常变化进行记录分析,就可以检测出它是否存在隐藏信息。

对于第二类视频数据元素,则可以从其可控性角度出发,利用其相关特性建立预测模型,以此为依据来检测其变化的可预测性,判断引入信息隐藏的可能。对于第三类视频数据元素,则是视频信息隐藏分析系统检测的重点,它们同时具备随机性和可控性,且在整个码流中占有很大的比例,因此它们也是大容量隐藏算法的首选。对于它们的检测较为复杂,有时很难以一种通用的检测算法来实现隐藏分析,而必须根据不同的嵌入策略进行针对性分析。例如,基于运动矢量的隐藏算法往往只会影响系统的编码效率,而对图像的重建质量影响很小,那么基于图像质量分析的隐藏分析算法就很难察觉到这种隐藏手段。因此,我们需要针对基于这类数据的每种算法进行针对性分析,为其建立统计分析模型,并以此为依据设计分析算法。

一个完整的视频信息隐藏分析系统设计应兼顾通用性和针对性,既要能够对视频码流中的众多疑似嵌入点进行遍历性检测,又要能够针对特定的隐藏算法进行深入的检测分析,因此其系统设计是一个复杂的系统工程。

6.4.3　视频隐写分析的经典算法

隐写分析按照其作用域分类,可以分为空间域分析和变换域分析两类;按照技术特点来分类,可分为基于标识特征的分析和基于统计特征的分析两类;按照是否针对具体方法来进行分类,可分为专用隐写分析和通用隐写分析两类。本书按照第三种分类方法阐述视频隐写分析的发展情况。

(1)专用视频隐写分析

专用视频隐写分析是指针对特定视频隐写工具或某一类视频隐写技术,根据隐写所引起的载体数据统计特性异常设计检测器或估计器。

视频隐藏软件 MSU Stego Video 是一款结合视频内容进行隐写的软件,它采用高鲁棒性的扩频调制隐写方式,通过冗余度参数与嵌入强度参数分别来控制扩频系数以及叠加调制强度,能有效抵抗各种攻击以及二次压缩编码。

苏等通过反向分析得出了 MSU 采用的是类似棋盘格分布的嵌入模式,该模式以 32×32 像素块为基本单位,对其中的 4 个 16×16 块以相互交错的调制幅度进行秘密信息的嵌入。这种嵌入模式在增强了 MSU 鲁棒性的同时,也引入了一种新的整体分布不均匀的块效应,而视频压缩编码量化导致的块效应整体分布却是趋于均匀的,正是基于这两种块效应分布之间的差异,苏育挺等人设计了一种根据块边界差值来检测 MSU 隐写的视频隐写分析算法。该算法能够有效检测不同嵌入强度及不同压缩码率下的 MSU 隐写,但由于判决门限易受序列长度、载体视频内容、编码质量控制策略等的影响,为了提高检测性能,如何选择合适的判决门限还有待进一步研究。他们在 2008 年又提出了一种基于帧间模式检测MSU 隐写的算法,该算法通过计算存在于相邻帧差值图像中的特殊模式数量是否达到一定阈值来判断视频中是否隐藏了秘密信息,文中采用的特殊模式是通过计算差值图像中每 32×32 像素块中 4 个 16×16 像素块的 DC 系数的符号是否存在一致性来实现的。该算法检测效果稍好于前一种。

Liu 等人针对 MSU 隐写提出了一种基于扩展马尔可夫特征与变换域联合分布特征的视频隐写分析算法。该算法对每个测试视频提取出了 1 944 个特征,包含 DCT 块内、DCT块间以及 DWT 子带各四个方向的马尔可夫特征,以及它们的联合分布特征,为提高运算效率,采用方差分析法对选取的特征进行降维处理,再利用 SVM 实现有效分类。

Jainsky 等人针对扩频隐写提出了一种基于渐近无记忆检测的视频隐写分析算法。该算法应用帧插补的共谋攻击方式及信号处理方法—渐进相对效率(Asymptotic Relative

Efficiency,ARE)非参量方法进行秘密信息的检测。帧插补共谋通过采用绝对误差和(Sum of Absolute Difference,SAD)准则求得当前帧的前一帧到其后一帧的运动矢量的一半作为前一帧到当前帧的运动矢量,从而插补出当前帧的估计帧。由于估计帧不受原始视频帧的影响,从而增强了估计帧与原始帧作差后得到的 PEF 中隐写的存在性。而选用适合在大样本中检测弱信号的 ARE 作为分类器,将正好有利于在大数据量的视频中进行小信息量秘密信息检测的视频隐写分析。

Zhang 等人针对视频中的加性噪声隐写提出了一种基于混淆检测的视频隐写分析方法。该方法基于加性噪声会使得载密视频帧差信号的概率密度函数产生混叠效应的特点,通过 Haar 波滤波器将载体能量集中的低频信号与敏感于秘密信息嵌入的高频信号分离开来,再取连续 4 帧高频信号产生一个帧差对,为去除载体视频的影响,利用低频信号计算得到帧差对的去相关矩阵,最后构造衡量混淆程度的检测函数与经验阈值相比较来实施秘密信息检测。

能量差值信息隐藏算法通过有选择地舍弃视频图像中某些区域的部分高频 DCT 系数,形成能量差异而达到信息嵌入的目的。张承乾等人利用视频序列时间域的强相关性建立针对性统计估计模型,侦测 DEW 算法所造成的载体信息统计特性变化,并结合 K-S 统计假设检验方法设计了一种视频信息隐藏分析算法。该算法能够有效地检测压缩视频码流中是否有 DEW 算法嵌入的特定信息。

(2) 通用视频隐写分析

通用视频隐写分析就是利用模式识别的方法对嵌入信息的视频文件和未嵌入信息的视频文件进行分类特征提取,通过建立和训练分类器实现隐藏信息的检测。由于很难找到对大多数隐写方案都稳定有效的分类特征,目前通用视频隐写分析的检测效率普遍较低。

Pankajaksha 等人提出了一种时空域双重预测的视频通用隐写分析算法。为了降低时域及空域残留非秘密信息载体噪声对分类的影响,该算法首先采用运动估计补偿去除视频序列的时域冗余,并利用空域预测方法对时域预测残差帧去除空域相关性,再对经时空域预测得到的预测误差帧进行 3 级离散小波变换,提取小波域每个子带特征函数的前三阶矩,最后用得到的 39 维特征向量去训练模式识别分类器实现秘密信息的正确检测。该算法改善了低嵌入率下视频隐写分析的性能,但对运动较快或含非平移运动的视频检测效果较差。

针对压缩域视频隐写,刘镔等人提出了一种基于帧间相关性的视频盲隐写分析算法。考虑到不同场景下的视频帧特征差异较大,因此在共谋之前,利用压缩视频的 DC 系数进行了场景切换点的检测。若相邻两帧 DC 系数直方图的相似度函数值为峰值,则可确定此处即为所要寻找的场景切换点。文中采用基于 TFA 的简单线性共谋方法,窗口大小的选取则根据帧间相关系数来进行自适应调节,以尽量降低因帧间相关度低引入的共谋噪声。最后提取压缩视频流 DCT 域帧间相关性统计特征、DC 系数、AC 系数作为使用帧间共谋策略的分类用特征向量,并与场景切换点的信息一并输入到三层前馈非线性神经网络实施载体视频与载密视频的有效分类。在嵌入率大于 30% 时,算法的检测效果较好。

视频可以看作由一系列相似的图像组成含时间信息的序列。由于视频隐写是在这些视频帧中嵌入不同的隐秘信息,可以得到多帧相似的含不同隐秘信息的载密视频,故利用隐秘信息的随机性以及连续视频的帧间相关性采取帧平均的共谋方式恢复出载体视频的原始信息。为了实现对视频隐写的有效检测,覃燕萍等提出了一种使用支持向量机(SVMs)的视频隐写盲检测方法。该方法利用时间和空间冗余,用帧间共谋的方式获取帧估计数据,提取视频帧的融合马尔科夫和 DCT 特征,构造 SVMS 分类器对待测视频进行检测,从而达到视频隐写检测的目的。该方法能够准确地区分载密视频和原始视频。

习　　题

1. 视频信号的特点有哪些?

2. 假设一段真彩色(每个像素 24 bit)视频的分辨率为 640×320,帧率为 25 帧/秒。试求该视频的信息传输速率。

3. 为什么视频加密通常要与视频编码标准相结合?

4. 试述实时视频加密算法的原理。

5. 试描述一个视频隐写技术的应用场景。

6. 试述基于替代的视频隐写方法的特点。

7. 试述视频水印特征。

8. 试述视频隐写分析的特点。

第 7 章

数 字 取 证

7.1 数字取证简介

随着计算机及各类数码产品的普及与广泛使用,计算机犯罪及其他犯罪的许多证据都以数字化形式呈现。数字取证技术为确保计算机、智能手机以及通信网络等数字设备中相关信息的安全,协助司法机构进行事件调查,收集数字犯罪证据,开展司法鉴定等提供科学、有效的方法和手段。

7.1.1 相关取证概念辨析

数字取证(Digital Forensics)是一门计算机科学和法学等学科的交叉学科,是信息安全领域中的一个新研究热点。在取证技术发展过程中,与数字取证相关的概念有计算机取证、电子取证和网络取证,其各自的取证主体对象均有所别。

(1)计算机取证(Computer Forensics)

计算机取证开始于 20 世纪 80 年代中期,主要特征是以计算机系统内与案件有关的数据信息作为研究对象,发展至今,存在许多不同的定义。

计算机取证资深专家 Judd Robbins 的定义是:计算机取证不过是将计算机调查和分析技术应用于对潜在的、有法律效力的证据的确定与获取。计算机紧急响应组 CERT 和取证咨询公司 NTI 进一步扩展了上述定义:计算机取证是对计算机证据的保护、确认、提取和归档的过程。系统管理审计和网络安全协会 SANS 总结为:计算机取证是使用软件和工具,按照一些预先定义的程序,全面地检查计算机系统以提取和保护有关计算机犯罪的证据。

(2)电子取证(Electronic Forensics)

电子取证的主体对象是指通过电子形式存储在电、磁、光学设备等多种介质上的且能够反映真实情况的数据信息。这里提到的电子形式既包括模拟电子,也包括数字电子。

(3)网络取证(Networks Forensics)

网络取证的主体对象是指在计算机网络环境中实时出现的、与案件有关的数据信息。

(4)数字取证

数字取证由计算机取证衍生而来,其主体对象则是存在于各种数字化信息设备和计算机系统或网络环境中的,与案件有关的数字化信息。数字取证从其研究范围来讲,既包括计算机取证又包括网络取证;从其内涵来讲,是对数字资源的提取、存储、分析和利用,这与网络取证和计算机取证的本质是一致的。

由此可见,上述取证过程的范围和领域是有差别的,根据其应用所处环境的不同而各有侧重。从事 IT 工作或有计算机科学专业背景的人员多使用计算机取证或数字取证,而我国司法实践领域和法律界人士多使用电子取证。一般情况下,可以不用严格区分。本书使用数字取证这一概念。

针对数字取证,也有很多研究机构给出了数字取证的定义,其中比较典型的是数字取证研究工作组(Digital Forensic Research Work Shop,DFRWS)给出的定义,其具体内容是:为了重建数字犯罪过程,或者预测并杜绝有预谋的破坏性未授权行为,通过使用科学的、已证实的理论和方法,对源于数字设备等资源的数字证据进行保存、收集、确认、识别、分析、解释、归档和陈述等活动过程。

本书参考以上各种取证的含义,并强调技术与法律的结合,给出数字取证的定义:按照符合刑事侦查和律法规范的方式,对能够为法庭接受的、存在于各种数字设备中的证据进行获取、保存、确认、分析和出示的过程。

从上述定义可以看出,数字取证的目标之一就是到犯罪现场,寻找并扣留各种与数字犯罪相关的数字设备,以及获取犯罪现场的原始数字信息。数字取证的目标之二就是对扣留的数字设备和现场获取的数字信息进行提取、保存和分析,从中得到可以用来作为证据的数据。

数字取证不仅是计算机、网络等设备的技术问题,还涉及法律和道德规范,取证过程要符合正当法律程序,需要取证专家、律师和相关司法工作人员的相互合作。

7.1.2 数字证据

证据是侦破案件的核心和灵魂,它的准确性和有效性决定着案件的侦破成败与否,与数字取证密切相关的是数字证据。

1. 定义

与数字取证一样,目前,数字证据也还没有统一、标准的定义。综合起来,我们认为数字证据是指以二进制形式存在于计算机、网络、手机等数字设备中,能够证明案件真实情况的数据。

数字证据与传统的证据一样,必须是真实、可靠、完整和符合法律规定的。数字证据的获取是数字取证工作的基础,必须借助相关的数字取证设备和相应的数字取证规则和数字取证规范进行。由于数字证据的表现形式多种多样,有文字、图形、图像、音频、视频、病毒等,因此对数字证据的原始性和空间性,必须认真鉴别和保护,并妥善保管。

与数字证据相近的概念还有电子证据和计算机证据。

① 电子证据

电子证据有广义和狭义之分。广义的电子证据是指以电子形式存在的,用做证据使用的一切材料及其派生物,或者说,借助电子技术或电子设备而形成的一切证据。这里的电子形式可以概括为由介质、磁性物、光学设备、计算机内存或类似设备生成、发送、接收、存储的任一信息的存在形式。可见,广义的电子证据中包括了模拟信号的电子证据和数字信号的电子证据。

狭义的电子证据是指数字化信息设备中存储、处理、传输、输出的数字化信息形式的证据。由于目前数字化信息技术的应用范围日益广泛,而且在法律应用中一般把模拟信号的电子证据视为传统书证、物证的新形式,对其按照传统证据规则进行使用,因此,现在所说的电子证据普遍是指数字信号的电子证据。

将电子证据与数字证据的概念进行比较,由于数字证据具有数字化形式,其载体可以是电子形式的,也可以是其他形式,比如用 DNA 作为载体,因此严格地讲,不能简单地认为电子证据包括了数字证据,前者只是包括了数字电子证据。二者是交叉的关系,但是考虑到二者相同的部分远大于相异部分,从一般意义上讲,认为二者的概念可互换。

② 计算机证据

计算机证据强调与计算机系统密切相关的证据,属于数字证据的范畴。

2. 特点

数字证据具有证据的特征,即具有证明力和证明能力。但是与传统的证据相比较,还存在以下突出的特点。

① 呈现形式具有多样性

数字证据不仅包括传统视听资料,还包括计算机数据以及外设数据,如网络电话、传真机等,也包括数码相机、摄像机、手机等设备,这些设备类型繁多,其呈现形式丰富,这就使得数字证据能够较传统证据使用较多的表现形式,能够较为形象地"回放"案件事实经过。

② 存在数量具有海量性

数字证据在各种介质中的存储量是普通证据无法相比的。在数字取证中,相同物理范围内所能收集的信息与传统的书证、物证相比,呈现几何级增量,从而取证范围在无形中大幅度扩大了。

③ 存储形式具有隐蔽、分散性

数字证据的本质是二进制编码,犯罪嫌疑人利用有关技术可以将数据隐匿于各种各样的数字设备中,通过网络等媒介分散在不同地域、不同国界,使用常规的证据取证方法不易看到和收集,从而增加了数字证据的隐蔽性、分散性。

④ 生成方式具有客观、实时性

犯罪嫌疑人在入侵数字设备的过程中,设备中的管理软件会自动记录其使用痕迹(如 IP 地址、登录密码、访问时间戳、数码相片生成时间、照片分辨率、标题说明标注等),并保存一定期限。由于数据传输的高速性,数字证据的形成都是实时的。如果不考虑人为和非人为因素,数字证据一旦形成便始终保持最初、最原始状态,并能长期保存和反复使用,这是传统书证、物证所无法比拟的。数字证据的这一特点便于我们在一定的时间空间内锁定犯罪嫌疑人和寻访证据。

⑤ 传输方式具有自动、高速性

数字证据由于其承载介质的特性,可以高速的传播。特别在网络中的传播理论上可以达到光速,并且不受地域空间、时间的限制。另外,借助于某些软件,数字证据可以自动传输,不需要人工干预。而传统证据只能在物理空间传递,如通过当事人交接、移送的方式进行,一般在原始出处就不存在了。数字证据的这一特点,对证据转移概念提出了挑战。

⑥ 存在环境具有易破坏性、开放性

数字证据是以数字信号的方式存在,而数字信号是非连续性的,在技术上可以被截收、监听、窃听、删节、剪接而无法查清,也可以因为操作失误、断电、网络故障、病毒、软件兼容性引起数据丢失、系统崩溃等,都会使数字证据文件无法反映真实的情况。所以,数字证据的内容具有更大的不稳定性,稍纵即逝。此外数字证据的形成,在不同的环节上有不同的计算机操作人员的参与,他们在不同程度上都可能影响计算机系统的运转。所以,可能出现的问题也就存在于人、机两个方面。为了保证证据的可靠性和真实性,应该从技术和管理上严格控制人机系统。同时,在采集和获取计算机证据时应注意分析人和机器两个方面。

数字证据的这些特点表明数字证据具有众多技术特性,从而使得数字取证面临不少难题,有完全不同于传统取证的问题需要研究。

3. 收集原则

数字证据的特点也决定了在对证据收集时应当切实保障其真实性。因此要求收集数字证据时应遵循以下原则。

① 及时性原则

就是当获取网络犯罪的相关情报时,侦查部门应尽快赶赴相关地点,及时采取保护措施,并立即着手对现场进行处置。此原则与收集传统证据的原则相同。一旦错过时机,证据可能就不复存在。

② 合法性原则

合法性原则包含的内容:一是保证过程的合法性,要求取证过程必须按照规定公开进行,必须是受到监督的。二是保证证据的连续性,即在证据被正式提交给法庭时,必须保证在证据从最初的获取状态到法庭上出现的状态之间没有任何变化,如果有变化,必须能够说明原因。三是专业人士见证,就是取证工作应在计算机专业人士的见证下进行,专业见证人起到传统见证人见证的作用。

③ 全面性原则

做到既收集存在于计算机软、硬件上的数字证据,也收集其他相关外围设备中的数字证据;既收集文本,也收集图形、图像、动画、音频、视频等媒体信息;既收集对犯罪嫌疑人不利的证据,也收集对其有利的证据。

④ 专业性取证原则

一方面要求收集数字证据人员必须掌握计算机与网络的知识和技能。遇到高难度的取证问题时,应聘请计算机网络专家协助。收集还需潜在证人的协助。数字证据的潜在证人是指,虽然对案件事实不能起到证明作用,但是可以对数字证据的真实性及其内容起到一定的证明作用的人。潜在证人一般包括:用计算机及外设记录其营业管理活动状况的人,监视数据输入的管理人,对计算机及外设的硬件和程序编制的负责人。另一方面要利用专门技术工具取证,而且这种技术常常是尖端的科学技术。

7.1.3 数字取证过程模型

数字取证是一个新的领域,并缺少一致性的法规和标准化。每个数字取证模型专注于某一领域,例如执法部门或电子证据发现。目前还没有被普遍接受的任何单一数字取证调查模型。人们普遍认为,数字取证模型框架必须灵活,以便它可以支持任何类型的事件和新技术。下面是一些比较典型的取证过程模型。

(1)事件响应过程模型

2001 年,Chris Prosise 和 Kvin Mandia 在 *Incident Response：Investigating Computer Crime* 一书中提出了事件响应过程模型(Incident ResPonse Process Model)的概念,书中明确地提出了"攻击预防"的概念,并将其作为取证程序的一个基本步骤,将取证过程延长到攻

击发生之前,成为专业取证方法区别于非专业的关键步骤。他们提出的过程模型大体分为几个阶段:攻击预防阶段、事件侦测阶段、初始响应阶段、响应策略匹配、备份、调查、安全方案实施、网络监控、恢复、报告、补充。

从整个取证分析过程来看,主要集中于证明正在运行的系统是否被攻击,以及被攻击后系统原始状态的恢复。模型中,系统分析所占比例较小,而对于一般的取证过程来说,分析阶段应分散于许多阶段中(如攻击预防阶段),所占比重应该最大。

(2) 法律执行过程模型

2001 年美国司法部(DOJ)在"电子犯罪现场调查指南"中提出了一个计算机取证程序调查模型(Law Enforcement Process Model)。指南面向的对象是一直从事物理犯罪取证的司法人员,因此重点在于满足他们的需要,而不是数字取证的人员,而且对于系统的分析涉及较少。DOJ 的法律执行过程模型基本步骤为:准备阶段、收集阶段、检验、分析、报告。

在一般概念上,首先应确定电子证据的存储位置,然后进行提取,但在这个模型中,在确定电子证据的存储位置之前就对所谓的电子证据进行提取了。因此,收集阶段更准确地说是对物理证据的收集,当对被收集的物理证据进行检验分析时才对电子证据定位和提取。

(3) 过程抽象模型

过程抽象模型(An Abstract Process Model)是美国空军研究院、美国司法部、美国信息战督导防御局提出的。他们对特定方法的取证过程进行抽象,抽象的结果产生了具有普遍意义的数字取证程序。过程抽象模型的研究被认为在数字取证基本理论和基本方法研究中具有里程碑的作用。过程抽象模型包括:识别、准备、策略制订、保存、收集、检验、分析、提交。

此模型的"识别"和"准备"的顺序与实际应用相反,实用性较差。另外,此模型和上面的法律执行过程模型,在检查和分析阶段对应的需求区别并不明显,因此这两个阶段常被混淆,这也是其实用性差的原因之一。

(4) 其他过程模型

数字取证研究工作组(DFRWS)提出了一个初步的计算机取证科学的基本框架,框架包括"证据识别、证据保存、证据收集、证据检验、证据分析、证据保存和提交"。基于这个框架,科技界可以对数字取证基本理论和基本方法进一步的发展和完善。

第十九次计算机安全技术交流会上提出了层次模型的概念,将计算机取证可以分为证据发现层、证据固定层、证据提取层、证据分析层和证据表达层五个层次。

由我国学者提出的多维计算机取证模型 MDFM 增加了时间约束和对计算机取证过程的监督,较好地解决了取证策略随犯罪手段更新变化的问题和所提交证据的可靠性、关联性和合法性的问题。

这些工作有力地推动的数字取证技术的发展,对取证标准化具有比较大的意义,为相关的立法工作也提供了支持。

7.1.4　数字取证技术

数字取证技术是指在计算机或其他数字设备取证的整个过程中,在相关理论的指导下,所使用合法的、合理的、规范的技术或手段,以保证计算机或其他数字设备取证的正确进行,以及产生合理、令人信服的结论。由于目前的取证调查技术多数是为解决数字取证调查中的实际问题而发展起来的技术,没有进行充分的验证,缺乏相应理论基础,从而在确定技术标准方面存在差异,也因此导致取证分析技术的不同分类,可以分为以下三类。

1. 基于取证过程模型的取证分析技术

从取证过程的角度看,根据 DFRWS 框架,取证技术可以分成如下六类。

① 识别类技术

该类技术从各类系统设备以及存储介质中的电子数据中,分析是否存在可作为证据的电子数据,协助取证人员获知某事件发生的可能途径。其可能使用到的典型技术有事件/犯罪检测、签名处理、配置检测、误用检测、系统监视以及审计分析等。

② 保存类技术

在取证过程中,应对数字证据及整套的取证机制进行保护。只有这样,才能保证电子证据的真实性、完整性和安全性。该类技术处理那些与证据管理相关的元素,其中可能使用到的典型技术有镜像技术、证据监督链以及时间同步等。

③ 收集类技术

该技术是指遵照授权的方法,使用授权的软硬件设备,提取或捕获突发事件的数据及其属性,并对数据进行一些预处理,然后完整安全的将数据从目标机器转移到取证设备上。该类技术与调查人员为在数字环境下获取证据而使用的特殊方法和产品相关。典型技术有安全的传输技术(目前主要采用的是加密技术)、复制软件、无损压缩以及数据恢复技术等。

④ 检查类技术

该类技术对那些收集来的数据进行检查分析并从中识别和提取出可能的证据,与证据发现和提取相关,但不涉及从证据中得出结论。典型技术有追踪技术、过滤技术、模式匹配、隐藏数据发现以及隐藏数据提取等。

⑤ 分析类技术

该类技术为了获得结论而对数字证据进行融合、关联和同化,涉及对收集、发现和提取的证据进行分析。分析技术是数字取证的核心和关键,典型技术有追踪、统计分析、协议分析、数据挖掘、时间链分析以及关联分析等。必须注意,对潜在证据进行分析的过程中,所使用的技术的有效性将直接影响到结论的有效性及据之构建的证据链的证据能力。

⑥ 呈堂类技术

该类技术涉及如何以法庭可接受的证据形式提交数字证据及相应的文档说明。此过程纯技术因素较少。典型的程序环节有归档、专家证明、负面影响陈述、建议应对措施及统计性解释等。

这种分类的不足在于:由于缺乏相关理论指导取证技术分类,所以不能涵盖所有的取证分析技术种类,比如文件系统取证分析技术是数字调查重要分析技术,它包含 NTFS 文件系统取证分析、FAT 系列文件系统取证分析以及移动设备文件系统,但是在这个分类体系中却没有说明,还有有害代码取证检测技术等。

2. 基于数字设备运行历史模型的取证分析技术

该技术最早由 Brain Carrier 提出,他从数字设备的运行历史角度来对数字取证分析技术进行分类。其主要思想是:计算机等数字设备在运行中包含一个历史过程,该过程中存在事件和状态的序列。因此在数字取证过程,将根据事件和状态的序列集合进行分析。按照数字设备运行历史模型,可以将数字取证分析技术分为七大类,并将其进一步分为 31 类分析技术。这七大类分析技术是:通用调查过程、历史周期、原子存储系统配置、原子事件系统配置、原子状态和事件定义、复杂存储系统配置以及复杂事件系统配置。有关详细的分类技术可以参考文献。

3. 基于存储介质的取证分析方法

该方法围绕存储介质中证据的获取、保护、传输以及分析等进行取证调查。按照介质中数据的生命周期,该方法可以分为两类:基于永久性存储介质的取证分析和基于易失性内存的取证分析方法,前者的典型代表是磁盘取证,后者是内存取证等,其具体分析过程依赖于存储介质中的文件系统结构、原理以及内存中的进程结构等。

以上证据取证分析技术分类之间有联系、有交叉,同时也存在互补关系,且任何一类技术都具有针对性。此外,新技术的不断出现,可以更加有效地解决数字取证调查问题。

7.1.5 反取证技术

反取证就是将驻留在计算机及其设备上的数据进行删除、隐藏,或者进行软件加密,从而破坏数字证据,由此导致司法取证工作不能够顺利进行的一系列技术,研究反取证技术意义非常重大。一方面对于取证人员来说,可以了解犯罪分子有哪些常用技术手段用来干扰取证工作进行,掩盖犯罪电子证据和犯罪行为痕迹;另一方面对于数字取证工具研发人员来说,可以在了解这些反取证技术的基础上,研究有效的反制技术手段,进而开发出更加有效的计算机取证工具,保证取证工作的顺利实施。常见的反取证技术主要有数据加密、数据擦除、数据隐藏和计算机与网络身份认证机制技术。

当前,随着个人杀毒软件和防火墙技术的普及与发展,"一键式"隐私信息擦除工具的出现,这些本来是为保护个人隐私的有益安全防护技术,已经被计算机犯罪分子所恶意利用,增加了取证工作难度,助长了反取证行为发生。相应的,新型反取证反制技术也在进一步研究和发展中。

7.1.6 数字取证的法律法规

1. 国外立法情况

联合国国际贸易法委员会成立于 1966 年,该组织秘书处于 1996 年起草了《电子商业示范法》。2000 年,联合国国际贸易法委员会又核准通过了《电子签字示范法》,随后配套发布了《电子签字示范法颁布指南》,《电子商业示范法》和《电子签字示范法》在内容、术语方面保持一致,而在形式上却是各自独立的。

这两部法律的规定表明了电子证据有着广泛的外延,基本包括了所有以无纸形式产出、存储或传递的各类电文,囊括了电子商务环境下生成的所有电文,并且不仅限于通信方面的记录,还有包括了计算机生成的并非用于通信的记录。

欧盟于 2000 年年初公布了《电子签名指令》,该指令的目的是为了降低使用电子签名的困难,并按照非歧视原则承认电子签名的法律效力。

上述各个国际组织制定的与电子证据相关的法律,由于法律的制定者不是各国的立法机构,而是国际组织,并且这些法律并不具有很强的法律上的约束力,因此条款大多是原则性的,可操作性不强。但是上述有关电子证据的国际性规范本身具有一定的示范性和参考意义。

美国作为信息技术发达国家之一,早在1965年就已经突破了传统证据的采信方式,将计算机记录作为证据采用。1978年8月,美国佛罗里达州计算机犯罪法开始生效,并编入《佛罗里达法规》第815章。1996年1月,美国公布第二个电子法,以加强对计算机网络的安全保护。同年,美国立法机构还修改了《防止计算机诈骗和滥用法案》,并将它重新命名为《国家信息安全法案》,该法案在1996年10月签署生效后适用于美国所有连接到互联网和电话网络上的计算机。

英国在1968年颁布的《1968年民事证据法》中,将任何包括在计算机生成文件中的、有助于证实该事实的陈述,均应当具有可采性,可用作证据证明该事实。在《2000年恐怖主义法令》中规定,入侵公共网络系统的黑客将会与恐怖分子一样论处。

印度通过对《1872年证据法》制定修正案来建立本国的电子证据规则。除此之外,印度还修订了《1891年银行簿据证据法》,颁行了《1998年电子商务支持法》和《1999年信息技术法》用以完善电子证据规则。

以上这些国家所颁布的法律都具有实质法律效力,承认了电子证据的证明效力,采用"非歧视原则"对待电子证据和传统证据。

2. 我国立法情况

我国至今没有独立的证据法,在早期的三大诉讼法中对证据有专章规定,但不涉及电子证据。只有很少的法律法规涉及一些有关电子取证的说明,如《计算机软件保护条例》《关于审理科技纠纷案件的若干问题的规定》等。2004年制定的《电子签名法》没有明确提出计算机证据或电子证据等概念,只是从等效的角度对电子签名赋予了法律地位。2007年的《公安机关办理刑事案件程序规定》修正案,对电子取证和电子数据的鉴定及保管做了较多具有针对性的规定。

2012年我国陆续通过了《民事诉讼法》和《刑事诉讼法》修正案,并于2013年1月1日生效。两大诉讼法修正案中都承认了电子证据的法律地位,在新《刑事诉讼法》中,把电子数据和视听材料并列为一种证据类型,而在新《民事诉讼法》中,把电子数据单独列出来成为一种证据类型。

此举给我国电子证据立法带来了曙光,具有重大意义。但是对电子证据的取证程序、认证标准等并未做出具体规定。目前有关电子取证的工作规范只有各取证机构自行制定的内部规范,这些规范也很难实现统一。

7.1.7 数字取证发展历程及发展趋势

1. 国外发展历程

第一阶段:20世纪80年代中期至90年代末期

数字取证在国外发达国家起步较早。1984年,美国FBI实验室成立了专业的研究小组——计算机分析与响应组研究计算机取证的技术和方法。1991年,计算机专家国际联盟在美国俄勒冈州波特兰市中心举行的培训会上,第一次正式提出了"计算机取证学"的概念。随后,美国不同机构都建立了许多专门的计算机取证部门、实验室或咨询服务公司,提出很多与数字取证有关的标准、概念等。美国Secret Service调查报告指出,到1995年为止,美国70%的法律部门已经拥有自己的数字取证实验室。

相应的,西方很多发达国家也对计算机取证研究投入了很多人力和财力支持。1995

年,计算机证据国际组织(International Organization on Computer Ebidence,IOCE)成立。在学术界,国际信息处理联合会第 11 工作组专门设立了年度数字取证国际会议,每年都会举办数字取证的学术会议。在研究方向上,重点是取证工具的开发利用,如硬盘克隆机、取证机等。

这一时期在技术上以数据恢复为主,往往是由计算机专家配合法律部门根据案件的实际情况进行比较原始的技术分析,缺乏规范的取证流程和工具。

第二阶段:20 世纪 90 年代末期至今

到了 90 年代后期,由于缺乏数字取证标准,引发了大量的法律问题,电子证据的合法性遭到法庭的质疑。专家们开始对取证流程和标准进行研究。于 2001—2003 年召开的第 13、14、15 三届的 FIRST 网络安全年会,连续以计算机取证为主题,研讨了网络安全应急响应策略中证据获取与事件重建技术,其中数字证据的发现、取证协议与步骤的标准化等问题讨论得十分激烈。随后提出了诸如基本程序模型,事件响应模型、抽象化的取证模型等。随着数字取证技术发展和研究的专业化,不但取证的各种硬件产品层出不穷,还开发出了 Encase 和 FTK 这样综合的数字取证软件工具,数字取证流程得到严格的规范化。在学术界,美国数字取证研究工作组 DFRWS 也开启了年度数字取证研讨。各主要国家都出现了专门的数字取证专业教育和培训机构,对取证人员进行培训和资格认证。这些工作推动数字取证理念得到了广泛认同,同时促进了数字取证技术的快速发展。

近年来,由于以云计算、移动互联网、大数据、物联网等为代表的新一代信息技术快速发展,给数字取证技术带来了新的挑战,也同时推动了数字取证技术的蓬勃发展。2014 年 6 月,美国国家标准与技术研究院(National Institute of Standards and Technology,NIST)云计算取证科学工作组发布了 Draft NISTIR 8006《NIST 云计算取证科学挑战》,第 1 次系统的总结了云计算系统所面临的取证技术挑战,以获得各国对云计算取证技术挑战的共同理解,并寻求相应的技术和标准予以应对。对大数据取证技术的研究,取得了一些成果,主要有 Sleuthkit on Hadoop 方法,分布式取证系统方法和内容抽样方法。此外,智能终端取证和磁盘文件碎片取证都有相应的开发工具不断推出。

2. 国内发展历程

与国外相比,我国开展取证相关研究比较晚。2000 年,公安机关为应对不断发生的计算机犯罪案件,开始研究电子取证技术,主要由网络安全监察部门承担取证服务、人员培训工作。这是数字取证在国内的最早应用。2004 年,在中国刑事警察学院建立了计算机取证专业实验室,在北京成立了我国第一个专门的取证机构"北京网络行业协会电子数据司法鉴定中心"。同年 11 月,在北京召开了全国第一届计算机取证技术研讨会,这次研讨会对计算机取证技术的理论与实践的研究产生了积极的影响。该研讨会每两年举办一次,有力推动了我国计算机取证技术的发展。

2005 年 3 月,中国电子学会计算机取证专家委员会在北京人民警察学院成立并召开会议。同一年,由计算机安全、计算机取证技术爱好者自发成立的一个技术团体——中国计算机取证技术研究组成立。由这两个组织联合,信息安全与法证公会(ISFS 香港)等参与举办的中国计算机法证技术峰会(China Computer Forensics Conference,CCFC)在北京举行。以后每年举办一次。经过不断发展和完善,CCFC 峰会已由国内专业型会议转变为国际交流会议,吸纳了包括国内执法部门、司法界人士,以及国内外金融业、会计审计业、企事业单位 IT 信息安全人士等众多领域的国内外专家学者参会。在推动国内外电子证据领域的技术研究与发展上发挥了重要作用。

各大科研院所和高校也都投入了一定的人力对计算机取证工具和取证模型进行研究。其中比较有名的研究机构有中科院高能所、中科院软件所、山东省科学院计算机中心、北京大学、吉林大学、武汉大学等。国内一些企业通过代理国外取证产品,引进最新研究成果,结合国情研发出国产的电子取证设备。如厦门美亚柏科信息股份有限公司的计算机犯罪取证勘查箱、现场执法检查箱,上海金诺网络安全技术发展股份有限公司开发的金诺网安介质取证系统,北京中网安达信息安全科技有限公司的"网络神捕"综合取证系统等。

通过近几年科研人员的不断努力,我国数字取证技术取得了可喜的进步,在实时可取证操作系统研究及图像取证技术研究中取得了独特的成果,但与国际先进技术相比仍有不小差距。今后还需要从立法、取证人员培养、资质认证、取证工具自主研发等方面做更加深入的工作。

3. 发展趋势

数字取证技术是一个交叉学科,具体来说涉及计算机科学、法学以及刑侦学等。经过这些年的发展,已经在理论和实践上取得了不少的成绩,但是由于新技术的出现,如移动互联技术、云计算技术、物联网技术以及反取证技术的发展等,对取证技术也是一个巨大的挑战。现在的数字取证技术还存在着较大的局限性,难以适应社会的需求,并且随着新兴技术的迅速发展,数字取证还必须应对新的挑战。综合起来看,数字取证领域将向以下几个方向发展。

① 远程跨域取证,即跨越地理界限进行远程数字取证

移动互联网将全球计算机网络、移动网络以及物联网等连接在一起,加上网络访问具有较强的隐藏性以及匿名性,使得远程跨域取证异常困难。当前有很多基于 IDS 的取证系统以及网络取证系统,但是这些系统的取证范围也常常是一些较小的单位网络,如政府、企业网等。对于跨域发生的安全事件来说,如何进行取证、如何进行远程跟踪事件等目前缺乏有效的方法。因此,研究有效的远程跨域取证,即远程取证将成为数字取证中的一个研究热点。

② 取证工具高速化、自动化、专业化与智能化

随着信息科技的空前发展,计算机犯罪的技术手段和反取证技术日趋专业化。同时电子证据的信息量和复杂程度日趋提高,这给国内外的执法机构带来巨大的挑战。而现在很多取证工作还依赖于人工实施,国内这种状况尤为突出,这大大降低了取证的效率和取证结果的可靠性,无法满足实际工作需要。这必将需要功能更强、速度更快、自动化程度更高的取证工具,才能有效进行数字取证调查。否则将不能快速分析出证据,无法有效制裁数字犯罪分子,更不能起到威慑数字犯罪的目的。取证工具也将不断利用数据挖掘、人工智能以及硬件加速技术(如多核技术等)增强其智能化,以应对大数据量、复杂数据的取证分析能力。

③ 新兴技术与数字取证结合的趋势

数字取证技术是多个学科的交叉融合,因此必将通过和其他数字技术进行结合才能取得发展。此外,随着技术的发展,各种新技术不断涌现,比如移动互联网技术、云计算、大数据以及物联网技术等,必将对数字取证技术的发展产生较大的影响,而在这种情况下,需要加强技术攻关协作,突破技术难题,通过有效的结合手段才能有利于,并推动数字取证技术

的发展。

④ 取证标准化工作将逐步展开,法律法规将逐步完善

数字取证工作的正规化包括取证流程标准化指标、法律法规制定和从业资格认证。当前,公安执法机关还缺乏有效的数字取证工具,仅利用国内外一些常用的取证工具或者自身技术经验开发应用,在程序上还缺乏一套计算机取证的流程,提出的证据很容易遭到质疑。取证流程标准化指标用来明确取证工具、取证过程和取证结果的评价标准。标准化工作对于每个行业都具有重要意义,在取证工具评价标准与取证过程标准方面也是如此。

对数字取证应该制定和完善相关法律、技术标准和制度,为数字证据的使用提供法律上更明确的依据,加强对具有取证职能的计算机司法鉴定机构的建设,加强取证资质认证机构的建设。从业资格认证将大浪淘沙,进一步净化数字取证领域的从业环境和人员素质,提高数字取证从业机构和从业者的技术水平。

7.2 数字取证常用工具

数字取证工作需要相应的软、硬件工具来支撑。这些工具既包括操作系统中的命令行软件,也包括专门开发的工具软件和取证工具包。最早的一款取证工具是 20 世纪 90 年代推出的 Expert Witness for Mac(Encase 前身)。进入 21 世纪,市场的强烈需求和学术界对数字取证科学进行的系统、深入的研究促进了数字取证产业迅猛发展,逐渐涌现出大批优秀的取证公司,为打击计算机违法犯罪提供了有效工具,确保调查计算机犯罪时保护证据的完整性和证据的有效性。取证工具可以分为非专用取证工具和专用取证工具。

通常情况下,非专用取证工具不是特地设计用来取证的软件或硬件,但是这些工具在必要时也可为取证所用。比如磁盘分区检测工具、杀毒软件、压缩工具和磁盘镜像程序等,这些非专用取证工具与专用工具相互配合,完成证据收集、保存、检查、分析和归档。

7.2.1 证据收集工具

应用在现场勘查阶段的工具主要有离线取证工具、在线取证工具和一些硬件类数字取证工具。依据法律程序,对计算机或其他设备收集电子数据或对存储在介质上的电子数据进行获取和固定,确保采集数据的原始性、完整性、有效性。

(1)离线取证工具

离线取证是指在计算机或电子设备未运行状态下进行取证的技术,也称为静态取证。适用于未使用的存储器或独立的磁盘、光盘、U 盘等断电后不会丢失数据的介质或设备。在证据收集过程中常用的取证工具有硬盘克隆工具 Norton Ghost 等。有专为取证设计的硬盘复制机,提供了对存储在嫌疑硬盘中的所有数据严格按位复制的保证。Dossir、HardCopy、SuperSonix 都是目前硬盘取证的主流产品。相对于早期的硬盘复制机产品,上述硬盘复制机不仅支持的媒体类型更多,速度更快(6～7 Gbit/Min),更为显著的特性是集成了数据修复、关键字快速检索、自动生成实时取证报告等功能。

(2)在线取证工具

当勘查人员进入一个犯罪现场时,若计算机处于开机状态,则需要及时收集系统进程信息、注册表信息、账户列表及密码、计算机网络设置、屏幕截图、内存数据、加密分区、聊天记

录和账户密码、电子邮件及账户密码、上网记录、手机同步记录等数据内容。服务于在线调查取证的免费工具和开源工具较多,如数据截取工具有 Windows 平台下的 Sniffer 工具,基于 Linux 的 TCPDump,收集在线信息的工具 First Responders Evidence Disk(FRED)、F-Response 网络在线调查 CE 版本等。

（3）计算机取证勘查箱

计算机取证涉及的各种信息存储介质种类很多,此外还有不同品牌的掌上电脑和手机,因此要求取证人员必须拥有一套适应范围广、拷贝功能强、携带方便、使用灵活的移动电子取证平台,通过精简、轻便的设备,实现对不同场合、不同需要的案件数据取证目的。计算机取证勘查箱的运用为实现计算机取证的系统化、集成化、规范化、专业化提供了一个较好的模式参考。计算机取证勘查箱由两大部分组成,硬件设备和软件设备。硬件设备主要包括:取证用笔记本电脑、硬盘拷贝机、闪存卡拷贝设备、PDA 取证设备、手机取证设备、硬盘转接卡、硬盘写保护器等。软件设备即一些专用取证软件,如全能拷贝王、Encase 等。

（4）写保护接口硬件

在获取嫌疑人电子数据时,必须确保原始数据的安全。写保护接口硬件用于在现场或实验室利用标准笔记本电脑或普通台式机电脑通过火线或者 USB 接口获取硬盘镜像和分析文件使用的所有写保护接口,确保证据数据以只读的方式读取到证据分析设备中。WeibeTech 公司系列产品和 Tebleau 公司的 UltraKit 一直占有较高的市场份额。

（5）手机取证系统

当前智能手机品牌和种类繁多,且不同种类的手机采用的存储格式和数据处理方式没有统一规范,因而取证工具无法适用所有型号的手机。最初,全球第一个便携式手机取证箱 Logicube 公司的 CELLDEK,仅能识别二三百款手机型号,且只能从中提取机身和 SIM 卡内存储的重要数据,如电话簿、文本短信息、通话记录。伴随着智能手机的广泛应用,手机取证市场空前繁荣,由俄罗斯研发的手机取证分析工具 Oxygen Forensic Suite 已经开始在自身功能中集成部分新型智能终端的分析功能,以支持 iOS 和 Android 系统。还有中国上海盘石公司的 SafeMobile 和厦门美亚柏科 DC-4600 也不断得到用户的认可。手机取证产品的性能差别主要体现在支持的手机数量、操作系统类型以及连接方式、获取信息类型数量等方面。

7.2.2 证据保全工具

电子证据保全方法具有多样性。与传统证据保全相比,电子证据的保全既可以转化为传统证据的保全方式,比如打印成纸质文档或图片、制作勘验检查笔录等,也可以保存到安全可靠的存储介质中进行保全,还可以采用现代信息技术比如磁盘镜像技术、数据隐藏技术、数据加密技术、数字签名技术和数字时间戳技术、制作数字摘要技术等进行保全。另外,由于互联网的高速发展,电子证据不仅可以通过互联网快速传播,而且很多电子证据本身就存在于互联网上,就使得对电子证据的保全可以借助于互联网进行,这就是电子证据的网络公证保全,即由特定网络公证机构,利用计算机和互联网技术,对互联网上的电子身份、电子交易行为、数据文件等提供增强的认证和证明以及证据保全等的公证行为。如北京国信嘉宁数据技术有限公司创设的"国信电子证据保全平台",针对不同行业提供第三方电子数据保全。不管采用哪种方法,一个重要的原则就是确保对目标计算机中的原始数据不产生任何改动和破坏,只有这样,才能保证数字证据的真实性、完整性和安全性。

NTI 公司的 CRCMD5 可用于保护在调查过程中搜集的电子证据,保证其不被改变,也可以用于在机器之间迁移系统是的完整性。该公司的另一款软件 Seized 可用于保证正被调查的计算机系统不会被用户任意操作。

证据保全中时间是证明数据有效性的重要数据,除了与数字签名相关的数字时间戳技术外,还有一些软件可以做时间标记。例如,FileList,一个磁盘目录工具,用来建立用户在该系统上的行为时间表;GetTime,在计算机作为证据被查封时,用于获取并保存 CMOS 系统时间和数据。

7.2.3　证据检查、分析工具

证据检查和分析是数字取证的核心和关键。主要工作有对删除的数据进行恢复,修复损坏数据、还原隐藏文件、扫描加密文件对其进行文件解密,校验文件签名是否正确,对计算机系统、网络或其他设备中的数据进行搜索、分析,发现和犯罪事实相关联的全部数据资料,进而重构案情。与之相应的取证工具种类繁多,因此需要根据具体案情制定相应的调查方案,有针对性地选取计算机法证工具。

（1）数据恢复工具

数据恢复工具可将已删除或已格式化的文件恢复,对不同程度上的数据破坏进行恢复,以及将不可见区域的数据进行呈现。著名的数据恢复工具有 Final Data Enterprise、Easy RecoveryPro 等。近年来,内存数据恢复是取证技术研究的热点,目前国内研制成功的物理内存取证分析工具主要有上海盘石数码信息技术有限公司研制的"盘石计算机现场取证系统"和山东省科学院计算中心研制的"计算机在线取证系统"等产品。

（2）密码破解工具

在检查或分析涉案电子数据时,对加密文件的处理,需要强有力的密码破解软件。俄罗斯 ElcomSoft 公司是专业的密码破解公司,其产品以技术先进、使用灵活、功能强大得到业界的广泛认可。新版本还增加了对 WIFI 以及 iPhone、iPad、黑莓手机加密备份文件的破解。

（3）网络及其他取证工具

简单的网络取证工具可以使用 Ping、Traceroute、Netstat 命令,更为常用的网络取证工具大都具有监控、追踪、协议分析等功能。例如,NetWitness Investigator 对捕获的数据包,分析网络异常行为(如病毒、木马、后门程序、黑客入侵、数据泄漏),并且因捕获的数据无法篡改,被美国司法承认可以用来作为网络证据使用。随着移动和云计算时代的高速发展,出现了大量免费甚至开源的网络取证工具,如 Cookie Cutter、Web Page Saver 等,极大丰富了取证产品,并促进了取证工具的开发。

7.2.4　证据归档工具

在数字取证的最后阶段,需要将取证分析的结果进行归档整理以供法庭作为诉讼证据。应该注意的是,为保证证据的可信度,在处理数字证据的过程中,必须及时对各阶段的情况进行归档,以使证据经得起法庭的质询。

证据归档工具有 NTI 公司的 NTI-DOC 软件,该软件用于自动记录电子数据产生的日期、时间以及文件属性。Encase 工具可以采用 html 或文本方式显示调查结果。

7.2.5 专用取证集成工具

专用数字取证集成工具集证据的收集、识别、分析、归档等于一身,为执法部门提供全面、彻底的计算机数据获取、分析和发现能力的软件,分析结论受法院认可。

美国的 Guidance Software 公司的 Encase 是最早开发的取证工具,也是目前使用最为广泛的计算机取证工具,具有证据获取、处理、深度取证分析、案例归档的功能,并一向以其独有的挖掘潜在证据的能力而闻名。最新推出的 EnCase 7 获取能力更强大,增加了对平板电脑和多种操作系统智能手机的支持。

美国 AccessData 公司的 FTK(Forensic Tool Kit)提供了强大的搜索功能,被公认为世界上对文件、电子邮件分析的首选软件。英国 Digital Detective 公司的 Net Analysis 目前已经成为互联网历史记录分析和恢复的行业标准。德国 X-ways 公司的 X-ways Forensics 是较为出色的计算机法证工具,与 WinHex 软件紧密结合,使其具备强大的数据恢复功能和数据分析功能。

7.3 多媒体源设备识别算法

多媒体源设备识别是指对图像、视频和声频数据的生成设备进行设备类型、设备品牌、设备型号以及设备个体的识别,即不仅能判别设备的品牌型号,还能判别数据来自哪一台设备。多媒体源设备辨识的主要依据是:同一设备所获取的所有媒体数据均带有该设备的内在特征,这些特征只与该设备独有的硬件元器件有关,与多媒体数据所表达的内容无关。

7.3.1 数字图像来源取证

现在能够生成数字图像的设备有很多种,如数码相机、扫描仪、计算机等。图像来源认证就是对不明来源的图像辨别它的生成设备。虽然在视觉上,不同设备来源的数字图像区别不大,但由于各种图像生成设备的特征不同,如镜头、感光器件、打印机或扫描仪的零部件运动特征等,其生成的数字图像也会带有不同的特征区别。现有的图像来源认证就是通过分析、提取这些能够区别图像来源的特征,建立特征库,实现对数字图像来源的盲认证。

1. 数码相机识别算法

不同品牌的数码相机由于镜头、CCD、感光器件和处理信息的方式不同,所拍摄的图像会具有不同的特性,根据这些不同特性就可以判别数字图像的相机来源。数码相机成像的过程可以简单地描述如图 7.1 所示。

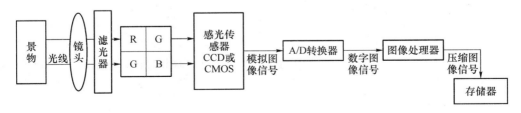

图 7.1 数码相机成像过程

自然光线透过镜头到达感光传感器 CCD 或 CMOS(大多数相机只有一个),经颜色滤波阵列(Color Filter Array,CFA)滤波后,图像中每个像素只有三基色中的一个颜色分量,通过模数转换,得到 RGB 灰度值的数字信息,即 RAW 文件。为了获得全彩色图像,需要采用 CFA 插值算法恢复所丢失的颜色信息,再通过去噪、色彩处理、曝光校正、白平衡、伽马校正、锐化等一系列图像处理,获得高质量的图像。

在以上数码相机处理图像的过程中,不同相机采用不同的 CFA 插值算法,因此可以根据 CFA 插值算法来推断其生成的数码相机品牌。

(1) 基于 CFA 插值方法的识别算法

下面介绍 CFA 插值。

当前大多数码相机都是单次俘获型数字相机,即只有一个 CCD 或 CMOS 感光器,通过颜色滤波阵列 CFA,每个像素只得到了三基色中的一个颜色,需要进行 CFA 插值才能获得彩色图像。最常用的颜色滤波阵列是 Bayer CFA,如图 7.2 所示。用 r、g、b 表示红、绿、蓝,由于人眼对绿色最敏感,在 CFA 中绿色单元的数量是红色、蓝色单元的两倍。

r_{11}	g_{12}	r_{13}	g_{14}	r_{15}	g_{16}
g_{21}	b_{22}	g_{23}	b_{24}	g_{25}	b_{26}
r_{31}	g_{32}	r_{33}	g_{34}	r_{35}	g_{36}
g_{41}	b_{42}	g_{43}	b_{44}	g_{45}	b_{46}
r_{51}	g_{52}	r_{53}	g_{54}	r_{55}	g_{56}
g_{61}	b_{62}	g_{63}	b_{64}	g_{65}	b_{66}

图 7.2 Bayer CFA 模式

关于插值算法,一般分为两类。第一类是对不同颜色通道进行单独处理,包括最近邻域插值法、双线性插值法、双三次插值等。这类算法的规律是利用本身颜色通道重建像素值,而跟其他通道采样值无关。这类算法实现比较容易,而且在平滑区域能够取得比较理想的效果,但是在图像边界失真较为严重。第二类是利用多通道之间的相关性进行插值(如平滑色调变换插值、基于梯度的插值、中值滤波插值等),这类算法通常会考虑图像细节和通道间的相关性,所以插值的效果要明显好于第一类。一般数码相机会联合几种 CFA 插值以获得高质量的图像。下面介绍其中比较简单的双线性插值法,它是理解并设计其他算法的基础。

设 $S(x,y)$ 表示图 7.2 中 CFA 的值,用 $\tilde{R}(x,y),\tilde{G}(x,y),\tilde{B}(x,y)$ 分别表示 $S(x,y)$ 中红、绿、蓝通道中的值,对没有采样的值 0 表示,有如下表示:

$$\tilde{R}(x,y)=\begin{cases} S(x,y), & \text{如果 } S(x,y)=r_{x,y} \\ 0, & \text{其他} \end{cases}$$

$$\tilde{G}(x,y)=\begin{cases} S(x,y), & \text{如果 } S(x,y)=g_{x,y} \\ 0, & \text{其他} \end{cases}$$

$$\tilde{B}(x,y)=\begin{cases} S(x,y), & \text{如果 } S(x,y)=b_{x,y} \\ 0, & \text{其他} \end{cases}$$

其中,(x,y) 为整数坐标。

对于每个像素,用邻近的已知颜色的值恢复其缺失的两个颜色。比如对于坐标 (3,3) 位置:

$$b_{33}=(b_{22}+b_{24}+b_{42}+b_{44})/4$$
$$g_{33}=(g_{23}+g_{32}+g_{34}+g_{43})/4$$

对于坐标$(3,4)$位置：

$$b_{34} = (b_{24} + b_{44})/2$$
$$r_{34} = (r_{33} + r_{35})/2$$

这种插值可以看作是线性滤波。设$R(x,y)$，$G(x,y)$和$B(x,y)$是重构之后的完整图像，通过在R、G、B三个通道使用滤波实现：

$$R(x,y) = \sum_{u,v=-N}^{N} h_r(u,v)\widetilde{R}(x-u,y-v)$$

$$G(x,y) = \sum_{u,v=-N}^{N} h_g(u,v)\widetilde{G}(x-u,y-v)$$

$$B(x,y) = \sum_{u,v=-N}^{N} h_b(u,v)\widetilde{B}(x-u,y-v)$$

其中，h_r，h_g，h_b是线性滤波器，它们的大小为$(2N+1)\times(2N+1)$。

例如，在 Bayer 模式结构中，红色通道和蓝色通道的一维线性滤波器表示为

$$h_l = [1/2 \quad 1 \quad 1/2]$$

则红色通道和蓝色通道的双线性滤波器可表示为 $h_r = h_b = h_l^T h_l = \dfrac{1}{4}\begin{bmatrix} 1 & 2 & 1 \\ 2 & 4 & 2 \\ 1 & 2 & 1 \end{bmatrix}$，但是绿色

通道中，双线性滤波器与其他两个颜色通道不同，其表达式为

$$h_g = \frac{1}{4}\begin{bmatrix} 0 & 1 & 0 \\ 1 & 4 & 1 \\ 0 & 1 & 0 \end{bmatrix}$$

有了 CFA 插值算法，接下来就是采用某些方法分析不同 CFA 插值算法的特征并进行分类，实现相机来源取证。

Long 等人提出用像素相关性的二阶模型对插值系数进行估计，并采用 BP 神经网络进行插值算法的分类。Popescu 等人利用（Expectation Maximization，EM）方法检测 CFA 插值周期性在频谱重呈现的峰值点，并采用 Fisher 线性分类器进行分类。王波等人则把协方差矩阵引入插值系数方程组的建立和求解中，然后把估计出的插值系数的均值和方差作为特征向量，以支持向量机作为分类器来实现 CFA 插值的盲检测，此方法对合成图像的检测结果比较理想。

（2）基于噪声特征的识别算法

从图 7.1 可以看出，自然图像的形成过程是一个复杂的过程，需经过 CCD 传感器的光电转换、CFA 插值作和多种后期处理等操作。在每一步操作中，由于硬件或软件自身的特性，都会在图像中引入缺陷，即为噪声。

在产生的噪声中，由 CCD 在生成图像时留下的特定的噪声分布，称为模式噪声。不同 CCD 传感器的模式噪声也不同，正是基于此特性，模式噪声被作为相机的"数字指纹"，而被广泛应用于图像取证领域，此特性还可以用于扫描仪、打印机的取证。

① PRNU

模式噪声可分为固定模式噪声（Fixed Pattern Noise，FPN）和光照响应不一致性噪声（Photo ResponseNon-uniformity，PRNU）两部分，如图 7.3 所示。

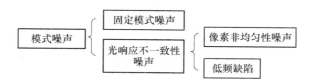

图 7.3 模式噪声组成图

FPN 是由暗电流产生的,是指传感器在没有光线照射时产生的电流信号,通常很小。它是加性噪声,在图像的噪声成分中与其他加性噪声混合在一起,较难提取,而且获取其需要将相机置于完全黑暗的环境下,试验环境要求苛刻。这些因素都限制了 FPN 的使用。

PRNU 是模式噪声的主要组成部分,又可分为像素非均匀性噪声(PNU)和低频缺陷。PNU 是 PRNU 的主要成分,是由于传感器制作过程的缺陷,像素单元对光照的反映不一致性引起的,与光电传感器的尺寸、光谱响应及传感器涂层厚度有关,不受温度和湿度的影响,主要集中在高频,且性能稳定,是传感器的固有属性。低频缺陷是由空气中灰尘颗粒的光线折射产生的,通常不稳定,一般不被图像取证研究所采用。

由于操作条件的限制,无法得到准确的 CCD 模式噪声,一般通过图像降噪的方法来估计获得,其中 Lukas 的方法最为经典。Lulcas 将图像通过小波滤波,滤除加性噪声,然后用原图像减去滤波后的图像,即可得到残余的模式噪声部分,可表达为

$$n = I - F(I)$$

其中,n 为模式噪声,I 为原图像,$F(I)$ 为去噪后的图像。

这是单幅图像的模式噪声,为强化模式噪声,抑制随机噪声,可以对多幅图像进行平均。Fridrich J. 通过对模式噪声求相关性进行数字来源取证,算法主要分以下几个步骤:

a 训练。从每个相机拍摄的图像库中取出 N 幅图像作为训练样本集。对每个相机的 N 幅图像的样本噪声进行平均,得到每个相机的参考模式噪声。

b 计算相关性。对一幅待鉴别的图像,首先求出其样本噪声,然后根据相关性计算方法,求出该图像的样本噪声与每个相机的参考模式噪声的相关系数。

c 鉴别。根据预先训练得到的每个相机各自的鉴别阈值,比较 b 中的相关系数与这些阈值,判断图像最有可能是哪个相机拍摄的。

为了将图像进行准确分类,此方法需计算所有待检测设备的参考模式噪声,并且必须获得待检测设备的种类及型号,并且随着相机型号和图像处理软件的增多,其计算量是不可容忍的。这些因素都限制了其实际应用。

② 镜头灰尘分布(适用于单反相机)

和普通相机相比,单反相机(Digital Single Lens Reflex,DSLR)具有更高的成像质量,更低的噪声,更少的图像延迟和更好的景深控制能力。单反相机的镜头在更换过程中难免会留下灰尘。早期的单反相机没有自动除尘的功能,现在的单反相机虽然有自动除尘的功能,但是实验结果表明,即使经过连续多次自动除尘,灰尘也不会被完全清除,甚至灰尘的位置也没有多少偏移。灰尘的分布具有随机性,且在一段时间内是保持稳定的。Dirik 等人研究了灰尘引起的像素值变化与数码相机参数的关系,利用这种关系和灰尘斑点的形状来检测灰尘的位置,以灰尘位置为特征鉴别单反相机生成图像的来源。只有在相机镜头拍摄之后没有经过人工清理的条件下,他们的方法才能保证鉴别的准确性。

③ 镜头失真

Choi 等人提出将镜头径向畸变作为指纹进行来源鉴别。径向畸变会导致直线变成曲线,当横向放大率 M(图像间距与目标间距之比)不是固定不变的,而是一个图像间距离轴距为 r 的函数时,就会发生镜头径向畸变。不同的制造商会采用不同的镜头系统补偿径向畸变,而且透镜焦距会影响畸变的程度。因此,每一个相机模型具有独一无二的径向畸变模式以便进行区分。

(3)基于图像后期处理技术的识别算法

在获得初始像素值之后,数字图像还必须经过一系列的后处理操作,如白平衡、伽马纠正、图像增强等一系列操作,最后经压缩以某种格式存储、输出。不同的设备制造商会采用不同的后处理算法,以体现自己的优越性,故后处理模块中的算法也是区分不同品牌照相机的一种依据。常用的取证方法有对相机的 JPEG 压缩算法进行区分,以及对伽马校正曲线和相机反应函数 CRF 曲线进行估计,以支持向量机分类,但这种方法需要人工指出可能的伪造区域,而且对相机区分度也不是很大。

(4)基于图像统计特征的识别算法

数字图像本身是以数值形式存储图像信息的,就图像数据本身的统计规律进行研究,是利用数理统计学的原理探究事物内部的本质规律。基于原始图像的统计规律的取证与图片内容无关,统计的信息包括高阶统计量、小波系数、直方图、功率谱等。借助傅里叶变换、DCT 变换、小波变换,可以将图像分解,以便提取出更能代表原始图像本质的特征信息。利用原图像的这些特征信息,可以鉴别图像的来源不同。这种方法先排除对摄像的电子硬件的统计规律,单就图像像素本身进行统计学分析以便找出其规律的取证。

基于统计学原理,首先需要建立大型的图像数据库,如原始照片的图像数据库、PS 图像数据库、CG 图像数据库,接着用特定算法(如 DCT 变换、小波分解、DFT 变换等)对图像数据库中的每幅图片进行特征提取,然后对特征值所组成的特征向量进行机器学习即选用分类器。主要的分类器包括神经网络、支持向量机、主成分分析法等。

总之,以上这几个算法只能用来区分照相机的品牌,不能为单一照相机进行鉴定,且容易受到攻击,如不同品牌的相机也可以采用相同的量化表、图像中的子图很容易被删除等。该类算法只能初步认证图像的来源。

2. 扫描仪、手机图像来源识别算法

和数码相机类似,扫描仪、手机的相机也大多采用了 CCD 或者 CMOS 作为其成像器件,因此可以利用传感器噪声作为特征,对扫描仪进行分类。

扫描仪的来源取证还可以利用平板扫描仪玻璃板表面的灰尘或划痕特征,这些痕迹会在玻璃板表面存留较长时间,因此在一段时期内可将这些痕迹看作扫描仪的"指纹"。该方法不需要提取扫描仪的固有特征,可对相同品牌相同型号的扫描仪个体进行取证。

对手机图片的来源取证研究相对较少,主要算法以提取图像质量特征和手机 PRNU 的估计和检测为主。

3. 打印机、复印机来源识别算法

当前,打印机、复印机已经成为广泛使用的办公设备,与此同时伪造文档相关的案件也越来越多,打印机、复印机来源取证研究逐渐发展起来。

打印机和复印机分为彩色和黑白两种。有多家彩色打印机、复印机公司对其生产的设备应用了隐含的票据防伪水印技术,将由点阵图像组成的小黄点作为防伪代码输出到打印文件中,如图 7.4 所示。利用这种数字水印可以进行打印机类别鉴定、同一认定和文件制成时间的判定,并且相对容易实现。但是,这种数字水印技术只有少数几家公司使用,而且也不适用于黑白打印机和复印机。所以这种可靠简易的方法存在很大的局限性,而且由于人工提取黄色暗记特征及对比的过程都存在主观误差,可能会造成取证的失误。下面介绍的识别算法都是属于被动取证技术。

图 7.4　富士施乐激光
打印机暗记特征

(1) 激光打印机识别算法

① 利用打印机硬件缺陷进行取证

激光打印机的打印过程包括充电、曝光、显影、转印、定影和清扫六个步骤。在充电和转印过程中,激光反射棱镜的不均匀转动和感光鼓滚轴的机械缺陷会导致文档出现页面几何失真现象。基于这些缺陷,使用最小二乘法求解投影变换的几何失真模型参数,并根据该参数获得残差矩阵。由于部分模型参数和残差矩阵包含了打印机的固布特征,通过对所选模型参数进行分类以及对残差矩阵进行分析比对,即可实现打印机来源取证。

感光鼓在旋转过程中的角速度波动则会在文档上留下条带频率特征。不同品牌型号的打印机具有不同的条带频率,可根据不同条带频率特征鉴别打印机来源。但该方法需要预先打印具有大面积均匀色调区域的图像,不适合对缺少大面积均匀色调区域的文本文档进行取证。

② 利用图像统计特征进行取证

对彩色打印图像进行一级小波分解,或者利用灰度共生矩阵进行特征提取,形成噪声统计特征,再利用 SVM 分类器进行训练和测试。

③ 利用字符图像固有特征进行取证

不同品牌型号的打印机具有不同的硬件结构和软件处理算法,因此打印输出的字符也具有不同的特点,如墨粉浓度、字符形态、字符边缘清晰度、引入噪声含量等。有些特征为某些品牌或型号打印机所特有,而有些特征则是某台打印机所独有,利用这些字符特征即可实现打印机来源鉴别。

(2) 喷墨打印机识别算法

鉴别喷墨打印机可以根据文档上存留的打印机个体特性缺陷进行判断,如打印文档上出现的白色条纹或漏点、字符偏斜、字符错位、色彩失真等,也可通过分析墨水种类、墨水理化性质和打印字符特征等鉴别来源打印机。喷墨打印机在走纸过程中使用齿轮传送纸张,在文档上会留有尖齿轮压痕。不同品牌型号的喷墨打印机具有不同的齿轮间距离和齿痕间距,因此可通过尖齿轮压痕来识别喷墨打印机来源。

(3) 复印机识别算法

数码复印机的组成部件经过磨损、污染和维修后会产生复印痕迹,包括光导鼓特定痕迹、投影系统痕迹、充电电极特定痕迹等。这些痕迹有的一经形成就会稳定地出现在复印文档上,有的则会周期性出现。复印痕迹是确定复印文档来源、鉴别复印文档真伪的客观依据。这些痕迹的检测需依赖专业文检设备进行人工比对和验证,检测效率较低,且有些方法是有损检测,破坏了原始待检样本。目前还没有不依靠文检设备的自动检测技术发表。

除了上述利用不同的算法分别对激光打印机、喷墨打印机、复印机进行辨识外,还可以采用 DCT 频谱特征对这些设备同时进行来源取证。

4. 计算机生成图像与自然图像来源识别算法

由于计算机图形技术及图像合成(Rendering)技术的快速发展,计算机生成(Computer Graphics,CG)图像越来越逼真,在视觉上与数字相机拍摄的相片难以区分,成为伪造图像的方法之一。因此鉴别自然图像与 CG 图像是数字图像取证要解决的一个重要问题。

现有的区分自然图像与 CG 图像的方法大致可以分为以下三种。

① 基于统计特征检测的算法

通过对图像进行小波分解提取特征,或者提取图像的 HSV 彩色直方图、边缘走向、直方图强度、压缩比和模式谱等视觉特征进行分类。但由于该方法只利用了自然图像本身的统计特征,没有探究自然图和计算机生成图之间特征区别,因此其检测效率并不高。

② 基于几何特征检测的算法

Tian-Tsong Ng 等人采用微分几何、分数几何和局部小片的统计特性来捕捉自然图像与计算机虚拟现实图形之间的差异,这些差异包括物体模型差异、光路传输差异、图像获取过程差异等总共 192 维的几何特征送入 SVM 进行分类,提高了检测效率。

③ 基于成像过程检测的算法

计算机生成图像与自然图像的成像过程存在很大差异。CG 生成过程首先利用建模建立图形所描述场景的几何表示,再用某种光照模型,计算在假想的光源、纹理、材质属性下的光照明效果,最后用虚拟数字相机对模型进行成像。而自然图像是将真实景物投影到数码相机的 CCD 传感器上,成像过程受环境、光、成像设备等诸多因素的影响,因此,自然图像比 CG 在亮度、色彩、纹理等方面更平滑,层次更丰富。

S. Dennie 等人认为数码相机图像往往携带有相机的噪声模式,并具有公共的统计特性,而 CG 图像则不具备这种统计特性。通过计算图像的噪声模式与模板噪声模式的相关程度便可对图像进行分类。

Dirik 等人利用从 CFA 插值残差中提取的特征和从径向色差中提取的特征判别计算机生成图像。基于 CFA 特性的分类算法的不足之处在于 CFA 插值痕迹易于仿造,对原图像重新采样并使用常用的 CFA 插值算法重新插值就可以模拟 CFA 插值痕迹。

目前 CG 图像辨识的算法只能检测仿真度不是非常高的 CG 图像,急迫需要解决的问题包括:如何检测高仿真的 CG,如何识别 CG 经相机翻拍后的图像等。同时 CG 图像辨识还存在对抗的问题,若在 CG 中加入成像特征,目前的辨识算法将会失效。

7.3.2 视频设备来源取证

由于数字视频可视为静止图像在时间轴上的扩展,视频取证研究是随着数字图像取证研究的逐步深入而开始出现的。然而,数字视频具有不同于数字图像的特点。一是视频的成像复杂性往往要高于静止图像,二是视频帧一般要经过高压缩比编码过程。

虽然图像取证的方法并不能直接应用于视频,但其可以提供许多检测思路。按照视频采集、处理与传播过程,将现有的视频来源鉴别算法分为三大类,面向成像设备的视频来源取证、面向压缩编码算法的视频来源取证和面向网络传输技术的视频来源取证,下面就这三类展开讨论。

1．面向成像设备的视频来源取证算法

由于视频成像采集设备与图像采集设备类似,故视频片段也具有采集过程留下的模式噪声。通过最大似然估计法估计出 PRNU,再对 PRNU 进行滤波以除去有损压缩造成的块效应,最后,计算归一化的交叉互相关,根据互相关能量系数的峰值来判定两个视频片段是否来源相同。算法对码率和空间分辨率要求较高。

2．面向压缩编码算法的视频来源取证算法

现有的视频资源大多数都是以压缩格式存储,且第一次压缩编码过程由摄像机内置的专用编码器芯片完成,这也就提供了视频来源取证的另一种方法,把鉴别摄像机的任务简化为鉴别视频编码器。在图像、视频编码体系中,某些编码参数的选择是编码标准未规范部分,由具体的编码算法与待编码信号特征共同决定。在 JPEG 编码算法中,用户能定义的参数也就只有量化矩阵,其主要作用是依据人眼的视觉特性降低冗余度,提高编码效率。相反,在视频编码过程中,可供选择的编码参数就特别多,且不同的设备制造商会采用不同的算法来控制这些编码参数。取证分析者在鉴别编码器时,便可以利用这些开放部分来验证视频的来源。现有方法主要集中在检测块大小、视频码流控制、估计量化参数以及估计运动矢量。

(1) 检测块大小

现行的视频压缩编码体系均采用了基于块的编码方式,故而会产生大量的块效应。不同的块大小,其产生的块效应模式也不尽相同。在频域中分析重建视频帧,探测由于块边缘的不连续性产生的新频点,进而判断出编码块大小。然而,现代的视频编码体系(H.264/AVC、HEVC)都会引入一个去块效应滤波器,而且块大小也不再固定为方块。这些新情况的出现,使得传统方法将不再适用,但同时也为将来的研究提供了方向。

(2) 视频码流控制

不同的商家采用了不同的输出数据速率控制方案后,每帧输出的码流在码率的分布控制上会有很明显的差异。甚至不同的运动估计算法,编码器采用不同的匹配准则、搜索路径等,都可能为视频来源取证提供依据。

(3) 估计量化参数

压缩域的标量量化过程会在变换系数直方图中留下痕迹,如图 7.5 所示。原始 DCT 系数分布一般为连续性分布,而量化后的分布表现为一个典型的梳状结构,间隔为 $\Delta(i,j)$,其一般表达式为

$$p(x,\Delta) = \sum_k w_k \delta(x - k\Delta)$$

其中,$\delta(t)$ 为冲激函数,w_k 是与原始分布有关的权重。通过分析量化 DCT 系数分布的峰值间隔就可以估计出量化步长 $\Delta(i,j)$。

在将来,通过研究量化参数随内容的变化情况,也许可以推理出编码端采用的码率控制策略,其是判断专用编码器芯片的重要线索之一。

(4) 估计运动矢量

视频编码器采用预测编码技术来消除连续帧的时域冗余度。每个块单独进行运动预测与运动补偿,并获得一个对应的运动矢量。主要思路是以运动预测残差的 DCT 系数直方图为梳状的最优化目标,寻找最佳的运动矢量。

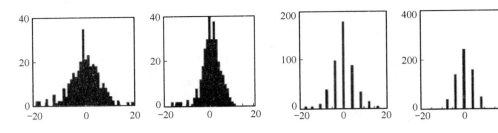

图 7.5　不同位置处的 DCT 系数直方图在量化前后的变化，
左边为量化前分布，右边为量化后分布

尽管现在已经有一些参数估计算法，但它们都没有分析参数的变化与视频编码器之间的对应关系，故都不能直接应用于视频来源检测。未来的研究工作仍然很繁重，需要研究视频编码过程的每个操作步骤，分析其特点，找到其独特痕迹来鉴别视频编码器。

有算法提出了一种根据解码的视频，估计视频编码过程的量化参数和运动矢量的方法，它不需要量化后的预测残差的统计分布，只需要视频解码后的像素值作为输入。该方法有望应用到取证领域，帮助重建数字视频的处理历史或者提供篡改证据。

3. 面向网络传输技术的视频来源取证算法

光纤入户解决了视频实时传输的带宽需求，而不同的网络通道由于丢包、误差等不同，会影响接收端的重建视频内容。如果能够从重建视频帧中反向推导出通道损失模式，如误差概率、突发度，或其他误差分布统计特征，便可鉴别传输协议或码流传输设备。

现有鉴别网络传输痕迹的算法大都是无参考图像质量估计法，即估计视频序列质量时无须原始信号作为参考，主要使用了传输统计特性估计通道失真。可以使用几项质量评价指标来估计重建视频中的丢包损失，或利用网络统计特性、视频的时空域损失以及误差传播来计算通道损失，或者从像素域出发，估计出丢失的像条，等等。这些算法都还不成熟，将其应用于判断视频的网络来源还有很多的技术障碍。

7.3.3　录音设备来源取证

数字音频取证技术包括音频篡改检测、录音设备来源识别、说话人取证、音频隐写分析等。录音设备来源识别通过分析已获取的数字音频信号，找出其中隐含的设备信道信息从而确定其录制设备，可对数字音频的原始性、真实性、完整性等进行验证，是一种重要的数字音频盲取证技术。

录音设备识别可以分为录音设备类型的识别、录音设备品牌的识别、录音型号以及录音设备个体的识别。现有的录音设备类型有录音笔、麦克风、手机、PDA、MP3 和 MP4。这些设备的核心部件存在巨大差异，这些差异导致不同设备即使同时在同一环境中录音，所采集到的音频信号在样本值上也存在一定差异。与相机识别类似，这些与录音设备相关的信号可认为是设备的固有"指纹"（也称作模式噪声）。一旦提取了这种与音频信号存在特有关联性的设备信息，即可进行录音设备源识别。通常这些"设备指纹"可以采用统计学方法、机器学习和模式识别技术进行提取和识别。

基于"设备指纹"的录音设备源识别有两个重要问题：第一，需要找到能够描述设备信息的特征，比较真实地反映不同录音设备的差异性，对同一类录音设备具有一致性和相似性。

第二,需要建立合适的统计模型,使模型能很好地描述不同设备的特征空间分布,从而获得较好的识别效果。下面分别进行介绍。

1. 录音设备对数字音频产生的影响

录音设备对声音进行处理并生成数字音频过程描述如下,如图 7.6 所示。

图 7.6 数字音频录制过程

声源发出声音,并通过空气传播,拾音器接收声信号,并将声信号转换为电信号。前端放大器将电信号进行放大,然后进入抗混叠滤波器,抗混叠滤波器的作用是限制信号的频带以免在 A/D 转换时发生混叠,最后采样保持电路和 A/D 转换器将模拟信号转换为数字信号。其中,拾音器、放大器、滤波器由于自身频率响应会引入频谱失真;放大器、滤波器、采样保持电路等会引入电路噪声;A/D 转换器会产生量化误差。另外,电话信道也会在传输的过程中对音频信号产生影响——电话语音中除了话筒的影响,电话线网络的频率特性也会对语音信号产生频谱畸变的影响。在此过程中,一般用作“设备指纹”的有录音过程中背景噪音包含的 LPC、LPCC、MFCC 特征,设备的频率响应函数,音频信号的高阶频谱等。

2. 录音设备特征的建模

对录音设备特征的建模是利用设备信息进行数字音频盲取证中非常关键的一步。目前许多研究对设备信息在不同空间上进行了表征,设备信息在不同空间上有不同的表现和处理形式,下面分别在信号空间、特征空间、模型空间对录音设备特征进行了建模。

(1)在信号空间的建模

音频信号受到产生、记录、传输等过程中的设备影响,一般认为设备信息是均匀地作用于整个数字音频信号。在信号空间,将信道信息建模为卷积信号,即:$x(n) = s(n) * c(n) + b(n)$ 其中,$s(n)$ 为纯净音频信号,$c(n)$ 为信道响应,$b(n)$ 为背景噪声,$x(n)$ 为获取的数字音频信号。在信号空间上通过解卷积获得信道响应非常困难,一般情况下通过测量方法获取信道响应。测量过程主要是通过输入额外激励信号到待测设备或信道,然后通过信号处理的方法获得信道响应。该方法除了可测量麦克风、扬声器、放大器等音频设备的频率响应,也可测量传输信道的频率响应。

(2)在特征空间的建模

目前的研究并没有直接在特征空间上对设备信息进行建模,一般是通过特征补偿或者滤波的方法去除设备信息的影响。一般研究认为信道响应在对数功率谱域为加性信道偏移噪声,因此在频率域、倒谱域的音频特征都利用这一特性去除信道信息的影响。下面是两种在特征空间进行信道补偿或滤波的常用方法:①倒谱均值归一化(Cepstral Mean Normalization,CMN);②相对光谱(Relative Spectral,RASTA)滤波。这两种方法只是从侧面在特征空间对信道信息进行了表征,而非直接提取出信道信息。

(3)在模型空间的建模

在模型空间是利用统计模型对信道噪声建模。在模型层面上,可以建立不同的模型。一是将信道噪声建模为单高斯,然后进行模型补偿,或者将信道噪声建模为混合高斯模型(Gaussian Mixture Model,GMM)。还可以将信道噪声建模为隐马尔科夫模型(Hidden

Markov Model,HMM)。近年来,很多学者研究采用联合因子分析(Joint Factor Analysis, JFA)的方法去除信道信息。

3. 录音设备源识别算法

Dittmann 等人最早提出麦克风识别的思想,由于录音时同时采集了录音设备和环境的背景噪声,利用提取背景噪声的统计特性,借助机器学习的方法对录音地点和麦克风进行分类,实现根据录音判定录音的地点和麦克风,从而检验给定录音的录制设备来源。这种方法直接从语音信号中提取设备特征,易受说话人信息、文本信息、周围环境等因素的影响,提取的特征不能很好地描述录音设备特征。

已有算法还包括利用音频文件中的静音部分并将其作为背景噪声,对其进行傅里叶变换,将频带的能量分布作为特征识别出录音所来源的麦克风。或者借鉴相机识别中利用频域高阶统计量分类的思想,对不同麦克风采集的音频提取频域的高阶统计量,利用机器学习方法识别出录音的来源。由于不同的麦克风具有不同的频率响应函数,还可以利用混合高斯模型从录音中提取麦克风的频率响应函数,从而识别出录音所来源的麦克风或者手机。目前录音设备辨识仍处于起步阶段,识别率普遍低于 90%,识别设备数目较少(少于 10)。

尽管针对媒体源辨识已经有不少突破性的研究工作,但是媒体源辨识距离多数实际应用还有一段距离,依然面临着若干挑战性问题。其中较为突出的一个问题是由于数字多媒体数据来源的多样性和复杂性,导致目前能够识别的媒体源设备相对较少。目前的算法都要求较大尺寸和较高压缩因子的图像。对于成像设备辨识比较迫切的问题是如何提高在图像块比较小、图像压缩率比较低等情况下的检测效率与检测精度。由于目前的模式噪声提取算法在一定程度上受图像内容影响,基于模式噪声的源辨识需要考虑以下问题:如何根据媒体纹理内容的信息,自适应地提高噪声模板的精度,以提高小样本数据的检测效率。由于利用模式噪声进行源辨识的研究已经开展多年,已经出现针对性反取证操作,下一步还需研究如何抵抗反取证的攻击等。

7.4　非法复制检测算法

对多媒体信息进行非法复制属于篡改操作,也称作复制-粘贴篡改,分为直接复制-粘贴篡改和带有后加工处理的复制-拼接篡改,是多媒体数据篡改中的常用方法,这两种不同的复制-粘贴篡改手段由于特点不同,采用的检测算法也不同。图 7.7 为三张图片复制合成的图像。

图 7.7　复制拼接图像的实例

图像的源取证与内容篡改检测是图像盲取证中两个主要问题,然而两者并不是独立的,前面介绍的来源识别算法也适用于篡改检测。如果数字媒体中两部分的来源不同,就可以断定媒体经过篡改并可以鉴别篡改数据的来源,即来源鉴别可以为篡改数据提供依据。同样,篡改检测算法所揭示的特征差别也为来源鉴别提供了依据。

7.4.1 直接复制-粘贴检测算法

直接复制-粘贴是指将一块选定的区域复制后,移动拼贴到其他位置,但没有进行后期处理以掩盖篡改痕迹,其目的是为了掩盖目标物体或者伪造不存在的目标。直接复制-粘贴是媒体篡改的简单并且常用的手法,在图像、视频、音频篡改中都有出现。检测方法有如下几种。

1. 基于小块特征的检测算法

该类算法是直接复制-粘贴篡改常用检测算法,主要的思想是:在媒体内不同位置上若检测出高度匹配的图像块或音频段,则认为该媒体包含局部复制。主要方法如下。

(1)穷举查找法

该方法首先将图像分块,把每一图像块当成一个模板,遍历图像剩余的部分,看是否存在与模板完全一样的图像块,若存在,则增大图像块的大小,重新搜索,直到搜索不到完全相同的图像块为止。这种方法的优点是理论简单,精确度高,缺点是运算量太大,对自然图像噪声的鲁棒性不好。所以,在新的模糊图像块匹配算法中不能直接采用穷举搜索的方法,而是需要抓住图像本身特征对所需计算图像块进行块成份降维表达来较好地解决这两个问题。

与数字图像同理,视频检测的重点是查找具有较高相似的帧或区域,音频检测的重点是通过时域搜索相似的音节。相对于图像,穷举搜索法应用于视频、音频计算量会更大,Wang考虑到了这一点,先将视频序列分解成各个子序列,计算子序列帧之间的 time-space 相关矩阵,通过与总视频序列比较,判定视频是否存在帧复制。并针对区域复制情况,提出了同时适合静止和运动相机的搜索算法。但是子序列大小的选择没有统一说法,具有随机性,且算法不太适用于静止或缓慢运动视频。

(2)图像块自相关矩阵法

这种方法是根据两个复制-粘贴的图像块完全相同而具有很强的自相关性的原理进行搜寻的。该方法首先设定自相关判别阈值,再遍历查找所有图像块,如果查找到超过设定阈值的两个图像块,则认为这两个图像块中的一块是另一块的复制粘贴块。这种方法的优点是运算量相对遍历搜寻法小;缺点是只能检测出较大复制-粘贴图像块,约为原图 1/4 大小的图像块。

(3)图像块匹配法

该方法首先将图像分成若干图像块,每一个图像块用一个矩阵表示,比较所有图像块矩阵,找出相同的图像块。块匹配方法分为精确匹配和模糊匹配两种,精确匹配只能找到完全相同的块,并且对自然图像噪声的鲁棒性能也不太好,模糊匹配能找到基本相同的块,是目前主流的匹配方法。图像块匹配方法运算量比前面两种都小。

Popescu 提出的基于主成分分析法(Principal Component Analysis)的主要思想是模糊匹配在寻找基本相同的行(列)前,先把所有的图像块组成的矩阵进行主成分分解,用每一行(列)的主成分来代表每一个图像块,然后再进行模糊匹配。而 Fridrich 提出的基于量化

DCT系数模糊匹配法(Quantilzes DCT Coefficients)的主要思想是把图像分块,对每一个图像块进行DCT变换得到每一个图像块的DCT系数,用事先规定好的量化矩阵对DCT系数量化,然后把每一个图像块的量化DCT系数表示成向量的形式,所有的图像块的向量组成矩阵,最后对这个矩阵进行模糊匹配,寻找图像的复制—粘贴区域。周琳娜把图像块特征向量进行降维表达,减少了计算量,步骤如下:

① 运用3×3的Marr高通滤波器对待检图像进行滤波。

② 将图像分块量化后,提取图像的特征向量,将图像块进行降维后用向量表达。

③ 在字典排序过程前先记录好每一个行向量$s(i)$所代表的图像块的位置(x_i, y_i)。

④ 计算两两图像块向量对的自相关性。找出所有满足自相关函数r大于阈值的向量对$s(i)$、$s(j)$,组成集合A。

⑤ 计算每个向量对的偏移:$(a, b) = (|x_i - x_j|, |y_i - y_j|)$,从$A$中去掉偏移出现的次数小于阈值$k$的向量对;去掉所代表的图像块的距离太小的向量对。

⑥ 新建一个跟原图相同大小的全零矩阵,把集合A中所有向量对所代表的图像块的位置(x_i, y_i)赋值255,这样得到的图像中白色的区域即复制粘贴区域。

这类算法的原理比较简单,关键是如何提高块的搜索效率以及抵抗由加性噪声和有损压缩而引起的像素值/样本值的轻微变化。算法的稳健性还依赖于小块特征对图像块的刻画精度,过细的刻画不利于排除篡改之后的润色操作的干扰,过于粗略的刻画会导致字典排序后相似的图像块并不相邻。此外,当图像内容有天空等大块光滑区域时容易将其误判为篡改区域。

由于直接复制-粘贴过程中,图像块可能会经过旋转、缩放操作,李生红等人利用尺度不变特征转换(Scale-Invariant Feature Transform,SIFT)对图像旋转、缩放、平移等特征进行提取匹配。对图像提取SIFT特征点,然后对特征点进行匹配,有大量特征点匹配的区域即为篡改区域。这种基于特征点的检测算法的优点是:对整幅图像进行操作,不需要考虑图像分块问题;对诸如天空、墙壁等大块光滑且颜色均匀的区域不会出现误匹配问题。

2. 基于统计特征检测算法

通过直接复制-粘贴的图像拼接块边缘而引起的"跳变"、色调不一致等特性以及基于人视觉注意力特性(Visual Saliency)等都可以作为检测的特征。

音频拼接同样会在拼接处出现过渡不协调,尽管这种不协调微弱到人耳无法感知。可以采用基于分数倒谱变换的拼接帧检测算法,利用分数倒谱上高频方差和过零率特征区分原始语音与拼接语音,但是该算法仅针对语音拼接点在噪声帧时有效。

"天然"音频信号在频域上具有很弱的高阶相关性,而大多数篡改操作都会引入一定的非线性,从而导致信号高阶相关性增强,使原来在真实人声频域上很弱的统计相关性变为较为显著的高阶统计相关性,据此检测音频文件是否经过篡改。通过多次差分提取音频的高频信号,利用模板信号与该高频信号的相关性,检测并定位音频的拼接。

这类检测算法在无后处理情况下,已经达到较高检测率。在有后处理操作消除拼接痕迹后,这类算法通常失效。

3. 基于设备固有特征的检测算法

(1)设备噪声

设备噪声的原理在前面的小节中已经介绍过,基于图像模式噪声的检测算法可以借鉴前面介绍的数码相机来源识别中的算法。

（2）CFA 插值

CFA 插值算法使得数码相机在处理图像的过程中引入一种特性：一个像素点与其邻近的点的相关，这种相关性是周期的、固定的。而在拼接图像中，拼接边缘两侧的插值算法不同，会导致两侧的相关性不一致。通过分析像素间的相关性可以对拼接图像进行检测。

4. 光照方向不一致性检测算法

在一幅光照良好的原始自然图像中，其光照方向通常是一致性，而在图像拼接篡改中，合成图像的两个部分一般来自不同图像，其光照方向很难具有一致性。而且，想要通过后处理掩盖或消除这种光照方向的不一致性性是很难的，因此通过鉴别图像中不同区域的光照方向是否一致，可以检测图像拼接篡改。

在这类算法中，光照方向的估计是最核心的部分。为了估计光照方向，首先要建立光照模型，现有的光照方向估计算法大都采用最简单的漫反射模型—朗伯模型（Lambert 模型）作为估计光照方向的光照模型，图 7.8 为 Lambert 反射模型示意简图。若某物体满足朗伯反射模型，则光线在物体表面向所有方向的反射强度均相同，观察者在任何一个方向观察

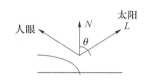

图 7.8　Lambert 反射模型

到的反射亮度都相同，即物体表面的亮度与观察角度无关。假设目标物体的表面满足朗伯反射，且同一个物体的表面漫反射率相同或变化很小，则图像强度为

$$I(x,y) = R(\bar{N}(x,y) \cdot \bar{L}) + A$$

其中，R 为反射系数，此处我们只对光照方向感兴趣，因此可以将 R 取单位值，$\bar{N}$ 为物体表面在点 (x,y) 的曲面法线，$\bar{L}$ 为光照方向，A 为不变环境光。估计时，通常将光源模式分为三种：无限远光源模式（如太阳光）；局部光源模式（如电灯）；复杂光源模式（即同一场景中存在两个及以上光源）。不同的光照模式采用的光照模型是相同的，但对应的数学约束不同。在无限远光源模式下，同一个目标物体的不同区域的光照方向是相同的。而局部光源模式下，同一个目标物体的不同区域的光照方向应该交于一点。复杂光源模式下，由于光的直线性，其光照方向应该是两个子光照方向的矢量和。

利用此类光照方向估计算法估计光源方向时，估计值与实际值之间会出现一定的偏差，其主要原因在于：①拍摄场景中的物体的表面并不是严格的符合朗伯漫反射模型；②图像的拍摄场景中可能存在对物体表面光照强度影响较明显的环境光，如大片的雪地对光源的反射光。此外，Mahajan 提出了一种基于球面频率不变性来检测光照方向一致性的篡改检测方法，这种方法的优点在于不需要估计光源，局限在于要已知对象的几何形状。

7.4.2　带有后处理的复制-拼接检测算法

1. 模糊操作检测

带有后处理的复制-拼接是指为掩盖非法复制的痕迹，对拼接边缘进行模糊等润饰操作。这些模糊操作会让图像拼接处的像素过渡平滑，从而在视觉上无法察觉图像篡改。很多图像处理软件如 PhotoShop 都可以提供这样的功能。

自然真实图像中的模糊称为散焦模糊或者运动模糊，不会存在人工模糊。对篡改图像

进行模糊取证时,必须区分散焦模糊和人工模糊。针对此类篡改的取证研究属于基于内容的图像被动取证范畴。

(1) 人工模糊及其特征

模糊操作的基本原理是对图像的局部近邻像素值进行邻域灰度平均,是高斯模糊。从Photoshop 软件实现的算法看,模糊操作就是用移动平均滤波对选定的图像区域进行运算而产生平滑的结果,不同的模糊模式可以通过选择不同的移动平均滤波函数和滤波窗的大小来实现,从而决定模糊强度的高低。模糊操作可以看作是将输入图像中的像素 (i,j) 的邻域平均灰度确定为输出图像像素 (i,j) 的值,相当于利用所有元素加权矩阵进行空间滤波,当使用 $n \times n$ 的正方形模糊邻域时,模糊操作可以表示为

$$g(i,j) = \frac{1}{n^2} \sum_{k=-[n/2]}^{[n/2]} \sum_{l=-[n/2]}^{[n/2]} f(i+k,j+l)$$

其中,n 表示模糊邻域,即滤波器窗大小,为一非负整数,当邻域 n 越大,模糊程度越强。人工模糊操作的结果在图像灰度级上的体现是压缩了图像选定模糊区域的灰度级。

(2) 散焦模糊

自然图像由于聚焦不准也会产生模糊现象,称为散焦模糊(或离焦模糊)。成像过程中,相机镜头把三维空间景物成像在两维的成像平面上,当相机对焦准确的时候,位于对焦物平面上的点在成像平面上形成理想像点,位于对焦物平面前后的点所成的像在成像平面上呈现为一个模糊圆,模糊圆的半径对应着离焦的程度。根据已有结论可以推出,距镜头具有相近深度的点应该具有相近的模糊程度。图像篡改破坏了深度和模糊度之间的对应关系,这为检测篡改提供了依据。

(3) 检测算法

如果能够在某一图像中找出某区域被人工模糊操作过,则可以证明该图像被篡改过。检测人工模糊区域的算法可以分为两类。一类是基于人工模糊操作的特点,采用特定技术增强人工模糊处理后的拼接边界,检测出篡改区域;另一类是利用人工模糊破坏了原图像某些特征的相关性,如镜头深度相近的图像点具有相近的散焦模糊程度,数字图像局部色彩属性具有相关性和一致性,检测出篡改操作。

2. 重采样检测

不同的图像之间进行复制、粘贴等图像篡改时,为了保证篡改图像不引起视觉上的怀疑,往往需要对复制的部分图像进行缩放、旋转、拉伸等,这就对图像进行了重采样操作。尽管重采样以后的图像跟原始图像在视觉上没有差别,但是该操作会造成重采样后图像数据之间特殊的相关性,通过检测这种相关性,可以判断一幅图像是否经过了重采样。特别当一幅图像的部分经过了重采样、而其余部分没有经过重采样时,那么这幅图像的重采样部分很可能是经过了篡改的,为了减少怀疑,篡改者往往在篡改以后对整幅图像进行全部重采样,使图像各部分特征趋于一致,从而降低篡改的可检测性。所以,图像的重采样检测与双重JPEG 压缩检测一样,只是作为一种辅助手段与别的检测手段一起检测图像是否经过了篡改,其单一的检测结果并不代表其一定被篡改过。

(1) 重采样原理

在讨论图像信号的重采样原理之前,先讨论一维离散信号 $x(m)$ 的重采样过程。要对 $x(m)$ 进行 M/N 的重采样,需要经历以下步骤:

① 上采样:在 $x(m)$ 中每相邻两个点之间插入 $M-1$ 个 0,形成新的信号 $x_M(m)$。

② 插值:这一步操作的主要目的是将上采样处理得到的信号进行均匀,将 $x_M(m)$ 与一个低通滤波器 $h(m)$ 进行卷积,得到插值信号 $x_c(m)=x_M(m)*h(m)$。$h(m)$ 决定了重采样的方法,不同的插值算法决定了不同的重采样效果。

③ 下采样:对所得信号 $x_c(m)$ 进行抽取,对每 N 个相邻点抽取其中一个,得到最终的重采样信号。

二维图像的重采样的基本原理也是一样的,将上述过程在垂直和水平两个方向上进行,就得到了二维图像的重采样过程。插值处理是图像重采样过程非常重要的一步,不同的插值算法决定了不同的重采样结果。数字图像处理中常用的插值算法可以分为最近邻插值算法、双线性插值算法和双立方插值算法等。

(2) 图像重采样检测

图像重采样中的插值操作,通常会引起图像的某些统计特性发生变化,而现存的重采样检测算法都是基于检测插值所导致的特殊变化。算法分为两类,一类是基于分析插值步骤所引起的像素之间的相关性的变化,而另一类是通过检测插值信号的二阶导数存在一定周期性来进行重采样的检测。

① 基于 EM 算法的重采样检测

Popescu 采用期望最大化(Expectation Maximization,EM)算法来检测图像是否经历过重采样操作。如果是重采样图像,其实质是原始图像信号和周期信号的叠加,而周期信号的样本点都与其周围的原始图像样本点以某一相同方式相关联。因此我们只需知道哪些样本点是相关联的或者以何种形式关联我们就可以得出相应结论。然而实际上这两点都是未知的,这样就引进了 EM 算法来估计待检测图像中每个像素属于插值点的后验概率,即哪些是周期性的样本点以及它们以何种方式与周围点相关联。该算法可以有效地检测出未压缩图像的尺度变换和旋转。

虽然 EM 算法能够检测出图像是否经过 JPEG 压缩,也能检测出未压缩图像的缩放和旋转,但是篡改者通常会经过一系列的篡改过程来伪造一幅图像,因此能否检测出 JPEG 压缩前的重采样操作成为应用性较强的一个研究重点。

② 基于二阶导数的周期性检测

A. C. Gallagher 发现线性和立方插值信号的二阶导数的方差存在一定的周期性,并且插值信号二阶导数的方差的周期等于原图像的采样率。这个特性能够应用到检测给定图像是否经过低阶插值,并且能够确定插值率 N。

此算法首先计算图像每一行的二阶导数,接着将所得的每一行的二阶导数的绝对值进行平均以获得一个伪方差信号。此信号与方差信号结果相近而计算速度要远快于方差信号。最后对平均二阶导数信号进行离散傅里叶变换检测其频谱中是否存在峰值,若存在,则峰值所在位置对应的频率点将帮助我们确定插值系数 $N=1/f$,f 为峰值频率。此算法的另外一个应用就是检测 JPEG 压缩的图像。Mahdian 中扩展了 Gallagher 的理论发现,证明了重采样信号的 n 阶导数的协方差信号都存在周期性。引入了 Radon 变换,实现了对图像旋转的检测并能估计旋转角度。这是对 Gallagher 算法的一大补充。

这些算法都存在着同样的问题:首先是鲁棒性较差,现存算法大都针对无损压缩或者质量因数较高的 JPEG 压缩图像,因为有损压缩也会导致像素相关性的变化而使得重采样引起的周期性难于检测;其次,对下采样的检测要明显差于上采样,因为下采样过程中舍弃了原始图像中的部分像素点而导致像素间相关性减弱。

针对现有算法的局限性,郝丽等给出了一种基于 DCT 域 AC 系数首位有效数字统计特性的图像重采样检测方法。借助 DCT 域 AC 系数首位有效数字的概率分布分别对 RGB3 个色彩通道进行统计,以 3 条概率曲线的拟合程度为依据对重采样操作进行检测,根据篡改前后差异的显著性水平来设定阈值,对待测图像的真实性做出判决。该算法可适用于 JPEG 图像,并有效弥补了现有算法下采样检测效果不理想的不足,提高了对图像重采样操作检测的鲁棒性。

音频取证中的插值检测是信号篡改检测的重要方面。因为信号的篡改经常伴随着重采样操作,而重采样后的插值信号会引入周期性信息。应用 EM 算法能针对这种周期信息估计参数,从而检测出信号是否被篡改。

7.5 基于压缩编码特征的算法

数字媒体的存储格式本身具有一定的格式属性,由于数字伪造时常会混合多种媒体源,这将改变目标媒体的文件格式压缩比率(如 JPEG 压缩、H.264 压缩、MP3 压缩)。因此,对目标文件进行格式属性分析也可用来检测媒体是否被篡改。

7.5.1 基于 JPEG 编码特征的算法

JPEG 是数码相机、扫描仪等数字图像获取设备最广泛支持的图像格式,也是网络中最流行的图像格式。因此,基于 JPEG 编码特征的图像篡改鉴别有着特殊的意义。

1. 基于量化矩阵差异的方法

基于 JPEG 的图像篡改操作流程如图 7.9 所示。假设篡改者用 JPEG 格式的图像作为背景图像,前景图像可为任意格式图像。在篡改过程中,篡改区域和背景图像进行合成,合成后另存为非压缩格式或 JPEG 格式篡改图像。

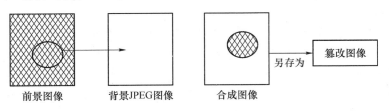

图 7.9　JPEG 图像篡改过程示意图

当图 7.9 中的篡改图像为非压缩格式时,可根据背景图像部分和前景图像部分的差异识别篡改,已有文献主要是通过量化矩阵的差异揭示篡改。量化导致 DCT 系数的分布具有周期性,周期由量化步长决定。Ye 等人计算 DCT 量化系数直方图的傅里叶变换谱,通过判断幅度谱中的尖峰个数估计 DCT 变换系数的量化步长,这种估计方法操作简单,对量化步长较小的情形效果较好。当量化步长较大时,傅里叶变换谱受图像内容的干扰较大。

2. 基于二次 JPEG 压缩痕迹的方法

当篡改图像为 JPEG 格式时,合成图像中的背景图像部分经过了两次 JPEG 压缩,因此,判断图像是否经过两次 JPEG 压缩可以为鉴别图像是否被篡改提供辅助证据。鉴于栅格位置估计的困难性,现有文献多针对两次 JPEG 压缩的栅格位置相同的情况。

如果背景图像第一次 JPEG 压缩的质量因子记为 q_0,第二次压缩质量因子为 q_1。当 $q_1 > q_0$ 且量化步长之间不存在倍数关系时,两次 JPEG 压缩图像的 DCT 系数直方图呈现峰谷交错的周期性现象,如图 7.10 所示。图 7.10(a)(b):一次量化信号,量化步长分别为 2(图 a)和 3(图 b)。图 7.10(c)(d):上层信号再次量化结果,第二次量化步长分别为 3(图 c)和 2(图 d)。Popescu 等人最先提出利用这种周期性现象检测图像是否经过两次 JPEG 压缩。

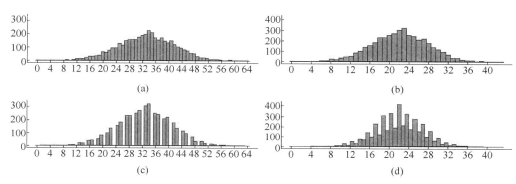

图 7.10　两次 JPEG 压缩造成的周期性现象示意图

若篡改区域为非压缩格式图像或篡改区域的压缩栅格位置与背景区域不一致,则篡改区域可看作只经过一次 JPEG 压缩,其 DCT 系数直方图具有一次压缩的特征,背景区域经过两次 JPEG 压缩,其 DCT 系数直方图具有周期性。He 等人将篡改图像的 DCT 系数直方图建模为平均分布和周期性分布的混合分布,利用最大后验概率方法估计出图像每个 8×8 小块被篡改的概率,再通过统计学习定位出篡改区域。此方法需要对已有数据库进行统计训练,是一种"半自动"的定位方法,实验结果表明能较准确的定位篡改区域。

Farid 考虑了篡改区域亦为 JPEG 格式且 JPEG 压缩栅格位置和背景图像一致,但压缩质量因子比背景图像小的情形。他将两次压缩篡改图像 Q_2 以质量因子 q_2 进行第三次 JPEG 压缩得到 Q_3,当 q_2 和篡改区域的压缩质量因子相近的时候,篡改区域对应着 $|Q_2 - Q_3|$ 中较小的部分,Farid 称这种现象为"JPEG 鬼影(JPEG Ghost)",如图 7.11 所示。依据鬼影现象,通过穷举 q_2 可以粗略估计篡改区域的 JPEG 压缩质量并定位篡改区域。

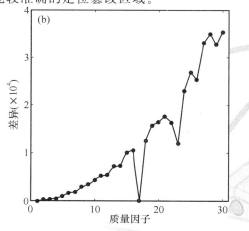

图 7.11　JPEG 鬼影现象

3. 其他方法

Fu 等人指出单次 JPEG 压缩图像的 DCT 系数符合广义 Benford 法则,即其第一个数字的概率分布符合公式：

$$p(x) = N \log_{10}\left(1 + \frac{1}{s + x^q}\right), \quad x = 1, 2, \cdots, 9 \tag{7-1}$$

其中，x 为量化的非零（Alternating Current，AC）系数的第一位数，s、q 为精确描述其分布曲线的模型参数，可以通过数据拟合得到，N 为归一化系数。两次 JPEG 压缩破坏了这种分布法则，通过检验此法则可判断图像是否经过 JPEG 压缩以及是否经过两次 JPEG 压缩。通过比较两种质量因子相应的概率分布，还可以粗略估计出 JPEG 压缩的质量因子。

7.5.2 基于视频压缩编码特征的算法

视频通常以压缩编码后的形态存在，对视频进行篡改首先要对编码后的视频进行解码，得到视频帧序列，篡改操作后再重新编码。因此，篡改后的视频往往经历了双重压缩，从而使得双重压缩的检测成为视频被动认证的研究热点。需要指出的是，有时无意操作也有可能导致双重压缩，比如将视频清晰度降低后上传至互联网，此类无意操作并不属于篡改的范畴。因此，视频双重压缩检测可以看作视频被动取证的第一步，经过双重压缩表明视频极有可能经过了篡改，还需其他检测来判断是否真正经过篡改。

MPEG 是视频压缩的标准之一。MPEG 视频序列中有三种类型的帧：I 帧、P 帧和 B 帧，每种类型的帧对应不同程度的压缩。I 帧也称为关键帧，它不依赖于其他的帧，是在独立的图像帧内进行标准的 JPEG 编码。P 帧是前向预测帧，它以前面最靠近的 I 帧或 P 帧作为参考帧。B 帧是双向预测帧，它以前面和后面最靠近的 I 帧或 P 帧作为参考帧，用与 P 帧类似的运动估计方法计算当前帧与两个参考帧的运动向量和运动估计误差。在视频序列中，I 帧、P 帧和 B 帧一般都是周期出现的。简单地讲，I 帧是一个完整的画面，而 P 帧和 B 帧记录的是相对于 I 帧的变化。没有 I 帧，P 帧和 B 帧就无法解码，这就是 MPEG 格式难以精确剪辑的原因。一个典型的视频序列如图 7.12 所示。一个图像组（Group Of Pictures，GOP）至少包含一个 I 帧，可以没有 B 帧，甚至没有 P 帧。

I B B P B B P B B P B B I B B P …

图 7.12 视频序列的一个例子

对视频二次压缩检测研究最早的是 Wang 提出的 MPEG 双压缩检测方法。作者主要提出了两个特征，静止特征与时域特征。静止特征是 JPEG 双压缩方法的延续，主要探测了视频两次压缩造成的周期性；时域特征是基于图像组结构的变化，删除或插入某一帧，将会导致后续的帧类型发生变化。由于 MPEG 编码体系采用了预测编码，一个图像组中所有 P 帧都是直接或间接以 I 帧为参考。篡改操作改变了图像组，破坏了 P 帧与 I 帧的这种依赖结构，将会导致第二次压缩编码过程中的运动补偿误差非常大。同时，由于视频以图像组为基本单元，视频帧类型在时间轴上呈周期性，这种周期性也就导致了运动补偿误差具有周期性。

利用傅里叶变换工具可以检测该周期性的存在。也有算法对 MPEG 双量化的 DCT 系数分布进行建模。骆伟祺等从视频帧块效应角度研究了视频双压缩痕迹，定义了一个块效应度量函数。如果在第二次压缩过程中存在删帧操作，则第一次压缩过程引入的块效应会影响第二次压缩过程的平均块效应强度。通过提取 MPEG 视频的特征曲线的不一致性，检测出 GOP 结构的变化,从而揭示出篡改操作。

Shi 等人基于 Benford 法则提出了视频双压缩检测算法,单次压缩图像的量化 AC 系数的第一位数分布服从 benford 法则,而当视频经过了两次压缩编码之后,将不再服从 benford 法则,以此作为检测依据。

如上所述,视频取证是当前信息安全领域的一个研究热点,有许多亟待解决的新问题、待研究的新方向。尽管一些图像取证的方法可以延伸到视频取证领域,但是这些方法都不能容忍视频压缩过程,有诸多的限制。未来的研究应该从视频的独有特性出发,侧重研究更为复杂的篡改操作。

7.5.3 基于音频压缩编码特征的算法

与视频篡改一样,音频篡改往往也会经过二次压缩,可以通过分析二次编码引入的某种特征来对音频篡改进行鉴定。同样,音频经历双重编码,并不能说明该音频一定被篡改过,正常的音频也可能因重新保存而经历双重编码,但双重编码检测可以作为一种有效的辅助方法,与其他检测方法一起实现对音频篡改的鉴定。

Yang 等人提出了针对 MP3 格式的音频篡改的检测方法。文中通过对 MP3 压缩编码和解码过程的分析,发现经 MP3 编码后的音频会引入幅度为零的频谱值,根据这一特点,给出了一种通过分析改进型离散余弦变换(Modified Discrete Cosine Transform,MDCT)系数的正值数目(The Number of Active Coefficients,NAC)的篡改检测方法。文中引用结论:若改进型离散余弦反变换(Inverse Modified Discrete Cosine Transform,IMDCT)系数满足下式的对称条件那么其对应的 MDCT 值将为零;反之亦成立。

$$\begin{cases} x'_{(p)}[n]=x'_{(p)}[N-n-1], & 0\leqslant n\leqslant N-1 \\ x'_{(p)}[n]=-x'_{(p)}[3N-n-1], & N\leqslant n\leqslant 2N-1 \end{cases} \tag{7-2}$$

其中,$x'_{(p)}[n]$ 表示 IMDCT 系数,$N=512$。若 MP3 格式的音频文件被篡改,其原有的帧结构将被破坏,即在时域内不满足上式(7-2)的要求,对解码后的音频数据进行 MDCT 变换,NAC 则会有很大幅度的增加。因此,通过分析 NAC 的变化情况即可检测出音频材料是否被篡改。根据 MP3 编码后,音频信号的 MDCT 频谱排序后会呈现阶梯现象的特点,通过帧移动就能够定位篡改位置。该方法要求音频材料仅经过一次 MP3 压缩,并且没有考虑噪声因素的和不同 MP3 编码方法的影响。

针对 MP3 格式的音频,Yang 等人又提出了两种检测音频是否经历双重压缩的方法。音频信号的 MDCT 系数分布近似于拉普拉斯分布,而 MDCT 系数的首位数字的分布服从 Benford 定律,并且第一次压缩音频与第二次压缩音频的 MDCT 系数的首位数字分布存在显著不同。因此,以 MDCT 系数的首位数字分布作为特征,利用支持向量机进行训练和测试。

7.6 基于内容一致性的检测算法

自然图像和视频能够反映客观世界中不同景物的空间结构关系,其内容丰富,灰度、颜色、纹理、形状复杂,由不同景物组成的图像和视频区域边缘、纹理等特征不同,因此图像、视频数据的统计特性存在明显差异。

然而有实际内容的图像或视频,是由自然景物或文字、图案组成的,其内部的灰度、颜色、纹理、形状具有某种一致性关系。比如图像在某一局部区域内部,图像数据统计特性的变化较小,具有近似的平稳性。同时,在同一景物所构成的图像区域内,邻近像素之间存在明显的一致性,并且内容不同的图像区域中一致性也有强弱之分。如细节较少、纹理尺度较大的平坦区域,像素间的一致性大,而细节较多的纹理区和灰度变化较大的边缘区,数据之间一致性则较小。当有篡改操作时,会破坏这种一致性,从而为检测算法提供了依据。

7.6.1　基于颜色一致性的检测算法

对于数字多媒体,人们建立不同的数学模型来描述感知的颜色。最常用的颜色空间是 RGB 模型,常用于颜色显示和图像处理,三维坐标的模型形式,非常容易被理解,但是 RGB 的三维架构所展示的色彩与人眼对色彩相似性的认识有较大差异。HSV 和 HSI 模型是两种最常见的圆柱表示的颜色模型,它重新映射了 RGB 模型,从而比 RGB 更具有视觉直观性。HSI 是从人的视觉系统出发,用色调(Hue)、色饱和度(Saturation 或 Chroma)和亮度(Intensity 或 Brightness)来描述色彩。Lab 颜色空间是由 CIE(国际照明委员会)制订的一种色彩模式。自然界中任何颜色都可以在 Lab 空间中表达出来,它的色彩空间比 RGB 空间还要大。另外,这种模式是以数字化方式来描述人的视觉感应,与设备无关,所以它弥补了 RGB 和 CMYK 模式必须依赖于设备色彩特性的不足。

王波对图像的局部色彩一致性做了研究。指出在成像过程中,CFA 插值过程和 JPEG 是导致图像局部色彩一致性的重要原因。文中采用 HSI 模型中的 H 来描述图像的局部色彩一致性。在图像块中提取了全局色调度、色调变化率和异常色调率三个特征,输入到支持向量机进行分类检测和定位。该方法能够对模糊润饰的图像进行有效检测和定位,对形状不规则的伪造区域虚警率高于原始图像。

庄景晖等人利用颜色特征对同源视频篡改进行检测。算法如下。

① 提取图像的颜色特征

将图像颜色空间从 RGB 转换到 HSV,HSV 三个颜色分量合成一个特征向量,共获得一个 72 维特征向量的颜色直方图。

② 帧匹配初检

将所有的图像的特征向量构成一个特征矩阵,并对特征矩阵进行字典排序,经过字典排序后,帧匹配只需在邻近的特征向量之间进行比较。

③ 帧匹配复检

引入图像的彩色边缘特征反映图像的空间信息。根据 Canny 算子提取图像的二值边缘,再根据原图像与二值边缘的对应关系,提取疑似复制帧对的彩色边缘颜色特征,获得图像彩色边缘的 72 维颜色直方图,再次利用欧氏距离计算公式对疑似复制帧对进行相似性度量,获得匹配的帧对,从匹配的帧对里删除非复制-粘贴帧对。

④ 根据图像的 SIFT 特征点匹配情况定位篡改位置,恢复原视频。

7.6.2　基于纹理一致性的检测算法

纹理特征是图像中普遍存在的特性,存在于物体的表面。它包含了物体表面的组织结构排列等重要信息。自然界的万物都有着各自独特的纹理特征。纹理具有区域性质,可以反映图像子区域像素的灰度空间分布规律,它通常被看作局部区域中像素之间关系的一种度量,用来辨识图像中的不同区域。

图像纹理是由分布在空间位置上的灰度反复出现而形成的,反映了像素灰度在图像中的局部变化规律,在图像空间中相隔一定距离的两像素之间存在一定的灰度关系,形成了图像的灰度空间相关特性。经多年的研究,如今已有多种纹理特征提取方法。常用的纹理特征表达方法可以分为四大类:统计分析法、结构分析法、模型化方法和信号处理法。其代表性方法有灰度共生矩阵、LBP、Gabor 滤波纹理特征提取等。

1. 灰度共生矩阵

早在 1973 年,Haralick 提出了灰度共生矩阵的方法。它是建立在估计图像的二阶组合条件概率密度函数基础上的,是描述灰度空间相关特性的一种有效方法。灰度共生矩阵是像素距离和角度的矩阵函数,它通过计算图像中一定距离和一定方向的两点灰度之间的相关性,来反映图像在方向、间隔、变化幅度及快慢上的综合信息。

2. LBP 算子提取方法

结构方法认为纹理基元的排列构成纹理,可以通过基元来分析纹理的特征。LBP 是常见的一种结构分析方法,是 Local Binary Pattern 的缩写,意思是局部二进模式,最初功能是辅助图像局部对比度,后来提升为一种用来描述图像局部纹理特征的算子。

原始的 LBP 算子是在 3×3 的矩形窗口内,共有 9 个像素值,将中心像素的灰度值作为阈值,周围窗口内 8 个像素的灰度值与之进行比较,若周围像素值大于中心像素值,则此像素子块被标记为 1,反之标记为 0。顺时针方向读取外围 8 个二进制数据,即得到该窗口的 LBP 值,以此来反映局部区域的纹理信息。如图 7.13 所示,经过 LBP 算子表示后 $(01111100)_{10} = 124$。

图像经过 LBP 算子表示之后,每个像素点都会得到一个局部二值模式的编码,由于 LBP 算子反映的是局部的纹理信息,所以在进行纹理分析的时候,一般不会将整幅图像的 LBP 编码直接用来分类识别,而是先将图像分为若干

44	118	192
32	83	204
61	174	250

0	1	1
0		1
0	1	1

图 7.13　LBP 算子表示

的子区域,对每个子区域的每个像素点提取局部二值模式特征,然后以直方图的形式统计出每个子区域的特征。根据直方图描述的图像纹理特征,再利用各种相似性度量函数,即可计算图像之间的相似性。

基于原始 LBP 算子邻域像素关联性不够强的缺陷,相继提出圆形邻域 LBP 算子、LBP 均匀模式、LBP 旋转不变模式、LBP 等价模式等。LBP 算子用来表达局部纹理特征,对光照具有不变性,通常被用于目标检测。目前,LBP 局部纹理提取算子,已经在人脸识别、字符识别、车牌识别、指纹识别等领域得到很好的应用。

3. Gabor 变换提取纹理特征

当人类视觉系统在分析纹理图像的时候,会将图像分解为不同的频率和方向。因此信号处理方法是适合于纹理特性的。

基本方法是对图像作频率和方向选择性滤波,得到相应特征,也称多分辨率(multi-resolution)处理。信号处理的方法包括傅里叶变换和空域滤波、Gabor 小波变换等频域滤

波。Gabor 变换和小波变换实现了对不同尺度、不同方向的纹理特征提取。下面对 Gabor 变换进行简单介绍。

Gabor 变换属于加窗傅里叶变换,也称短时傅里叶变换。窗口傅里叶变换用移动窗口来控制获得局部信息,当窗口函数取为高斯函数时,即得到了 Gabor 变换。Gabor 函数与人的眼睛生物作用相似,在纹理识别上取得了较好的效果。

Gabor 变换的特点:

① 二维 Gabor 滤波器在频率和方向上均具有选择性;

② 二维 Gabor 函数作为窗口函数,参数包括高斯包络线的频率和方向。

Gabor 纹理特征提取的一般步骤:

① 用不同尺度和方向的 Gabor 滤波器对图像滤波,得到一组子图像;

② 对各个子图像做一定处理,比如用 S 形函数;

③ 计算子图像的相应特征,形成特征矢量特征图像。

基于纹理一致性的检测方法常用于对复制-粘贴篡改的检测。

7.6.3　基于视觉内容一致性的检测算法

人类在识别一个物体时,无论物体的远近,都可以正确判断物体的类别,这就是所谓的"尺度不变性"。对于不同远近的物体,越靠近物体人类获得有关物体的细节也就越多。因此对图像进行不同的尺度分析,可以获得图像的不同细节,从而使得对图像的分析更加精确。同时由于多尺度分析过程采用了滤波技术,因此结合多尺度分析所建立的相邻帧间的内容相似度模型对视频中的拉伸镜头具有稳健性。所以,采用多尺度归一化平均互信息模型来度量相邻帧间的相似度更加贴近人的视觉系统感知特性。

1. 多尺度分析

尺度空间理论最早由 Witkint 提出,1984 年 Koenderink 把多尺度理论应用于图像,并证明了高斯卷积核是实现尺度变换的唯一变换核。所以,一幅二维图像的不同尺度空间信息可以通过图像与高斯核的卷积来实现,具体如下式所示。

$$L(x,y,\sigma)=I(x,y)\bigoplus G(x,y,\sigma) \tag{7-3}$$

其中,$I(x,y)$ 用来表示视频帧图像的灰度值,$G(x,y,\sigma)$ 为高斯核函数,σ 表示尺度空间因子,它是正态分布的方差,反映了图像被平滑的程度。可以用图像高斯金字塔变换来构建视频帧的多尺度空间信息。

设原始视频帧序列中某一帧的图像为 G,将原始的图像帧作为高斯金字塔的第 0 层。对于原始图像,首先进行高斯低通滤波,接着进行隔行隔列重采样,得到结果为高斯金字塔的第 1 层。以第 1 层为基础,重复上述过程可以构建第 2 层高斯金字塔,其他依此类推。假设第 k 层高斯金字塔图像为 G_k,则可以采用式(7-3)计算。视频帧经过高斯金字塔变换后,图像分辨率会随着层数的增加而降低,根据原始视频帧的大小,一般对视频帧进行 3～4 层变换即可。

2. 多尺度归一化互信息

将图像间的互信息和多尺度分析两种方法相结合,引入多尺度归一化互信息量来度量视频帧间视觉内容相似性。首先对相邻的视频帧进行多尺度分析,获得各层高斯金字塔图像,其次在每一层计算归一化平均互信息,最后将各层归一化平均互信息进行加权和,得到的结果为多尺度归一化互信息量。记相邻视频帧 F_t 和 F_{t+1} 的计算结果为 $\rho(t)$,公式如下:

$$\rho((t) = \sum_{k=0}^{n} w_k \frac{H(F_t(k)) + H(F_{t+1}(k))}{2H(F_t(k), F_{t+1}(k))}$$

其中,w_k 表示权值,$H(F_t(k))$,$H(F_{t+1}(k))$ 表示第 t 和 $t+1$ 帧的第 k 和 $k+1$ 层高斯金字塔图像的熵,$H(F_t(k), F_{t+1}(k))$ 为第 t 和 $t+1$ 视频帧间的第 k 层高斯金字塔图像的联合熵。根据归一化平均互信息量的定义可知 $\rho(t)$ 可以表示相邻两帧之间的视觉内容相似度,称之为多尺度归一化互信息描述子(简称 MNMI 算子),亦称为多尺度内容相似度算子。

对于给定的视频片段,对应图像序列为 $\{F_1, F_2, \cdots, F_M\}$,通过 MNMI 算子可转化为一个视觉内容相似度序列为 $\{\rho(1), \rho(2), \cdots, \rho(M-1)\}$,该数据序列是一维数据,刻画了视频片段内图像序列的内容相似性。

3. 内容相似性异常度

对于给定的待判定视频片段,帧序列为 $\{F_1, F_2, \cdots, F_M\}$,该视频片段对应的视觉内容相似度序列为 $\rho = \{\rho(1), \rho(2), \cdots, \rho(M-1)\}$。如果该视频片段经过人为篡改,那么在微观上会导致 ρ 内的数据出现变化,这种变化称之为异常,类似于异源篡改会导致视频内设备固有的噪声发生异常,删除篡改操作可能导致视频中 GOP 结构出现异常等。

2000 年,Breunig 等人提出局部离群因子孤立点经典检测算法(LOF 算法)。该算法为待检测数据集中每个数据建立一个度量其异常程度的模型,这个模型不仅充分考虑到与该点周围数据距离大小,而且考虑到邻域内的数据密度,在数据异常检测中得到广泛应用。因此采用 LOF 算法中的局部离群度模型作为度量视频片段的视觉内容相似度序列 $\rho = \{\rho(1), \rho(2), \cdots, \rho(M-1)\}$ 中每个数据的异常程度的模型,对应序列为 $\{\text{LOF}(1), \text{LOF}(2), \cdots, \text{LOF}(M-1)\}$。

$\text{LOF}(i)$ 为数据 $\rho(i)$ 的异常度。$\text{LOF}(i)$ 的值度量了数据对象 $\rho(i)$ 相对周围数据点的异常程度,其值越大表示异常程度越高,这表明了第 i 帧的视觉内容与其前后视频帧的视觉内容差异较大,一旦差异性超过了预先设定的阈值,将该数据位置视为视频帧的篡改起或止位置是合理的。

4. 算法描述

① 读取待检测视频片段,分解获得帧序列,RGB 彩色视频帧转化为灰度帧。

② 计算每一帧图像的高斯金字塔变换,变换层数为 3 层。

③ 计算各层次高斯金字塔图像的直方图和相邻帧的联合直方图。

④ 计算相邻帧对应层的多尺度归一化互信息算子。

⑤ 对视频片段对应的相似度序列 $\rho = \{\rho(1), \rho(2), \cdots, \rho(M-1)\}$ 计算相似度序列的异常度序列 $\{\text{LOF}(1), \text{LOF}(2), \cdots, \text{LOF}(M-1)\}$。

⑥ 设定检测阈值 α,对于第 i 个异常度 $\text{LOF}(i)$,如果 $\text{LOF}(i) > \alpha$,则判定相似度 $\rho(i)$ 为离群数据点,从而确定第 i 帧为篡改位置的起始点,否则,认为该相似 $\rho(i)$ 是正常的,第 i 帧不是篡改位置的起始点。

该算法能有效地检测出视频帧删除、帧插入和帧替换三种篡改的位置,而且适用于不同编码格式视频间和同源的篡改,在检准率和检全率上优于现有的时域篡改检测算法。但是算法只适用于单镜头的平缓变化的视频片段,只能检测出篡改,无法确定是何种篡改。

习　题

1. 什么是数字取证？什么是数字证据？
2. 有哪些数字取证过程模型？各有什么内容？
3. 请列举常用的数字取证专用工具。
4. 与设备相关的特征有哪些？图像统计特征有哪些？
5. 试分析多媒体设备源取证算法与篡改算法有什么联系？
6. CFA 插值方法可以用于哪些取证算法中？
7. 基于噪声特征的算法可以用于辨识的数字设备源有几种？
8. 在复制-粘贴篡改检测中，可以利用什么算法检测图像经过缩放处理？
9. 基于 Benford 法则的双重压缩检测算法可以检测哪几种不同的压缩格式？描述算法的主要思想。

第8章

网络信息内容监控

8.1 概　　述

随着科学技术的迅速进步和网络技术的飞速发展,以网页为载体的、散布于网络上的信息资源量得到了迅猛的增长,为人们提供了自由交换信息的便捷手段。然而,互联网在为人们交流提供极大便利的同时,也成为色情、反动等大量不良内容信息传播与泛滥的重要途径,这不但会对人类生活的健康品质,特别是对青少年的身心健康产生极为恶劣的影响,而且还会对国家的安定团结、社会的稳步发展产生极为不利的后果。为了保护国家安全、稳定,保护网络用户远离有害信息的侵扰,控制不良信息的传播,有必要采取有力措施对这类信息进行监控。

网络信息内容监控系统实质是利用互联网内容管理技术、禁止或限制用户访问不良的互联网信息,从而为广大网民特别是青少年网民提供健康、安全、文明的网络环境和内容。互联网上不良信息的表现形式主要有色情文学、黄色图像、色情动画、色情声音、成人电影等,基本覆盖了互联网上信息存在的所有形式:文本、图像、音频、视频。

为有效禁止或限制用户访问不良的互联网信息,控制互联网上不良信息的传播,网络信息内容安全系统必须获取并识别涉及淫秽、色情、反动等不良互联网信息,然后根据一定的规则进行过滤,换言之就是获取、识别并过滤含有不良信息的网址、文本、图像、视频、音频。当用户浏览网页时,网络信息内容安全系统首先截获网络上传送的数据包,进行 IP 包解析或帧还原,将数据包头中的 IP 地址、URL、域名等与不良网址库比对。如果是不良网址则丢弃数据包;如果不是不良网址,则进一步对还原的内容进行识别以判断相关的文本、图像、视频、音频是否含有不良信息。如果是不良信息则采取相应的手段进行拦截或过滤,同时自动将含不良文本、图像、音频、视频的网址标记为不良网址,加入不良网址库。网络信息内容监控系统的参考模型如图 8.1 所示。

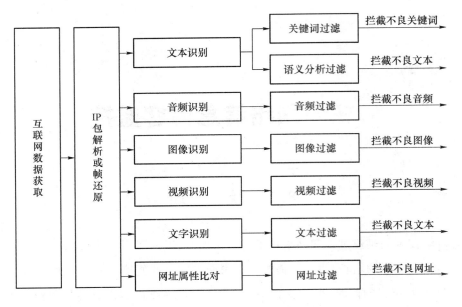

图 8.1　网络信息内容监控系统的参考模型

8.2　网络信息内容的过滤

8.2.1　概述

1. 信息过滤的提出

随着 Internet 的日益普及,网络越来越成为一种不可或缺的信息传播与信息交流的桥梁和媒介。据统计,截止到 2007 年年底,我国网民人数为 2.1 亿人,中国互联网普及率达到了 16%,不仅如此,目前我国还正处于网民快速增长的阶段。网民平均每周上网时间为 16.2 小时,并且对互联网已经有了一定的依赖性。网民群体超越了年龄、地域、文化程度等限制,呈现出多样化趋势。借助于互联网络,人们能够足不出户地实现信息交互、资源共享、商品买卖、金融交易、学习培训等日常生活和办公活动,由此而衍生出的以网络交易为核心的电子商务和以网络办公为核心的电子政务等新兴业务形式也日渐被人们广泛接受。

通过网络方便地发布、获取信息,使得共享信息资源以惊人的速度增长,成为全球范围内重要的信息载体和传播信息的主渠道之一。这其中,应用的最为广泛的就是 WWW(World Wide Web)。WWW 技术是为了帮助用户方便地共享 Internet 上的信息而创立的,它以超文本的形式呈现给用户各种各样的信息,绝大多数网络用户都是借助这一工具来实现网络应用。随着 Internet 的迅猛发展,Internet 上的信息呈现出数量巨大、内容广泛、增长迅速等特点,多种多样的信息格式和媒体形式使 WWW 成为一个庞大的、开放的、分布自治的、异构的信息系统。然而,在信息极大丰富的同时,用户在检索信息的过程中也面临着诸多问题。

(1) 智能检索工具的匮乏导致用户难以从海量信息中准确地提取有用信息

网络信息在数量上是海量而庞杂的,从内容上是丰富多样而却冗余无序的,从组织上却是混乱不堪而又整体毫无规律的,同时还具有数据存在不稳定和变动速度快的特点,因此无法通过一次性的全面整理和归类来对这些信息进行处理。

面对缤纷复杂的信息海洋,很多用户不知道如何快速而准确地获取自己需要的内容。借助于现有的搜索引擎(如谷歌搜索引擎、百度搜索引擎),通过关键字的方式来确定搜索的条件和范围。但是当用户无法准确地定义所要搜寻的关键字时,常常会得到庞大而夹杂着大量无用信息的结果集,使得检索效率很差,用户往往花费了很多时间和精力却所获甚少。为此,人们需要一个高效智能的检索工具,使用它可以得到相对准确的结果集,从而更快速、准确地找到自己感兴趣的信息,滤除与自己需求无关的信息。

缺乏有效的智能检索工具还将导致用户在信息检索的工作中,无意间接触到大量的相关或者不相关的信息。当一些信息反复重复出现的时候,就会在用户头脑中留下一些印象,就有可能使得一些伪科学、错误观点、不良信息乃至恶意信息停留在用户的潜意识中,甚至在用户头脑中有可能从假的变成真实的,为科学真理的传播造成隐患。

(2) 网络信息流动缺乏有效管理导致不良内容肆意传播

网络作为人们交互的桥梁和纽带,具有易用性、开放性和快捷性等技术特征,为任何人的使用提供了便利条件。然而,网络在为我们提供丰富多彩信息的同时,也给一些不法分子可以利用网络大肆进行色情、赌博、毒品、暴力等不法宣传和交易提供了便利条件,一些反人类、反政府、极端宗教主义者等极端分子也常常利用网络作为进行反动教唆与宣传的工具,这些情况使得一些局域网、广域网、甚至整个 Internet 网络系统中充斥了大量的有害信息或者垃圾信息。这些信息的存在不仅严重扰乱了人们的正常网络活动,而且常常造成搬弄是非、混淆视听的效果,甚至煽动不明真相的网民做出过激行为,从而给国家和社会稳定带来了恶劣的影响,乃至威胁到国家的安定和团结。

尤其严重的是,统计表明,中国的网民群体仍以青年为主,18~24 岁的青年占网民总人数的 31.8%;学生网民在整体网民中比例最大,占到 28.8%。由于青年人朝气蓬勃、涉世不深,做事容易冲动,容易受到外界的舆论和信息所煽动和影响。因此,一些不法之徒、恶意团体甚至敌对机构常常利用这一点,利用不良信息内容、不良生活方式或者不良思想来毒害他们的健康成长,如果不及时采取相应的技术手段和措施来抵御这些威胁,将会给我国青少年的成长造成极为严重的影响,进而将成为敌对势力实现和平演变或者颠覆我国政府的一个重要的具体实施手段。为此,必须高度重视对于信息内容安全的知、控、管,建立合理的网络秩序。

在对信息内容进行管理时,过滤技术是最直接而有效的技术手段。信息过滤是指由用户自身特定的、长期信息需求来组成过滤条件,通过检查动态信息资源流中的信息内容,在不影响服务的情况下过滤和屏蔽掉指定的不良信息。在互联网日益普及的今天,信息过滤在信息发掘、色情信息的屏蔽以及信息自动获取等方面正发挥着越来越大的作用。

2. 信息过滤的发展历程

1958 年,Luhn 提出了"商业智能机器"的设想,在该概念框架中,图书馆员为每个用户建立用户需求模型,然后通过精确匹配的文本选择方法,为每个用户产生一个符合用户信息需求的新文本清单,同时记录下用户所订阅的文本用于更新用户的需求模型。"商业智能机器"设想涉及信息过滤系统的每一个方面,为其发展奠定了雏形结构。

1982年，Denning提出了信息过滤（Information Filtering）的概念，目的在于拓宽传统的信息生成与信息收集的讨论范围。通过描述一个信息过滤的需求例子，展示了对于实时的电子邮件，如何利用过滤机制来识别出紧急邮件和一般例行邮件的过程。该过滤机制是通过"内容过滤器"来实现的，采用的技术包括层次组织的邮箱、独立的私人邮箱、特殊的传输机制、阈值接收、资格认证等。

1987年，Malone等人进一步拓展了信息过滤的研究领域。提出了三种信息选择模式，即认知模式、经济模式和社会模式。认知模式相当于Denning的"内容过滤器"，即基于内容的过滤（Content-based Filtering）；经济模式来自于Denning的"阈值接收"思想；社会模式是他最重要的贡献，目前也称为协作过滤（Collaborative Filtering），即在社会过滤系统中，文本的表示是基于以前读者对于文本的标注或评价，通过交换信息，自动识别具有共同兴趣的团体。在上述研究基础上，他们还研制出了相应的实验系统"Information Lens"。

1989年，信息过滤研究得到了进一步的认可，获得了较大的政府赞助。由美国国防部高等研究计划局DARPA资助了信息理解会议（Message Understanding Conference），提出将自然语言处理技术引入到信息过滤领域，资助相关领域的研究探索，从而进一步推动了信息过滤技术的发展。随后在1990年，DARPA建立了TIPSTER计划，目标是利用统计技术进行消息预处理（该过程被称为"文本检测"），然后再应用复杂的自然语言处理进行进一步加工。

1992年，NIST（美国国家标准和技术研究所）与DARPA开始联合赞助每年一届的文本检索会议TREC（Text Retrieval Conference），支持文本检索和文本过滤的相关研究。TREC会议是当前最重要的关于信息检索的会议之一。TREC会议的两个传统任务是路由寻径和专项检索，而过滤（Filtering Track）是路由寻径任务的重要子项目。

在TREC-7会议之前，过滤都是以大规模语句资料作为训练集，使每一个主题（Topic）都有相关文档集，然后在新语句环境中进行测试。从TREC-7开始，信息过滤再度细分为适应性过滤（AdaptiveFiltering）、批过滤（Batch Filtering）和路由寻径（Routing）三种文本过滤方式，研究方向着重于文本过滤的理论和技术研究以及系统测试评价方面。未来的发展趋势要求根据用户的信息需求，按照用户个性化模型，自适应地从具有时序的文本流中判断当前文本的相关性，实时地为用户准确地提供过滤后的适当文本。

3. 信息过滤的概念和特性

从信息服务的角度看，信息过滤可以定义为：计算机系统根据用户提出的检索要求，从动态变化的信息流中自动检索出满足用户需求的信息。

从服务功能的角度看，信息内容过滤可以定义为：计算机系统能够根据有害信息的特征描述，对网络信息内容进行甄别，将满足特征的不良信息屏蔽掉。信息内容过滤是信息过滤中最基本的一种方法。

那么，什么是不良信息呢？在我国，对网络信息内容的管理较为严格，在已制定的法律、法规文件中，对涉及互联网络的非法内容的界定包括如下规定：

① 包含反对宪法所确定的基本原则；

② 危害国家安全、泄露国家秘密，颠覆国家政权，破坏国家统一；

③ 损害国家荣誉和利益、煽动民族仇恨、民族歧视、破坏民族团结；

④ 破坏国家宗教政策,宣扬邪教和封建迷信、散布谣言,扰乱社会秩序,破坏社会稳定;

⑤ 散布淫秽色情、赌博、暴力、凶杀、恐怖或者教唆犯罪;

⑥ 侮辱或者诽谤他人,侵害他人合法权益等信息的内容。

基于上述内容,本书将不良信息定义为:互联网上出现的违背社会主义精神文明和法制建设要求,违背中华民族优良文化传统与习惯,以及其他违背社会公德等的各类信息,包括文字、图片、音频和视频等。

网络不良信息具有传递速度迅捷、传播途径广泛、隐秘性强、公众影响力和社会危害性大等特点,对其进行过滤也不同于一般信息的过滤。与一般信息过滤相比,不良信息过滤有其自身的特点:

① 文本倾向性判断比较困难。一般信息过滤中比较容易得到用户感兴趣和不感兴趣两方面的样本;在不良信息过滤中,正面样本通常较容易获取,负面样本则较难获取,这致使负面样本数目较少,负面信息难以判断。

② 一般信息过滤所过滤的信息表达形式稳定,易于采用关键词和词频统计方法进行文本表示,而不良信息制造者往往采取更换表达形式来逃避过滤,增加了过滤难度。

基于上述特点,信息内容过滤系统要求具有如下特性:

① 较高的准确性。即对属于过滤类别的内容能全部过滤,不属于过滤类别的内容不会过滤。

② 较高的过滤效率。在当前软硬条件下加入过滤系统不会严重影响网络的性能。

③ 可管理性。用户能方便准确地定义过滤类别,系统能自动适应网络的发展变化。

4. 信息内容过滤框架与模型

在通常情况下,信息内容过滤系统采用用户模型来描述用户的信息需求,通过将收集到的信息与用户模型进行相似度计算,系统主动地将相似度高的信息发送给该用户模型的注册用户;当用户在接收到新信息的同时,可以反馈给系统自己对新信息的兴趣评价,在用户与系统的互动中来提高用户获取信息的效率和质量。信息内容的提取和用户交互逻辑功能结构如图 8.2 所示。

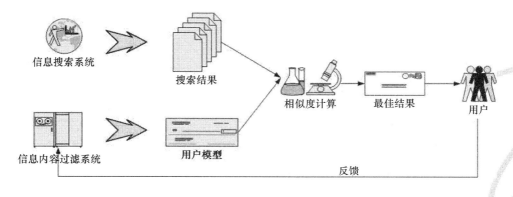

图 8.2　信息内容的提取和用户交互逻辑功能结构

内容过滤系统的主要功能是对应用层内容协议(如 HTTP,SMTP,POP3,IMAP 等)中传输的信息进行分析,根据过滤条件,对信息的下一步传送进行控制。系统的控制结果可以是允许通过、修改后允许通过、禁止通过、记录日志、报警等。

一个内容过滤系统通常可以划分为 4 个功能模块:主控模块、网络协议代理、格式转换模块以及内容过滤引擎。内容过滤系统的组成结构如图 8.3 所示。

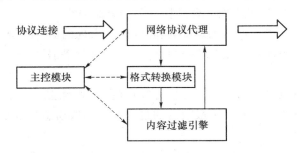

图 8.3　内容过滤系统组成结构

内容过滤系统各部分模块的功能如下:

① 主控模块是整个内容过滤系统的控制协调中心。它主要负责完成系统的初始化、其他模块的配置管理、系统运行状态监控和系统日志管理等四项功能。

② 网络协议代理是内容过滤系统的网络前端。它主要负责完成保持网络协议的正常通信和提取内容协议中的相关内容文本。网络协议代理可支持不同的内容协议(如 HTTP,SMTP,POP,IMAP 等),并且可扩展。

③ 格式转换模块为内容过滤引擎统一了内容文本的格式。该模块也是可扩展的,它主要负责完成对编码邮件的解码(如编码等)、将有 MIME UUENCODE 结构的文本内容(如 HTML,WORD,PDF 等)转化为纯文本和提取出动态页面中的脚本代码等三项功能。

④ 内容过滤引擎是内容过滤系统的核心功能模块。该模块的主要功能是为网络协议代理传送的内容提供内容安全性判定。内容过滤引擎根据内容过滤规则,对文本实施分析,匹配规则条件,通过计算激发的规则来给出内容的安全级别。内容过滤引擎是内容过滤系统的核心功能模块,它的效率直接影响了系统的运行效率,对文本评判的结果直接影响系统的效果。

在信息内容过滤过程中,通常会采用自然语言处理、人工智能、概率统计和机器学习等技术。由于信息有文本、超文本、声音、图像和视频等多种格式,因此,为了方便计算机处理,通常用索引项描述信息的内容。一个索引项可以是一个单词或一个短语。把不同形式的一条信息统称为一个信息项,这样一个信息项就可以表示成索引项的集合 $D=\{T_1,\cdots,T_n\}$。对一个信息项建立索引的过程称为标引(indexing),标引有人工标引和自动标引两种方法。人工标引适合于声音、图像和视频等非文本格式的信息。自动标引则适合于文本格式的信息。还可以为每个索引项 T 赋予一个权值 W,用以刻画该索引项体现信息内容的重要程度,这样,信息表示成权值的向量 $D=(W_1,\cdots,W_n)$。而这个关系体现在了知识库内在建立的关系当中,其权值的概念,单词短语的概念,标引出来的信息项都可以体现在知识库中独立的概念体。

简单地说,内容过滤系统通常把每个用户的信息需求表示成一个用户兴趣模型,即表示成向量空间中的一个用户向量,然后通过对文本集内的文本进行分词、标引、词频统计加权等过程来生成一个文本向量,然后计算用户向量和文本向量之间的相似度,将相似度高的文献(相似度高也就意味着该文献很可能更满足用户的检索需求)发送给注册为该用户兴趣模型的用户。

在内容过滤中,需要对信息流中所有的信息项进行过滤,并且每个用户是相互独立操作的。当系统收集到新的与用户兴趣相符合的信息时,系统主动通知用户;用户在接收到新信息的同时,可以反馈给系统自己对新信息的兴趣评价,比如可以评价为相关或不相关。在此基础上,系统可以利用这些反馈信息对用户模板进行修改和维护,在用户与系统的互动中来提高用户获取信息的效率和质量。另外,内容过滤还可以对用户的兴趣倾向进行跟踪记录并从中抽取其兴趣的特征。

信息内容过滤逻辑结构示意图如图 8.4 所示。

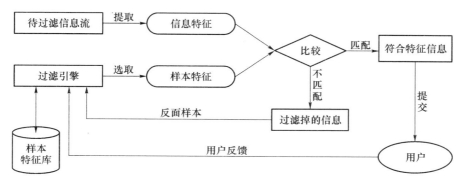

图 8.4　信息内容过滤逻辑结构示意图

8.2.2　网络信息内容过滤的分类

当前对于信息内容过滤的研究还比较分散,没有一个国际上公认的分类标准,为此,本书根据过滤目的、过滤操作位置、过滤在网络协议中实现层次和过滤实现方法等四种分类模式分别对信息过滤进行分类。

1. 基于目的的信息过滤分类

根据过滤目的的不同,可以将信息过滤分为两类:

① 用户兴趣过滤(简称"用户过滤")。以用户(个人、团体、公司、机构)兴趣为出发点,为用户筛选、提交最可能满足用户兴趣的信息。

② 安全过滤。以网络内容安全为出发点,为用户去除可能造成危害的信息,或阻断其进一步传输。

用户过滤和安全过滤所使用的技术和方法有着很多相同之处:

(1) 从功能上,它们都是从待处理的原始信息中分辨出要过滤的特定信息,并进行相应的处理。

(2) 在实现方法上,它们都可以借鉴和使用自动检索、自动分类、自动标引等信息自动处理的方法和技术。

(3) 在操作步骤上,常规结构通常包括:

① 过滤特征描述,建立信息特征描述(Profile),并利用样本及时更新。

② 数据特征表示,对待过滤信息流进行解析,并从中提取特征。

③ 过滤过程,对信息特征进行匹配,并对结果进一步处理。

(4) 在评价指标上,用户过滤应用最为普遍的是准确率和召回率,安全过滤的评价指标同样可以采用这两个指标。

然而,用户过滤和安全过滤同时也存在很大的不同具体如下。

(1) 过滤的主导权不同

① 用户过滤系统的设计目标是为用户提供辅助信息,用以协助信息发现和缩短浏览进程,过滤的主导权归于用户,过滤系统仅仅是辅助性系统。

② 安全过滤系统的设计目标是尽可能准确地过滤掉不良信息,避免用户浏览相关信息,因此,过滤主导权归于系统事前制定的策略和规则。过滤系统是自治性系统,在通常情况下,过滤过程可能对用户透明。

(2) 过滤的需求描述变化率不同

① 用户过滤的特征描述针对的是用户的信息需求,因此,这种信息需求随着用户在不同时期有较大的变化,即使是用户长期的兴趣,这种需求也总是存在不断的转移和演化。

② 安全过滤中有害信息的特征表达是相对固定的,尽管在相当长的时期内会有所增加和补充,但基本上不会发生大的、根本上的变化。

(3) 对滤出信息的处理不同

① 用户过滤为用户提供辅助功能,通常的情况下,不会删除滤出信息,从而避免丢失具有潜在价值的信息。

② 安全过滤所过滤出的信息通常是不良信息或者有害信息,除非作为反面样本保存,否则在一般情况下会直接删除,因此对过滤提出了更高的准确度需求。

(4) 在信息反馈和规则库更新上不同

① 用户过滤极端重视用户反馈的及时性和有效性,同时,基于用户群的社会合作过滤(Collaborative Filtering)进一步强化了用户反馈的深度,用户反馈能够以最及时的方式反映到规则库的更新过程中。

② 安全过滤同样重视用户反馈,但是受到人工分析的影响,其反馈的及时性不如用户过滤,安全过滤中规则库的更新一般根据日志信息进行反馈,然后再训练得以实现。

(5) 信息过滤的评估标准不同

① 用户过滤的测试工作主要依据用户来判断,主观性强,并且由于用户兴趣的转移,经常会引起评估准确度转移和偏移。

② 安全过滤的测试工作主要依据国家标准、法律法规、道德规范,客观性强,不以人的意志为转移,因此,评估标准更加客观。

(6) 信息过滤接口设计与实现不同

① 用户过滤系统通常采用友好的界面,使用户能够更加便捷、精确而有效的表达兴趣,因此,常常采用各种可视化手段来协助用户来自行进行信息的精确定义和相关度判断。

② 安全过滤系统通常对用户透明,因此,常常没有友好界面的设计需求。

2. 基于操作位置的信息过滤分类

信息内容过滤可以采用软件或者硬件的方式来实现。

基于软件的信息过滤一般都是基于"Internet 内容选择平台"的技术标准。Internet 内容选择平台由非营利的万维网联盟(W3C)推出,于 1995 年开始启用。其设计理念是兼顾鼓励自由表达和保护未成年人权益两方面需求,实现措施是由未成年人的父母或其他监护人通过内容选择平台过滤信息内容,以确保信息内容符合需要。根据过滤模块的放置位置,基于软件的信息过滤可以分为服务器端过滤和客户端过滤:

（1）服务器端过滤

过滤模块置于路由器、网关或防火墙等网络入口处,能够确保相应的内网用户远离有害信息的侵害,这是一种有效的文本内容监管模式。该模式的缺点是使得网络效率受到一定限制。

（2）客户端过滤

在每个终端上安装相应的过滤软件及其相应的特征词库,从而对每个终端的访问内容进行监管。该模式目前通常应用于关键词层面,但是过滤效果不是很理想。尤其是当面对大量终端客户的情况下,软件升级和特征词库更新都会给管理人员带来了较大的工作量。

软件的信息过滤具有使用灵活、适应性强等特点。但是随着互联网应用的迅猛发展,网络带宽和信息流量得到了飞速地增长,尤其在一些高速网络应用情况下,软件过滤速度常常无法满足系统需要,于是产生了基于硬件的信息过滤。

基于硬件的信息过滤是将关键词匹配功能集成在控制大流量信息传输的交换机或路由器中,以对网络中传输的信息内容进行监控。由于硬件升级成本比较高,因此,硬件过滤通常布置在互联网骨干节点、电信机房或大型企业中,而软件过滤则常常布置在中小型网站。基于硬件的信息过滤可以分为基于网关过滤和基于代理过滤。

（1）基于网关的信息过滤

过滤装置被嵌入专门的安全网关或者防火墙等网关设备中。基于网关的信息过滤可以通过静态或动态的模式来实现。其中,静态过滤是指过滤装置可以由用户设置,自行定义可信站点和禁止站点。由于静态过滤要求用户指定信任站点和不信任站点,这就决定了其比较适合于网络变化不大的运行环境中,并且需要用户定期更新站点的信任情况。然而,事实上,Internet 和 Web 都是动态变化的,每年数以亿计的网页被添加到网络中,每分钟都会有新的站点和网页出现;Web 页通常是由众多独立的组件组成,每个组件都有独自的 URL,能够被浏览器直接访问,因此对它们同样有过滤的要求。为了应对这些动态变化的过滤需求,提出了动态内容过滤。动态内容过滤是通过过滤 URL 中的关键词来确定用户是否可以访问该 URL 站点。例如,动态过滤可以拒绝访问 URL 中包含"Sex"字样的所有站点。理想的防火墙应支持静态内容过滤,同时还需要为用户提供一个可以自行选择阻塞的广泛类别列表(如拍卖、聊天、就业搜索、游戏、历史、玩笑、新闻、股票等),并且定期更新 URL 的类别列表。

（2）基于代理的内容过滤

过滤功能由专用的硬件代理上网设备实现,通常将专用设备部署在企业用户和 Internet 之间,配置成代理缓存服务器来管理和过滤用户的内容请求。当用户请求一个 URL 时,请求首先到达设备相应端口,由安全专用设备进行认证、过滤和授权,如果请求页面中的对象已经在该专用设备的本地缓存中,就从本地直接把访问对象的复制返回给用户;否则,将安全专用设备当作用户代理,通过 Internet 和源服务器通信,把从源服务器返回的对象保存在本地缓存中,并把内容复制提交给用户。

无论采用哪种实现途径,信息过滤操作的位置有三种选择:

① 位于信息源。也就是由信息提供者根据用户的概貌提供合适的信息。

② 位于客户端。也就是用户根据自己的需要设置一定的条件,把不希望获得的信息拒之门外。

③ 位于信息提供者和用户之间的专门的中间服务器上。即代理服务器过滤。代理服务器如同一个大型的网络缓存器,外来的信息要通过它才能进入本地或局域网,而内部信息也要经过它的代理才能传递出去,因而可以设置相应的限制,对一些网址或信息进行控制。

3. 基于协议实现层次的信息过滤分类

基于网络协议的实现层次,信息内容过滤可以分为网络层数据包内容过滤、传输层内容过滤和应用层内容过滤。

(1) 网络层数据包内容过滤

网络层数据包内容过滤技术是在网络层中对数据包携带的数据内容进行检查,验证数据的源地址和目的地址以及数据内容是否符合过滤规范,从而决定是否转发该数据包。网络层数据包内容过滤技术一般用于防火墙上对特定的 IP 地址、端口和少量的关键字序列进行过滤,因此,常常使用关键词匹配技术来实现信息的过滤。

有部分增强型的网络层过滤系统能识别上层协议及 UDP/TCP 端口号,但不能识别 TCP 连接,因此还是属于网络层内容过滤系统。

采用该方法的优点是实现简单,代码量小,对硬件要求低,检测速度较快。缺点在于网络层不能识别应用类型,需要对所有通过防火墙的 IP 数据进行检查,这在一些网络条件下有可能会给应用带来消极影响、甚至有可能降低系统的性能。例如,采用网络层数据包内容过滤,在处理宽带网络上包含大量视频流、音频流的网络应用就会浪费系统的计算能力;在处理对时间敏感的应用(如 IP 电话),还会带来不必要的时延和抖动。除此之外,由于网络层不能区分数据类型和文字字符编码,有可能使得内容过滤产生误判,而且当数据包长度不大时,常使得关键字分布在不同的数据包中,系统易于产生漏判。

(2) 传输层内容过滤

传输层内容过滤技术通过识别和跟踪传输层的每一个 TCP 连接,对每一个连接中的传输内容进行过滤,从而避免了网络层过滤系统不能识别应用和连接、无法对 IP 数据碎片进行重组的问题。

由于每一个 TCP 连接总是归属于某一个网络应用进程,因此传输层内容过滤系统能识别应用,可以只对某些应用进行选择性过滤,从而提高了过滤的速度。并且通过针对不同应用使用不同的插件的方法,能够设置不同的过滤算法,可以大大提高过滤的准确性。但是通常情况下,为了提高系统的效率,传输层过滤系统一般不处理应用层协议,因此传输层过滤能处理的信息相对有限,过滤的准确性受到较大的限制。

传输层过滤系统由于要跟踪处理大量的连接,因此其对防火墙的硬件要求较高。

(3) 应用层内容过滤

应用层内容过滤系统工作在应用层之上,一般使用代理或透明代理的方式进行工作。由于操作实施在应用层上,因此可以获得较为全面的应用层信息,如文字编码、内容类型和内容语义等。同时,也可以针对某一具体的应用(如 E-mail,FTP,IRC 等)开发专门的算法,从而大大提高了过滤的覆盖率和准确率。

应用层内容过滤是目前使用得比较广泛的内容过滤方法。常用的应用层内容过滤系统包括有垃圾邮件过滤系统、Web 内容过滤系统、网络防毒系统等。

4. 基于实现方法的信息过滤

基于实现方法的信息过滤包括 URL 过滤、关键词过滤和智能文本过滤。

（1）URL 过滤

URL 过滤顾名思义，就是指对 URL 进行过滤。过滤的方法采用的是网上信息监控方法，监控的对象通常是网址，从而通过间接手段对网上文本信息进行监控。

URL 过滤方法需要监控者预先知道含有不良信息的网站地址，从而对这些不良信息网址进行快速有效监控。但是该方法的缺陷是对于那些管理者预先不知道的不良信息网址或者网址中所含有的信息内容发生性质转变的情况，URL 过滤方法无法进行有效监控。网址包含信息内容性质改变包括两种形式：一类是原来包含、但当前已不再含有不良信息的网址；另一类是原来不包含，但当前已含有不良信息的网址。

（2）关键词过滤

关键词过滤就是采用关键词匹配方法进行信息内容过滤。关键词匹配方法根据事先设定关键词进行机械匹配，其优点是实现简单、执行速度较快。

关键词过滤的缺点是：由于采用的是字面机械匹配，没有理解文本信息内容含义，因此就有可能会将包含相同关键词的良性信息判断为不良信息，或者由于文本中使用了关键词的近义、同义表达形式而无法识别出不良文本信息，这些情况都造成了关键词过滤方法的监控效果不是很理想。为此，目前也有针对性地提出了一些改进的措施，例如优化关键词选取，关键词复杂匹配等，使得关键词过滤方法效果有所改善。

（3）智能文本过滤方法

智能文本过滤方法通常包括语义过滤方法、规则过滤方法和统计过滤方法三大类。

语义过滤方法主要通过分析文章的语义来判别结果，分析的层次主要集中在句法分析和主题分析等方面。在句法分析的研究中，目前可应用的系统人工干预成分过大，在自动化处理方面还有所欠缺。例如，在句法分析过程中，首先需要人工进行语义模式的构建、更新和维护，其次需要人工干预模式库的构建、更新和维护，最后还需要手工完成特征词权重的设置以及阈值的确定。

规则过滤方法采用特征词向量作为规则的前提条件，文本所属的不良信息类别被用于最终的决策。规则过滤方法长期以来得到了很多实际的应用，并且在多数系统中，通过人工来设置规则。典型的规则通常用布尔函数表示，并且只测试指定特征词在文本中是否出现。为了获得更好的过滤效果，提出了一些考虑权重的其他计算方法，但是在实现过程中，常常产生过多的规则，规则之间容易导致相互冲突的发生，而且大量的规则匹配会严重降低了系统效率，尤其对实时性要求较高的系统（如内容安全网关）来说，有可能导致设计难以满足系统需求。即使在规则过滤方法中设置了大量的匹配规则，在一些情况下仍然会出现新样本无法找到合适的规则相匹配的情况。

统计过滤方法利用信息论的观点对文本信息进行量化处理，通过使用大样本集作为训练样本，来提高过滤的覆盖率和准确率。统计过滤方法需要大规模样本进行学习，对学习样本的数量和质量有较高的要求。在实践过程中，统计过滤方法对于色情类的文本过滤可以取得较好的效果，但是在处理反动或暴力文本方面其效果不佳，这主要在于反动文本特征空间很大，特征选择比较困难。

8.2.3 网络信息过滤实现系统

目前,网络中信息内容过滤主要有四种实现途径:

① 通过一些专门的过滤软件来过滤;

② 利用浏览器中的分级审查系统或者将过滤引擎嵌入浏览器来实现;

③ 通过在防火墙中增加内容过滤的功能;

④ 通过网卡、USB 数字钥匙或者其他硬件来实现内容过滤功能。

经典的信息过滤实现系统主要包括斯坦福的 SIFT 系统、Stevens 研制了 InfoScope、麻省理工学院的过滤代理 Grouplen 和美国 NBC 公司开发的 ResearchIndex 系统。

1. 斯坦福大学的 SIFT 系统

斯坦福大学的 TAK W. YAN 教授和 Hector Garcia-Molina 开发了基于内容的过滤系统(Stanford Information Filtering Tool,SIFT)。该系统用于互联网上新闻组的过滤,是以互联网上的 E-mail 和 Web 接口格式为研究对象的网络新闻过滤器。它使用向量空间模型来实现用户信息需求与新闻资料之间的匹配,要求用户提供信息模板(User Profile),并根据用户提交的信息需求进行信息的过滤。

在具体实现上,SIFT 每天为每个用户模型提供 20 个排序输出的文本,用户利用 Web 浏览器来选择自己感兴趣的文本,SIFT 通过统计分析用户的选择的反馈信息,自动调整并建立用户模型,从而实现了自我更新的能力。在过滤过程中,SIFT 运用了贝叶斯推理网络算法来进行匹配,其机理是将用户模型分组,将一组文本分配给一组兴趣相同的用户。

2. Stevens 研制了 InfoScope

InfoScope 系统采用自动用户兴趣模型学习机制,降低了基于上下文环境构造的用户模型的复杂度。它是基于精确匹配规则的系统,通过观察用户阅读行为,如阅读花费的时间、是否选择保存等,提出相应的过滤规则。InfoScope 为了减轻用户认知负担,极力避免用户对于每个文本的明确取舍判断,由于受当时计算机处理能力的限制,它仅能处理每个文本的头部信息,如主题、作者、新闻组名等信息。此外,处于探讨用户和机器之间合作潜能的目的,它采用了基于规则的严格匹配机制。InfoScope 的机器辅助用户模型学习机制、用户可控的提取机制、隐式的用户反馈使它成为基于内容过滤的典型例子。

3. 麻省理工学院的过滤代理 Grouplen

GroupLens 是 Miller 等人开发的 usenet news 协作过滤系统。它建立在客户服务器模式上,采用了两种服务器,一是内容服务器,即标准的互联网新闻服务器;二是评注服务器,系统设计允许复制内容服务器和评注服务器,以便使每个服务器服务于一定数量的用户。GroupLens 的评注是 5 级的确定性判断,评注服务器收集用户的评价级别,依据它预测用户对新文本的接受程度,并把这些文本发送给客户端。在 GroupLens 系统的客户端还可以监视用户阅览文章所用的时间,并以此获得一个隐含的兴趣级别反映用户对文章的喜欢程度。GroupLens 对于协作过滤的贡献在于分布式评价服务器和模型学习机制。

4. 美国 NBC 公司开发的 ResearchIndex 系统

美国 NBC 公司附属的 NECI 研究所于 1997 年研制了 ResearchIndex 科技文献电子图

书馆系统 ResearchIndex。该系统的整体设计思想主要是借鉴了 SCI（Scientific Citation Indexing）对科技文献的组织和评价方法，特别是通过对文献引文的详尽分析，实现了科技文献全自动的引文索引。在科研人员看来，通过 ResearchIndex 电子图书馆来获取科技文献很类似于自己通常获取文献的方式，不但可以直接获取文献原文，还可以在系统的指导下很方便地获取其引文信息和内容相关的其他文献。ResearchIndex 电子图书馆系统提供了用户模型机制，以期达到通过 E-mail 和 Web 界面实现新文献向注册用户发送的目的。在 ResearchIndex 中，用户的身份是通过 HTTP 的 Cookie 文件来验证、保存和识别的。用户模型，即用户的兴趣信息需求通过多种形式来描述，它可以是用户自己添加的关键字，也可以是用户关注的网址信息，还可以是用户在浏览文献时随时添加进来的自己认为有价值的文献信息。这几种兴趣的描述形式之间是逻辑或关系，即如果新文献含有指定的关键词信息，认为该新文献与用户需求相关；如果新文献引用了用户反馈的兴趣文献之一，认为该新文献与用户需求相关；如果新文献与用户反馈的文献在内容上相关，也同样认为该新文献与用户需求相关。

8.3　网络信息内容的阻断

　　网络信息内容监控的目的在于对互联网上的信息内容进行审查与控制：不仅要防止暴力、色情等不良信息和政治攻击、反动言论的随意传播，还应该可以根据客户的需求制定不同的策略，实现按需定制信息，按权限定制信息的目的，把正确的信息在正确的时间传递给正确的受信者。

　　信息内容监控主要针对信息所代表的具体内容，并着眼于消除信息内容给信息受信者带来的潜在危害。对于识别出的非法信息内容，阻止或中断用户对其访问，成功率和实时性是两个重要指标。从阻断依据上分为基于 IP 地址阻断、基于内容的阻断；从实现方式上分为软件阻断和硬件阻断；从阻断方法上分为数据包重定向和数据包丢弃。

8.3.1　概述

　　网络信息阻断技术就是根据网络信息监管的目的和要求，能够对被监管网络的通信信息进行高效率的跟踪和分析，从而区分网络中不良信息，并对符合特定要求的网络连接，能够及时有效地做出阻断通信连接动作的一种技术。

　　这里的网络阻断有两种实现方式：

　　① 阻断系统在通信链路上通过及时发现并丢弃有害的网络信息报文，使得通信双方因长时间等待数据报文而产生超时，从而造成通信连接的结束。

　　② 阻断系统通过某种特定的技术手段，构造特殊的网络信息包（阻断报文），并使它先于有害信息报文到达通信双方中的接收端，造成通信双方的网络连接转入不能接收数据的状态或者认为连接结束或者认为通信连接出现异常，从而使得通信终止。

　　网络信息的阻断技术也是随着 Internet 的不断发展和不断丰富而成熟起来的。早期的网络信息阻断技术是作为防火墙内建模块的一部分存在的。随着网络技术的不断发展，传统意义上的防火墙越来越不能满足网上信息监管的需要。网络信息阻断技术以其针对性强、方便灵活和便于实现的优点，在网上信息监管方面发挥出越来越重要的作用，在相关领域应用得更加广泛。

从网络信息阻断系统处理信息报文的不同方式来划分,阻断技术主要分为以下两类:

① 基于网络侦听方式的网络信息阻断技术;

② 基于存储转发方式的网络信息阻断技术。

两者的主要区别和特点如表 8.1 所示。

表 8.1　两种阻断技术比较

	网络侦听方式	存储转发方式
实现条件	位于通信链路上的一台主机,对通信内容能够实现网络侦听	网络通信中的转发节点,对网络中通过该节点信息具有完整的控制权
阻断技术手段	利用协议中定义的传输控制标志位或者切断通信连接的状态控制报文等方法	采用网络信息包抛弃的方法,造成通信双方连接超时
工作模式	用户态与核心态一般主机	核心态,路由器或者具有路由功能的主机
对网络信息影响	对正常的网络通信没有影响,对敏感信息通信完成阻断	对所有的网络通信会造成一定的网络延迟
适用范围	通信实时性要求高,对网络信息监管要求不是十分严格的情况	要求对网络信息的完全监控的场合
未来发展趋势	由于网络通信协议的小段完善和发展,此方法应用范围将会变窄,实现困难	随着硬件技术不断提高,存储转发的实时性将会大大改善,应用将会更普及

从阻断系统动作响应的方式来划分,阻断技术主要分为静态响应的网络信息阻断技术和动态响应的网络信息阻断技术。其中,静态响应主要是指阻断系统根据预先制定好的匹配规则和触发条件进行工作,系统运行期间系统的响应行为是固定不变的;动态响应则是指阻断系统具有人机交互界面,系统运行过程中可以动态更改匹配规则来改变系统对不同的网络状态的不同响应行为。

本章将主要介绍网络信息阻断和控制的几个基本方法:网页过滤阻断、防火墙包过滤和网络隔离与网闸。

8.3.2　网页过滤阻断

URL 过滤是目前阶段及今后一段时间中可以实际采用的信息阻断与控制技术。在互联网上,由于使用统一资源定位符 URL 来标志互联网上的各种文档,因此,可以使每个文档在整个互联网范围内具有唯一的 URL 标识符来过滤和阻断互联网上的文档信息。

1. URL 过滤阻断原理

URL 过滤主要是通过对互联网上各样信息进行分类后,精确匹配 URL 和与之对应的页面内容,形成一个预分类网址库。在用户访问网页时,将要访问的网址与预分类网址库中的网页地址进行对比,以此来判断该网址是否被允许访问。

通常情况下,URL 过滤系统中需要维护两种类型列表:一种是"黑名单"列表(BlackList),列表中包括禁止访问目标网站的 URL;另一种是"白名单"列表(WhiteList),列表中包括允许访问目标网站的 URL。URL 地址列表一般由管理者或第三方根据一定的标准来收集和编制。由于互联网上的不良信息资源每天都在不断地增加和变化,因此 URL 列表还需要不断地更新和丰富。

2. URL 过滤阻断方法特点

URL 过滤阻断的优点有:

(1) URL 过滤由于有人工的参与,过滤准确率较高。

(2) URL 过滤实现简单,过滤成本低。

URL 过滤阻断的缺点有:

(1) URL 过滤依赖事先开列出的特定网址,而网站取舍与否主要依靠人工对网站所做出的主观判断及组织。人工诊断 URL 内容的方法虽然精确度较高,但相对较耗时和费成本,且这种主观选择会因人而异,再加上网络每天都有新的网站和网页诞生,同时每天都有网址变更的发生,因此,依靠人工选择评鉴的速度远不及网站变更及增加的速度,这会导致对非法 URL 的覆盖程度不高。

(2) URL 过滤仅仅将互联网站区分为允许访问和拒绝访问两种类型,不能对图像搜索的结果进行分类。一些不良网络信息的提供者可以采取了回避某些敏感词汇的办法,将不良文本嵌入到图像文件中,或者直接以图像文件的形式出版等方法,从而可以轻易地逃避URL 过滤阻断。

3. URL 过滤阻断的操作过程

实施过滤时,首先将从用户请求数据包中提取 URL,将其与“白名单”列表进行匹配:如果匹配成功,则说明用户的请求是合法的,用户可以浏览该网页;如果匹配不成功,则需要对其进行进一步的非法 URL 匹配。把请求的 URL 与“黑名单”列表进行匹配检测:如果匹配成功,说明用户所请求的信息不合法,这时返回用户警告提示,禁止用户访问该网页;当匹配再次失败时,说明用户请求的 URL 在 URL 数据库中无法找到对应项,这时标记该 URL 为可疑(Suspicious),等待审核,同时将查找到的文档返回给用户。基于 URL 的过滤阻断操作过程如图 8.5 所示。

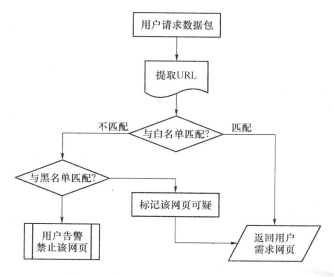

图 8.5　基于 URL 的过滤阻断操作过程

8.3.3 基于防火墙的信息阻断

目前的网络信息阻断技术,多数实现在传输链路上,基于路由器或防火墙技术来实现,并结合网络信息的拥塞控制技术,来达到避免拥塞和阻断部分连接的目的。其主要实现方式:在存储、转发的基础上,利用一定的包匹配算法,选择丢弃的报文;或者在一定时间内,阻断优先级别低的连接、服务级别低的连接,以到达提高网络服务质量的目的。

1. 防火墙安全策略

网络安全策略是防火墙系统的重要组成部分,决定了受保护网络的安全性和易用性。合理可行的安全策略是一个防火墙系统成功的首要条件,它要求合理地平衡安全需求和用户需求之间的关系,同时保证安全和方便的统一。相反,不适当的安全策略有可能拒绝用户的正常需求和合法服务,或者留下系统缺陷、给攻击者以可乘之机。防火墙包括如下两种层次的安全策略。

① 服务访问策略

服务访问策略是高层策略,它明确定义了受保护网络应该允许和拒绝的网络服务及其使用范围,以及安全措施(如认证等)。网络设计者在规划服务访问策略时,应首先进行需求分析,确定系统未来使用和提供哪些网络服务,然后在对网络服务进行安全分析、风险估计和可用性进行充分分析的基础上,最后经综合平衡以得到合理可行的服务访问策略。

当前,有两种典型的服务访问策略,即"不允许外部网络访问内部网络,但允许内部网访问外部网络"和"允许外部网络访问部分内部网络服务"。

② 防火墙设计策略

防火墙设计策略是低层的策略,它描述了防火墙如何根据高层定义的服务访问策略来具体地限制访问和过滤服务,即针对具体的防火墙、规划自身性能和限制,来定义过滤规则等策略以实现服务访问控制策略。

两个基本的防火墙设计策略分别是"允许所有除明确拒绝之外的通信或服务"和"拒绝所有除明确允许之外的通信或服务"。其中,前者假设防火墙一般应转发所有的通信,但是对个别潜在有害的服务应予以关闭,它偏重于易用性,可以给用户一个方便和宽松的使用环境,但同时带来的、风险包括难于保证系统安全、需要管理员及时对防火墙进行监控和管理等;后者假设防火墙一般应阻塞所有的通信,但是对个别期望的服务和通信应予以转发,它偏重于安全性,目标是建立了一个更安全的环境,只有那些经过了仔细选择的服务才能被支持,但同时给用户的使用带来了许多不便和更严格的限制。

安全策略创建后,决定防火墙作用的最大因素依赖于好的规则库,规则库中包含了一组规则,用以决定当进行特定种类的通信时防火墙所采取的动作。规则库是建立在安全策略基础之上的,并且需要不断对规则库进行简化以优化过滤。

在分组过滤过程中,防火墙逐一审查每一个数据包是否与其分组过滤规则相匹配,分组过滤规则主要是处理 IP 包头信息,根据 IP 源地址、IP 目的地址、封装协议(UDP/TCP)、端口号等来制定检查规则,确定数据包的取舍。在确定规则时,把最常用的规则放在最前面,而且通常情况下,Web 服务是最主要的、流量也是最大的,因此,优先对它进行响应。

从广义的角度来看,过滤规则描述单个子集的特征和行为,通信的分组是集合中的元素,安全策略是子集的特征和行为定义的抽象,防火墙设备则起到一个获得子集特征和执行子集行为的作用。

2. 防火墙包过滤技术实现

防火墙包过滤技术就是根据数据包头信息和过滤规则阻止或允许数据包通过防火墙。当数据包到达防火墙时,防火墙检查数据包包头的源地址、目的地址、源端口、目的端口,及其协议类型,判断其是否是可信连接,就允许其通过;否则,就丢弃该数据包。

包过滤防火墙是基于过滤规则来实现的,其步骤如下:建立安全策略,写出所允许的和禁止的任务,将安全策略转化为数据包的逻辑表达式—包过滤规则。过滤规则的设计主要依赖于数据包所提供的包头信息。根据包头信息,可以按 IP 地址过滤,可以按封装的协议类型过滤或端口号过滤。当然,也可以将上述几种方式组合起来制定过滤规则。图 8.6 是包过滤防火墙示意图。

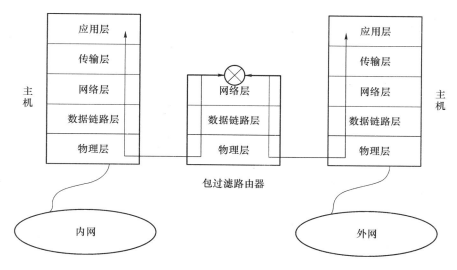

图 8.6　包过滤防火墙

包过滤技术是一种简单、有效的安全控制技术,它通过在网络间相互连接的设备下加载允许、禁止来自某些特定的源地址、目的地址、TCP 端口号等规则,对通过的数据包进行检查,限制数据包进出内部网络。

包过滤最大的优点是对用户透明,传输性能高。但由于安全控制层次在网络层,安全控制的力度也只限于源地址、目的地址和端口号,因此只能进行较为初步的安全控制,对于恶意的拥塞攻击、内存覆盖攻击或病毒等高层次的攻击手段,则无能为力。另外包过滤防火墙只按照规则丢弃数据包,而不对其作日志,不具备用户身份认证功能,不具备检测通过高层协议(如应用层)实现的安全攻击的能力。

8.3.4　网络隔离与网闸

我国 2000 年 1 月 1 日起实施的《计算机信息系统国际联网保密管理规定》第二章第六条规定:"涉及国家秘密的计算机信息系统,不得直接或间接地与国际互联网或其他公共信息网络相连接,必须实行物理隔离"。在实现上,物理隔离领域提出了不少新产品,如物理安全隔离卡、双硬盘物理隔离器、物理隔离网闸等。

1. 物理安全隔离卡

计算机网络物理安全隔离卡把一台普通的计算机分成两台或多台虚拟计算机,连接内部网和外部网,实现安全环境和不安全环境的隔离,保护用户的机密数据和信息免受来自于外部网上的威胁和攻击。

网络安全隔离卡把用户的计算机硬盘物理分隔成两个区域:公共区(外网)和安全区(内网),两者分别拥有独立的操作系统,通过各自的专用接口与网络连接,安装在主板和硬盘之间,用硬件方法控制硬盘读写操作,使用继电器控制分区之间的转换和网络连接,任何时候两个分区不存在共享数据,从而保证了内外网之间的绝对隔离。

网络安全隔离卡能够根据用户的要求,在计算机的两个硬盘或硬盘分区之间相互转换,并通过有效地控制 IDE(或 SATA)总线,彻底阻塞非授权用户进入未授权分区的通路,防止信息泄露或破坏,并可根据用户需求实现从外部网到内部网的单向数据传输通道,保证安全可靠。物理安全隔离卡的逻辑结构如图 8.7 所示。

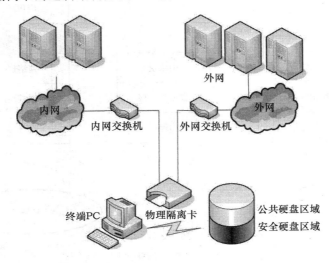

图 8.7　物理完全隔离示意图

2. 物理隔离网闸

物理隔离网闸最早出现在美国、以色列等国家的军方,用以解决涉密网络与公共网络连接时的安全。我国也有庞大的政府涉密网络和军事涉密网络,但是我国的涉密网络与公共网络,特别是与互联网是无任何关联的独立网络,不存在与互联网的信息交换,也用不着使用物理隔离网闸解决信息安全问题。因此,在电子政务、电子商务之前,物理隔离网在我国发展缓慢。

近年来,随着我国信息化建设步伐的加快,电子政务系统得到了迅猛的发展。电子政务系统中,外部网络连接着广大民众,内部网络连接着政府内部办公系统,专网连接着各级政府的信息系统,在外网、内网、专网之间交换信息是基本要求。如何在保证内网和专网资源安全的前提下,实现从民众到政府的网络畅通、资源共享、方便快捷是电子政务系统建设中必须解决的技术问题。一般采取的方法是在内网和外网之间实行防火墙的逻辑隔离,在内网与专网之间实行物理隔离。

物理隔离网闸室采用双主机＋物理隔离开关的硬件结构,结合高强度的网络协议分析和控制的软件系统,共同构建一个在网络边界处隔离网络已知和未知攻击行为的高端网络安全设备。其主要特征是:在网络边界处中断协议的连接,通过安全设备构建一个没有协议,不依赖操作系统,没有命令控制,没有应用直接连通的,只有"无协议的数据包"转发的安全环境。通过高层高粒度、高强度的协议分析,将应用可控的安全反射到内网。

物理隔离网闸可以高安全性的保证内网遭受网络层,系统层的已知和未知的网络攻击行为。保证用户的应用在有效安全的情况下可控的展开。

3. 网闸应用

网闸不仅可以提供基于网络隔离的安全保障,支持 Web 浏览、安全邮件、数据库、批量数据传输和安全文件交换,满足特定应用环境中的信息交换要求,还提供高速度、高稳定性的数据交换能力,可以方便地集成到现有的网络和应用环境中。具体说来,网闸可以应用于如下位置。

(1)涉密网与非涉密网之间

有些政府办公网络涉及敏感信息,当它与外部非涉密网连接时可以用物理隔离网闸将两者隔开。

(2)局域网与互联网之间(内外网之间)

有些局域网络,特别是政府办公网络,涉及政府敏感信息,有时需要与互联网在物理上断开,用物理隔离网闸是一个常用的办法。

(3)办公网与业务网之间

由于办公网络与业务网络之间的信息敏感程度不同,为解决业务网络安全性问题,比较好的办法就是在办公网与业务网络之间使用物理隔离网闸。

(4)电子政务内网与专网之间

在电子政务系统建设中要求政务内网与外网之间用逻辑隔离,在政府专网与内网之间用物理隔离。

(5)业务网与互联网之间

电子商务网络一边连接着业务网络服务器,一边通过互联网连接着广大民众。为保障业务网络服务器的安全,在业务网络与互联网之间实现物理隔离。

8.4　网络信息内容的分级

网络"无时差、零距离"的特点使得不良信息内容以前所未有的速度在全球扩散,网络不良内容甚至还有可能给青少年造成生理伤害。"网络上瘾症"是近些年出现的医学名词,患者过度依赖网络,在下网后会出现精神萎靡、身体不适等症状。为此,我国亟待建立自己的网上内容分级标准,将网络信息进行合理分类,使得父母能够保护他们的孩子远离互联网上有潜在危害的内容,合理监控上网活动,从而降低上网所导致的负面影响。

网络内容分级就是对网络信息分等级、分类别地进行过滤,通过预先按照一定的分级标准对网页或网站进行分级,使得当用户提出访问要求时,系统自动根据分级标记来决定该用户是否能够访问这些网页或网站。

网络内容分级可以采用自我分级和第三方分级两种方式实现。其中,自我分级是由网页作者针对自己网站内容,在不同的向度下给予适当的标记,并将等级标签嵌入网页源码或表头中;第三方分级则是由第三方组织机构针对网站内容对各向度进行分级,分级标签则是通过标签机构(Label Bureau)来统一分发。

用户在使用网络内容分级时,可通过下载过滤系统分级档案,并在浏览器中设置不同的向度加以确定。通过设置,用户在浏览网站时,浏览器会依据用户设定的向度级别,筛选出合适的网页信息。

8.4.1 国外网络内容分级标准

当前,国际上"多方标记和分级模式"(Multi-Party Labeling & Rating Model,MPLRM)在网络内容分级方案中占据了主导地位。MPLRM 遵循 W3C(World Wide Web Consortium)所提出的"互联网内容分级平台"(Platformfor Internet Content Selection,PICS)技术标准。PICS 的提出致力于提供一个将标签和内容结合在一起的基础设施,使得用户端计算机系统浏览器可以处理 PICS 标签,从而读取分级系统。一般的,PICS 可以被用来提供自加标签(通过独立的内容提供者和在线发布者)和第三方标签。

PICS 技术标准协议完整定义了网络分级所采用的检索方式以及网络文件卷标的语法。PICS 技术标准并非绝对的,其最大目的是让整个开放的互联网有可以遵循的标准,这个标准主要是通过定义了一些标签来实现的。PICS 系列规范中的"PICS Label Distribution Label Syntax and Communication Protocols"规定了 PICS 标记的一般格式。一个网页的 PICS 标记的一般格式包括以 URL 作为标记的分级机构、与分级信息有关的"属性-值"对和提供实际分级信息的"属性-值"对。PICS 标记一般格式如下:

```
(PICS—1.1
        <Service url>[option…]
    Labels [option…]ratings(<category><value>…)
            [option…]ratings(<category><value>…)
        …
        <Service url>[option…]
    Labels [option…]ratings(<category><value>…)
            [option…]ratings(<category><value>…)
        …
    …)
```

在设计信息内容分级架构时,通常要求分级系统符合 PICS 标准,并且需要对过滤对象的内容提出不同的向度和级别。一般而言,所提出的向度大多为不雅语言、性、裸体、暴力、邪教、赌博等向度,也可以延伸次向度,而级别通常为 4～6 级。

目前,以 PICS 为核心研发的相关分级系统已不少,在众多引用 PICS 技术标准的平台中,又以网络分级协会(Internet Content Rating Association,ICRA)的推广最为有力。

互联网内容等级协会 ICRA 倡导的互联网娱乐软件顾问委员会(Recreational Software Advisory Council on theInternet,RSACi)的分级服务是以 Stanford 大学 Donald F. Roberts 博士的研究成果为基础而制定的网页分级标准,其目标是在不危及万维网上的言论自由的前提下,提供一种简单而又行之有效的网站分级系统来保护儿童的合法权益。具体说,它按照暴力、裸体、性和语言四个方面将分级系统分成五个级别,其范畴和级别的描述如表 8.2 所示。

表 8.2 RSACi 分级系统的各种范畴和级别描述

级别	暴力	裸体	性	语言
级别 4	恣意的而且非常无理的暴力行为	极具挑逗性的正面裸体表演	暴露的性行为	极度仇恨或粗鲁的语言，非常暴露的性内容
级别 3	带血腥的杀戮场面，人被杀或受到伤害	正面裸体	非暴露性的性抚摸	蛮横、粗俗的语言、手势等，使用带侮辱性的称谓
级别 2	杀戮，人或生物遭到伤害或被杀死	半裸	穿着衣服的性抚摸	一般性的脏话，与性无关的解剖学术语
级别 1	打斗，对有生命物体的伤害	暴露的服装	充满激情的亲吻	轻微的秽语或针对身体的轻微措辞
级别 0	没有侵犯性的暴力行为，没有自然的或意外的暴力事件	无裸体场面	浪漫故事，没有性行为的描写	不令人讨厌的语言

当前主流浏览器之一 IE 就支持 PICS 和 RSACi。它可以使用分级审查来控制在互联网上可以访问的内容类型。在实现上，使用 ICRA 分级系统为网页做标签的步骤如下：

① 创建文档标签。首先，标签系统会先要求网站作者填写网址，以确保系统所做标签与网站一一对应。其次，系统会要求完成问卷，以便为自己的网站分级。

② 创建附加标签文档。如果单一的标签无法对整个网站分级，还需要为网站的副站点进行分级，这项工作可以通过做附加标签完成。例如，新浪网包含有新闻、健康、育儿、聊天等副站点，通过 ICRA 系统可对各个副站点做不同的标签。

③ 上传标签文档。上传标签文档前需要先提供 E-mail，让系统把标签副本和相关信息发送到该 E-mail 中备用。上传标签文档可以由系统来完成也可以自己来完成。通过系统完成只需向系统提供建站时由 ISP 分发的 FTP 的详细说明即可。

④ 将网站内容与标签相连。这一步必须要由网站作者来完成。网站作者会收到一封包含一个链接标签以及一个 PICS 标签的电子邮件，将邮件中收到的两个标签嵌入到网站中的每一个网页的 HTML 代码的<head>部分即可完成网站的分级工作。

8.4.2 国内网络内容分级标准

我国对网络内容分级标准的研究比较晚，具有一定代表性的是祝智庭教授提出的网络教育内容分级标准(Chinese E-learning Content Rating Standard，CHERS)。CHERS 旨在为我国网络教育内容分级提供统一的尺度，它遵守 PICS 技术规范，具有以下特点：

① 适应中国的国情，以代表我国文化、理论、价值取向为出发点。

② 用二维的内容分级方案，即同时采用内容分级维度和年龄分级维度。

③ 内容分类较为全面，除了对色情、暴力等网络信息进行过滤外，还可过滤不良语言、恐怖、军国主义、邪教等相关网站和网页内容。

④ CHERS 不仅仅具有阻挡不良信息的功能，而且还具有推荐信息的功能。

CHERS 采用了两维的分级方案,将内容分级与年龄分级纳入到一个分级标准中。内容分类分级分为两大取向:推荐、过滤。每一取向又分为若干子类,设置了编号,从 A 到 U。推荐取向包括的子类有:中华民族优秀文化传统、中国新时期主旋律、优秀教育内容等 5 项,编号分别为 A 到 E。过滤取向包括的子类有:不良语言、烟酒药物、谣言、恐怖、暴力血腥等 14 项,编号从 F 到 T。其中在"推荐"和"过滤"取向中均包含"未定义"子类,这是为今后预留的。每一子类通常设置 5 个等级,0~4 级分别表示此内容的强烈程度。年龄维则规定了各年龄层适合及禁止浏览的网页内容。

8.4.3　网络内容分级方法评价

采用网络内容分级方法的优点包括:

① 从技术实现角度上看,采用分级法过滤网络不良信息可以通过灵活的配置过滤模板,较为深入地反映用户的思想观点和价值观念,这也是未来一段时间内较为可行的方法,尤其是当网页作者、ISP、ICP 能主动采用标准的分级体系进行分级,将会扩大分级处理的覆盖面,对过滤不良信息、净化网络环境将产生较大影响,并可以降低互联网的管理成本,简化互联网管理体系。

② 从实现效果上看,采用人工分级方法过滤信息错误率相对较低,并可以准确地对图像、视频等多媒体信息准确分级。

③ 从管理角度上看,目前的网络信息分级标准都是建立在自愿的基础上,力求避免涉及公民的言论、通信自由等法律问题,从而能够较好地维护网络上的言论自由与多元化价值观。

网络内容分级方法这种由网页制作者自己按照标准来定义网页的级别,由用户自己进行甄别的方式本身存在问题,保证其有效性的前提是假定网页制作者是善良、正直的。显然,如果网页制作者欲通过网页恶意传播不良内容,用户是无法控制的。

网络内容分级方法的缺点包括:

① 自我分级的质量难以保证。由于该方法要求网页作者主动参与到信息过滤中,然而这却与网页作者希望更多人浏览其网页的初衷是相违背的,内容提供者可能不愿花费时间、精力添加标签。

② 标签的可信性难以保证。并不是每个标签都是可信的,可能存在伪造,这可以通过加密、完整性检查等技术来解决。

③ 非技术因素。例如,标榜自己是级别 4 的站点可能会更引人注目。再比如,分级法要求网络用户必须向网站提供准确的信息(年龄和爱好等),网络用户只需更改年龄就很容易逃避分级过滤的要求。

上述这些问题不是单纯依靠技术就能解决的,唯一可行的办法就是增加法律条文来强制进行网络内容分级。

8.5　网络信息内容的审计

确保网络信息安全的一个重要手段就是对网络传递的信息内容进行过滤和监控。监控是实时监控网络上正在发生的事情,而审计则是通过分析和记录网络的所有数据包的敏感内容,然后分析这些数据包,以发现可疑的破坏行为,并对这些破坏行为采取相应的措施,如进行记录、报警和阻断等。

8.5.1 信息内容审计的内涵

信息内容审计技术可以通过实时监控网络信息发现问题,在保证网络通信正常运作的情况下,通过分析网络信息流,报告可疑的链接和数据,为防止和杜绝敏感信息泄漏提供线索和证据,及时发现反动言论或谣言在网络上的传播,并提供证据以便监控部门事后处理。

信息内容审计的目标是将发生在网络上的所有事件全面真实地记录下来,为事后追查提供完整准确的资料。通过对网络信息进行审计,政府行政部门或者执法机构可以实时监控本区域内 Internet 的使用情况,为信息的合法有效传输提供支持。虽然审计措施相对网上的攻击和窃密行为处于被动地位,但是它对搜寻和追查网络违法犯罪行为起到十分重要的作用。

信息内容审计主要采用技术是以旁路方式捕获受控网段内的数据流,通过协议分析、模式匹配等技术手段对网络数据流进行审计,并对非法流量进行监控和取证。一般均采用多级分布式体系结构,并提供数据检索功能和智能化统计分析能力,对部分非法网络行为(如Web 页面浏览、QQ 聊天行为、BBS 发言等)可进行重放演示。

当前,80%以上的专业信息内容审计系统提供商都采用 IDS 引擎作为审计系统,其主要技术路线是采取以零拷贝技术、多模式匹配算法等技术来提高处理性能,虽然一些产品可以支持多端口、多网段监听,但是其探测器的网络流量处理性能一般在 100 Mbit/s 以下,实用性存在局限性。

8.5.2 信息内容审计的分类

网络信息审计系统包括对报文格式网络信息的完整性及合法性形式化审查和对报文的类型和内容进行审计两大类。

报文格式网络信息的完整性审计是基于报文结构格式的完整性及合法性,针对协议完整性、数据结构完整性、应用类型合法性等进行的审计技术。例如,对病毒的审查和对黑客程序的审查就属于这类审计的内容。

基于报文内容的审计技术采用人工智能、自然语言识别等智能化的处理技术以及网络信息报文分割、组合、判别等方面的技术,对通过网络的信息内容实时进行处理和识别。凡是发现包含有害非法信息的数据包,就记录其源/目标 IP 地址、源/目标端口号、协议类型、发生时间、信息内容以及有关用户的信息并形成系统访问日志,提供给系统管理人员和有关人员进行事后审计和分析,进而采取相应的安全管理措施,包括对非法的、不健康的信息进行追查等处理。

8.5.3 信息内容审计的功能

网络信息内容安全审计主要针对网络应用层内容分析,因此,其审计功能具有多种模式:

(1)典型应用的细化审计。能够对网络上常见的典型应用进行细化审计,提供符合条件设置的典型应用的详细信息。例如,对于满足审计条件的 HM 应用,能够记录 HTTP 连接的信息,包括用户所访问网站、登录页面以及输入口令,并且能够在终端设备设备上将用户访问的信息还原出来。对于 FTP 审计,能够记录 FTP 连接的所有信息,包括输入命令和传输文件,并且能够将用户操作的命令还原出来。对于 SMTP 审计,能够记录邮件的所有信息,包括收件地址、收件人、发件地址、发件人以及邮件内容,并且能够将用户操作的过程和内容完全还原出来。

(2) 用户自定义数据传输审计。能够对用户特定的应用进行审计。例如,对于某些内部网络上运行的某些基于 client/server 结构的应用系统,可以在审计系统中配置这些应用中所采用的端口号或者 IP 地址,以实现对此应用的审计。例如,IP 与端口组合规则审计,能够让用户自己定义 IP 和端口的组合,满足用户设定条件的数据传输将受到审计系统的审计。又如,制定基于搜索字符串方式的规则,可以捕获某些应用中包含某个字符串的传输数据,并进行审计。

(3) 面向连接的数据截获。能够根据用户所设定的规则进行面向连接的数据截获,而不仅仅是面向数据包的记录功能。面向连接的数据截获主要针对的是 UDP 和 TCP 上的应用,在进行数据截获时,系统将一条连接中的双向传输数据进行数据包的拼接,并排除了协商、应答、重传、包头等信息,获取的是一整条应用连接传输的信息。

(4) 面向连接的浏览。系统能够对用户自定义的传输数据审计记录进行浏览,并得到完整连接的内容信息,用户可以不必在原始包的基础上进行拼接和分析。在这些自定义的审计记录基础上,用户可以详细分析应用中的数据内容。

8.5.4　信息内容审计的发展

面向内容的网络过滤是随着互联网的发展而产生的一门技术。从技术角度看,它与入侵检测、防火墙等都属于数据包分析、安全过滤类产品,但它主要面向的是网络的内容分析、还原、过滤和数据挖掘;从应用上看,它面向的主要是政府、军队、院校、企业中从事网络信息安全监测、信息保密检测的行政部门。按产品形态划分,安全审计类产品主要经历以下发展阶段。

1. 网络设备及防火墙日志

目前的网络设备和防火墙中有些具备一定的日志功能,但一般情况下只能记录自身运转状况和一些简单的违规信息。由于网络设备和防火墙自身对于网络流量的分析能力不强,所以这些信息根本不能提供具体的有价值的网络操作信息。而且绝大多数的网络设备和防火墙采用内存而不采用硬盘记录日志,因而方式、空间有限,关键信息很容易被覆盖,特别是违规人员在试探阶段的活动记录往往不能保存;此外,采用内存方式进行的日志,掉电后就无法恢复。所以这些日志功能与安全测评规范中的安全审计要求相去甚远。

2. 操作系统日志

目前大多数服务器操作系统都有日志,但是这些日志往往只是记录一些零碎的信息(如用户登录的时间信息),从这些日志中无法看到用户到底做了些什么操作,整个入侵的步骤是如何发生的。而且分散在各个操作系统中的日志需要用户管理员分别察看,然而人工的综合、分析、判断实际上是很难奏效的。特别值得重视的是这些服务器往往是处于无人看守状况下自动运行的,所以被攻克或者违规操作的时候管理员不在现场,日志文件很有可能被黑客删除或者修改,在这些被修改的日志上进行侦破可能根本没有效果,甚至可能产生误导,起到相反的作用。尤其需要注意的是,在互联网上已经有各种修改操作系统日志的工具,可以修改操作系统日志。所以这些功能和安全测评规范中的安全审计要求也有很大的差距。

3. 网络嗅探类的工具

有些网络嗅探类的工具(如 Netxray,Snoop,Snifit,Tcpdump)能够显示网上流过的数据包,并将数据包的头部内部的信息标识出来,这些工具从一定意义上使得网络上传输的数据变得可见,能够观察到一些网络用户正在进行的操作和传输的数据。所以这些工具对正在发生的违规操作能够起到一定的检测作用。但是仅仅是这些工具还不能承担日常的安全审计工作,因为这些工具只是对单包进行简单的协议解码,缺乏分析能力,无法判断是否含有重要的信息和违规的信息。此外,它们不具备上下文有关的网络操作行为判断的能力,也缺乏报警响应的能力。目前网络的实际流量是非常大的,如果不加分析全部记录的话,任何的磁盘也会在很短时间内充满。所以这些只是些辅助判断网络故障的工具,目前还缺乏真正将这些工具收集的数据长时间完全记录的系统。

4. 入侵检测类的产品

目前入侵检测类的产品一般是根据事先定义的规则和模板来判断网络上是否有攻击行为发生,对于防范黑客具有一定的作用。目前大多数为用户接受的入侵检测类产品是基于网络监听方式的产品,入侵检测类的产品对于内部的,有针对性的违规行为的识别和判断欠佳,而且对于一些重要的非入侵行为的记录和配置不是很方便。虽然有些入侵检测软件已经具备用户自定义规则的功能,但是要真正定义一个和实际应用相关的规则是十分困难的(如要求对内部的数据操作中的某个表进行删改的行为进行记录等)。此外,目前的入侵检测软件在效率上、数据事后分析和挖掘上、数据保护上、可扩充性上还不能覆盖所有的需求。所以纯入侵检测软件功能只能实现安全审计需求中的一部分,不能覆盖完整的安全审计需求。当然,目前的许多入侵检测产品已经开始扩充一些常用的审计功能,以填补原有产品的不足。

8.6　网络信息内容监控方法的评价

在上述不同的内容监控方法中,基于分级标签的监管方法有效的先决条件是信息发布者具有良好的自律性,该方法虽然具有很高的准确性并且处理速度快,但是,一旦分级标签失实或者信息发布者没有定制分级标签,那么该类方法将难以有效进行网上文本信息监控;基于 URL 过滤的方法有效的先决条件是预先知道含有不良信息的网址,因此该类方法对管理者预先不知道的不良信息网址或者所含有的信息内容发生性质转变但管理者尚不知道的网址(包括两类网址:一类是原来包含但当前已不再含有不良信息的网址,另一类是原来不包含但当前已含有不良信息的网址)却无法进行有效监控;基于关键词过滤的方法不能理解文本信息的含义,通常效果不是很理想。文本语义分析技术能够作为网上不良文本信息监控技术的基础并且可望提高监控准确性,但目前该方向的研究尚处于起始阶段,研究成果相对更少,有待深入进行。表 8.3 给出了目前常用的监控方法的性能比较。

表 8.3 常用过滤监控方法比较

技术路线	速度	灵活性	技术难度	防欺骗性	网络覆盖
URL、IP 过滤	快	差	易	差	窄
关键词过滤	快	中	易	中	广
人工分级	快	中	易	差	窄
内容智能过滤	中	好	难	好	广

因此,基于概念分析的文本过滤监控技术的提出就具有了可行性,现有概念分析技术目前已在非不良文本信息理解领域得到了初步且较好的应用,所以其实现在对色情、反动等不良信息文本的过滤方面也应该能取得较好的应用效果。

习　　题

1. 查询网络信息内容过滤的文献,写一篇阅读报告。
2. 网络信息推荐与网络信息过滤的相同和不同之处是什么?
3. 网络信息内容的阻断方式有哪些? 各有什么特点?

第 9 章

数字版权管理

9.1 DRM 基本概念

数字版权管理是指通过限制授权人对电子内容的行动保护电子内容的所有权/版权。数字版权管理给数码内容出版者权力,让他们安全地发放具有价值的内容,譬如电子期刊、电子本、电子照片、教育资料、影像和研究成果等,以及有效地控制内容的使用,阻止未经授权的流通。

该技术通常被硬件厂商、出版商、版权持有人以及个人使用,他们希望控制数字内容和设备在被销售之后的使用过程。第一代 DRM 软件,意在控制拷贝;第二代 DRM 软件,意在控制对作品或设备的使用、查看、复制、打印及修改。像 Amazon,AT&T,AOL,Apple Inc. ,Google,BBC,Microsoft,Electronic Arts,Sony 和 Valve Corporation 公司都使用了数字版权管理系统。

9.1.1 数字版权管理的特点

针对数字作品特点,数字版权管理应具有如下基本特性。

① 开放性

网络数字环境是开放的,数字版权管理系统不依赖于特定平台和处理方法。

② 标准化

数字版权管理体系应具有统一的标准,适用于任何网络数字资源的创建、传播和使用过程。

③ 可靠性

DRM 用于对数字作品的版权管理,与各参与方的切身利益相关,并可能用作法律证据,因此必须是可靠的。

④ 可扩展性

网络环境下的信息传播具有不同的规模,传播方式在不断变化,数字作品内容和形式也在爆炸性增长,数字版权管理体系必须具有无限扩展性来适应这些变化。

⑤ 互操作性

互联网是一个大型的分布式网络,分布式管理,同时又相互连接,数字版权管理必须与之相适应。历史原因造成目前的各种数字版权管理系统并存的现状,数字版权管理标准尚未形成。因此所有的数字版权管理系统都应当具备互操作性,可以相互连通,共同管理互联网上数字作品的版权。

9.1.2 关于数字版权管理的法律

数字版权管理系统受到了 1996 年 WIPO 版权条例(WCT)的执行的国际法律的支持。WCT 的 11 条例呼吁各国政党颁布法律以避免 DRM 受阻。

WCT 在大多数世界知识产权组织国家中实行。美国实行了数字千年版权法(DM-CA),同期欧洲在 2001 通过了欧洲版权条例,该条例要求欧盟国家为防止 DRM 受阻实行合法的技术支持。在 2006 年,法国下议院采用了类似的部分有争议的著作法及相关法律,但是额外加了说明,即"受保护的 DRM 技术必须是能互相协作的"。法国的这一做法在美国颇受争议。

1. 数字千年版权法

数字千年版权法(DMCA)是美国权限法案的修正版,在 1998 年 5 月 14 号通过。该法案将能使用户避免因为拷贝和散布受限的产品被认定为违法行为。

现有系统的逆向工程在法案的特殊条例下是完全合理的。在逆向工程的特殊条例下,避开到达与其他软件协同运行是特别允许的。开源软件在内容加扰系统下的加扰解密和其他加密技术显示了该法案在应用时的一个问题。如果解密是为了开源系统和非开源系统之间的协同合作,根据法案相关章节,防护将会失效。

在 2001 年 5 月 22 日,欧盟通过了欧盟版权法。

DMCA 在很多情况下无法保护 DRM 系统。另外,那些想维持 DRM 系统的人希望通过法案来约束 DeCSS 这类软件的发布和发展。

在 2007 年 4 月 25 日,欧洲议会支持来自欧盟的旨在成员国内统一刑法的第一指令。它采用了与滥用权限做斗争来统一国家政策的初审报告。如果欧洲议会与委员会同意立法,那么成员国将必须考虑以商业为目的的违法版权行为。报告提供了很多建议:根据犯罪程度,从罚款到监禁都有。欧盟成员国在修改了部分内容后支持了委员会的决议。他们排除了部分指令的专利权并且决定只处罚以商业为目的的版权侵犯。

2. 国际议题

欧洲标准化委员会/标准化信息安全(CEN/ISSS)数字版权管理报告的联合预备,2003(完成)。

信息安全和媒体常规董事会的数字版权管理(完成),DRM 工作小组的工作(完成),同样的 DRM 为高层组织工作的工作(正在进行)。

欧洲委员会的磋商,国防内部市场,欧洲委员会在"版权与相关权利的管理"上的通信(闭幕)。

在欧洲,INDICARE 工程是一项持续进行的关于用户接受 DRM 解决方法的调研。这是一个开发的、中立的、用于交互意见的平台,大多来自科学界作家的文章和实践。

AXMEDIS 工程是欧洲委员会 FP6 的内部工程。它的主要目的是自动满足产品,复制保护与分配,减少相关费用和同时支持 B2B 和 B2C 两个领域。

9.1.3 DRM 存在的问题

虽然 DRM 具有很多优点,但是至今数字版权管理系统实际使用仍然存在诸多限制,主要原因是 DRM 技术已经发现在以下方面存在问题。

① 系统复杂性问题

现有的 DRM 标准和框架都是完整的整体，系统复杂，建设成本高，甚至在目前情况下不实用，无法满足各种安全条件下的应用。如由欧洲委员会 DGIII 计划制订的网络数字产品的知识产权保护认证和保护体系标准，简记为 IMPRIMATUR，它的体系庞大、复杂、实现成本很高。

② 系统可靠性问题

由于版权管理通常由一台中央服务器承担，授权经常需要通过互联网访问许可证服务器，因此该服务器成为整个核心结构中最关键的部分，一旦服务器出现问题，会对整个系统造成严重影响。

③ 用户系统的安全性问题

数字版权管理系统有时也会对用户系统造成损害。例如，InTether Point-to-Point 会对未授权使用媒体文件的行为进行"惩罚"。该程序会强行重启用户的计算机或破坏用户试图访问的文件。EPIC 和 Sony 唱片公司 2002 年推出的 Celine Dion 唱片光盘一旦插入光驱就会造成计算机系统崩溃。同时由于大多数数字版权管理方案需要在用户端安装客户软件来支持与许可证服务器之间的通信，这无疑又为黑客们提供了一个攻击后门。

④ 唯一的身份标识问题

现有 DRM 通常需要在客户的机器上运行特定的权限控制软件对被加密的媒体文件进行解密。例如，Microsoft Windows Media Player 或者与 Microsoft Windows MediaRights Manger 架构兼容的其他产品。这样，消费者的隐私就有可能被侵犯，厂家如何跟踪用户使用情况、获取了哪些信息将成为消费者的主要疑虑。

⑤ 互操作性问题

目前在数字版权管理方面业界还没有一个统一的标准，各厂家的技术也有所不同，彼此之间不具备互操作性。即便是文件类型相同的媒体文件，如 JPG 图像文件，消费者原本可以采用自己所熟悉的程序查看，但是如果采用了不同厂家的 DRM 技术对图像进行加密后，消费者就只能安装厂家指定的客户端程序。如果消费者从不同的内容提供商处购买媒体信息，就不得不安装许多客户端程序，在使用时极为不便。此外，一些数字版权管理系统只支持 Windows 操作系统，而将 Linux 和 Macintosh 用户排除在外。

⑥ 全球化不足问题

目前各国在数字版权保护与管理的法规、技术、标准等方面都有很大差别，导致各种 DRM 系统互不兼容，带有显著的区域性特征。DRM 系统的应用背景是全球化的信息网络，数字作品的创作和销售已经成为全球范围内的行为，这必将与知识产权的区域性特征产生矛盾。知识产权保护无法由一个或几个国家来解决，因此广泛深入的国际合作才是大势所趋。

DRM 的权限管理过于死板，基于现有权限描述语言的方式虽然具有统一语法形式的精确性和便利性，但无法解决语义模糊性的问题。要解决这个问题需要很多复杂的系统协同工作，而现阶段的 DRM 系统显然还不具备这种能力。

⑦ 保障用户利益问题

现有 DRM 系统呈现信息单向性特点。DRM 对出版、发行商的利益给予了过度的关注和保护，但对最终用户的权益存在严重关注不足，在用户方便灵活使用内容方面存在缺陷。

例如,用户对运营商和内容提供商并无对等的权利机制,只能被管理和控制。从某种角度来说,DRM 技术给用户造成的不便甚至大于为他们带来的利益。

⑧ 使用方便问题。

在传统物理介质的媒体内容交易过程中,消费者付费以获取磁带和碟片,可以在任意的录音机、VCD/DVD 机上播放节目,也可以借给他们的家人、朋友或者同事,有时候也会自己复制一份作为备份。在人们的观念里,这已经是自然而然、天经地义的事,而 DRM 的出现,会让人们感觉限制过多。随着 DRM 技术的广泛应用,将会有越来越多的媒体内容以电子方式分销,对于音视频文件以及篇幅较短的文档,人们或许会接受,但对于小说以及长篇报告等篇幅很长的文档资料,让消费者用 PC 机、电子书籍阅读器等来阅读,可能还需要有较长的时间去培养习惯。此外,虽然 DRM 一方面保护了合法用户的权益,但对于早已习惯于互联网上几乎什么都免费的广大网民来说,多少有些难以接受。

另一方面,授权许可证中的某些信息与消费者注册时的硬件特性有关,许可证无法转移,也限制了消费者的使用。如果消费者希望在多个设备上都能收看同一文件,就不得不为此付出额外的费用或精力。另外,因为某些原因,设备的硬盘或者其他硬件损坏,更换后造成设备硬件特性改变,就有可能造成消费者无法使用原先经合法途径获得的媒体内容。

⑨ 保护隐私问题

DRM 系统既然要保证安全,当然需要记录大量的历史信息,其中必然包含了众多的用户隐私,对这个问题的处理需要极其谨慎,否则就会侵犯他人的合法权益。

在数字设备和互联网高速普及的今天,DRM 技术已不仅是保护数字内容不被非法复制的简单技术,而是成为数字内容各方利益所有者进行博弈的工具。由于 DRM 技术可以带来似乎非常美妙的前景,各大厂商开始争相依靠自身具有的内容和技术优势试图垄断市场,控制广大用户。大多数提供数字版权保护的企业与数字内容的提供商属于共同利益方,以版权保护名义对内容的使用进行了越来越苛刻的限制,推出了各种各样的管理控制工具,在一定程度上侵犯了使用者的权益,使得 DRM 技术遭到了相当数量消费者的反感和抵制。这是数字版权管理始终无法在实用中得到推广的主要原因。

DRM 作为一种技术应该以推动社会文化产业发展,促进创新为最终目标,承载并平衡诸多利益,不但保护内容提供者、内容运营商的权益,并且保护消费者的利益,而不是沦为某些内容制作运营机构等强势群体的收钱工具。归根结底,要真正解决版权保护问题,还是需要以法律和社会文化习惯为依据。DRM 只是为解决问题提供了一种可能的途径,而且仅仅是可能的途径之一,它本身并不是执法系统,不能也不应代替执法机关进行裁决。DRM 应该成为一个公平、公正、可信的技术体系,在综合考虑各方利益的情况下,实现稳定的平衡,这样才能生存并发展下去。

9.1.4　DRM 的互操作性

媒体格式、元数据结构标准的不统一是当前数字版权管理技术发展的瓶颈。研究制定 DRM 相关规范与标准,实现不同的 DRM 系统之间的互操作,支撑 DRM 及相关产业的发展已经迫在眉睫。用户通常希望在任意未经授权的设备上得到内容提供商的合法服务,因此实现互操作性(Interoperability)是数字版权管理系统扩大应用范围的关键。

互操作性包括系统的和局部的两层含义,局部的互操作功能涵盖应用、软件、代码、操作系统、分布式服务、设备、内容管理和安全在内的各种技术范畴;系统的互操作性是指 DRM 系统必须支持操作和商业层面上的各种价值链关系、建立和管理分布式网络主体之间的各种可信关系、控制各种有价值的数字商品的整个生存周期等。

（1）完全格式互操作性

完全格式互操作要求版权价值链中所有的主体达成一个标准协议,并基于此协议统一处理交换的数字内容。CD 和 DVD 就是完全互操作性的例子,所有主体(创建者、传播者、制造商等)使用相同的数据表达形式、编码模式、保护方案、可信管理机制、密钥管理机制等。如果一些基础构件发生微小改变就会威胁到系统安全,从而必须更新整个标准。因此完全格式互操作性要求系统必须具有极高的鲁棒性、最强的可信机制和安全性。在目前 DRM 系统体系结构多样化,没有统一标准的情况下难以达到完全格式互操作性。

（2）连接互操作性

连接互操作性是指用户在线访问 DRM 系统,系统对用户提供服务,同时以对用户透明的方式在信息传输过程中实现转换,从而完成互操作,即当设备连接时,DRM 系统在各个主体之间建立起对用户透明的桥梁完成信息转换。

（3）配置驱动互操作性

系统的构件自动实时下载并配置到用户的设备或应用软件中,使得用户可以使用新格式、协议等,用户甚至察觉不到下载和配置过程。例如,有些音乐播放器可以自动下载压缩编码器。

上述三类互操作性强度是逐渐递减的,目前有些 DRM 系统实现了配置驱动互操作性。要实现最理想的完全互操作性还需要解决以下几方面技术的标准化问题:

① 传输格式、压缩和加密格式

现在数字作品表现形式多种多样,完全格式互操作性系统将对文件传输格式、压缩编码格式和关键加密格式进行规范和统一,采用更适应网络带宽、设备存储容量和计算能力的标准,提高数字作品传输速度和可靠性。

目前很多 DRM 标准都对传输、压缩和加密格式进行了定义,但是统一的标准还没有形成。

② 密钥分配

为了确保数字作品安全,很多数字版权管理系统采用军用级密码算法,从而使数字内容的安全性完全依赖密钥。密钥的安全性是整个 DRM 系统的核心,有些系统甚至对数字内容的每个拷贝使用不同的密钥,因此一个 DRM 系统常常要管理数量庞大的密钥。密钥分发标准化就成为一个难题。

③ 预处理和安全服务

任何提供或使用密码服务的用户设备或应用都必须用个性化秘密集、信任锚和信任状进行预处理或初始化。为了安全升级,有些用户设备还需要使用其他安全服务来更新密钥和证书,连接安全时间服务器并报告疑似安全攻击。

安全服务标准化存在两方面困难,一个涉及客户隐私权,另一个是远程服务对用户身份的认证和平台完整性验证。

④ 可信管理

最好的可信管理系统是层次结构 PKI 模型。最早的 PKI 标准是 X.509,用户设备需要进行可信管理判决,而内容访问控制判决次数更多。因此必须考虑到 PKI 模型复杂性对系统性能的影响。有根结点的层次结构 PKI 不适合在全球范围动态使用。

⑤ 使用权限表达方式

数字作品供应商和用户之间要共享一种通用的许可语言用来表达对数字内容的使用权限。现有的两种主要权限描述语言 XrML 和 ODRL 都基于 XML 语言的语法,这使得两种许可证之间的转换比较容易。但是除此之外,还有一些权限描述语言格式也在使用,因此使用权限表达方式标准化工作还有待完成。

9.1.5　数字版权管理的发展现状

由于数字作品领域存在巨大的商业利益潜力,许多组织和公司根据自身的产业或专业背景在各个领域提出了相应的数字版权管理标准和框架,而且也已经有多种版权保护系统在网络点播、DVD 播放、艺术作品的版权保护等方面得到了商用。例如,应用到移动网络的 OMA DRM 标准,部分移动终端如 Nokia 的一些手机内置了 DRM 组件支持该标准;用于数字音频版权管理的 SDMI、MP4、索尼和飞利浦超级 CD 等;用于数字视频版权管理的 MPEG4/21IPMP 标准;用于流媒体版权管理的 RealSystem、MediaService、IBM 的 EMMS 和 Microsoft Windows Media DRM 等;用于电子书版权管理的 Microsoft DAS、Adobe Content Server、方正 Apabi、书生 SEP 技术、超星 PDG 等;用于网络数字产品的 IMPRIMATUR 等;支持图像版权保护的厂商包括美国的 Digimarc Corp、英国的 High Water Signum Ltd、中国的华为科技有限公司等推出了保护数字图像版权的数码相机等产品。

DRM 技术经过几年的蓬勃发展逐渐暴露出很多法律、管理和技术上的问题。

从法律上来说,由于数字作品是一种新兴事物,具有一些与传统作品不同的版权特征,国际和国内的法律至今对其版权定义等法律问题都还没有定论。

从管理上来说,一种成功的 DRM 系统应当平衡版权所有者和版权使用者之间的利益,不影响数字作品的广泛传播和使用,从而促进数字作品创作。目前的 DRM 系统都不能达到这一目标。

从技术上来说,目前在数字作品版权保护与管理的应用中,缺乏一致的多技术融合的系统体系结构,各种系统互不兼容,给用户使用带来了极大的不便,也使得实际系统构建缺乏指导。很多提出的标准和框架都是一个完整的整体,系统复杂,建设成本高,甚至在目前情况下不实用,无法满足各种安全条件下的应用。如由欧洲委员会 DGIII 计划制定的网络数字产品的知识产权保护认证和保护体系标准(IMPRIMATUR),它的体系庞大、复杂、实现成本很高。此外,该体系存在不能防止版权所有者不加限制地申请原始图像的唯一标识号、水印算法被替换等问题,也没有从技术上解决如何发现非法拷贝这个关键问题。

目前大部分 DRM 产品偏向于保护版权所有者利益却损害了合法用户方便使用的权利,得到了大多数数字内容提供商的支持,却遭遇网络用户的抵制,使得很多具有 DRM 功能的产品反而不能受到市场欢迎。因此,2007 年百代唱片决定将开始通过苹果 iTunes 数字音乐商店销售音质更好、没有采用 DRM 技术的数字音乐。随后,微软也宣布计划携手百代和其他唱片公司,推出无 DRM 保护音乐,以期帮助其播放器产品扭转目前的颓势。美国苹果公司首席执行官史蒂夫·乔布斯(Steve Jobs)在“关于音乐的思考(Thoughts on

Music)"一文中对数字音乐 DRM 的分析同时也是整个数字作品版权保护领域目前的困境，也就是说，与数字音乐一样，数字作品下载业务在未来也存在 3 种选择。

① 保持现状，下载服务商继续使用各自的 DRM 技术。这种方式的弊端是，如果大量购买了支持某种 DRM 技术的数字作品后，就必须永远使用支持该技术的播放器。

② 向其他公司公开各自的 DRM 技术。但是授权给其他公司会增加 DRM 技术的安全机密被泄露的风险，而且如果把 DRM 技术授权给多家公司，在发生泄密情况时，分别对音乐下载服务、个人电脑软件、便携式音乐播放器进行修正将会产生巨大的工作量。

③ 提供不含 DRM 保护的数字作品下载。

乔布斯及苹果公司采用了第三种选择，放弃了 DRM，同时也有很多公司正在继续支持 DRM。然而不管怎样，只有解决前两种所提出的弊端，DRM 技术才能够在未来有更好的发展前景。

9.1.6 数字版权管理的标准

国际上的一些技术组织和公司正在制定或完成了一些 DRM 标准，如 OMA 组织发布的 OMA DRM、中国的 AVS 产业联盟发布的 AVS DRM、ISMA 的标准 MPEG-4 IPMP 等。本节主要介绍几种比较有影响的标准和应用规范。

1. OMA DRM

开放式移动体系结构组织的 DRM 技术标准主要包括 DRM 系统、数字内容封装和版权描述三大部分。目前，OMA DRM 已经发展了 1.0 和 2.0 两个版本。

（1）OMA 1.0

2002 年 11 月，OMA(OpenMobileArchitecture，开放式移动体系结构)组织正式发布了 OMA DRM1.0 标准(包括 OMA DCF1.0 和 OMA REL1.0)，面向简单数字内容，提供内容禁止转发模式(Forward-Lock)、加密内容以及版权信息组合的合并模式(Combined Delivery)和分离模式(Separate Delivery)三种简单保护功能。

① 禁止转发模式

一个媒体对象被封装在一个 DRM 消息中传输给设备。该模式允许设备使用内容，但是内容不能转发到其他设备，且设备不能修改这个媒体对象。

② 合并模式

权限和媒体对象被封装在一个 DRM 消息中发送给设备，设备可以根据权限对象的规定向用户提供内容，但不能修改、转发权限对象和媒体对象。

③ 分离模式

内容对象打包成一种特殊的 DRM 内容格式(DRM Content Format，DCF)，采用对称加密技术，必须使用内容密钥(Content Encryption Key，CEK)才能够访问媒体内容，CEK 存储在权限对象中。这样，内容可以经过非安全的传输途径传送，而权限对象的传送则需要更高安全性的传输通道。

前两种模式均不允许转发，而第三种模式由于媒体内容与权限相分离，因此用户收到的只是经过加密的媒体内容，其必须通过权利中心(Right Issues)购买使用权限后才能进行浏览等操作。OMA DRM 通过这三种媒体下载方式，支持网络与用户移动终端的交互，如预览、确认下载，并可以提供个性化的服务和灵活的商业模式。

（2）OMA 2.0

OMA DRM V2.0 对 DRM V1.0 进行了大量补充，使版权保护变得更加灵活而有效。它所要求的数字版权管理信任模式基于 PKI（Public Key Infrastructure，公钥基础设施），能对终端和版权发布中心进行双向认证，安全性大大提高；支持的应用场景比较丰富，包括预览、下载 DRM、流媒体 DRM、多媒体消息 DRM、事务跟踪、域管理和与用户标识绑定等；提供了更加灵活、丰富和复杂的商业模式和用户使用模式，如 Pull 模式、Push 模式、流模式、超级分发模式、备份和恢复模式、非连接设备支持模式、版权对象和内容对象的输出模式以及域共享模式。OMA DRM V2.0 相对于 OMA DRM V1.0 提出了许多新的特性。

① ROAP

ROAP（Rights Object Acquisition Protocol，权限/版权对象获取协议）是 OMA DRM V2.0 新定义的关于版权中心（RI）和移动终端 DRM Agent 之间的协议，移动终端和 RI 可以借助 ROAP 更加安全地请求和获取版权对象（RO）。

② 基于 PKI 的安全机制

一种遵循既定标准的密钥管理平台，能够为所有网络应用提供加密和数字签名等密码服务及所必需的密钥和证书管理体系。

③ 域的概念

OMA DRM V2.0 的域允许权限提供者将权限和内容加密密钥提供给一组 DRM 代理，而不是一个 DRM 代理。这样，属于同一个域的 DRM 代理可以离线共享 DRM 内容，用户可以在其拥有的多个设备上使用 DRM 内容，或者与域内的其他用户共享 DRM 内容。

④ 对流媒体业务的支持

主要是通过定义 PDCF 内容格式来实现对连续传输的流式媒体进行 DRM 的保护机制。

⑤ 非连接设备的支持

OMA DRM V2.0 允许连接设备作为中介辅助非连接设备来购买和下载内容及版权对象，从而使一些本身没有网络连接功能的终端也能够从移动网络中获得 DRM 内容和版权。这一功能的实现基于域共享模式，当然实现这一功能的连接设备和非连接设备都必须支持 OMA DRM，而且属于相同的域。

⑥ 丰富的版权功能

OMA DRM V2.0 提供了丰富的版权功能，如组版权功能、复合版权功能、域版权功能、版权继承功能和版权恢复功能。丰富的版权功能为运营商提供了更多的运营策略选择，为用户提供了更加灵活的内容使用方式。

虽然 OMA DRM V2.0 相对于 OMA DRM V1.0 在功能和安全方面有了很大的提高，但是 OMA DRM V2.0 目前也存在如下一些问题。

① 部署和实施难度较大

PKI 机制的引入，使 OMA DRM V2.0 的系统部署难度较大，如需要建设 CA、证书的管理和发放、建设数据库来维护证书信息等。

② 终端支持比较滞后

OMA DRM V2.0 中终端的实现涉及哈希摘要、数字签名、NONCE 机制及对 DRM 内容的加密和解密等,因而对手机的运算能力要求非常高,硬件和软件资源占用非常大,耗电量大大增加。

③ 直播流业务的实现方式未确定

由于 OMA DRM V2.0 没有给出直播流业务的 DRM 实现机制的明确建议和实现方法,因此目前各厂商的 DRM 系统暂不支持 OMA DRM V2.0 直播流媒体业务的 DRM 服务器。直播流媒体业务保护机制主要遵循 3GPP R6 标准对流媒体中的 RTP 包进行实时加密来实现,而且终端目前对流业务的 DRM 保护机制也没有实现(目前 OMA DRM V2.0 只支持非实时的流业务,相当于下载类业务)。

2. ROAP 协议

在 OMA 的 DRM 系统中,一个关键的问题就是 DRM 代理如何获取相应的版权信息。这是由 ROAP(Rights Object Acquisition Protocol)来实现的。ROAP 是一组用于 RI 和 DA 之间进行授权对象安全交换的。ROAP 包括如下协议。

① 4-pass 注册协议

用于建立 RI 和 DA 之间的互信关系,协商协议参数和版本,交换证书,同步 DRM 时间等。注册协议一般在 RI 和 DA 首次联络,或需要更新安全信息,或 DRM 时间不准确时执行。

② 2-passRO 获取协议

用于供 DA 获取 RO。协议包括 RI 和 DA 之间的互相认证,RI 以数字签名方式可靠地提供特定 RO,对内容密钥的非对称加密封装。

③ passRO 获取协议

也用于供 DA 获取 RO。其与 2-pass RO 获取协议的区别是,该协议由 RI 单方面发起,不需要 DA 事先发送任何请求信息。该协议多用于用户订阅内容场合,此时,RI 每隔一定时间就会分发 RO。

④ 2-pass 加入域协议

该协议用于 DA 向 RI 请求加入特定用户设备群组,以便获取群组 RO。

⑤ 2-pass 离开域协议

当 DA 不再需要群组 RO 权限,使用该协议向 RI 请求离开特定用户设备群组。

⑥ ROAP 触发器

除 1-passRO 获取协议之外,以上其他协议都可由相应触发器触发。ROAP 触发器(ROAP Trigger)是 RI 生成并下发给 DA 的一段包含触发相应协议所需信息的 XML 文档。DA 收到触发器信息,就会发起相应的 ROAP 操作请求。ROAP 也可通过用户交互并由终端主动触发。

3. AVS DRM 标准

"数字音视频编解码技术标准工作组"(简称 AVS 工作组)组织制定行业和国家信源编码技术标准,包括系统、视频、音频、数字版权管理等四个主要技术部分和一致性测试等支撑部分。AVS DRM 系统分为五个部分,分别是 AVS DRM 需求、框架结构、权利认证传输与管理协议、媒体内容保护格式、权利描述语言。

20 世纪 90 年代以来,ITU-T 和 ISO 制定了一系列音视频信源编码标准和建议。国际上音视频编解码标准主要有两大系列:

① ISO/IEC JTC1 制定的 MPEG 系列标准,数字电视采用的是 MPEG 系列标准。

② ITU 针对多媒体通信制定的 H.26x 系列视频编码标准。

为摆脱高昂专利费用的约束,我国以中科院多媒体联合实验室为基础的音视频科技工作者专注于自主知识产权的音视频编解码技术研究,2002 年,经信息产业部批准,"数字音视频编解码技术标准工作组"(简称 AVS 工作组)正式成立。工作组的任务是组织制定行业和国家信源编码技术标准,应用范围包括数字电视、激光视盘、网络流媒体、无线流媒体、数字音频广播、视频监控等等领域。到 2006 年 3 月,国家标准化管理委员会正式发布了 AVS 标准中视频部分《信息技术先进音视频编码》,编号为 GB/T 20090—2006,并通知实施。AVS 编解码标准广泛应用于各音视频场合,支持卫星广播、地面广播、有线电视、IP 网络等传输协议。

AVS 视频标准是基于我国自主创新技术和国际公开技术所构建的标准,主要面向高清晰度和高质量数字电视广播、网络电视、数字存储媒体和其他相关应用,具有以下特点:

① 性能高。编码效率是 MPEG-2 的 2 倍以上,与 H.264 的编码效率处于同一水平。

② 复杂度低。算法复杂度比 H.264 明显低,软硬件实现成本都低于 H.264。

③ 我国掌握主要知识产权,专利授权模式简单,费用低。

AVS 标准是信息领域的基础性标准,包括系统、视频、音频、数字版权管理等四个主要技术部分和一致性测试等支撑部分,其中第六部分为"数字版权管理与保护",其目标是为数字媒体版权管理提供一个通用、开放的互操作标准。AVS DRM 系统分为五个部分,分别是 AVS DRM 需求、框架结构、权利认证传输与管理协议、媒体内容保护格式、权利描述语言。

AVS DRM 标准的三项基本原则是最小化原则、最大化原则和创新原则。最小化原则指 AVS DRM 的定位和目标限定于定义可信解码器,其基本功能是能够根据权利要求来回放数字音视频节目。最大化原则指 AVS 可信解码器应在最大程度上满足多种应用环境和商业模式的需要,实现和多种 DRM 规范的互操作。创新原则指 AVS DRM 是和 AVS 音视频标准同时考虑的,从体系结构上 AVS DRM 可以设计全新的模块和技术特征,以提供更强的安全性、更低的复杂性或更强的互操作性。

4. IPMP

运动图像专家组(Moving Picture Expert Group,MPEG)组织视频多媒体数据处理技术的标准化工作。MPEG-2,MPEG-4,MPEG-21 为 IPMP 提供接口,IPMP 系统则可以根据需要由开发者专门设计。

目前在 MPEG 中的 IPMP 标准是:MPEG-2 IPMP,MPEG-4 IPMP-X(IPMP Extensions),MPEG-21 IPMP。已有的 IPMP 是建立在 MPEG-2 和 MPEG-4 系统上的多媒体内容安全保护机制。在 IPMP 工具(IPMP Tools)中引入了安全保护模块的概念,用来实现授权、认证、解扰(解码)、数字水印技术等。IPMP 较好地定义了内容安全保护描述符以及相关的系统语法结构。它还定义了内容安全保护的整体控制管理流程,使得安全保护结构更为清晰。IPMP 通过消息传递的机制来实现其模块功能,这是介于安全保护模块和用户终端之间的 API 接口,它本身也具有安全认证的机制。

IPMP 工具(即安全保护模块)可以组合使用,以构建一个内容安全保护系统。它们本身可以是开放接口的,或者是专有的、通过 ID 号来进行识别。IPMP 工具可以是嵌入式的或者可被下载。当终端上没有所需要的工具时,IPMP 会指定一种方式并作为内容流的一部分进行下载。要是所需要的工具无法在终端获得,内容的播放就会停止。

目前,MPEG 中知识产权保护内容主要由系统组负责,已经提出的草案为 MPEG-4/IPMP。

对于 MPEG-4 标准来说,它主要定义多媒体码流的语法及用于设计和构建各种多媒体应用的工具及接口。各种基于 MPEG-4 的多媒体应用均有保护其所管理信息的需求,但各种应用之间对于媒体内容的管理及保护需求有时是相互冲突的。例如,对于某些应用场合来说,为保护用户的隐私权,一些没有什么特殊价值的用户交互信息必须予以保护;但在另一些应用场合,对于媒体内容生产者或发布者来说有重要价值的管理信息又需要高级别的管理和保护机制。因此,对于 MPEG-4/IPMP 框架的设计来说,其本质就是必须考虑各种应用环境下的复杂性,这种结构将 IPMP 系统的设计细节留给了应用的开发者。MPEG-4 是不同领域中各种产品及服务的基石,不同领域的专家可以通过选择 MPEG-4 标准中相关部分及一些附加技术来达到其目的。事实上,已有一些系统,如 DVD、DVB 和 OPIMA 等就是基于 MPEG-4 标准的某种组合标准化而成的。进行 IPMP 所需的技术与各种应用一样各不相同,因此,MPEG-4/IPMP 框架的设计应该以让应用开发者有能力设计一个本领域最合适的 IPMP 解决方案为前提,但同时又必须考虑各种应用类型之间的矛盾与需求。

虽然 MPEG-4 中未将 IPMP 系统标准化,但它包括了标准化的 MPEG-4/IPMP 接口,这一接口仅作为基本 MPEG-4 系统概念的一个简单扩展,它包括 IPMP 描述子(IPMP-Descriptors,IPMPDS)和 IPMP 元素流(IPMP-Elementary Streams,IPMPES)。IPMPES 与 MPEG-4 中其他元素流相类似,IPMPDS 则是 MPEG 中对象描述子的扩展。有关这些概念的语法在 ISO/IEC 14496-1 中有详细描述。

如上所述,MPEG-4 中仅定义了 IPMP 接口,实现 IPMP 还需相应的保护方法,这就是数字水印技术。与传统的加密、防拷贝技术不同,数字水印技术在保护各种媒体的知识产权的同时,又易于媒体的传播和使用。对于 IPMP,数字水印技术主要可应用在以下三种场合:水印所有者查对、基于水印的复制控制及指纹。

9.2　数字版权管理的模型

DRM 涉及商业运营模式、法律制度、社会文化习惯和技术机制等多方面内容。其中商业模式规定数字作品交易形式,并规定它们各自对知识产权管理的要求。法律机制包括建立相应法律,如世界知识产权组织 1996 年版权协定、美国数字千年版权法案、欧洲理事会协调信息社会版权及邻接权指令等,另外涉及建立守法承诺、违法调查和非法处罚机制。社会文化因素涉及特定社会文化环境关于知识产权保护的社会期望、行为习惯、教育机制等。技术机制则充分利用数字内容网络化交易的特点,直接支持和控制知识产权管理的具体操作,并保障商业运营、保障法律实施、支持知识产权保护教育。

DRM 机制涉及创建者、传播者和使用者等多方参与者,DRM 系统的实施需要各方支持现有法律、保护知识产权,并且要保护各方的相关利益、促进知识广泛传播和有效利用、促进信息环境健康发展,各方对 DRM 的具体要求存在矛盾。

从使用者的角度,要求 DRM 系统保护现有法律和在传统信息产品交易中已获得的权益(例如合理使用权、转让权等),保障数字内容可靠性,保障数字信息交易的方便性,保护用户隐私,要求 DRM 机制本身具有互操作性、透明性和后向兼容性,并能提供增值服务。

从数字作品创建者的角度,要求 DRM 系统能够保护知识产权和收益,支持多种形式灵活组配的商业运营模式,支持对不同细粒度数字内容和内容组合的保护,提供对交易流程的监控审计能力及市场跟踪分析能力;要求 DRM 机制自身具有互操作性和可扩展性,在数字内容生产和传递过程中具有方便性、经济性。

从数字内容传播者角度,要求 DRM 系统保护传播者在知识产权法律下已获得的权益,支持数字内容借阅、共享和长期保存,保障数字内容可靠性,支持附加增值服务,保护用户隐私;要求 DRM 机制自身具有互操作性和透明性。

由于角度不同,上述要求中有一些潜在的矛盾,现有的 DRM 产品总是倾向于创建者一方。但用户(包括使用者和传播者)的要求必然会主导 DRM 技术发展方向,从而推动相关技术创新,改进数字版权管理模式。

9.2.1　数字对象唯一标识

数字对象唯一标识技术为出版者的数字作品在互联网上提供唯一身份标识,为确保在互联网上能够精确定位和检索出版物提供了技术基础。它本身也是一种主要用于电子出版物的数字版权保护技术。在分布的网络数字环境下,由于历史原因多种唯一标识符系统如 DOI,SICI,BICI,PII 等一直长期并存。

一个数字对象标识符(Digital Object Identifier,DOI)就是网络环境中的一个实体名称(不是地址)。它为网络环境中的受控信息提供了一个持久可追溯的鉴别和可互操作的交互系统。

在任何数字环境中,唯一标识符都是信息管理的基石。数字对象标识符系统负责给数字内容统一分配唯一标识符,避免出现在一个上下文中分配的标识符可能会在另外一个地方(或时间)遇到或者重用的现象。因此 DOI 设计为一个适用于任何数字对象的通用框架,提供结构化的可扩展的标识方法、描述和解析。DOI 标识的实体可以是任意逻辑实体的表示,因此可用来为数据鉴别提供可互用的通用系统。

DOI 系统首次出现于 1997 年的德国法兰克福图书博览会上,1998 年成立了国际 DOI 基金委员会(International DOI foundation,IDF),该组织是一个开放成员资格的合作开发团体,2000 年发布了 DOI Handbook 第 1 版,2006 年 10 月 5 日发布了 Handbook V4.4.1。DOI 系统是针对网络出版业开发的,目前已经发展为网络环境下跨产业、跨区域、非盈利的成果,广泛应用于如科技出版、政府文档、数据、版权保护等众多领域。

DOI 系统的构建使用了几个现有的基于标准的组件,这些组件组合在一起并进一步开发出了一个协调的系统,整个系统已经为 ISO(ISO TC46/SC49)作为标准所接受。

9.2.2　数字作品生存周期

数字作品的生存周期大致可划分成四个阶段:创建、传播、使用和衰退。事实上,创建、传播和使用是相对而言、相互渗透的,数字作品在创建后传播、使用,使用者经常根据自己的需要对数字作品进行再创建、再传播。因此,一般情况下,数字作品生存周期中的四个过程存在如图 9.1 所示的有序关系。

相应的,数字作品生存周期的参与者也可以划分为三个核心主体:创建者、传播者和使用者。创建者指数字作品的创作者(例如,数字作品的作者)和对数字作品进行分类、编辑、整理、加工,实现了信息增值的数字作品的建设者(例如,数字图书馆等)。传播者是发布数字作品的中介者,出版商、分销商、数字内容提供商等都是常见的传播者。使用者是数字作品的用户。大部分数字版权管理实体经常同时扮演创建者、传播者和使用者三个角色,例如数字图书馆既是对数字作

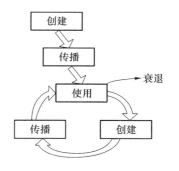

图 9.1　数字作品生存周期模型

品进行增值创造的创建者,又是传播数字作品的传播者,同时还使用已有数字作品,也属于使用者的行列。

数字作品生存周期的三方参与者在版权管理方面存在权益矛盾。根据数字作品的生存周期模型可以系统地、清晰地研究数字版权管理系统的工作流程,更好地平衡流程各参与方的权益,真正有效地实施对数字作品的版权保护。

对数字作品的版权保护涉及数字作品的整个生存周期。当数字作品进入衰退阶段后,其使用价值大大降低,人们通常放弃对其进行版权保护。因此,整个数字版权管理的工作过程可以分为三个阶段:IP 资产创建(IP Asset Creation)、IP 资产管理(IP Asset Management)和使用(IP Asset Usage)。创建阶段的主要任务是为数字作品创建版权,定义使用权限;管理阶段的主要任务是控制数字作品的传播、存储和交易;使用阶段的主要任务是控制用户的使用权限和进行追踪。

根据特定用户的版权需求,可能会对数字作品进行剪裁,例如将一本书的一章、音乐专辑中的某一首歌或视频的一个场景等进行传播和使用,章节、单曲和场景就成为独立的版权管理对象。在 DRM 中,粒度是指数字作品可单独选中、发送和使用的最小单位。DRM 系统必须能够支持数字作品多粒度的特点。

国际图联(IFLA)数字内容模型根据不同的知识阶段或发展演化将内容确定为作品(Work)、表达(Expression)、体现(Manifestation)和条目(Item)四个层次(layers),每个层次都需要支持不同的主体和权限,如图 9.2 所示。这种模型反映了数字作品的多粒度特点,并且可以更清晰地表达权限信息的归属。

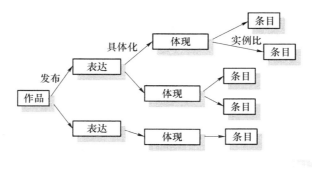

图 9-2　内容模型

一方面,内容模型的作品层(独特的智力或艺术创作)和表达层(作品的智力或艺术实现)反映了学术上的或创造性的内容;另一方面,内容的体现层(作品表达的数字体现)和条目层(体现的一个样本实例)则反映了内容的物理或数字形式。

例如,对于一本著作,其思想、概念、主旨、特征等属于"作品"。"表达"可能包括作品的原始文本、原始文本的英译本或电影剧本。而其中英译本的"体现"可能包括 2005 年出版的精装书、2006 年出版的简装书或 2007 年的数字音像书,某一版本"书"的"条目"层则可能包括从书店购买的精装书或从网上购买的数字文件等。

IFLA 内容模型的关键之处在于模型的任何一个点上都要识别相应的权限持有者。当内容被分成多个部分时也会影响到权限。有时候,有些部分具有不同的权限,因此当批量内容到达时需要加以识别。

9.2.3 功能模型

DRM 的基本功能就是管理对数字作品的使用,由此派生出很多相关的功能,包括:

① 保护数字作品。DRM 必须管理各种格式的数字作品,支持多种数字作品粒度和多种数字作品传播格式,管理端到端、互联网或企业内部网传播的作品。将原始数字作品打包以便传播和跟踪、数字作品传输保护,防止未授权使用。

② 使用控制。权限授予与管理、认证用户、数字作品和设备等。支持在线付费,例如分配版税、收取报酬、发送发票等。

③ 监控和追踪。DRM 系统也必须能够监控数字作品使用过程来确保操作属于合法权限,追踪付费情况作为使用数字作品的依据。

④ 管理相应的隐私权和安全问题。

通常认为一个 DRM 系统所应具备的主要功能特征包括:

① 创建者、传播者和使用者易于操作;

② 对使用权限攻击具有鲁棒性;

③ 在数字作品使用权方面具有公平性;

④ 来自不同内容提供商和服务商的数字作品的具体使用方法对用户透明;

⑤ 数字内容消费公平;

⑥ 使用付费新技术,例如微支付等。

图 9.3 中给出了 DRM 系统的功能结构,其中高层模块包括知识产权(Intellectural Property,IP)资产的创建模块(IP Asset Creation)、管理模块(IP Asset Management)和使用模块(IP Asset Usage)。每个模块又可细化为若干子模块。这些模块担任了不同的角色,交互操作,共同形成了 DRM 系统的功能体系,保证整个 DRM 系统的功能要求。

(1) IP 资产创建模块。该模块负责管理数字作品的创建,包括首次创建、扩展使用数字作品和重复创建等。在创建时对不同的数字作品所有者或提供者创建并验证其相应的权限。

IP 资产创建模块支持三个子模块:

① 权限验证模块(Rights Validation)。保证从原有作品创建的新作品具有被创建的权限。

② 权限创建模块(Rights Creation)。允许对新内容赋予相应的新权限,如指定权限所有者和使用许可。

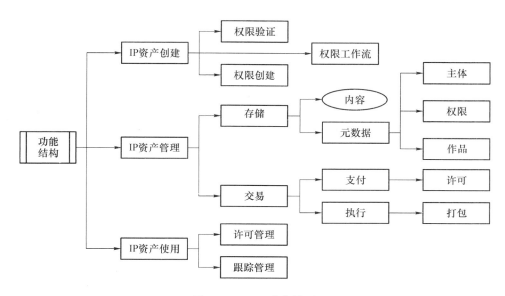

图 9.3　DRM 功能模型

③ 权限工作流(Rights Workflow)。允许通过一系列针对权限和内容提出的工作流步骤来处理数字作品。

(2) IP 资产管理模块。该模块管理数字内容和元数据的存储、传播和交易过程,例如将 IP 资产创建者创建的数字作品和元数据存储并通过交易系统发布出去。

IP 资产管理模块包括两个子功能模块:

① 存储功能(Repository Functions)。实现对分布式数据库中的数字作品和元数据的访问和检索。元数据包括对主体、权限和作品的描述。

② 交易功能(Trading Functions)。将数字作品的许可授予对该作品权限达成交易协议的主体,包括获得许可人向权限持有者支付费用(payment)(如特许使用金)。在某些情况下,数字内容可能需要执行一些操作(fulfillment)来满足权限许可协议,例如,对数字内容加密保护或封装,以适应特定类型的使用环境。

(3) IP 资产使用模块。交易完成后该模块负责管理对数字内容的使用,例如支持在特定的系统或软件中限制数字内容的使用权。

IP 资产使用模块支持两个子模块:

① 许可管理(Permissions Management)。确保数字内容的使用环境与相应的使用权限相匹配,例如,如果用户只有浏览权限则不允许打印。

② 跟踪管理(Tracking Management)。监控数字内容的使用,这种跟踪是达成许可的条件的一部分(例如,用户有播放 10 次某视频的许可权限)。如果需要对每次使用付费,跟踪管理模块也可能需要与交易系统交互来跟踪使用或记录交易。

该功能模型只是从抽象层次描述了数字版权管理系统的功能,在实际应用中需要将这三个模块结合一些现有的电子商务模块(例如电子商场,个性化消费等)和其他数字版权管理模块(例如版本控制、更新等)实施。另外,功能模型具有 DRM 系统互操作性、可靠性、标准化、开放性等原则。将该模型中的各个模块通过某些技术实现,最终可以满足用户在数字版权管理方面的两个核心需求:一是数字版权保护;二是认证计费。

（1）数字版权保护

与传统版权相比，网络时代的数字版权的功能在技术、法律和经济方面都有了新的变化。在技术方面，过去伪造印刷作品代价较高，"手稿"和复印件有明显区别，是验证版权的有力证据。而数字作品的原作和复制品没有任何差别，复制数字作品非常简单而且几乎无成本，因此数字作品本身不能用于版权验证，必须设计新的专用技术手段，并且通过综合技术、法律和经济手段才能杜绝网络和计算机非法复制、拷贝、传送数字作品，在版权保护方面实现以下功能：

① 通过加密技术实现产品安全；

② 未经授权的用户不能非法在线或离线浏览数字作品；

③ 授权用户不能将数字作品以未经保护形式保存或分发；

④ 授权用户不能越权操作；

⑤ 可以控制权限转移；

⑥ 实现在线版权保护和下载数字版权保护两种方式；

⑦ 数字内容在流通过程中可计数；

⑧ 可以控制数字作品的二次传播。

（2）认证计费

为了保障各方利益，该功能可以细分为如下两部分。

① 版权所有者计费功能

可以自主的、根据数字作品的分类和其他属性设定不同的收费标准。支持对特定时段、特定用户的特殊计费方式。

② 用户费用查询功能

用户可以自主查询收费标准、计费方式和付费情况。

功能模型的各个模块理论上可以开发成构件以便按照主流模式搭建系统。但是，一个隐含的问题是，功能模型中没有定义模块之间标准的、通用的界面和协议。DRM 生产商为了制造产品而对此进行了一系列标准化工作。例如，开放电子图书权限和规则工作组（OpenEBook Forum's Rights & Rules Working Group）为电子图书销售商开发了一种DRM 交易协议；开放移动联盟（Open Mobile Alliance）为移动通信制定了一种版权对象获取协议（ROAP 协议）。

功能模型只能部分解决 DRM 版权管理这种复杂系统所面临的诸多挑战。最终实现的系统必须支持非常灵活的信息模型以便可用于如此复杂和多层次的关系。

一般来说，一个典型的数字版权管理系统要实现基本功能，需要具备六个主要构件：数字作品数据库、安全容器、内容服务器、许可证管理器、电子交易系统、媒体播放器，如图 9.4 所示。

当用户使用这种 DRM 系统时，操作过程如下：

① 用户从客户端访问作品服务器，查询内容情况，确定自身需要的内容；

② 用户从客户端向许可证管理器发出请求，提出所需要的内容并申请所需的使用授权；

③ 许可证管理器请求作品服务器核查用户请求的内容是否可用；

④ 许可证管理器检证用户身份，例如，将用户的权限请求与用户权限数据库核对；

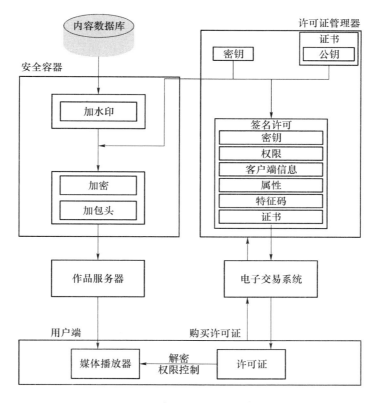

图 9.4　典型 DRM 系统架构

⑤ 作品服务器将用户需要的内容从内容数据库取出,并控制安全容器进行打包,发送到用户的媒体播放器;

⑥ 电子交易系统与银行或其他金融机构互联,完成转账、支付等必要的财务过程;

⑦ 许可证服务器生成许可证,发送到电子交易系统;

⑧ 电子交易系统将许可证发给用户;

⑨ 用户端解密授权代码和数字作品,播放工具解码,显示数字内容。

DRM 系统目前存在数字作品和许可证分别发放和打包一起分发两种模式。在后一种模式中,安全容器由许可证管理器调用。

在 DRM 系统中,作品服务器不仅访问数字内容数据库,还存放关于数字内容信息,如数字内容的目录、简介、说明、价格等信息。许可证服务器负责管理与授权类别相关的权限描述语言文档、生成并管理密钥、识别和认证用户及设备身份。用户端安装支持 DRM 的数字作品播放工具(例如音视频播放器、文档阅读器等),负责解密权限描述语言描述的授权代码并对加密的数字内容进行解密。DRM 系统灵活性很强,针对不同的数字作品,其系统架构往往与图有所区别。

9.2.4　信息模型

数字版权管理系统的信息模型解决 DRM 系统中的实体如何建模及各个实体之间的相互关系问题。DRM 信息模型主要探讨三个核心问题:实体建模、实体识别和描述、权限表达。

1. 实体建模

为 DRM 中的各个实体及其相互关系建立清晰的、可扩展的模型是非常重要的。实体建模的基本原则是要清晰地区分和识别三个核心实体：主体（Users）、内容（Content）和权限（Rights），如图 9.5 所示。主体的类型是多样的，既可以是数字内容创建者、传播者也可以是使用者，可以是出版商、电影制作商、唱片公司、企业或个人用户。内容可以是任何集合层次上的、任何形式的内容，包括一切可以通过网络传播的数字作品的集合，例如多媒体、流媒体、文档等。权限实体是主体与内容之间各种许可、约束和义务的表示，它作用于内容。权限主要实现从作品创建、传播到使用等环节的版权管理和保护方面的如下需求：

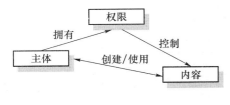

图 9.5　核心实体模型

① 鉴定内容的真实性、完整性和可溯性；

② 使检测合法性和追踪成为可能；

③ 内容提供者可以基于内容提供有限制的访问方式；

④ 保存必要内容及权限相关操作和修改的历史记录；

⑤ 对发布、传输环节采取保护措施；

⑥ 支持用户、内容提供者和版权所有者之间的协议和商业模式；

⑦ 防止内容各方隐私及机密的泄露；

⑧ 防止未经授权的使用、防止以盈利为目的的非法商业盗版；

⑨ 保护合法用户合理、方便地使用数字内容。

建立核心实体模型的主要目的在于给主体和内容的任何组合或层次（layering）赋予权限时提供最大的灵活性，也使数字内容可以不受限制地应用于新的、不断发展的商业模式。

该实体模型也意味着有关三个实体的任何元数据都必须包括实体之间相互联系机制。

不同的权限描述语言对核心实体的划分有所区别，ODRL 语言采用三元组实体。如果把权限执行时的条件和限制等组成一个独立的核心实体，模型就变成一个四元组（主体、资源、权限、条件）模型，其中，资源是指数字内容。它与三元组模型并无实质区别。XrML 就是基于四元组模型的权限描述语言。

2. 实体识别和描述

模型中的所有实体都需要加以识别和说明，对模型中每个实体的识别都应该通过开放的和标准的机制来完成，并且实体本身和关于实体的元数据记录都必须是可识别的。开放标准如统一资源标识（URI）、数字对象标识（DOI）和正在形成的 ISO 国际标准文本作品编码（ISTC）等开放标准都是用于权限识别的典型方案。

实体描述应采用元数据，元数据是描述某种类型资源的属性，并对这种资源进行定位和管理，同时有助于数据检索的数据。元数据标准是如何描述某些特定类型资料的规则集合，一般会包括语义层次上的著录规则和语法层次上的规定。语法层次上的规定有：描述所使用的元语言，文档类型定义使用什么语法，具有内容的元数据的格式及其描述方法。

实体描述应该使用最适合该数字内容类型的元数据标准。例如，印刷版或电子版图书的元数据描述应采用 EDITEUR ONIX 标准，教育学习型对象应采用 IMS 学习资源元数据信息模型，vCard 是最著名的描述人和组织的元数据标准。同样重要的是，这些元数据标准本身不应包含那些试图定位权限管理信息的元数据要素,否则会导致描述权限表达的位置出现混乱。例如,ONIX 标准有大量权限持有者如作者和出版商的要素和权限和单价信息域,后者会在根据交易权限加价时引发问题。

3. 权限表达

权限表达模型是数字权限管理技术的核心,是权限表达语言的基础和核心,权限表达模型能够刻画权限表达语言的本质,是 DRM 系统改进和实现权限表达语言语法语义的基础。

权限实体可以表达许可、约束、义务和任何其他关于主体和内容的权限信息。权限实体代表了一种用来告知权限元数据的语言表达,因此权限实体非常重要。由于权限表达变得越来越复杂,也需要给其建立模型以便理解这些权限表达之间的相互关系。

(1) ODRL 的权限表达模型

ODRL 的权限表达模型如图 9.6 所示。权限表达包括四部分:

① 许可(Permissions),或称使用,即允许用户做的事情;

② 约束(Constraints),对许可的限制条件;

③ 义务(Obligations),用户必须完成、提供或接受的事情;

④ 权利持有者(Rights Holders),授权者。

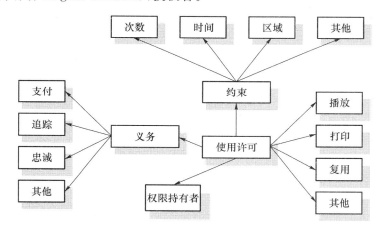

图 9.6　权限描述模型

举一个权限表达的例子,特定的一段音乐付 10 元(即支付义务)可以在一个学期内(即时间约束)最多播放(即使用许可)10 次(即次数约束)。每次播放音乐后,所有的权限持有者都将收取一定比例的费用。通常,如果不显性表达一种权限,就意味着未授予该权限。这是权限表达语言的一个重要假设前提,适用于所有主体。

举一个权限表达语言的例子,ODRL 列出了多个可能的许可、约束和义务条目,以及权限持有者协议条目。这些条目可能相互交叉,权限表达语言因此必须建模以便通过数据字典进行管理并实现权限表达。

(2) Chong 权限表达模型

Cheun Ngen Chong 等人认为,基于 XML 的权限描述语言存在一些缺点:

① 当使用条件很复杂时语法变得复杂而晦涩;

② 语言缺乏标准语义,许可的含义完全依赖于人工解释;

③ 语言不能描述很多有用的版权操作。

因此,C. N. Chong 等人又提出了一种基于多重集(multiset)重写和逻辑编程的权限描述语言 LicenseScript。该语言分成静态部分和动态部分,关于内容的术语和使用条件构成静态部分。这些术语和使用条件一般都是按照法律、规章和商业规则创建,用 Prolog 子句表达。Chong 等人认为,由于许可是在不断变化的上下文中使用的,因此许可也必须具有发展变化的能力。所以 LicenseScript 中的动态部分将许可看作是某个多重集的一个元素,在这个多重集中可以应用重写规则。这些规则描绘了上下文(设备和系统)按照许可行事的方式。这样一个许可就有了双重性(静态和动态),这两个层次是由一组表现当前状态的绑定(binding)联系起来的。

(3) Gunter 形式化模型

针对现有基于 XML 权限描述语言的缺陷,Gunter 等人借鉴程序语言的形式语义,以动作序列为核心解释权限的形式化语义,设计了一个基于事件的权限表达模型,为权限验证提供形式化理论依据。但是到目前为止,这种模型都只是理论上的研究还没有实际的应用。

其主要思想如下:一组事件构成的序列称作实现(reality),而许可(license)由实现的集合构成。实现可看作是一条时间轨迹,在这条轨迹上表示的一系列动作都是许可允许的,而且同一时刻只能发生一个动作。图 9.8 就是一个许可的示例,这个许可由两个实现构成,而每个实现中包含一组许可授权的动作(如签租借协议、付款),该许可表示客户如果想要租房必须先签一个租用协议,然后可以在每个月的前两天付房租,如果第一天只需付 490 元,而第二天就要付 500 元。另外,Pucella 和 Weissman 在他们的文章 *A Logic for Reasoning about Digital Rights* 中以 Gunter 的语言为背景开发了一套权限的逻辑推理机制,这为最终的权限验证提供了理论上的依据。

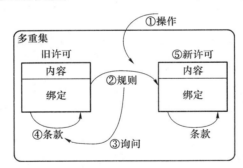

图 9.7　许可证转移

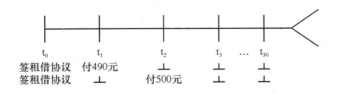

图 9.8　Gunter 许可实例

(4) OREL 权限表达模型

OREL 是一个基于本体(Ontology)的权限表达语言。其语言模型中的一些核心词汇都来源于 RDD。RDD 是一个包含 1 000 多条术语的词典,它被设计用来融合来自各个权限描述模式的术语。一旦得到应用,它将为权限表达语言之间的互操作提供语义映射作用。因此,OREL Ontology 模型具有较强的语义表达能力。

综上所述,目前已有的 XrML 等权限表达语言支持的权限表达模型将数字权限描述为简单的三元组或四元组。Gunter 和 C. N. Chong 等人深入研究权限描述的形式化语义,对权限表达的准确性和完备性进行了补充。权限表达是 DRM 系统最复杂、最核心的问题,目前仍然不够成熟,一些新的研究成果不断出现。

9.2.5　技术模型

网络数字环境下,保护信息资源的版权必须综合采取法律、技术与管理手段,三者缺一不可。法律为版权保护提供统一规范的依据,管理定义了版权保护流程中通用的权限标识和权限信息,技术是在千变万化的网络环境中依靠法律法规利用管理信息使版权保护得以实现的方法。

许多科研机构和公司分别开发出多种媒体版权保护技术。例如 Intertrust 公司的 DigiBox 技术,该技术能根据一定的使用规则使受保护的信息在整个生命期内无论传到任何地方都将受到保护;IBM 公司的 Cryptolope 技术,该技术的特征是用安全加密技术封装要保护的数字媒体信息的内容;Digimarc 公司在研究基于数字水印的媒体信息版权保护等。目前已经成功开发与应用的一系列版权保护和管理技术措施成为版权贸易与版权产业发展的重要技术支撑,大致可分为以下几类。

① 反复制设备。例如,复制保护器。

② 控制使用数字作品的技术。其包括:密码、防火墙、黑匣子、数字签名等,通过数字化手段对作品加密、识别身份信息和作品信息。

③ 监控和追踪技术。即确保数字作品始终处于权限控制之下。

④ 数字水印、数字签名或数字指纹技术。即通过在数字作品中加入隐形的标记来验证作品版权。

⑤ 可信系统(Trusted System)。也称置信系统。基于系统参与者共同遵守的信任机制,目的是规范用户权限规则,如使用权限、费用、许可条款等。可信系统的主要功能包括:允许出版商享有特定数字作品的部分权限;规定用户使用权限的条件与许可要求;系统之间可相互进行信息交互,并且可确认非授权的、错误的数据;确保用户信息的保密性等。

⑥ 数字化对象识别技术。数字化对象识别装置有时可嵌入数字作品成为数字水印,它对基础设施有一定的要求,如识别器与打印机连接机制等。

⑦ 可扩展权利标记语言(eXtensible Rights Markup Language,XrML)。主要功能是实现不同数字版权管理系统之间的兼容性及网络中数字作品的无障碍传播。

⑧ 自保护文献技术(Self Protecting Documents,SPD)。SPD 是 Xerox 公司和微软公司共同负责的 Content Guard 技术的一部分。自保护文献是一种可保证自身机密性和完整性并增强使用权的文献,它由加密形式的内容、权利说明、数字水印、使用文献的许可信息、控制文献格式转换等部分构成,可转换成 WORD、PDF、HTML 等格式。

DRM 系统根据应用需求综合使用这些技术对原始数字作品进行层次封装,实现版权保护和权限控制功能。DRM 技术体系模型如图 9.9 所示。

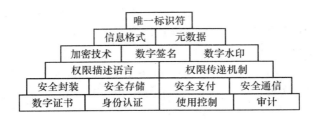

图 9.9　技术模型

（1）唯一标识符层，用于在网络环境下唯一、持久地确认数字权限管理中的各个实体，包括主体、权限、内容等。该层是整个 DRM 技术体系的基础，其他技术都针对信息的唯一标识符进行操作。

（2）信息编码层，包括信息编码格式和元数据技术。信息格式是数字内容的开放格式，如 XML、PDF、JPEG、MPEG、CSS、XSL、PNG 等，用来表示、交换和解析数字内容。元数据是指数字版权管理中对各实体的定义和描述数据，ODRL 和 XrML 语言都使用 XML Schema 元数据规范。该层主要根据 DRM 系统具体需求对数字内容选择某种格式编码以便传输。

（3）安全编码层，包括加密技术、数字签名和数字水印。加密技术用来实现对数字作品的加密保护，数字签名用于身份认证和完整性验证，数字水印用于身份认证、完整性验证、追踪等。

该层主要给数字内容选择适合的安全算法。

（4）权限控制层，权限描述语言和权限传递机制对数字作品创建、传播和使用流程中涉及的实体之间的复杂权限进行定义、描述，以计算机可识别的方式标记、传递和检验。

（5）安全协议层，包括基于安全编码算法定义安全封装、安全存储、安全支付和安全通信协议。安全封装协议将数字内容及其元数据封装在数字文件内以便于传递；安全存储协议把数字文件存储到特定物理载体上（如硬盘、智能卡、光盘、U 盘等）；封装和存储过程可能涉及压缩和密码技术。安全支付、安全通信利用 SSL、SET 等协议保障数字信息作品的可靠交易和安全传递。

（6）安全方案层，即利用底层算法和协议实现安全方案，包括数字证书、身份认证、使用控制和审计。数字证书及身份认证技术通过 PKI 体系和 CA 认证控制数字作品交易的发生、验证交易双方的身份、保障交易或信息传播的不可抵赖性和可审计性，建立交易各参与方的信任体系。使用控制与审计技术则在身份验证、权利和义务规定的基础上实施交易或发布授权，并统计、报告交易或发布情况。

技术模型中安全编码层的安全技术可划分成两大类：一类是密码技术，其核心是密码学，包括加密技术、数字签名、数字证书、访问控制等；另一类是数字水印，通过在数字作品中隐藏版权信息来实现版权保护。目前许多 DRM 产品都是基于数字水印的 DRM 系统或者基于密码技术的 DRM 系统。它们都有各自优点，同时也存在一些问题。

1. 基于密码技术的 DRM

加密技术的核心是密码学，使用其来进行版权保护，得到的安全性极高，处理速度快，用时要将媒体加密为乱码，用户只有从认证中心或授权中心获得密钥才能得到媒体。无论什么格式的数字内容，都可以采用相同的加密算法，算法的强壮性与实际应用场景无关。

基于密码技术的 DRM 更强调权限管理。通过在用户终端添加可信模块或限制数字作品的传播来保护版权。目前,包含授权、认证在内的加密机制被广泛应用,但其在使用前必须要解密的固有缺点,使它们在没有用户终端支持的情况下,无法防范不良用户、不良播放器和超级分发对版权的破坏,任何人只要能合法的获取密钥,他就可以获得未加密、无保护的数字作品。

基于密码技术的 DRM 机制中,权限元数据与受保护的数字内容是相互分离的,或者要通过外在的数据结构(如指针)将两者联系起来,用户可能破坏这种关系。

基于密码技术的 DRM 需要在用户端添加安全模块,如智能卡、DRM 代理等,增加了用户成本,使其实际安全性依赖于终端的安全性。

此外,密码系统往往属于国家管制的对象,对密码的使用场合及密码强度都有严格的限制,生产、销售、使用商用密码系统必须通过国家的认证许可,同时在使用时由于 PKI、PMI 等机制的存在,整个系统将非常庞大,实施成本很大,不适合一些单一应用或局部应用。

2. 基于数字水印的 DRM

数字水印是为了实现对数字作品的版权保护而出现的技术。其不可见性和鲁棒性使得版权元数据可以与数字作品紧密结合,使数字作品的正常使用不受限制。

数字水印算法的设计必须根据应用场景的鲁棒性、保真性和水印容量的需求进行,同时不同的内容格式,如图像和视频,其算法一般不同。

基于数字水印技术的版权保护机制中,版权元数据作为水印被嵌入到了数字内容当中,与内容融为一体,如果要破坏他们的联系,就必须破坏内容的可用性,给盗版增加了难度。但数字水印技术出现至今只有短短二十年时间,其发展远不如密码学成熟。不仅安全性不如密码技术,而且权限管理能力实现困难,因此难以独立担当起版权保护与管理的任务。

从上面的比较和前面的分析可以看出,密码技术更适合进行权限控制,水印技术更适合于操作跟踪、盗版追踪,数字水印技术的优势恰好弥补了密码学的缺陷。版权元数据和数字作品紧密结合,不影响作品的正常使用,也就可以防范不良用户、不良播放器和超级分发对版权的破坏,即使是密钥被获取,甚至数字作品被解密,我们仍能在需要的时候检测出版权水印,并追踪盗版来源,从而打击盗版者。因此,对于数字版权保护与管理问题,单独靠密码技术无法达到完全的版权保护,而数字水印技术也无法替代密码技术的作用,两者必然是相互补充,其发展趋势必然是多种安全技术相融合,这也形成了本书中多技术融合的版权保护与管理体系结构和实施标准的基础。密码技术实现了对数字内容的访问控制,拥有密钥或权限的合法用户才能使用数字内容。数字水印技术通过特定的嵌入提取算法实现了对数字内容版权归属的验证,进一步还可以实现对版权真伪的鉴别和盗版来源的追踪。

根据用户版权保护需求,将多种技术进行适当集成形成了相对完整的数字版权管理系统。但是滥用技术措施也会对版权管理造成破坏,因为任何人要使用被保护的数字作品都会面临技术障碍,这违背了版权"合理使用"的原则。因此在相应法律、管理、文化措施的制约下使用数字版权管理技术十分必要。

9.3　数字版权保护方案分类

尽管数字版权管理方案有多种分类方法。根据保护的数字内容,可以分为针对电子书的 DRM 系统(如方正 Apabi DRM),针对多媒体的 DRM,针对数字电视的 DRM 系统(如 AVS DRM)等。根据有无使用特殊的硬件,可以分为基于硬件的 DRM 系统(如 iPod DRM)和纯软件的 DRM 系统。根据采用的安全技术,可以分为基于密码技术的 DRM 系统和基于数字水印技术的 DRM 系统,以及两者结合的 DRM 系统。

9.3.1 电子书的 DRM 保护方案

1. Microsoft 的 Digital Asset Server 版权保护方案

微软的电子图书 DRM 系统主要包括服务器端的 Digital Asset Server(DAS)和客户端的 Microsoft Reader。DAS 有两个组件:DAS Server,包括 repository(内容服务器数据库)和 packager(完成 DRM 封装功能);DAS 电子商务组件,集成到零售商的电子商务网站。DAS 可被服务提供者或电子图书零售商部署。微软电子图书技术的 DRM 模型是一种非常紧密的集成,不仅包括 DAS 和 Microsoft Reader,而且包括微软的 Passport 用户标识和注册系统。

2. Adobe 公司用于 PDF 格式的 Adobe Content Server 电子书籍的版权保护方案

Adobe 在传统印刷出版领域内一直有着深刻的影响,Adobe 的可移植文档格式(PDF)早已成为电子版文档分发的公开实用标准。Adobe 软件在出版业的使用传统以及 PDF 格式的流行,共同造就了 Adobe 在电子书领域的先天优势。Adobe Content Server(ACS)则是 Adobe 的后天优势。Content Server 2.0 是 Adobe 公司为电子书版权保护和图书发行而开发的软件,是一种保障 eBook 销售安全的易用集成系统。出版商可以利用 Content Server 的打包服务(Packagine Services)功能对可移植文档格式(PDF)的电子书进行权限设置(打印次数、阅读时限等),从而建立数字版权管理(Digital Rights Management,简称 DRM)。

Adobe Acrobat 5.0 是建立可移植文档格式(PDF)电子书的最重要的转换工具。使用 Adobe Acrobat 几乎可将任何文档转换成 Adobe 可移植文档格式(PDF)。Adobe PDF 文件可以在众多硬件上和软件中可靠地再现,而且外观与原文件一模一样,页面设置、格式和图像完好无损。

3. 书生公司的 SureDRM 版权保护系统

我国的书生公司,是与方正并驾齐驱的 DRM 技术厂商。书生公司一直跟踪国际 DRM 技术的发展,并自主研发了一套完整的 DRM 技术核心。SureDRM 以安全和加密技术为基础,包括版权描述语言,身份标识系统,设备标识绑定技术等。SureDRM 为书生各种产品包括文档共享管理系统,数字图书馆系统,公文服务器等提供了文档保护的技术基础。

作为一套整体解决方案,SureDRM 提供不同安全级别,不同粒度,不同形式的版权管理机制,既有离线的数据绑定,也有在线的数据 DRM。SureDRM 的开放的版权描述接口支持 XrML 等技术标准。SureDRM 提供对各种应用数据和应用系统自身的版权保护,支持对各种数字媒体、文字、图形、图像、流媒体等的保护。

4. 方正的 Apabi Right Server

方正的 Apabi 数字版权保护技术一直走在国内前列,且已经形成一个完整的系统。在

Apabi 系统中,主要有四种支柱型产品:

① Apabi Maker

它可将多种格式的电子文档转化成 Ebook 的格式,该格式是一种"文字＋图像"的格式,可以完全保留原文件中字符和图像的所有信息,不受操作系统,网络环境的限制。

② Apabi Rights Server

它可实现数据版权的管理和保护,电子图书加密和交易的安全鉴定,从网上书店登录实现定货,用在出版社端服务器。

③ Apabi Retail Server

它可实现数据版权的管理保护。电子图书加密和交易的安全鉴定,从网上书店登录实现定货,用在书店端服务器。

④ Apabi Reader

它是用来阅读电子图书的工具,通过浏览器,可以在网上买书、读书、下载、建立用户自己的电子图书馆,实现分类管理。方正阿帕比整套方案的核心是版权保护,在其中采用了168 位的加密。

9.3.2 流媒体的 DRM 保护方案

对于流媒体的 DRM 主要有 IBM 的 EMMS 和 Microsoft Windows Media DRM。

1. Microsoft Windows Media DRM 数字版权管理技术

微软在最新的 Windows 媒体播放器 Windows Media 10 里面集成了 DRM 技术,这一技术最大的改进代码名为"Janus"。Janus 可以跨设备工作,也可以工作在下一代的 Windows 媒体中心版操作系统上,还可以定制支持付费音乐服务和某些流媒体。当消费者从网站下载到经过加密以后的媒体文件以后,他同时需要获取一个包含解锁秘钥的许可证来播放这个媒体文件。内容的所有者可以方便地通过 Windows Media 数字版权管理程序来管理这些许可证和秘钥的分发。通过 Windows Media DRM 技术,网上的音乐零售网站可以在消费者购买音乐前提供对音乐的预览。消费者在网站注册以后可以下载到完整的音乐并且可以在电脑上播放两次,而当消费者第三次播放该文件的时候,就会被引导到网站的销售页面,在这里他可以付费进行音乐播放许可证的购买。无论是用于企业的培训或者是大学的教学活动,Windows Media 版权管理都能极大地发挥其特殊作用。所有的课程都被加密打包,然后提供给员工或者学生在网上进行下载,当播放时,会自动连接服务器进行验证并获取相应的播放许可。这可以保证企业和学校对学生的学习进行方便的监控,同时保证相关的培训资源不会被用于非法用途。

2. IBM 的 EMMS 数字版权保护方案

EMMS 是 IBM 开发的电子媒体管理系统,该系统可以让用户在网站下载音乐的同时保护音乐的版权。EMMS 是全面的电子媒体发行和数字授权管理系统,具有开放式体系结构,可以在声频压缩、加密、格式化、水印、终端用户设备和应用程序集成等方面不断改进。EMMS 工具使零售商或最终用户可以将被保护的内容发送给多个用户(例如,将音乐附在一个发送给多个接收者的电子邮件上)。最初的接收者可以具有全部的使用权,但是如果相同的音乐文件或电子书籍被再次发送的话,发布链中的下一个接收者只有使用这些数据的有限权力,除非他从原始发布人那里购买全部的使用权。从盗版音乐站点下载或通过电子邮件传送的歌曲拷贝可能不能完整地播放,或者只能播放一次,或者完全不能播放。这项技术还使发布者可以根据接收者的地理位置在同一个歌曲或图书文件上附加上不同的权力。

IBM 公司的 EMMS 已经被全球众多企业采用,例如 MusicMatch 公司的 MusicMatch Jukebox 和 RealNetworks 公司的 Real Jukebox,并得到了索尼和 BMG Entertainment 公司的支持。

9.3.3 电子文档的 DRM 保护方案

电子文档的 DRM,国外有微软的 RMS 系统、SealedMedia Enterprise License Server Authentica Active Rights Management,国内有书生的 SEP 系统、方正的 CEB 系统等。

1. 微软的 RMS 版权保护系统

Rights Management Services(RMS,权限管理服务)是适用于企业内部的数字内容管理系统。在企业内部有各种各样的数字内容。常见的是与项目相关的文案、市场计划、产品资料等,这些内容通常仅允许在企业内部使用。企业主管还使用市场分析报告、业绩考核报告、财务报告等,这些内容大多有很高的保密要求,仅允许由相关主管使用。在企业内部,这些数字内容大多通过电子邮件传送。微软 RMS 是针对企业数字内容管理的解决方案。

微软 RMS 系统分为服务器和客户端两部分,客户端按角色不同又分为权限授予者和接受者两种。RMS 服务存放并维护由企业确定的信任实体数据库。按微软的定义,信任实体包括可信任的电脑、个人、用户组和应用程序。对数字内容的授权包括读、复制、打印、存储、传送、编辑等。授权还可附加一些约束条件,比如权限的作用时间和持续时间等。比如,一份财务报表可限定仅能在某一时刻由某人在某台电脑上打开,且只能读不能打印,不能屏幕复制,不能存储,不能修改,不能转发,到另一时刻自动销毁。

2. 书生的 SEP DRM 数字权限管理技术

我国的书生是中国 IT 业极个别掌握国际核心技术的公司之一,该系统最大的特点是攻克了防止有权接触信息的人扩散该信息的世界级难题,提供了全方位、细粒度的管理权限。它可以根据用户需求选择 8 种目录及文档权限,可实现细粒度、多层次的权限设置,并可提供更多的权限支持。书生 SEP 保护系统由客户端、服务器端及数据库组成。客户端包含 SEP Writer、SEP Reader 及商业机密保护系统客户端。服务器端由 SEP 文档服务器及数据库组成,其中数据库包含存放管理信息的管理信息库及存放 SEP 文件的 SEP 文档库、存放可编辑源文件的源文件库。

SEP Writer:SEP 文档格式转换工具,可将各种可打印文档转换为不可篡改的 SEP 格式。

SEP Reader:SEP 文件的专用阅读器,也是唯一能够阅读 SEP 格式文件的阅读器。

SDP 客户端:书生文档共享管理系统的客户端软件,可实现目录浏览、文档提交、阅读、权限管理等客户端操作。

SEP 文档服务器:管理所有提交到服务器端的 SEP 文件,同时实现其他所有的服务器端管理功能。

书生 SEP 保护系统通过文档的集中管理,在应用传统的存储加密、传输加密技术的基础上,采用书生自有知识产权的全球领先数字权限管理技术、页交换技术,将阅读权限与下载、修改、摘录、打印等操作权限分离,从而达到在保证信息安全的前提下实现信息的最大限度共享。

9.3.4　图像的 DRM 保护方案

目前已有的保护图像的方法是数字水印技术。数字水印技术通过一些算法,把重要的信息隐藏在图像中,同时使图像基本保持原状(肉眼很难察觉变化)。把版权信息通过数字水印技术加入图像后,如果发现有人未经许可而使用该图像,可以通过软件检测图像中隐藏的版权信息,来证明该图像的版权。目前国外的数字水印技术开发商有美国的 Digimarc Corp,及英国的 High Water Signum Ltd.。Digimarc 提供的版权管理服务属于前述的第一种方式,它利用数字水印技术在静止图像中嵌入版权信息。High Water Signum 基本上也提供相同的服务。这些服务被用来将摄影师、出版商及业内其他单位联结起来,作为专业人员之间信息传递的手段,其目的是防止未授权的复制。

随着互联网的推广与普及,也有专为在互联网上处置图像数据而开发的版权管理软件,如日本 NEC 及美国的 Fraunhofer 计算机图形研究中心(CRCG)所开发的软件。前者使用原先由美国的 NEC 研究院开发的数字水印技术,而后者可以使用三种不同的 ID 信息以提高安全性。

国内现有的以华旗公司自主研发的数字水印系统"爱国者版神"较为知名。爱国者数字水印技术作为新一代数字水印技术,集成抗攻击、抗压缩、易损性和抗重复添加等最新的信息隐藏技术于一体,已于 2002 年分别成功应用于新华社多媒体数据库图片版权保护系统和中国图片总社的版权保护项目,并且在新华社国家招标项目上中标。此外,这一版权保护和基于影像内容搜索技术也已经成功应用于新浪网 2004 奥运报道,2005 年又为中国外交部提供完整的数字版权保护与数据安全解决方案。

9.3.5　移动业务的 DRM 方案

随着移动数据增值业务的迅猛发展,内容提供商通过大量下载类业务及 MMS 等信息类业务传播的音视频和应用软件、游戏等数字内容越来越多,其版权及相关利益必须得到保证。将 DRM 技术引入移动增值业务,可以确保数字内容在移动网内传播,保证内容提供商的利益。移动 DRM 已成为目前全球范围内移动业务研究的热点之一。

由于移动设备和移动网络的特点,移动 DRM 的实施较一般 DRM 容易一些。目前,国际上针对移动 DRM 开展了大量的研究工作。其中,OMA 制定的移动 DRM 标准得到了广泛的支持和认同。2005 年 6 月 14 日,OMA 公布了最新的 OMA DRM V2.0,制定了基于 PKI 的安全信任模型,给出了移动 DRM 的功能体系结构、权利描述语言标准、DRM 数字内容格式(DCF)和权利获取协议(ROAP)。通过 OMA DRM,用户能够通过超级分发等各种方式获得受保护的数字内容,数字内容使用权利通过 ROAP 协议获取,使用权利与一个或者一组 DRM Agent 绑定,数字内容的使用受到严格的控制。当前,已经出现了支持 OMA DRM 的移动设备,如 Nokia 6220 手机。但是,就目前的下载速度和下载费用而言,移动 DRM 产品的普及使用还存在一定的困难。随着 3G 移动技术以及 OMA DRM 的发展,DRM 在移动领域的应用研究将更进一步,市场上将会出现更多的移动 DRM 系统和产品。

国内的移动 DRM 做得不错的有掌上书院。掌上书院是目前使用最为广泛的手机电子书阅读软件之一,它使用的电子书格式为.UMD,这种格式的压缩比很高,10 万字的书籍体积只有 100 KB 左右,支持 DRM 版权保护。

9.4 典型的 DRM 系统——FairPlay 系统

FairPlay 是苹果公司使用的数字版权管理（DRM）系统，用来加密 iTunes 上受版权保护的媒体文件。

Fairplay 始于 Veridisc 创造的技术，其中多个密钥被用来验证和解密个人音频。每次用户请求一个新机器来播放 FairPlay 加密过的视频或者音频媒体，iTunes 都要请求苹果公司的服务器。苹果公司返回和用户账号信息相关的所有用户密钥。这就保证了苹果公司有能力限制被授权播放购买的媒体的计算机数目，也保证了每台授权 PC 都能有播放媒体的所需的所有密钥。

9.4.1 iTunes 账户与认证

用户在 iTunes 购买歌曲、书籍前，必须注册一个账号，即 Apple ID，作为与苹果服务器通信的凭证。Apple ID 可用于在 Mac 或 PC 上的 iTunes 软件的登录，并购买各类内容。

在 iTunes 软件使用 Apple ID 登录时，iTunes 在本地创建一个 UUID（全局唯一 ID），以标识当前授权、使用的电脑。这个 UUID 将被发送到苹果服务器，并与 Apple ID 进行绑定。一个 Apple ID 最多可与 5 台电脑绑定，即可授权 5 台电脑作为下载内容的设备。iTunes 的账户和授权如图 9.10 所示。

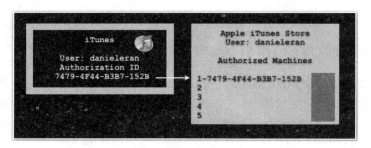

图 9.10　iTunes 的账户和授权

当用户购买了一支歌曲，iTunes 首先生成一个 user key 和一个 master key。歌曲的 AAC 文件会被另外一个被称为 master key 的密钥所加密，而 master key 会被 user key 所加密，然后存储于 AAC 歌曲文件中，如图 9.11 所示。iTunes 也会将 master key 发送至苹果服务器保存。

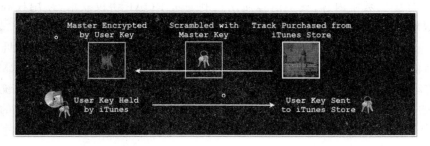

图 9.11　iTunes 的加密过程

在歌曲被购买后,原始的 AAC 文件会被下载至 iTunes 中,然后在本地生成 master key,并对 AAC 文件加密。这样的设计有助于降低苹果服务器负荷,使得加密过程运行于用户的电脑上。

这样实现的授权与认证系统,使得歌曲在播放时,不需要与苹果服务器进行通信。而是 iTunes 本地保存着一系列 user keys,作为打开这些加密歌曲的钥匙。

当播放 AAC 歌曲时,iTunes 使用从歌曲中提取加密的 master key,并在密钥库中找到对应的 user key。使用 user key 解密 master key,再使用解密的 master key 解密 AAC 歌曲,之后再播放歌曲。

当用户每买一个专辑,就会创建一个新的 user key,它们都会保存于用户电脑的 iTunes 中,同时发送一份至苹果服务器。

当用户又授权一台新的电脑时,同样它会生成该电脑的 UUID,并发送至苹果服务器。此时该 Apple ID 会多记录一个绑定的 UUID。

在该电脑取得授权、成为至多 5 台授权电脑中的一台时。苹果服务器会将保存着所有 user key 的密钥库发送给这台新电脑。因此所有授权的电脑都可以播放所购买的歌曲。Apple ID 被多台电脑授权的情况如图 9.12 所示。

图 9.12　Apple ID 被多台电脑授权的情况

另一方面,一个运行着 iTunes 的计算机可以登录多个 iTunes 账号并被这些账号授权。在本地,按账号分别保存着多份 user key 密钥库。

9.4.2　破解 FairPlay 授权

当一台电脑被解除授权,iTunes 删除本地的密钥库,同时请求苹果服务器,删除账号的该条 UUID 信息。

如果密钥库被用户备份,用户可以先对该电脑解除授权,然后恢复密钥库,这台电脑依然可以播放购买的歌曲。用这样的方式,用户购买的歌曲可在多于 5 台的电脑上进行播放。

当然,用户新购买的歌曲会生成新的密钥,之前解除授权的电脑是无法播放这些新购买歌曲的,因为它们无法取得这些新的密钥。

9.4.3　在 iPod 上保存密钥

iTunes 可以将歌曲发送至任意数量的 iPod 上,并进行播放。在进行 iTunes 与 iPod

的歌曲同步时,所有 user key 和加密的歌曲被传输至 iPod 中。如果该 iTunes(或电脑)被多个 Apple ID 所授权,其本地有多个账号的密钥库,同样也都会传输至 iPod 中,如图 9.13 所示。

图 9.13　iTunes 与 iPod
同步的过程

iPod 本身不需要判断哪些歌曲被授权或可以播放,只需使用密钥库中的 user key 对歌曲解密,然后播放即可。

如果 iTunes 中有些歌曲存在,而缺少解密的密钥(比如用户对该电脑解除授权),则这些歌曲不会被复制至 iPod 中,从而保证每一首歌都可被解密、播放。

对于这些无法解密的歌曲,iTunes 控制它们不会被拷贝至 iPod 中,而 iPod 不需要考虑这些情况。这样减轻了 iPod 的 DRM 负担,这些工作都由 iTunes 软件负责。

这样的设计原理也解释了为何一个 iPod 无法使用不同用户的 iTunes 进行同步而播放所有的歌曲。iTunes 只抹掉 iPod 原来的歌曲,然后再与新的 iTunes 进行同步。

由于 iTunes 负责管理 iPod 上的所有歌曲库,因此 iPod 无法与多个 iTunes 进行同步。iPod 也未被设计有这样的功能。

然而在 iTunes 版本 7 以后,苹果增加了自动下载歌曲的功能。在进行同步时,iPod 会下载所有已购买的歌曲,包括 5 台授权电脑上购买的歌曲。每一个授权的 iTunes 可以更新 iPod 上的密钥库和歌曲,以播放所有购买的歌曲。

9.4.4　破解 iTunes 的 FairPlay

由于受 FairPlay 保存的 AAC 格式的歌曲已经被 master key 所加密,因此实际上不可能由歌曲文件本身实现解密。但破解者可以尝试获取保存在 iTunes 中的 user key,使用它即可轻易地解密出 master key,从而得到歌曲明文。这样的过程与 iTunes 解密过程相似。就好比进入银行金库,盗取保险箱密码要易于直接炸开金库的墙。

这些保存着 user key 的密钥库,其本身存在于 iTunes 软件、iPod 和苹果服务器中。然而,当这些密钥被使用时,就可能被取得或破解,从而得到解锁后的数据。通过这样的手段,解密后的文件就可以被恢复或导出为未加密的 AAC 文件。

Jon Johansen 是 DVDJon 的制作者,DVDJon 用于破解 DVD 的 DRM 软件"内容加密系统",他发现了存在多种方法可以从 FairPlay 中去除加密。这些方法可用于 Linux 上的 iTunes 客户端。

第一种方式是使用 QTFairUse,抓取 iTunes 解密、解压后的音频数据,然后导出为体积较大的原始音频流文件,再进行后续处理。

第二种方式由 Johansen 发明,并应用于 VLC media player 以及其他相关软件——inPlayFair、Hymn、JHymn 等。它在 iTunes 将歌曲解密、但尚未解压的时候介入,得到一个体积小、可以直接播放的未加密 AAC 文件。

第三种方式最初被应用在 PyMusique，这是一个 iTunes Store 在 Linux 下的客户端。它直接从苹果服务器下载已购买的歌曲，但不对其进行加密等操作。这一方法利用了 FairPlay 将歌曲加密运行于 iTunes 客户端的漏洞。

第四种方式也是模仿 iTunes 的行为，被用于 FairKeys 软件上。它向苹果服务器请求用户的 user keys，然后将已购买的歌曲直接解密，如图 9.14 所示。

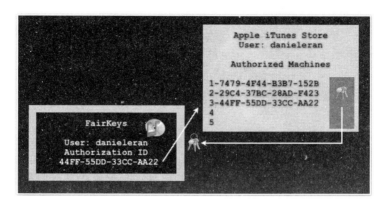

图 9.14　利用 FairPlays 破解 iTunes

所有的破解都只可运行于一个特定的、已知的用户账户上。如果一个加密的专辑文件是由未知用户所购买，则无法对其进行破解。根据 FairPlay 的运行原理，破解必须应用于可以打开、播放歌曲的环境之下，如果连歌曲都无法播放，解密自然无从可行。

习　　题

1. 什么是 DRM？提出 DRM 的意义是什么？
2. 请解释数字唯一标识符在数字版权管理架构中的作用。
3. 数字版权保护的国际标准有哪些？各有什么特点？
4. 简述数字版权管理的功能模型。
5. 简述数字版权管理的信息模型。

参 考 文 献

[1] Barni M,Bartolini F,Cox I J,et al. Digital watermarking for copyright protection：a. communications perspective[J]. IEEE Comm. Magazine,2001,39 (8)：90-91.

[2] Barni M, Podilchuk C I, Bartolini F, et al. Watermark embedding：hiding a signal within a cover image[J]. IEEE Comm. Magazine,2001,39(8)：102-108.

[3] Hernandez Martin J R,Kutter M. Information retrieval in digital watermarking[J]. IEEE Comm. Magazine,2001,39(8)：110-116.

[4] oloshynovskiy V S,Pereira S,Pun T,et al. Attacks on digital watermarks：classification,estimation based attacks,and benchmarks[J]. IEEE Comm. Magazine,2001,39 (8)：118-126.

[5] Pierre Moulin,Joseph A. O'Sullivan. Information-theoretic analysis of information hiding[J]. IEEE Trans. Inform Theory,2003,49：563-593.

[6] Cohen,Lapidoth A. The Gaussian watermarking game[J]. IEEE Trans Inform Theory,2002,48：1639-1667.

[7] Anelia Somekh-Baruch,Neri Merhav. On the capacity game of public watermarking System[J]. IEEE Trans. Inform Theory,2004,50：511-524.

[8] Tirkel G,Rankin R, van Schyndel, et al. Electronic water mark, in Proc. DICTA 1993：666-672.

[9] Ingemar J Cox,Matthew L Miller,Jeffrey A Bloom. 数字水印[M]. 王颖,黄志蓓,等译. 北京：电子工业出版社,2003.

[10] 杨义先,钮心忻. 应用密码学[M]. 北京：北京邮电大学出版社,2005.

[11] 钮心忻. 信息隐藏与数字水印[M]. 北京：北京邮电大学出版社,2004.

[12] Cox I J,Miller M L. A review of watermarking and the improtance of perceptual modeling [J]. Porc. SPIE Human Vision and Elect. Imageing II,vol. SPIE,1997,2：3016.

[13] Hartung F,Girod B. Watermarking of MPEG-2 encoded video without decoding and reencoding[J]. Multimedia Computing and Networking,1997,3020：264-273.

[14] 高海英. 音频信息隐藏和 DRM 的研究[D]. 北京：北京邮电大学,2006.

[15] Hartung F,Girod B. Fast public-key watermarking of compressed video[C]. In Proc. of the IEEE Intl. Conf. on Image Processing 1997,October 1997,Vol1：528-531.

[16] Cox I J,et al. Secure Spread Spectrum Watermarking for Multimedia[J]. Technical report,NEC Institute,1995.

[17] 王勇. 基于数字水印的软件保护机制研究[D]. 北京：北京邮电大学,2003.

［18］ Cachin C. An Information Theoretic Model for Steganography［J］. in Proceeding of the Second International Workshop on Information Hiding,1998,1525:306-318.

［19］ 张立和. 隐藏信息检测与新型数字水印算法［D］. 北京:北京邮电大学,2004.

［20］ 周继军. 信息隐藏逆向分析研究［D］. 北京:北京邮电大学,2005.

［21］ 刘鸿霞,夏春和. 图像隐写分析现状研究［J］. 计算机工程与设计,2006,27(1):21-25.

［22］ Goth,G. Steganalysis Gets Past the Hype［J］. Distributed Systems Online,2005,6 (4):2-2.

［23］ 孙水发,仇佩亮,张华熊. 数字水印中的攻防分析［J］. 中山大学学报(自然科学版), 2004,43(2):94-97.

［24］ 梁小萍,何军辉,李健乾,等. 隐写分析——原理、现状与展望［J］. 中山大学学报(自然 科学版),2004,43(6):93-96.

［25］ Fridrich J,Goljan M,Du R. Detecting LSB Steganography in Color and Gray-Scale Images ［J］. Magazine of IEEE Multimedia,Special Issue on Security,2001,(10):22-28.

［26］ Jiri Fridrich,Rui Du,Meng Long. Steganalysis of LSB encoding in color images［J］. Multimedia and Expo,2000. ICME 2000. 2000 IEEE International Conference on, 2000,3(3): 1279-1282.

［27］ 王朔中,张新鹏,张开文. 数字密写和密写分析—互联网时代的信息战技术［M］. 北 京:清华大学出版社,2004.

［28］ Fridrich J,Goljan M,Du R. Steganalysis based on JPEG compatibility［J］. SPIE Multimedia Systems and Applications IV,Denver,CO,2001,(8):20-24.

［29］ 刘九芬,黄达人,黄继武. 图像水印抗几何攻击研究综述［J］. 电子与信息学报,2004, 26(9):1495-1501.

［30］ Petitcolas F A P,Anderson R J,Kuhn M G. Attacks on Copyright Marking Systems ［J］. Proceedings of the Second International Workshop on Information Hiding,vol. 1525 of Lecture Notes in Computer Science,Springer,1999,pp. 218-238.

［31］ Pereira S,Voloshynovkiy S,Maribel Madueno,Marchand-Maillet S,et al. Second generation Benchmarking and Application Oriented Evaluation［J］. In LNCS 2137, Berlin:Springer-verlag,2001,340-353.

［32］ Solachidis V,Tefas A,Nikolaidis N,et al. A benchmarking protocol for watermarking meth-ods［J］. In: Proceedings of 2001 IEEE International Conference on Image Processing (ICIP'01),Thessaloniki,Greece,2001,1023-1026.

［33］ UnZign watermark removal software［OL］. 1997. http://altern. org/watermark/.

［34］ http://ms-smb. ipsi. fhg. de/stirmark/stirmarkbench. html.

［35］ Steinebach M,Petitcolas F A P,Raynal F,Dittmann J,et al. StirMark benchmark: audio watermarking attacks［J］. Information Technology: Coding and Computing,2001. Pro-ceedings. International Conference on,2001:49-54.

［36］ 彭飞,龙敏,刘玉玲. 数字内容安全原理与应用［M］. 北京:清华大学出版社,2012.

［37］ KAVAGUCHIE ,EASONRO. Principle and application of BPCS Steganography［C］.//On-MultimediaSystems and Applications Boston:SPIEPress,1998. p464-472.

[38] Bender W, Gruhl D, Morimoto N. Techniques for data hiding[J]. IBM Systems Journal, 1996, 35:131-336.

[39] 朱懿, 刘海涛, 史亚维, 等. 抗 JPEG 压缩的数字水印算法研究[J]. 哈尔滨工业大学学报, 2006(增刊), 205(38):753-755.

[40] 高海英, 钮心忻, 杨义先. 基于量化的小波域自同步数字音频水印算法[J]. 北京邮电学报, 2005, 28(6):102-105.

[41] 袁中兰, 温巧燕, 钮心忻, 等. 基于量化编码技术的声音隐藏算法[J]. 通信学报, 2002, 23(5):108-112.

[42] Smith J, Comiskey B. Modulation and Information Hiding in Images[J]. in Information Hiding: First International workshop, Proceedings, Lecture Notes in Computer Science, Springer, 1996, 1174:207-227.

[43] Johnston N, Jyant, Safranek R. Signal compression based on models of human perception. Proceeding of the IEEE, 81(10):1385-1422.

[44] Klara Nahrstedt, Lintian Qiao. Non-Invertible Watermarking Methods for MPEG Video and Audio[J]. Multimedia and Security Workshop at ACM Multimedia'98. Bristol, U. K., 1998(9):93-98.

[45] Moriya T, Takashima Y, Nakamura T, et al. Digital watermarking schemes based on vector quantization[J]. IEEE Workshop on, 1997:95-96.

[46] 胡昌利. 数字视频水印[D]. 北京: 北京邮电大学, 2003.

[47] 宋晓宇. 图像和视频中的信息隐藏研究[D]. 北京: 北京邮电大学, 2007.

[48] Low S, Maxemchuk N F, Lapone A M. Document identification for copyright protection using centroid detection[J]. IEEE Trans Communications, 1998, 46(3):372-383.

[49] Shingo Inoue, Kyoko Makin, Ichiro Murase. A Proposal on Information Hiding Methods using XML[J]. Hal2001. itakura. toyo. ac. jp/~chiekon/nlpxml/inoue. pdf, 2004-4-15.

[50] 张宇, 等. 自然语言文本水印[J]. 中文信息学报. 19(1):56-62.

[51] 张立和, 杨义先, 钮心忻. 软件水印综述[J]. 软件学报, 2003, 14(2):268-277.

[52] 王勇. 基于数字水印的软件保护机制研究[D]. 北京: 北京邮电大学, 2003.

[53] Ohbuchi R, Masuda H, Aono M. Watermarking 3D polygonal models[J]. Proc. of the fifth ACM International Multimedia conference (Multimedia '97), New York ACM Press/Addison-Wesley, 1997:261-272.

[54] 潘志庚, 孙树森, 李黎. 三维模型数字水印综述[J]. 计算机辅助设计与图形学学报, 2006, 18(8):1103-1110.

[55] Nielson G M, Foley T A. A Survey of Applications of an Affine Invariant Norm[J]. in: T. Lyche, L. L. Schumaker, Mathematical Methods in Computer Aided Geometric Design, Academic Press, Boston, MA, pp. 445-467, 1989.

[56] 李黎. 数字图像和三维几何模型水印技术研究[D]. 浙江大学.

[57] 刘旺, 孙圣和. 基于 DCT 的三维网格模型数字水印算法[J]. 测试技术学报, 2007, 21(4):329-335.

[58] 董开坤,胡铭曾,方滨兴.基于图像内容过滤的防火墙技术综述[J].通信学报,2003,24(1):83-90.

[59] DRIMBAREAN A F,CORCORAN P M,CUIC M,et al. Image processing techniques to detect and filter objectionable images based on skin tone and shape recognition[A]. International Conference on Consumer Electronics,Proceeding[C]. 2001. 278-279.

[60] PORNsweeper[EB/OL]. http://www. dansdata. com/pornsweeper. htm,2002-05-01.

[61] KAHNEY L. Kids' browser to spot dirty pics[EB/OL]. http://www. wired. com/news/technology/0,1282,20298,00. html,1999-06-18.

[62] Using eVe for content filtering[EB/OL]. http://www. evisionglobal. com/business/cf. html,2002.

[63] Image-Filter™4. 1[EB/OL]. http://www. ltutech. com/Image-Filter. htm,2002.

[64] FORSYTH D A,FLECK M M. Identifying nude pictures[A]. IEEE Workshop on Applications of Computer Vision,Proceeding[C]. 1996. 103-108.

[65] WANG J Z,LI J,WIEDERHOLD G,et al. System for screening objectionable images[J]. Computer Communications,1998,21(15):1355-1360.

[66] 许强,江早,赵宏.基于图像内容过滤的智能防火墙系统研究与实现[J].计算机研究与发展,2000,37(4):458-464.

[67] 王丽娜,张焕国,叶登攀,等.信息隐藏技术与应用[M].武汉:武汉大学出版社,2012.

[68] 牛夏牧,焦玉华.感知哈希综述[J].电子学报,2008,36(7):1045-1051.

[69] Lina wang,Xiaqiu Jiang,Shiguolian,et al. Image Authentication based on Perceptual Hash using Gabor Filters. Soft Computing. 2011,15(3):493-504.

[70] 张茹,杨榆,张啸.数字版权管理[M].北京:北京邮电大学出版社,2008.

[71] 刘旻昊,孙堡垒,郭云彪,等.文本数字水印技术研究综述[J].东南大学学报(自然科学版),2007,37(增刊1):225-230.

[72] SIFT system,http://www. sift. com/

[73] NewsWeeder,http://citeseer. ist. psu. edu/lang95newsweeder. html

[74] InfoScan,http://www. scenictechnology. com/sce-infosca

[75] Konstan J A,Miler B N,Maltz D,et al. GroupLens:Applying collaborative filtering to Usenet news. Communications of the ACM,1997,40(3):77-87.

[76] Resnick P,Iacovou N,Suchak M,et al. GroupLens:An open architecture for collaborative filtering of netnews[J]. Proceedings of 1994 Conference on Computer Supported Colaborative Work. 1994,175-186.

[77] ResearchIndex,http://www. researchindex. com

[78] Luhn H P. A business intelligence system[J]. IBM Journal of Research and Development. 1958,2(4):314-319.

[79] Peter J. Denning. Electronic junk[J]. Communications of theACM. 1982,25 (3):136-165.

[80] Malone T W,Grant K R,Turbak F A,et al. Intelligent Information Sharing Systems. Communications of the ACM[J]. 30(5):390-402,1987.

[81] The World Wide Web Consortium，Platform for Internet Content Selection，http://www.w3.org

[82] Paul Greenfield，Philip McCrea，Shuping Ran. Access Prevention Techniquesfor Internet Content Filtering［R］. Australia：the Commonwealth Science and Industry Research Organization（CSIRO），1999.

[83] Belkin N，Croft B. Information filtering and information retrieval：two sides of thesame coin［J］. Communications of the SCM，1992，35（2）.

[84] 刘俊熙. 图像检索系统中相关反馈技术的检索过程分析［J］. 图书馆学研究，2004，（1）：88-90.

[85] RESNICK，IACOVOU N，SUCHAK M，et al. Grouplens：an open architecture for collaborative filtering of netnews［J］. Proc. of CSCW，Chapel Hill，North Carolina. ACM Press，1994：175-186.

[86] KARYPIS G. Evaluation of item-based Top-N recommendation algorithms［J］. Proc. of CIKM 2001. Atlanta：ACM Press. 2001：247-254.

[87] Zeng Chun，Xing Chun-xin，Zhou Li-zhu，et al. Similarity messure and instance selection for collaborative filtering［J］. International Journal of Electronic Commerce. 2004，4（8）：115-129.

[88] ADOMAVICICUS G，TUXHILIN A. Toward the next generation of recommender systems：a survey of the state-of-the-art and possible extensions［J］. IEEE Trans. On Knowledge and Data Engineering. 2005，17（6）：734-749.

[89] 李剑，等. 信息安全产品与方案［M］. 北京：北京邮电大学出版社，2008.

[90] 赵晓群. 数字语音编码［M］. 北京：机械工业出版社，2007.

[91] 郝软层. 基于 DSP 的低码率语音实时保密通信系统的设计与实现［D］. 郑州：中国人民解放军信息工程大学，2006.

[92] 何智权. 语音混沌加密算法研究及其在语音保密通信中的应用［D］. 成都：电子科技大学，2009.

[93] Juan L，Tie-Jun H，Jun-Hua Q . A perception-based scalable encryption model for AVS audio［J］. In：IEEE international conference on multimedia and expo，（ICME 2007），2007：1778-1781.

[94] Servetti A，Testa C，Martin J. Frequency-selective partial encryption of compressed audio［J］. In：IEEE international conference on acoustic speech and signal processing（ICASSP 03），2003，5：668-671.

[95] Johnston J D. Estimation of perceptual entropy using noise masking criteria［J］. IEEE International Conference on Acoustics，Speech，and Signal Processing，New York，1988，5：2524-2527.

[96] Cvejic N，Seppanen T. Increasing robustness of LSB audio steganography using a novel embedding method［J］. In Proc. IEEE Int. Conf. Info. Tech：Coding and Computing，2004，（2）：533-537.

[97] Cvejic N，Seppanen T. Channel capacity of hight bit rate audio data hiding algorithms in

diverse transform domain[J]. Proceeding of 2004 IEEE International Symposium on Communications and Information Technology,2004,(1):84-88.

[98]　刘秀娟,郭立,邱天. 改进的大容量多分辨率 LSB 音频隐写算法[J]. 计算机工程与应用,2006,30:23-26.

[99]　同鸣,刘晓军,等. 一种自适应的音频信息隐藏算法[J]. 计算机应用研究,2005:120-122.

[100]　Hosei M. Spread spectrum audio steganography using sub-band phase shifting[J]. Proc of the 2006 International Conference on Intelligent Information Hiding and Multimedia Signal Processing,Washington,2006:3-6.

[101]　范铁生,陆云山,等. 基于扩频系数的音频数字水印的回声方法[J]. 计算机应用,2006,26:173-174.

[102]　陈红松,王禹,余乾圆,等. 一种基于离散余弦变换的盲性音频隐写算法研究[J]. 信息网络安全,2013,9:60-63.

[103]　MOGHADAM H,SADEGHI H. Genetic content-based MP3 audio watermarking in MDCT domain[J]. Proceedings of world academy of science,engineering and technology,2005,7:348-351.

[104]　WU G M,ZHUANG Y T. Adaptive audio watermarking based on SNR in localized regions[J]. Journal of Zhejiang University Science A,2005 6:53-57.

[105]　朱奎龙,侯丽敏. 抗解压缩/压缩攻击的 MP3 压缩域音频水印[J]. 上海大学学报(自然科学版),2008,14(4):331-335.

[106]　Xu XJ,Peng H,He CY. DWT-based audio watermarking using support vector regression and subsampling[J]. LNCS 4578,2007:136-144.

[107]　张金全,王宏霞. DCT 和 DWT 域音频水印幅值变化规律分析[J]. 电子学报,2013,41(6):1193-1197.

[108]　马翼平,韩纪庆. DCT 域音频水印:嵌入对策和算法[J]. 电子学报,2006,34(7):1260-1264.

[109]　项世军,黄继武,王永雄. 一种抗 D/A 和 A/D 变换的音频水印算法[J]. 计算机学报,2006,29(2):308-316.

[110]　PETITCOLAS F A P. MP3Stego[EB/OL]. http://www. petitcolas. net/fabien/steganography/mp3stego/.

[111]　WANG C T,CHEN T S,CHAO W H. A new audio watermarking based on modified discrete cosine transform of MPEG/Audio Layer III[J]. Proceedings of the 2004 IEEE International Conference on Network,Sensing & Control,2004:984-989.

[112]　QUAN XM,Zhang HB. Data hiding in MPEG compressed audio using wet paper codes[J]. Proc of the 18th International Conference on Pattern Recongnition,2006,4:727-730.

[113]　QUAN X M,ZHANG H B. Data Hiding in MPEG Compressed Audio Using Wet Paper Codes[J]. International Conference on Pattern Recognition,2006:727-730.

[114] 王鹏军,徐淑正,张鹏,等. MPEG-4 AAC 中信息隐藏的研究[C]. 第七届全国信息隐藏暨多媒体信息安全学术大会,2007.

[115] Qiao LT,Nahrstedty N. Non-invertible watermarking methods for MPEG encode audio[J]. SPIE Proc on Security and Watermarking of Multimedia Contents,1999：194-202.

[116] 文仁轶,潘峰,申军伟. 针对 MP3 压缩域比例因子的音频水印算法[J]. 计算机工程与应用,2012,48(27)：58-62.

[117] Koukopoulas D K,Stamatiou Y C. A compressed-domain watermarking algorithm for MPEG audio layer 3[C]. ACM Multimedia Conference,2001：7-10.

[118] Neubauer C,Herre J. Audio watermarking of MPEG-2 AAC bitstreams[J]. 108th AES Convention,2000,Pairs,France. Audio Engineering Society Preprint：5101.

[119] Neubauer C,Herre J. Advanced Watermarking and its Applications[J]. 109th AES Convention,2000,California,USA,Audio Engineering Society Preprint：5176.

[120] 肖蓉,杨扬,杨华. 一种基于 MPEG-2 AAC 编码的音频水印方法[J]. 有线电视技术,2008,25(3)：84-88.

[121] 黎洪松. 数字视频处理[M]. 北京：北京邮电出版社,2006.

[122] Pazarci M,Dipc,in V. A MPEG-2 transparent scrambling technique[J]. IEEE Transactions on Consumer Electronics,2002,48(2)：345-55.

[123] Li S,Chen G,Cheung A,et al. On the design of perceptual MPEG-video encryption algorithms[J]. IEEE Transactions on Circuits and Systems for Video Technology,2007,17(2)：214-23.

[124] Socek D,Magliveras S,Gulibrk D,et al. Digital video encryption algorithms based on correlation preserving permutations[J]. EURASIP Journal on Information Security January. 2007,2007(1).

[125] Qiao L,Nahrstedt K. Comparison of MPEG encryption algorithms[J]. Computer and Graphics. 1998,22(4)：437-48.

[126] Liu F,Koenig H. A novel encryption algorithm for high resolution video[J]. Stevenson,WA,USA. In：Proceeding of ACM NOSSDAV'05. New York：ACM Press,2005：69-74.

[127] Tosun A S,Feng W C. Lightweight security mechanisms forwireless video transmission[J]. Proceeding of the International Conference on Information Technology：Coding and Computing. Las Vegas,2001：157-161.

[128] Romeo A,Romdotti G,Mattavelli M. Cryptosystem architecture for very high through multimedia encryption：the RPK solution[J]. The 6th IEEE International Conference on Electronics,Circuits and Systems(ICECS'99). Salt Lake City,1999：261-264.

[129] Wee S J,Apostolopoulos J G. Secure scalable video streaming for wireless network[J]. Processing of the IEEE International Conference in Acoustics,Speech,and Signal Processing. 2001：2049-2052.

[130] Tang L. Methods for encryption and decrypting MPEG video data efficiently[J].

Proceeding of the 4 ACM International Multimedia Conference. Boston,1996：219-230.

[131] Tosum A S,Feng W C. Efficient multi-layer coding and encryption of MPEG video streams[J]. IEEE International Conference on Multimedia and Expo,2000：119-122.

[132] Shi C,Bhargava B. A fast MPEG video encryption algorithm[J]. In：Proceedings of 6th ACM international conference on multimedia,1998：81-84.

[133] Zeng W,Lei S. Efficient frequency domain selective scrambling of digital video[J]. IEEE Transactions on Multimedia. 2003,5(1):118-29.

[134] Shi C,Wang S Y,Bhargava B. MPEG video encryption in real-time using secret key cryptography[J]. International conference on parallel and distributed processing techniques and applications (PDPTA'99),Las Vegas,NV,USA；June,1999：2822-8.

[135] Wu C-P,Kuo C-CJ. Design of integrated multimedia compression and encryption systems[J]. IEEE Transactions on Multimedia,2005,7(5):828-39.

[136] 蒋建国,李媛,梁立伟. H. 264 视频加密算法的研究及改进[J]. 电子学报,2007,35(9)：1724-1727.

[137] 立振焜,袁春,张基宏.精细粒度可扩展编码中基于 VOP 的基本层加密算法[J].电子学报,2008,8(8)：1547-1551.

[138] 于俊清,刘青,何云峰. 基于感兴趣区域的 H. 264 视频加密算法[J].计算机学报,2010,33(5)：945-953.

[139] Eltahir M E,Kiah L M,Zaidan B B. High rate video streaming steganography[J]. In：International Conference on Future Computer and Communication (ICFCC 2009) 672-675.

[140] Chae J J. Manjunath B S. Data hiding in video[J]. In：Proceedings of International Conference on Image Processing (ICIP 99),1999,311-315.

[141] Yang M. Bourbakis N. A high bitrate information hiding algorithm for digital video content under H. 264/AVC compression[J]. In：48th Midwest Symposium on Circuits and Systems,2005,935-938.

[142] Xu C,Ping X. A steganographic algorithm in uncompressed video sequence based on difference between adjacent frames[J]. In：Fourth International Conference on Image and Graphics (ICIG) 297-302.

[143] Liao Y-C,Chen C-H,Shih TK et al. Data hiding in video using adaptive LSB[J]. In：Joint Conferences on Pervasive Computing (JCPC),18-190.

[144] Sur A,Mukherjee J. Adaptive data hiding in compressed video domain[J]. In：Computer Vision,Graphics and Image Processing,738-748.

[145] Mansouri J,Khademi M. An adaptive scheme for compressed video steganography using temporal and spatial features of the video signal[J]. Int J Imaging Syst Technol,19(4):306-315.

[146] Hartung F,Girod B. Watermarking of uncompressed and compressed video[J].

Signal Process. 1998,66(5)：283-301.

[147] Hartung F,Girod B. Digitalwatermarking of MPEG-2 coded video in the bitstream domain,in Proc[J]. ICASSP'97,Munich,Germany,1997,4：2621-2624.

[148] 刘丽,彭代渊,李晓举. 抵抗线性共谋攻击的空域自适应视频水印方案[J]. 西南交通大学学报,2007,42(4):456-460.

[149] 孟宇,李文辉,彭涛. 基于 DEMD 的视频分割方法及其在视频水印中的应用[J]. 计算机研究与发展,2008,45(8):1386-1394.

[150] 杨列森,郭宗明. 基于帧间中频能量关系的自适应视频水印算法[J]. 软件学报,2007,18(11):2863-2870.

[151] 彭川,蒋天发. 一种基于三维小波变换的视频水印算法[J]. 武汉大学学报,2007,12(6):135-138.

[152] 徐达文,王让定. 基于分块三维小波变换的盲视频水印算法[J]. 东南大学学报,2007,37(1):201-205.

[153] Lagendijk. Image and Video Databases：Restoration,Watermarking and Retrieval (Advances in Image Communications)[J]. New York：Elsevier Science,2000.

[154] Ling H F,Lu Z D, Zou F H. Improved Differential Energy Watermarking (IDEW) Algorithm for DCT-Encoded Imaged and Video[J]. In：Yuan B,ed. Proc. of the 7th International Conference on Signal Processing (ICSP 2004). New York：IEEE Press,2004;2326-2329.

[155] 凌贺飞,卢正鼎,邹复好,等. 基于 Watson 视觉感知模型的能量调制水印算法[J]. Journal of Software,2006,17(5):1124-1132.

[156] Ling H F,Lu Z D, Zou F H. High Capacity Watermarking Algorithm based on Energy Modulation for Compressed Video[J]. IEEE International Conference on Information,Communication and Signal Processing (ICICS 2005):877-880.

[157] 徐甲甲,张卫明,俞能海,等. 一种基于秘密共享与运动矢量的视频水印算法[J]. 电子学报,2012,40(1):8-13.

[158] Noorkami M,Mersereau R M. A framework for robust watermarking of H. 264-encoded video with controllable detection performance[J]. IEEE Transactions on Information Forensics and Security. 2007,2(1):14-23.

[159] Wang D W,Huang S J,Feng G R. Perceptual differential energy watermarking for H. 264/AVC[J]. Multimedia Tools and Applications. 2012,60(3):537-550.

[160] Nookami M,Mersereau R M. Digital waterarming in P-Frames with controlled video bit-rate increase[J]. IEEE Transactions on Information Forensics and Security. 2008,3(3):441-445.

[161] Mansouri A,Torkamani-Azar F,Aznaveh AM. Motion Consideration in H. 264/AVC compressed video watermarking[J]. PCM 2009,LNCS 5897,2009：877-886.

[162] Chen W M,Lai C J,Wang H C. H. 264 video watermarking with secret image sharing [J]. IET Image Process,2011,5(4):349-354.

[163] Zhang L W,Zhu Y S,Po L M. A novel watermarking scheme with compensation in

bit-stream domain for H. 264/AVC[J]. ICASSP 2010,2010:1758-1761.

[164] Sakazawa S,Takishima Y,Nakajima Y. H. 264 native video watermarking mothod [J]. ISCAS 2006,2006:1439-1442.

[165] Wu C H,Zheng Y,Ip W H,et al. A flexible H 264/AVC compressed video watermarking scheme using particle swarm optimization based dither modulation[J]. Int. J. Electron. Commun,2011,65:27-36.

[166] Wang P,Zhang Z D,Li L. A video watermarking scheme based on motion vectors and mode selection[J]. 2008 International Conference on Computer Science and Software Engineering,2008:233-237.

[167] Mohaghegh N,Fatemi O. H. 264 copyright protection with motion vector watermarking[J]. ICALIP 2008,2008: 1384-1389.

[168] 郑振东,王沛,陈胜. 基于运动矢量区域特征的视频水印方案[J]. 中国图象图形学报,2008,13(10):1926-1929.

[169] Zou D,Jeffrey A B. H. 264 stream replacement watermarking with CABAC encoding[J]. IEEE International Conference on Multimedia and Expo. Singapore,2010:117-121.

[170] Nguyen C,Tay D B H,Guang D. A fast watermarking system for H. 264/AVC video[J]. IEEE Asia Pacific Conference on Circuits and Systems,2006:81-84.

[171] Tian L H,Zheng N N,Xue J R A,et al. A CAVLC-based Blind Watermarking Method for H. 264/AVC Compressed video[J]. Proceedings of the 2008 IEEE Asia-Pacific Services Computing Conference, Washington DC, USA, 2008: 1295-1299.

[172] He Y L,Yang G B,Zhu N B. A real-time dual watermarking algorithm of H. 264/AVC video stream for video-on-demand service[J]. International Journal of Electronics and Communications. 66,2012:305-312.

[173] Sun T F,Jiang X H,Lin Z G,et al. An H. 264/AVC video watermarking scheme in VLC domain for content authentication,2010,7(6):30-36.

[174] 苏育挺,张承乾,张春田,等. 一种 DCT 域视频信息隐藏分析算法[J]. 哈尔滨工业大学学报,2006.910-913.

[175] 苏育挺,王莉莉,张春田. 一种新型视频信息隐藏分析算法[J]. 东南大学学报,2007. 164-167.

[176] Jainsky S,Kundur D,Halverson DR. Towards digital video steganalysis using asymptotic memoryless detection[J]. In: Proc of 9th MM and Sec07. Dallas,2007: 161-168.

[177] Zhang C,Su Y. Video steganalysis based on aliasing detection[J]. IEEE Electronics Letters,2008,44:801-803.

[178] Pankajakshan V,Ho A. Improving video steganalysis using temporal correlation [J]. Intelligent Information Hiding and Multimedia Signal Processing,2007: 287-290.

[179] 刘镔,刘粉林,杨春芳. 基于帧间共谋的视频隐写分析[J]. 通信学报,2009,30(4):

41-49.

[180] 覃燕萍,徐伯庆.基于时间和空间冗余的视频隐写分析方法[J].光学仪器,2011,33(5):14-19.

[181] Carrie M W. An Historical Perspective of Digital Evidence：A Forensic Scientist's View[J]. International Journal of Digital Evidence（IJDE）,2002,1(1):235-246.

[182] 凌斌.计算机犯罪中数字证据取证的技术分析[J].法治论丛:上海大学法学院上海市政法管理干部学院学报,2004,19:44-48.

[183] 李双其.电子证据的收集[OL].北大法律信息网,www.chinalawinfo.com.

[184] 李炳龙.王鲁,陈性元.数字取证技术及其发展趋势[J].信息网络安全,2011(01):52-55.

[185] 钟陈练.基于ID的身份认证技术研究及其应用[D].广州:中山大学,2010.

[186] 刘品新.中国电子证据立法研究[M].北京:中国人民大学出版社,2005.

[187] 杨泽明,刘宝旭,许榕生.数字取证研究现状与发展态势[J].科研信息化技术与应用,2015,(1):3-11.

[188] 黄淑华,赵志岩.数字取证工具及应用[J].警察技术,2012:17-20.

[189] 冯俊豪.国内外计算机硬盘取证设备对比与分析[EB/OL],http://blog.csdn.net/jiangxinyu/article/details/1418441,2006-11-28.

[190] 王波,孔祥维,尤新刚.基于协方差矩阵的CFA插值盲检测方法[J].电子与信息学报,2009,31(5):1175-1179.

[191] Lukas J,Fridrich J,Goljan M. Digital Camera Identification from Sensor Pattern Noise. IEEE Transactions on Information Forensics and Security,2006,（2）:205-214.

[192] Chen M,Fridrich J,Goljan M,et al. Determining image origin and integrity using sensor noise [J]. IEEE Transactions on Information Forensics and Security. 2008,3(1):74-90.

[193] Dirik A E,Sencar H T,Memon N. Digital single lens reflex camera identification from traces of sensor dust [J]. IEEE Trans. on Information Forensics and Security. 2008,3(3):539-552.

[194] Choi K S,Lam E Y,Wong K K Y. Source camera identification using footprints from lens aberration[J]. Proceedings of the SPIE,Electronic Imaging,2006,60:1-8.

[195] Farid H. Digital Image Ballistics From JPEG Quantization[J]. Technical Report,Dartmouth College,Computer Science,2008,Tr2006-583.

[196] Choi K S,Lam E Y,Wong K K Y. Source Camera Identification by JPEG Compression Statistics for Image Forensics[J]. Proc. 2006 IEEE Region 10 Conference,Hong Kong,China,2006,1-4.

[197] Kee E,Farid H. Digital Image Authentication from Thumbnails[J]. Proc. The International Society for Optical Engineering,San Jose,USA,2010,(7541):1-10.

[198] HanyFarid. Blind Inverse Gamma Correction[J]. IEEE Transactions on Image Pro-

cessing,2001,10:1428-1433.

[199]　Yu-Feng Hsu,Shih-Fu Chang. Detecting image splicing using geometry invariants and camera charaeteristics consistency[A]. International Conference on Multimedia and Expo (ICME) [C]. Toronto ,Canada,2006.

[200]　Siwei Lyu. Natural imagestatisties fordigitalimageforensies[D]. Dartlnouth College De Partlnent of Coln Puter Seienee Teehnieal Re Port TR 20 OS-557,2005.

[201]　Kharrazi M,Sencar H T,Memon N. Blind Source Camera Identification[A]. IEEE Image Processing,2004. ICIP'04. 2004 International Conference[C]. SingaPore：IEEE,2004. 709-712.

[202]　Celiktutan O,Avcibas I,Sankur B,et al. Source Cell-Phone Identification[C]. Proc. Of 14th International Conference on Signal Processing and Communications Applications. Antalya：IEEE Press,2005：1-3.

[203]　Khanna N,Mikkilineni A K,Chiu G T C,et al. Forensic Classification of Imaging Sensor Types[J]. Proc of the International Society for Optical Engineering,San Jose,CA,USA,2007,65050U-1～9.

[204]　Gloe T,Franz E,Winkler A. Forensics for Flatbed Scanners. Proc. the International Society for Optical Engeneering[J]. San Jose,CA,USA,2007,65050U-1～9.

[205]　Gou H,Swaminathan A,Wu M. Rodust,Scanner Identification Based on Noise Features[J]. Proc. the International Society for Optical Engeneering,San Jose,CA,USA,2007,65050S-1～11.

[206]　Dirik A E,Sencar H T,Memon N. Flatbed scanner identification based on dust and scratches over scanner platen [C],Proceedings of the International Conference on Acoustics,Speech and Signal Processing,2009:1385-1388.

[207]　Celiktutan O,Avcibas I,Sankur B,et al. Source cell-phone identification[J]. In IEEE 14th on Signal Processing and Communications Applications,2006:1-3.

[208]　Alles Erwin J,Geradts Zeno J M H,Veenman Cor J. Source camera identification for low resolution heavily compressed images [A]. In：Proceedings of the International Conference on Computational Sciences and Its Applications [C]. Washington D. C. ,USA：IEEE,2008:557-567.

[209]　吴玉宝,孔祥维,尤新刚. 基于页面几何失真的打印机来源认证[J]. 光电子：激光,2010,(1):96-101.

[210]　Buian O,Mao J,Sharma G. Geometric distortion signatures for printer identification [C]. Proceedings of the IEEE International Conference on Acoustics,Speech and Signal Processing,2009:1401-1404.

[211]　Choi J-H,Im D-H,Lee H-Y,et al. Color laser printer identification by analyzing statistical features on discrete wavelet transform [C]. Proceedings of the 16th IEEE International Conference on Image Processing,2009:1505-1508.

[212]　Lee H-Y,Choi J-H. Identifying color laser printer using noisy features and support vector machine [C]. Proceedings of the 5th International Conference on Ubiquitous

Information Technologies and Applications,2010:1-6.

[213] Aravind K Mikkilineni. Printer Forensics using SVM Techniques[A]. Proceedings of the IS & T's NIP21:International Conference on Digital Printing Technologies[C]. Baltimore,MD,2005.223-226.

[214] Xiangwei Kong,Xin'gang You,Bo Wang,et al. Laser printer source forensics for arbitrary Chinese characters [C]. Proceedings of the 2010 International Conference on Security and Management,2010:356-360.

[215] 沈林杰. 基于固有特征的打印文件取证技术[D]. 大连:大连理工人学,2007.

[216] 邓伟,罗小巧,鄢煜尘,等. 基于打印字符分析的打印文件检验研究[J]. 计算机应用研究,2011,28(12):4763-4764.

[217] Oliver J,Chen J. Use of signature analysis to discriminate digital printing technologies [C]. Proceedings of the IS&T's NIP18:International Conference on Digital Printing Technologies,2002:218-222.

[218] Akao Y,Kobayashi K,Sugawara S,et al. Discrimination of inkjet-printed counterfeits by spur marks and feature extraction by spatial frequency analysis [C]. Proceedings of the SPIE International Conference on Optical Security and Counterfeit Deterrence Techniques IV,2002,4677.

[219] Lampert C H,Mei L,Breuel T M. Printing technique classification for document counterfeit detection [C]. Proceedings of the International Conference on Computational Intelligence and Security,2006,1:639-644.

[220] 于彬. 复印文件底灰量化检测的文验研究[J],山西警官高等专科学校学报,2009,17(3):75-77.

[221] 崔岚. 用复印法变造复印文件的鉴别[J]. 中国人民公安大学学报:自然科学版,2008(3):22-24.

[222] 李江春,周茜. 数码复印机的种类鉴别[J]. 中国人民公安大学学报:自然科学版,2002(5):18-20.

[223] Schulze C,Schreyer M,Stahl A,el al. Using DCT features for print ing technique and copy detection [C]. Proceedings of the 5th International Conference on Digital Forensics,2009,306:95-106.

[224] Lyu S,Farid H,How Realistic Is Photorealistic,IEEE Transactions on Signal Processing,2005,53(2):845-850.

[225] Laneva T,De Vries A,Rohrig H. Detecting Cartoons:A Case Study in Automatic Video-genre Classification. Proc. IEEE International Conference on Multimedia and Expro,Baltimore,MD,USA,2003,449-452.

[226] Dennie S,Sencar T,Memon N. Digital Image Forensics For Identifying Computer Generated and Digitai Camera Images. Proc[J]. IEEE International Conference on Image Processing,Atlanta,GA,USA,2006,2313-2316.

[227] Dirik A E,Bayram S,Sencar H T,et al. New features to identify computer generated images [A]. In:Proceedings of International Conference on Image Processing

IV [C]. Washington D. C. ,USA：IEEE,2007：433-436.

[228] Gallagher A C,Chen T. Image authentication by detecting traces of demosaicing [A]. In：Proceedings of IEEE Computer Society Conference on Computer Vision and Pattern Recognition [C]. Washington D. C. ,USA：IEEE,2008：1-8.

[229] Fridrich J,Chen M,Goljan M. Digital Imaging Sensor Identification (FurtherStudy)[J]. Proc. the International Society for Optical Engineering,San Jose,USA,2007,(6505)：65050P-1-13.

[230] Chen M,Fridrich J,Goljan M,et al. Source digital camcorder identification using sensor photo response non-uniformity [A]. In：Proceedings of SPIE Security,Steganography,and Watermarking of Multimedia Contents IX 6505 [C]. Washington D. C. ,USA：SPIE,2007：1G-1H.

[231] Courses E,Surveys T. Confidence weighting for sensor fingerprinting [A]. In：Proceedings of IEEE Computer Society Conference on Computer Vision and Pattern Recognition Workshops [C]. Washington D. C. ,USA：IEEE,2008：1-6.

[232] SU Y T,Zhang J,Ji Z. A Source video identification algorithmbased on features in video stream [A]. International Workshop on Education Technology and Training& International Workshop on Geosciences and Remote Sensing[C]. 2008.

[233] Chen Y,Challapali K S,Balakrishnan M. Extracting Coding Parameters from Pre-Coded MPEG-2 Video. Proc. ICIP98. Chicago,IL,USA,1998,360-364.

[234] Tagliasacchi M,Tubaro S. Blind Estimation of the QP Parameter in H. 264/AVC Decoded Video[J]. Proc. 11th Internation Workshop on Image Analysis for Multimedia Interactive Services,Piscataway,NJ,USA,2010,1-4.

[235] Valenzise G,Tagliasacchi M,Tubaro S. Estimating QP and Motion Vectors in H. 264/AVC Video from Decoded Pixels[J]. Proc. the 2010 ACM Workshop on Multimedia in Forensics,Security and Intelligence,Firenze,Italy,2010,89-92.

[236] Koybayashi M,Okabe T,Sato Y. Detecting forgery from static-scene video based on inconsistency in noise level functions[J]. IEEE Transactions on Information Forensics and Security,2010,5(4)：883-892.

[237] Kraetzer C,Schott M,Dittmann J. Unweighted fusion in microphone forensics using a decision tree and linear logistic regression models. In：Proceedings of 11th ACM workshop on Multimedia and security[J]. New York：ACM,2009.49-56.

[238] 王志锋,贺前华,李艳雄. 录音设备的建模和识别算法[J]. 信号处理,2013,(4)：419-428.

[239] Pohlmann K C. Principles of Digital Audio,Sixth Edition[M]. September 16,2010.

[240] 周琳娜. 数字图像盲取证技术研究[D]. 北京：北京邮电大学,2007.

[241] Bayram S,Sencar H,Memon N. An efficient and robust method for detecting copy-move forgery[J]. In：Proceedings of the IEEE International Conference on Acoustics,Speech,and Signal Processing. Piscataway：IEEE,2009. 1053-1056.

[242] 孙韶杰,吴琼,李国辉,等. 基于自然图像统计特性的拼接图像检测算法[J]. 信号处

理,2009,25:1198-1202.

[243] 钟巍,孔祥维,尤新刚,等.基于分数倒谱变换的取证语音拼接特征提取与分析[J].数据采集与处理,2014,(2):248-253.

[244] 高阳,黄征,徐彻,等.基于高阶频谱分析的音频篡改鉴定[J].信息安全与通信保密,2008,(2):94-96.

[245] 赵俊红.篡改图像边缘模糊操作的被动取证算法[J].华南理工大学学报:自然科学版,2011,(7):77-82.

[246] 周琳娜.数字图像取证技术[M].北京:北京邮电大学出版社,2008.

[247] 郝丽,孔祥维,郭云彪.DCT 域统计特性的图像重采样检测[J].信息安全与通信保密,2009,12:60-63.

[248] Popescu A. C. Statistical tools for digital forensics [D]. Hanover,NH,USA:Dartmouth College,Department of Computer Science,2005.

[249] WANG W H,FARID H. Exposing digital forgeries in video bydetecting double mpeg compression[A]. Proceedings of ACMMultimedia and Security Workshop[C]. Geneva,Switzerland,2006.34-47.

[250] Chen W,Shi Y Q. Detection of Double MPEG Compression Based on First Digit Statistics,Proc[J]. Digital Watermarking,Busan,South Korea,2008,16-30.

[251] 欧佳佳,蔡碧野,熊兵,等.基于灰度共生矩的图像区域复制篡改检测[J].计算机应用,2011,31(06):1628-1630.

[252] 和平,李峰,向凌云.融合 LWT 纹理特征的图像复制篡改检测算法[J].计算机工程,2013,(10):267-270.

[253] 李海涛.基于视觉内容一致性视频篡改取证研究[D].福建师范大学,2014.

[254] 许新光.数字版权管理的技术和难题[J].广播与电视技术,2006,(12):76-79.

[255] KOENENRH,LACYJ,MACKAY M,MITCHELL S. The long march to interoperable digital rights management[J]. Proceedings of the IEEE,2004,92(6):883-897.

[256] JOSE PRADOS,EVA RODRIGUEZ,JAIME DELGADO. Interoperability between different Rights Expression Languages and Protection Mechanisms[J]. The First International Conference on Automated Production of Cross Media Content for Multi-Channel Distribution(AXMEDIS'05),2005:8.

[257] 王力生,曹南洋,梅岩.OMA DRM 体系结构的研究[J].网络安全技术与应用,2006,71:83-84.

[258] 杨成.鲁棒的数字水印技术及其版权保护应用研究[D].北京:北京邮电大学,2004.

[259] 王美华,范科峰,岳斌,等.数字媒体内容版权权利技术标准研究[J].广播与电视技术,2007,(6):19-22.

[260] 肖利,罗蕾.OMA DRM 2.0 安全机制研究与解决[J].计算机应用,2006,26(12):53-55,65.

[261] 王政宏.移动数字版权管理技术[J].电信网技术,2004,(2):15-18.

[262] 范科峰,莫玮,曹山,等.数字版权管理技术及应用研究进展[J].电子学报,2007,35(6):1139-1147.

[263]　Tie-Jun Huang, Yong-Liang Liu. Basic Considerations on AVS DRM Architecture[J]. J. Comput Sci. & technol, 2006, 21(3): 333-369.

[264]　刘中伟, 黄凯奇, 吴镇扬. MPEG-4 中的知识产权管理和保护技术[J]. 电声技术, 2002 年, (3): 4-7.

[265]　W3C Workshopon Digital Rights Management. INRIA-Sophia-Antipolis, France. 22-23 January 2001. [2001-4-26]. http://www.w3.org/2000/12/drm-ws.

[266]　张晓林. 数字权益管理技术[J]. 现代图书情报技术, 2001, (5): 29-30.

[267]　International DOI Foundation (IDF). 2006-5-10. [2007-9-19]. http://www.doi.org/handbookwe 2000/TheDoiHandbook.htm.

[268]　张勇. 数字版权管理(DRM)系统的研究、设计和实现—专有文件管理系统[M]. 成都: 四川大学软件学院, 2005.

[269]　任慧玲. 中文期刊文献数字对象唯一标识符的研究[M]. 北京: 中国科学技术信息研究所, 2003.

[270]　International DOI Foundation (IDF). 2006-5-10. [2007-9-19]. http://www.doi.org/handbook_2000/toc.html.

[271]　SICI. SICI: Serial Item & Contribution Identifier ANSI/NISQZ39.56. [1996-8-14]. http://www.niso.org/standards/resources/Z39-56.pdf.

[272]　柏晓辉. 数字版权管理系统(DRM)研究[D]. 哈尔滨: 黑龙江大学信息科学与技术学院, 2005.

[273]　SAUR MUNCHEN K G. Functional Requirements for Bibliographic Records[J]. IFLA Study Group on the Functional Requirements for Bibliographic Records. 1998.

[274]　SUBRAMANYA S R, BYUNG K YI. Digital rights management[J]. IEEE POTENTIALS, 2006, 20(4): 31-34.

[275]　司端锋, 王益冬, 潘爱民, 等. 多媒体数字版权保护系统的研究与实现[J]. 北京大学学报(自然科学版), 2005, 41(5): 792-799.

[276]　张建明, 文学军. 数字版权管理系统的原理与应用[J]. 现代图书情报技术, 2004, (2): 13-17.

[277]　JEAN CAMP L. First Principles of Copyright for DRM Design[J]. IEEE INTERNET COMPUTING, 2003, 7(3): 59-65.

[278]　EDItEUR ONIX International Standard[OL]. http://www.editeur.org/onix.html.

[279]　IMS Learning Resource Meta-data Information Model (Version 1.1). IMS Global Learning Consortium, Inc[OL]. [2001-9-28]. http://www.imsglobal.org/metadata/imsmdv1p2p1/imsmd_infov1p2p1.html.

[280]　Dawson F, Howes T. RFC 2426 vCard Profile. The Internet Society[OL]. [1998-9]. http://rfc.net/rfc2426.html.

[281]　CHONG C N, ETALLE S, HARTEL P H. Comparing Logic-Based and XML-Based Rights Expression Languages[J]. OTM Workshops, 2003: 779-792.

[282]　CHONG C N, CORIN R, ETALLE S, et al. Y W LAW. LicenseScript: A Novel Digital

Rights Language[J]. International Workshop for Technology, Economy, Social and Legal Aspects of Virtual Goods, Germany, 2003.

[283] GUNTER C A, WEEKS S T, WRIGHT A K. Models and Languages for Digital Rights[J]. Proceedings of the Hawaii International Conference On System Sciences, Hawaii, 2001.

[284] 李慧颖, 赵军, 翟玉庆, 等. 数字权限表达语言综述[J]. 计算机科学, 2004, 31(7): 12-15.

[285] 孙伟. 一个以动作状态为中心的数字权限表达模型研究[D]. 南京: 东南大学, 2005.

[286] QU Y, ZHANG X, LI H. OREL: An Ontology-based Rights Expression Language [J]. In Proceedings of the 13th World Wide Web Conference, New York City, 2004.

[287] 马海群. 论版权产业发展与现代版权管理技术的开发应用[J]. 出版发行研究, 2002, (8): 57-61.

[288] 杨成, 杨义先. 信息安全与数字版权保护(下)[J]. 计算机安全, 2004, (2): 32-34.

[289] 谢静. 版权中的技术措施与合理使用[J]. 甘肃农业, 2005, (5): 76.